江苏省首批高端智库“道德发展智库”成果

江苏省“公民道德与社会风尚”“2011”协同创新中心成果

城市微观空间的人性化

何志宁　张国锋　编著

· 广州 ·

图书在版编目（CIP）数据

城市微观空间的人性化/何志宁，张国锋编著.—广州：中山大学出版社，2024.1
ISBN 978-7-306-07896-4

Ⅰ.①城… Ⅱ.①何… ②张… Ⅲ.①城市空间—研究 Ⅳ.①TU984.11

中国版本图书馆CIP数据核字（2023）第169217号

CHENGSHI WEIGUAN KONGJIAN DE RENXINGHUA

出 版 人：王天琪
策划编辑：李海东
责任编辑：李海东
封面设计：曾 斌
责任校对：廖翠舒
责任技编：靳晓虹
出版发行：中山大学出版社
电　　话：编辑部020-84110776，84113349，84111997，84110779
　　　　　发行部020-84111998，84111981，84111160
地　　址：广州市新港西路135号
邮　　编：510275　　传　　真：020-84036565
网　　址：http：//www.zsup.com.cn　E-mail：zdcbs@mail.sysu.edu.cn
印 刷 者：佛山市浩文彩色印刷有限公司
规　　格：787mm×1092mm　1/16　23印张　600千字
版次印次：2024年1月第1版　2024年1月第1次印刷
定　　价：88.00元

本书获得了东南大学道德发展研究院及江苏省道德发展智库的后期资助。

谨以此书献给我的父亲何肇发、母亲莫冬菊。
献给我的恩师樊和平教授。
献给我的妻子马晓东女士。

人类或者全力以赴发展自己最丰富的人性，或者俯首听命，任凭被人类自己发动起来的各种自动化力量的支配，最后沦落到丧失人性的地步……

没有任何一个地方能像希腊城邦，首先像雅典那样勇敢正视人类精神和社会机体二者间的复杂关系了；人类精神通过社会机体得以充分表现，社会机体则变成了一片人性化了的景色，或者叫做一座城市。

——刘易斯·芒福德

（芒福德：《城市发展史：起源、演变和前景》，宋俊岭、倪文彦译，中国建筑工业出版社 2005 年版，第 2、170 ～171 页）

前　言

“从城市准备阶段的发展与功能到城市现今的目的，经历了一个转变过程，这过程的实质，亚里士多德表述得最好不过了，他说：‘人们聚集到城市里来居住；他们之所以留居在城市里，是因为城市中可以生活得更好。’因而不论任何特定文化背景上的城市，其实质在一定程度都代表着当地的以及更大范围的良好生活条件的性质。”①

“如果城市所实现的生活不是它自身的一种褒奖，那么为城市发展形成而付出的全部牺牲就将毫无代价。无论扩大的权力还是有限的物质财富，都不能抵偿哪怕是一天丧失了美、欢乐和亲情的享受。”② 美好、快乐、亲情发生于城市微观空间。

城市微观空间是相对城市宏观空间而言的，针对的不是宏观城市整体，更不是某地理区域或城市群、都市圈、城镇体系，而是单元化的城市具体；不是城市规划蓝图，而是城市微观感知。它具体指城市广场、摩天楼、住区、商场、医院、学校、绿地、水体、闲置地、公交站、街角、人行道、十字路口等微观视角的城市功能性空间。它也不同于社区，社区是指有一定地域的特定的社会群体的聚集（包括农村社区和城市社区），城市微观空间强调的是某具体特定城市区位的三维空间环境。城市微观空间视角可细化到极致，如广场的喷泉、摩天楼的平台、住区的公共空间、商场的母婴室、医院的候诊区、学校的停车位、绿地的覆盖面、水体景观的亲水区、闲置地的失用空间、公交系统的站台、街角的休憩区、人行道的窨井盖、十字路口的交通灯等，是具象化、原子化的微小城市人工环境空间。

人类工作、生活、行走在城市，每天直接接触的是形态万千的城市微观空间，这些微观空间是人们对城市最直接、最直观、最常态、最深切、最持续、最细微的感知，而非虚幻的、学术化的城市规划，或抽象笼统、政策性的宏大市政工程和市政管理。

城市规划是从城市整体的广阔地理空间范围进行全面和长远的土地空间使用功能布局，所实现的城市蓝图是全方位、全时空、全领域和全体市民的，涉及城市总体概貌和全部土地使用分配、各城市功能区的空间组织和区位分布等长期重大问题。区域规划的范围更大，是包括中心城市及相关区域（包括卫星城、新城、城郊等）乃至周边城市和毗邻区的总体宏观规划。城市规划具有高度政府主观意志乃至国家战略意志，是自上而下带有主观性的人类智慧行为。但是，城市规划或区域规划注重宏观空间的总体性、宏观性、全面性、普遍性设计，却忽视了城市微观空间中的个别性、微观性、具体性、特殊性。主观化的城市规划往往忽视乃至违背每天真切地工作、生活、行走在城市微观空间中的人的意

---

① 刘易斯·芒福德：《城市发展史：起源、演变和前景》，宋俊岭、倪文彦译，中国建筑工业出版社 2005 年版，第 118 页。

② 刘易斯·芒福德：《城市发展史：起源、演变和前景》，第 119 页。

志、意愿、情感、感知、需求和期待。

城市规划师被经院知识、既有规范和主观臆想引导，据此设计出客观上对大众进行空间规训的宏观城市空间，无论是既有的传统古典思维，还是现代性的空想，其后果是：被主观规划、规制、规训后的城市空间并不尽如人意。

应关注被城市规划和区域规划形塑固化后的各种城市角落——这是攸关市民利益和福祉的最具体、现实的空间——城市微观空间。生活在城市的人们，每天亲身接触的是形态万千的城市微观空间，这是人类对城市最直接、最直观、最常态、最深切、最持续、最细微的微观感知。

对于城市微观空间和人类对此的感知，城市社会学、城市规划学、建筑学、景观园林学等社会科学和工程科学仍缺乏足够的认知和重视。城市微观空间在现实中的无数问题和困境仍持续忽视了常理、违背了规律、遗忘了本质，造成城市微观空间中诸如空间浪费、阶层区隔、邻里冲突、居住不适、空间滥用、空间私用、绿化缺乏、老破脏乱、水体污染、视觉污染、噪声污染、灯光污染、犯罪角落、歧视弱势、轻视女性、出行不便、通达障碍、道路崎岖等直接影响市民工作、生活、出行，乃至违反社会性和社会伦理的弊端。这些都是城市微观空间的非人性化现象。“规划和设计中的这些弊病，主要不在于追求利润这件事本身，而在于追求利润时财迷心窍，把人类其他的需要忘得一干二净。”①

造成我国城市微观空间中诸多非人性化现状的原因不外是文化、社会、历史、经济、生活、规划、技术、道德八个方面，这八个方面又是互动作用的，对此本书将在“问题原因探究”一章中探析。因此，问题的根源，与所谓的城市“精细化管理”不可同日而语，不是单纯的阶段性和局部性的城市管理问题，也不是政策性问题或城市社会管理问题，而是在城市宏观规划过程中对微观空间设计的初始忽视，是观念性和理念意识的问题。从学科上讲，这也不是相关的城市规划学和建筑学的既有理论、方法、观点和视角所能认知和解释的。所以，基于人性化和社会性，还应从社会学的视域研究城市微观空间。

本书通过对案例的田野调研，揭示和研究城市微观空间中的各种弊端，指出宏观城市规划造成的不足和欠缺，以使城市空间更具人性化和符合道德伦理期待。

本书的主要观点：总体性、宏观性、全面性、普遍性的城市规划和区域规划只对城市和区域的土地使用和各种社区功能的空间组织和空间区位分布起到最基本和最初步的设计作用；但在由其所构建起的城市宏观空间大结构下，是涉及市民日常工作、生活、出行的无数各类微观空间（如前所述），这些单元化甚至碎片化的微观空间被“霸权主义”的宏观空间规划形塑、固化后，却会由于自身的各种原因出现、形成或延伸出纷繁复杂的文化、社会、历史、经济、生活、规划、技术、道德等层面上的大问题，如文化冲突、社会隔离、废置建筑、城市破产、恶习恶俗、质量下降等。在这些中观问题影响下，所展现和触及的是人类在工作、生活、出行中所遭遇的因粗放城市规划、低劣城市建设和不良城市管理所带来的最直接、最直观、最常态、最深切、最持续、最细微的城市微观空间日常问题（如前所述）。这同样是民众对城市微观空间最直接、最直观、最常态、最深切、最持续、最细微的不适感知，它比对于城市宏观规划和区域规划的虚无感来得更直接，也更现实、更具体、更强烈。这些微观感知影响着人们的城市认同感、幸福感、舒适度、满意

---

① 刘易斯·芒福德：《城市发展史：起源、演变和前景》，第444页。

度、流动性、定居率等城市人口社会心理指标。这些指标不取决于城市规划和区域规划的宏大、长远和城市规划者的理想、理念、喜好，而是取决于上述各类城市微观空间是否给人类带来了稳定、舒适、安全、便利、自由、平等、包容、和谐、环保、整洁的直接、直观感受，即是否宜居（适合定居安居）、易业（有助就业创业）、颐养（适宜晚年养老）、怡游（方便观光旅游）。这是回答城市是人类文明的伊甸园还是坟墓的问题。

问题是，学界、政界多偏重整体城市、宏观区域乃至一个流域大区的整体宏观开发蓝图，较少关注城市规划中各种最精致化、具体化的细节——城市微观空间和身在其中的人们的真切感受。城市自造了“有市无民”的窘境：城市表征上庞大、豪华、现代、国际、炫目，但内里和细微处却有诸多的不人性、不生态、不规范、不道德、不合理，使城市在诸多方面实际上不适合人们的宜居、易业、颐养、怡游。这是城市发展中要重视、认识、研究的学术议题和实践话题。

由于城市微观空间是笔者提出的概念，以此概念为研究范式对城市空间进行分析的成果较少，该概念还需进行实证验证。为此，本书的研究路径亦先从案例分析入手，尽可能从各类城市微观空间类型和角度介入，选取具典型性和普遍性的城市微观空间的重要现象和常见问题进行研究，以案例分析看城市微观空间的现状问题、问题成因，及其长期隐性存在的机制，从而尝试验证：城市微观空间是不同于传统规划学和社会学理论的新的学术视角和研究领域。在对城市中的案例展开分析的基础上，将城市微观空间乃至人的感知作为一种新的城市社会学及城市问题分析的研究范式，尝试进行理论构建，形成分析体系。在具体研究过程中，既使用了常规的研究方法（如文献分析法），也采用了传统的社会学研究方法（如问卷调查、定量统计分析法和非参与式观察法等），更尝试采用城市地理空间影像和地图对研究对象即各类城市微观空间进行分析——将城市规划学的一些研究手段运用到城市社会学研究中。

本书最终涉及“以人为本”的城市中的人性问题、社会问题、生态问题、规范问题、道德问题、安全问题等宏观城市问题。

关于本书的理论创新和学术价值。本书是对长期以来传统的城市规划理论和区域规划理论的审慎批判，认为城市规划和区域规划无论从理论上还是在实践中，往往偏向总体、宏观、全面、普遍，而不注意城市微观空间中的个别、微观、具体、特殊；城市规划和区域规划多关注整体空间布局和功能区位组织等，而无意中忽视了其构建下所形成的各种微小空间对人类日常的真实影响，忽视了人类在城市中的工作境况、生活质量和幸福指数。这种宏观的大一统的规划理念是在学术研究上墨守成规和路径依赖的表现，最终使城市居民感受不到宏观规划应带来的宜居、易业、颐养、怡游的美好体验。这样的宏观规划就是有偏差的、空泛的、缺乏社会性的、不易落实的。应引入城市微观空间概念和人性化的微观空间的设计、管理、运行等新城市社会学和城市规划学理念，并尝试用这一城市研究理念，重新审视城市中最基本、最本原但很重要的问题。

即便古典的、具代表性的城市规划师勒·柯布西埃（Le Corbusier）很早就描绘了现代城市的蓝图，但正是其“集中”理念的“普世”引导，造成了在一些国家大都市中的各种非人性化的痼疾。在柯布西埃时代想象的人类城市，是工业化、生产、集体、工人的现代性城市；当今城市是后工业化、消费、个体化、文化、历史、生态、白领的后现代性城市。宏观再不能替代或决定微观；规划师和管理者的理念和意志，再不能强加于自由、平等和原子化、个体化的市民们。

即便是被城市社会学和城市规划学都认同的亨利·列斐伏尔（Henri Lefebvre）、大卫·哈维（David Harvey）、詹姆斯·C. 斯科特（James C. Scott）和刘易斯·芒福德（Lewis Mumford）等经典城市空间研究者，也少有直接涉足城市微观空间，他们要么从马克思主义学派角度研究政治经济学视域下的城市，要么研究资本循环理论下的城市更新，要么从国家作用的视角研究城市整体空间的形成，要么从历史文化视域研究城市历史的发展进程。但这些广阔宏大的学术视野和理论体系，并不能直接解释城市日常生活中的诸多现实问题，尤其是中国文化、社会、历史、经济、生活、规划、技术、道德背景下的诸多城市问题。因此，对城市微观空间的研究，对其非人性化的批判，是一个直接有效的新思考路径。

虽然有1933年的《雅典宪章》、1973年的《马丘比丘宣言》和20世纪60年代以来1981年的《华沙宣言》、1992年的《里约热内卢发展宣言》和《21世纪议程》等城市规划和发展的纲领性文件，但它们都停留在宏观和全面角度，只分别强调城市功能区划、规划中的人性化、人与建筑和环境的关系以及可持续发展等宏大问题，未涉及城市空间细微之处。

城市微观空间理念的提出，也是基于对城市社会学理论的梳理。城市社会学最早是对城市空间和社会群体的研究，如芝加哥学派、亚文化学派、消费学派、后马克思主义学派、后韦伯学派的理论，以及空间社会理论、社会网络理论、女性主义等；其后是对城市文化价值的关注，如文化生态学派的理论；再从政治学角度研究城市权力精英；全球化视域下的城市研究重归对社会群体的关注。但这些理论都未涉及城市微观问题。这一学术空白在提倡高质量发展、高质量生活，提倡宜居、易业、颐养、怡游的城市建设中是一种缺憾。当对城市中的前述微观空间日常问题感到不可接受，而现有理论不足以解释、解决问题时，城市微观空间的研究应被关注。这是本书的学术价值。

由于城市微观空间问题的复杂性和多样性，本研究是综合城市社会学、城市规划学、伦理学和建筑学的学科交叉研究。这在研究方法上也是一种尝试。“自然哲学认为宇宙是一种独立于人之外的事物或过程，而人文知识则认为人可以独立于宇宙以外而生存在一个自成一统的世界中。在这种分化过程中，原有的一些对人类状况的洞察力大部分丧失掉了，而原有这些洞察则是比较真确的，只是有些混沌不清。”① 自然科学和人文社会科学的分割使人类创造力退化和狭隘化。

有许多学者就城市规划与社会学的学科交叉和融合提出了自己的卓见。

一方面，城市规划学需要社会学视角。

城市的迅速发展带来的不仅是诸如环境恶化、能源枯竭、生态破坏等物理性问题，人口社会结构改变、犯罪率上升、城市社会贫困等社会性问题也随之而来。20世纪90年代，伴随着城市化进程的加速，中国以适应市场经济环境为主的城市规划开始登上城市建设的历史舞台。这种以经济建设为主的物质性城市规划是一种推动经济发展的政府工具和行政手段，仍非社会和谐发展、人居环境改善、社会群体生活质量提高的良策。在促进城市经济发展的大目标下，城市规划的核心常是对物质空间经济效益最大化的利用，由地方

---

① 刘易斯·芒福德：《城市发展史：起源、演变和前景》，第181页。

政府牵头的招商引资和房地产业的迅速扩张是这种空间规划目标的显著表现。无疑，以物质空间的经济效益为核心的规划给城市带来了巨额财富和经济快速发展，但忽视城市社会性的规划也给城市发展和城市空间利用的社会平衡带来了不良影响。以经济性为中心的城市规划很容易忽略社会需求的满足和生活空间的营造。当政府将城市规划的主导权倾斜给投资商和房地产商时，城市空间资源的分配必定不会公平公正，城市中相当部分普通民众和弱势群体的利益将得不到保障。这种城市规划方式盲目追求土地利用的利润最大化，而不考虑城市土地的区位特点，工厂、房地产业在城市内部遍地开花。虽然这种以物质空间经济利益最大化的城市规划能极大地发挥城市每块土地的经济区位优势，提高城市和当地政府的财政收入，但由此引发的城市环境和社会平等等问题所造成的损耗和修补成本也非常巨大，经济发展带来的低成本与高收益最终会被治理环境问题和社会问题的高成本抵消。①

这种以物质空间经济利益最大化为核心的规划思路造成的物质问题和社会问题逐渐显现，其本身却无法对此做出回应。城市规划应被重新审视，城市规划要回应社会变化的需要和挑战，城市规划需要社会学视角，城市管理者应把城市中社会方面的需求纳入空间规划，向城市规划注入更多的社会价值意涵，从而实现城市规划由偏重物质性到偏重社会性和人性的转变。

另一方面，城市规划应与社会学相结合。

有学者认为，城市规划的对象是城市，城市具有物质性和社会性，城市规划所规划的是“社会”这一内容而不仅是“城市”这个形式，城市规划关注的中心问题应是社会进步。② 城市规划有强烈的社会性，规划理论常和研究城市空间有关的社会现象与过程的社会学理论相交叉。③ 吉登斯（Anthony Giddens）认为社会学的研究目的是从科学视角回答社会为什么会是这样及人们为什么这样行动，社会学可被视为在现代思想文化中扮演着核心角色以及在社会科学中占据着中心位置的学科，社会学对其他相关社会科学有重要理论价值和方法论意义。④

在此理论和实践背景下，不同学者对如何将城市规划和社会学相结合提出了观点与见解。一些学者认为，虽然社会学有较强的理论价值与指导意义，但在与城市规划相结合的过程中，城市规划应占据学科融合的主要位置，城市规划中的空间问题应成为学科融合的本体与核心。另一些学者的观点则相反，认为在城市规划与社会学融合的过程中，社会学可成为城市规划的主体，社会学的相关理论对城市规划可以起到支撑作用。在这两种融合路线中间，还存在较温和的观点，认为在城市规划与社会学融合过程中，“要既加深规划对社会的认识，又避免规划过于偏向社会研究而丧失对自身本体理论的把握”⑤。这三种观点，不管它们提出怎样的学科融合方法或途径，其核心观念是一致的。社会学与城市规

---

① 王世军：《论城市规划的社会学转向》，《同济大学学报（社会科学版）》，2011 年第 2 期，第 45 ～ 50 页。

② 张庭伟：《中美城市建设和规划比较研究》，中国建筑工业出版社 2007 年版，第 151 页。

③ 王世军：《论城市规划的社会学转向》。

④ 安东尼·吉登斯：《社会学》，赵旭东译，北京大学出版社 2003 年版，第 2 页。

⑤ 李京生、马鹏：《城市规划中的社会课题》，《城市规划学刊》2006 年第 2 期，第 49 ～ 51 页。

划的融合认为以空间结构布局为核心的城市规划不仅是单纯的技术问题，也是社会性问题，充满了不同的价值判断与利益冲突；城市规划不仅应被看成一项专门技艺，还应被当作一项促进城市社会公平、实现社会价值与社会意义的社会运动。①

在社会学与城市规划相结合的过程中，社会学应发挥自身理论体系优势，为城市规划提供政治、经济、社会、组织框架和协调机制，从自身诸如结构功能主义、文化生态理论、符号互动理论、网络理论等理论视角出发，为城市规划提供社会性的思想基础。在城市规划实践过程中，社会学研究范式同样具有可借鉴的应用价值，定量研究与定性研究等研究方法可以成为城市规划的调查与分析方法。

现代城市规划理论在认识现代城市发展问题的基础上提出了相应的解决途径，从而构成了现代城市规划的基本理论框架。② 城市规划理论视角的基础与核心是对城市空间问题的确定、分析和解决，运用城市规划理论视角，就是以问题为核心导向对城市进行相关规划工作。在城市规划理论的发展过程中形成了分析解决城市规划问题的三种视角，分别是行为—空间理论、系统的思想方法以及政治经济学研究思想。③ 行为—空间理论强调在城市生活中的人及其活动是空间组合与建设的关键因素，城市规划中空间的合理利用必须将空间分析与人及其活动结合在一起；系统的思想和方法强调城市规划要作为一个整体进行组织与安排；政治经济学研究思想希望从社会经济结构运作的过程探讨造成城市发展问题的原因，把城市规划与城市政策制定相结合，让城市规划发挥更显著和全面的作用。

公众参与是保证城市规划科学性的重要因素之一，公众参与理论视角要求城市规划者实现观念转变与利益转变，在城市规划过程中将公众的想法与观念纳入实际规划实践中。作为城市规划主体之一的政府应当从传统的规划支配者角色转变为服务者角色，应当将公众利益放在第一位，应当协调不同群体之间的利益冲突与利益对立。此外，另一个城市规划主体——城市规划师也应当积极倾听民众诉求，提高在社会动员与社会组织方面的知识和能力。④ 除观念转变外，城市规划者还应当实现利益方面的转变。在引入公众参与理论视角后，城市发展规划的利益格局应当发生较大改变，城市规划者中的政府要从一味追求政治、经济利益转变为更多地考虑社会利益、群体利益、社会平等以及生态环境等相关利益因素。

城市规划与社会学的融合有着很强的理论与实践意义，城市规划中传统规划理论与社会学视角的结合有着广阔的应用前景。在此学科融合的研究背景下，解决微观空间存在的现实问题需要城市规划与社会学理论双学科的分析框架。

全书共 14 章。第一章是异化的公共空间，第二章是失效的城市自然生态，第三章是儿童空间的适幼性，第四章是居住空间的宜居化，第五章是城市失用地，第六章是旅游空间的“公”与“私”，第七章是城市空间的隔离与歧视，第八章是被忽视的女性，第九章是城市空间连续性的断裂，第十章是人工环境规模的区隔性，第十一章是微观空间体验的

---

① 孙施文：《城市规划哲学》，中国建筑工业出版社 1997 年版，第 119 ～ 123 页。

② 陈友华、赵民：《城市规划概论》，上海科学技术文献出版社 2000 年版，第 44 页。

③ 陈友华、赵民：《城市规划概论》，第 49 ～ 50 页。

④ 赵伟、尹怀庭、沈锐：《城市规划公众参与初探》，《西北大学学报（哲学社会科学版）》2003 年第 4 期，第 75 ～ 78 页。

不适感，第十二章是地处险境，第十三章是问题原因探究，第十四章是重建“我们的城市”。第一章至第十二章是分析城市中微观空间各种不人性化的案例；第十三章是研究基于中国国情的造成各种微观空间非人性化的文化、社会、历史、经济、生活、规划、道德等原因；第十四章是以笔者个人的理想愿望，描绘塑造城市微观空间的美好蓝图。

最后，要特别说明的是，本书的撰写起步较早，一些研究的时间跨度较长，一些个案分析甚至可回溯到 5 ～ 10 年前，很多研究领域是历史性和阶段性的问题。自党的十八大尤其是二十大以来，我国在经济社会发展、城市建设、民生改善等方面有了长足的进步，书中所揭示的不少问题已得到不同程度的解决或改善。尤其在国家提出新型城镇化、生态环境保护和以人为本等发展理念、方针、政策后，我国在城市空间的人性化改造方面已获得了显著的成果和经验。因此，本书所研究的一些问题已成为历史，而其他一些问题或是正在得到解决，或是已经引起了有关部门、学界和社会的重视，也必将得到进一步的破解。我国城市将变得更加宜居、易业、颐养、怡游，更多的现代文明城市将继续展现在世人面前。

目　录

第一章　异化的公共空间

第一节　城市公共空间的私用化

一、研究背景和意义

“城市公共空间包括可访问且非私有领域的所有空间，如人行道、公共长椅、照明设施、标牌、车辆所用道路以及城市街道、广场和公园内的各个部分。”① 城市公共空间私用化指个体或某些社会群体在未经管理部门允许和多数公众知情同意的情况下，对城市公共空间私自占有使用，这种占有使用具有除这些个体或社会群体外的排他性和垄断性。即原属城市所有公民的空间被小众人群占用。

私用化的长期化或相习成俗的固化，就会形成半私有化的后果和状态。私用化甚或半私有化的表现是：个体和部分社会群体独用和独有原属于公众的公共空间资源，造成其他社会群体失去使用的权力和机会，造成城市空间资源使用权、归属权和分享权的不平等和混乱。这经常发生在涉及民众日常工作生活的城市微观空间。针对这种状况，目前还没有新的相应法律予以遏止，只能靠道德谴责和伦理说教。而这在一些公民道德素质较低，且公共资源长期缺乏的社会或社区里，又恰恰是行不通的。在少数人对这种私用行为予以制止时，会被斥以“你管得着吗?”“狗拿耗子多管闲事”等“理直气壮”的反驳。

这些被私用的城市微观公共空间涉及类型广泛，遍及面广，数量很多，但空间容量或承载量有限。许多微观公共空间建设成本高、准入成本高，甚至具有历史价值和文化意义，一些甚至是种类独特又不可复制的。这些城市微观公共空间被个体或某些个体化、特殊化的社会群体私用化和半私有化，反映的是城市中部分社会群体部落化的不伦理和排他性，是对属于共同体、社会集体的城市公共空间使用权的剥夺，是对城市公共物品的侵占。

鉴别城市空间的社会集体价值意义，即某空间是否属于重要公共空间，可以从其在城市中的数量、容量、独特性、建设成本、准入成本、历史性、文化性、社会意义和不可复制性等九个衡量指标测定。据此，可以把城市微观公共空间分成不同地位意义和价值层次的公共空间，从而衡量其重要度。对重要度越高的城市公共空间的私用和半私有化越多，其反公共性、反集体主义的不伦理程度就越高。但对珍稀程度较低的其他层次的城市微观

---

① 亚历山大·加文：《如何造就一座伟大的城市》，胡一可等译，江苏凤凰科学技术出版社 2020 年版，第 20 页。

公共空间的侵占，也并非就不重要，因为这涉及社会公平问题，可能有广泛的普遍性，也会造成大范围和长期的城市微观空间被个体化滥用的问题。如住区广场舞对小区稀少广场和空地的长时期定时独占和引发的其他派生矛盾等。

按上述九个指标，城市最重要的微观公共空间往往是数量唯一、容量有限、有绝对独特性、建设修缮成本较高、进入门槛（如门票）较高、独具历史文化意义、不可被其他空间复制或替代的空间。如杭州西湖景区绿道、南京中山陵音乐台、佛罗伦萨维琪奥桥、布鲁塞尔广场白天鹅寓所（马克思流亡比利时期间的故居）、南京玄武湖梁洲岛等。这些都是城市珍品，但这些最重要的微观公共空间乃至属于全人类的世界性公共空间却受到不同程度、不同类别的私用。这是第一层面和第一严重程度的私用化。

第二层面的私用化表现在更微小的空间和城市公共服务设施上，如城市广场和公园绿地中的球场、草坪、长椅、雕塑等。如篮球场被跳广场舞的群体占领等带有“常态化正义”色彩。

第三层面的私用化是对城市其他公共服务设施硬件（也占有一定空间）的越轨性私用和滥用，有时候带有极端个人主义倾向，如有人在公园长椅上躺睡，在高铁上占座和大音量播放视频，在地铁里饮食甚至大小便，等等。

更普遍和广泛地影响到市民日常生活的公共空间私用现象，是城市住宅区公共空间场地的私用化。这也是在我国城市中因集体公共空间被个别人和个别群体占用、私用而产生矛盾最多的微观空间。这样的私用化更难判定和解决。

二、个案分析

（一）案例简介

以城市住宅区公共空间这一微观空间被私用的个案为例进行研究。研究个案涉及 NJ 市的两个商品房小区。其简况如表 1.1 所示。

表 1.1 KB 小区和 LH 小区简况

项目	KB 小区	LH 小区
容积率	1.40	1.49
绿化率	35%	48%
总户数	1840 户	1500 户
建筑面积	196774 平方米	180000 平方米
占地面积	140553 平方米	120886 平方米
主道路宽度	5.55 米	5.75 米

两个小区南北紧邻。LH 小区开盘时间为 2007 年 7 月 18 日，入住时间为 2009 年 9 月 28 日。KB 小区开盘和入住时间不可考，竣工时间是 2010 年。由于之前物业公司不作为，业主联名反映，两个小区都在 2018 年更换了物业公司。

容积率又称建筑面积毛密度，指小区地上总建筑面积与用地面积的比率。对开发商来说，容积率决定地价成本在房屋中的占比（容积率越低，地价成本占比越高，开发商收益越受损）。对住户来说，容积率直接涉及居住舒适度：容积率越低，建筑分布越稀疏，居住感越舒适；高容积率意味更高的人口密度、更严峻的安防问题和更大的公共设施压力（设施空间少，频繁使用会加速设施老化）。良好的居住小区，高层住宅容积率不应超过5.0，多层住宅不应超过3.0。

容积率由政策规定，根据现行城市规划法规编制的各类居住用地的控制性详细规划，容积率分别为：独立别墅区0.2～0.5；联排别墅区0.4～0.7；6层以下多层住宅区0.8～1.2；11层小高层住宅区1.5～2.0；18层高层住宅区1.8～2.5；19层以上住宅区2.4～4.5；住宅区容积率小于1.0的，为非普通住宅。

由表1.1的1.49和1.40看，属于11层小高层住宅区的LH小区和属于18层高层住宅的KB小区的容积率均远小于小高层住宅区和高层住宅区的标准。根据实地感受，两个小区都没有让人感觉十分拥挤。LH小区是11层以下的住宅，其1.49的容积率刚达到国家规定。KB小区是18～20层住宅，其1.40的容积率是不达标的。

绿化率即绿化覆盖率，指绿化垂直投影面积之和与小区用地的比率，其界定相对较宽泛，长草的地方都算作绿化。KB小区绿化率为35%，较低于LH小区的48%。

KB小区有高楼区和别墅区，总户数为1840户；LH小区只有楼房，总户数为1500户。在建筑面积与占地面积方面，KB小区分别为196774平方米和140553平方米，都大于LH小区的180000平方米和120886平方米。

两个小区的主路宽度：KB小区为5.55米，LH小区为5.75米，细微差距在排除操作误差后几乎不存在。但KB小区在道路旁设有机动车停车带，路旁停车并不占据行人步行和非机动车行驶道路；LH小区许多业主默认道路一边为停车位，私家车基本占据了主干道一半宽度，使其他车辆会车时有困难，行人行走也有诸多不便，甚至有安全隐患，这是私家车私用公共道路的后果。

在两个小区各自访谈了五位被访者后，笔者按照问题从共性到个性的程度顺序梳理出了两小区存在的公共空间使用方面的问题，并对这些问题进行描述。

实用公共空间面积占小区总面积的比例较小。两个小区的容积率较低，按常理，小区应有足够的空间进行公共场地建设。但实地观察发现，小区的公共场地利用率并不高。如KB小区的观景水池既不具备环境美化功能，也不具备使用功能，占据很大面积，但处于废弃状态，水质差，造成视觉污染和空气污染；有大面积空间是“人无法进入的绿化”，即灌木、草丛和树丛，而不是可以让人进入并进行娱乐休闲的草坪。

两个小区都有建设微观公共空间的条件与优势，却没有很好把握，空地面积没有得到合理高效使用。微观公共空间配置的不到位与不合理导致功能场地缺乏。

（二）案例分析

1. 儿童游戏和成人运动空间缺乏

首先是缺少供儿童玩耍的公共游戏场所与设施。KB 小区安装有几个健身器械，数量很少，规模有限，没有供小孩玩耍的滑梯、跷跷板、小木马等场地和设施；LH 小区仅有一处占地面积很小的已老旧的综合滑梯设施。一位被访初中学生说：他与同小区的同学是先在学校成为朋友，而不是在小区以邻居关系发展成朋友，反映出小区缺少可供少年儿童聚会并产生社会互动的场所。

其次是缺少运动设施和规范的运动场地。两个小区的运动场所面积非常小，热爱运动的青少年、中年人和退休老人所希望的规范性运动场地如篮球场、乒乓球台、羽毛球场等是没有的。虽然小区外就是中学，学生可以到学校操场进行体育活动，但据访谈回馈，他们认为去学校麻烦，希望在小区建设这样的场地。而非学生群体则不可能进入学校。老年群体健身场地也缺乏。两个小区都有广场舞、太极拳和健身操群体，每个群体规模都有二三十人，基本占据了小区外的商业街步道和小区内各广场，遇到雨雪天，只能转至单元楼放电动车的架空层或地下车库这样的小区公共空间。在应有微观公共空间缺乏的情况下，停车场、架空层、商业街步道甚至小区人行道等就成为时段性固化的运用场地，被跳舞、打球、散步的人群私用化。在 LH 小区，小区中心区初始公共活动空间甚至长期被卖陶瓷、弹棉花的小贩占据，小区入口附近的人行步道则被流动菜贩侵占。

2. 私家车与非机动车的停放难题

首先是私家车占用作为公共空间的小区主干道一侧停放，阻塞空间，带来安全隐患。KB 小区主干道一侧设有机动车停车带，私家车停放不占用道路空间，道路通畅，偶尔有外来车辆停放。LH 小区的许多车辆就停在单元门主干道一侧，占据了整条道路的一半，妨碍过往车辆会车及行人和非机动车通过，带来安全隐患。小区虽有地下车库，但大部分人不愿买或租，为了一己之方便，车主们是先到先得，占据道路一侧的“自设”停车位。

其次是私家车停放在小区门口的小广场，妨碍出行，占用公共活动空间。有跳广场舞的老人反映，原先他们在小区门口的人行道和小广场有较大的活动空间，可组织较大规模的广场舞；但私家车停放后，他们不得不退到小区内较狭小的公共空间。两个私用公共空间的群体造成了恶性循环。

最后是非机动车乱停放。即使两个小区都在相关位置贴上了告示和规定，都仍然存在在楼道和单元门口停放电瓶车和自行车的现象，妨碍住户出入，造成致命堵塞。

3. 遛狗对公共空间的影响

遛狗不牵狗绳，大型犬不封口，威胁公共安全。两个小区都有不少住户养狗。根据观察和访谈，近半的人遛狗时不牵狗绳，大型犬没有封口，这给对狗有恐惧感的人群造成不适，埋下公共隐患。不牵狗绳也容易引发狗与汽车相撞，产生纠纷。

不清理狗粪便，破坏公共空间卫生环境。虽然被访者说不清理狗粪便是少数情况，但据实地观察，只看到一位遛狗者携带了清理工具，不清理狗粪便的情况不是少数。许多人认为狗将粪便排泄到人不进入的草地不会产生不良影响，他们就更对此漠不关心。在一些有地下车库的小区还有一个难堪的现象：在雨雪天，遛狗人不得不在地下车库遛狗，一旦他们依然不清理狗粪便，那么作为微观公共空间的地下车库就成了狗粪堆积场，其私用化恶果达到了损害公共设施使用和人类卫生健康的程度。此外，爱猫人士喂养流浪猫的个人行为也会对公共空间造成污染。

4. 其他设施需求

还有一些个性化的私用需求，如由于小区公共场所没有晾晒设施，很多居民在小区树木间长期固定地捆绑绳索，晾晒被褥和衣服，造成公共绿地极度不适的视觉污染。这种习惯在高密度小区“蔚然成风”，小区小树林和绿地已难以进入。

三、住宅区公共空间私用化的原因

关于公共空间私用化和半私有化的制度性原因，大卫·哈维曾有一语中的的阐述：“不断加强的贫富和权力的极化必将深刻地影响我们城市的空间形式，不断出现堡垒式分割、封闭型社区，以及终日处于监控中的私有化的公共空间。新自由主义对个人产权和私有财产价值的保护已成为一种主导政治形式，甚至对较低层次的中产阶级也是这样，尤其对于发展中国家。”① 造成住区微观空间私用化的具体原因如下。

（一）公共空间供给不足

虽然城市在扩张，土地面积增加，但城市人口增速远高于城市增速。城市人口密度增大，住区微观公共空间“先天不足”。增长的人口意味着增长的住房需求，但城市可提供的住宅用地面积减少，只能以最小面积提供最大数量的住宅空间。因此，住宅区总用地面积都不大，开发商为节约成本、提高收益，在狭小用地上建设高层住宅以最大限度增加住宅建筑面积和户数，尽可能压缩楼间距，这提高了楼宇密度，容积率表面上达标，但高层住宅使入住的户数和人口倍增；同时，开发商还尽可能减少绿地、广场、儿童游戏场等公共空间。因此，容积率的计算已没有意义，而应计算住区的人均占有公共空间的比率，即小区满入住后以三口之家为基准的住区总人口数除以小区公共空间面积。当然，公共空间面积的界定范围是多样的，如只有广场和儿童游戏场等而没有绿化带，或将地面停车场也算入，等等。

柯布西埃的集中城市理论中，提高住区人口密度就是该理论的核心，认为通过功能、规模与结构紧凑及交通通达，可促进城市集聚发展。但中国的一些住宅区往往只做到了规模与结构紧凑，忽视了功能紧凑和交通通达。住宅区人口密集，周围也有基本配套服务，但内部公共空间、公共功能和公共设施却不完善，甚至缺乏。

在公共空间不足的同时，开发商还有意无意地忽视功能性公共空间的建设。这同样是为节约建设成本，规避非营利建设投入，从而进一步导致住宅区缺乏人性化的功能性公共空间，倒逼居民对公共空间的私用。

---

① D. 哈维：《叛逆的城市：从城市权利到城市革命》，叶齐茂、倪晓晖译，商务印书馆2014年版，第16页。

（二）社会公共道德缺失与模糊的公私空间划分

一方面，国人适应现代城市生活的时间并不长，几千年来奉行维持传统农村社会秩序的文化视域下的伦理道德，但较少涵盖社会公共道德。伦理道德范畴往往局限在家庭和国家（家国情怀），却没有“社会性”的对应道德教化。因此，人们在城市中生活时，常缺乏社会公共道德的规范和指导；在公共空间行动时，缺乏正确行动的准则，他们没有意识到个体不当行为会给他人造成困扰或是错误的。此外，不遵守社会公共道德的成本很低，要承受的心理压力和社会压力都很小，更缺乏有效的法规惩戒手段。社会公共道德没有形成传统伦理那样强的约束力。

另一方面，公共空间与私人空间、公共领域与私人领域的划分模糊，导致公共空间的私用化。做出私用行为的居民在意识上将公共空间私有化，未意识到公共空间是共在的个体们共享的，只考虑个人利益，未顾及其行为会伤害公共利益和空间中其他个体使用者的利益。乱停车、不文明遛狗的居民并非故意，而是没慎重考虑后果，没有意识到自己是在公共空间（活动），对他们来说这就是自己的另一个私人空间——家的延伸。在中国传统文化中，缺乏黑格尔（G. W. F. Hegel）的“市民社会”或尤尔根·哈贝马斯（Jürgen Habermas）的“公共领域”，只有私人的“家”和天下的“国”，道德制约范畴要么太小，要么太大，人们将大量中间地带视为私人领域。因此，当人们进入城市公共空间时，习惯性地将其私用化和半私有化。“一个减少空间冲突的方法是阐明和加强社会对空间权利的共识，这样大家都会知道是谁在掌握着空间，也会知道怎样才是在这里比较恰当的举动。”①

（三）规划纰漏

城市发展过快，原先的规划设计无法适应膨胀的人口和空间需求。中国经济飞速发展，几乎每户都有至少一辆私家车，汽车拥有量上升。老住宅区设计的停车位是针对10年甚至50年前的汽车拥有量，供给没变，需求增加，自然出现矛盾，“无地自容”的私家车只好停在小区路肩或其他公共空间。事实是，KB小区地下车库有两层，第一层待售的车位很多依然空着，大部分车辆停在第二层，车位供给充足；LH小区有地下车库但大量空置，小区车辆仍找不到停车位。这涉及停车位售价、租金和便利度的问题。LH小区物业要求业主高价购买地下车库和地表停车位，引起业主不满，引发业主汽车占用小区的公共道路甚至小区外的市政道路。

四、总结与讨论

造成城市微观公共空间私用化和私有化的原因既有空间规划机制，也有余量不足原因，更有社会道德意识和管理原因。很多私用化行为不是市民的主观刻意所为，而是一种被动盲从的不规范行为。这些行为的后果是对公共空间和公共利益的占有和损害，最终造成一种总体状况下的微观空间使用的非人性化。在我国，城市微观公共空间被私用的问题是较为严重和复杂的。解决之道或许是进行空间改造和加强空间管理，对未来微观空间的

---

① 凯文·林奇：《城市形态》，林庆怡译，华夏出版社2001年版，第152页。

设计要做好基于市民空间需要的预设，这样才能使包括小区微观公共空间在内的城市公共空间成为真正的公共物品和集体福祉。由住宅小区推广到城市，城市公共空间更不应被私用化，而应呈现出巴黎卢森堡公园的公共性情景。

始建于17世纪的皇家园林卢森堡公园已是共享空间："卢森堡公园大型八角水池中有一座喷泉，最初是用于装饰环境。如今，孩子们租用或自己携带帆船模型在大型八角水池中比赛，还有的租一匹小马，漫步于林中小径，或坐在木偶剧场附近的旋转木马上。卢森堡公园不仅受到低龄儿童欢迎，也吸引着附近巴黎大学的学生。他们下课后来到这，坐在长凳上（19世纪，卢森堡公园增建了长凳）读书，与同学讨论，或独自晒太阳。他们与附近社区的青少年一起踢足球，来一场即兴的足球比赛，在露天舞台听音乐会，或在咖啡厅品尝葡萄酒。此情此景，得益于卢森堡公园公共设施的不断完善。人们在座椅上看风景，或野餐，或在公园里漫步。他们推着婴儿车，带着素描用具来写生，或带着网球拍来打球（20世纪，卢森堡公园增建了网球运动场）。卢森堡公园拥有丰富功能，人们在这拍照留念、欣赏古城堡，或怡然自得地散步。总之，卢森堡公园做到了'人人均可使用'，无论人们的目的如何，公园总能满足大家的需求。"①

为达成公共空间的公共性，"警察负有这样的任务，并得到司法机构和规划机构的支持。不然的话，同一地方的不同团体会相互攻击、相互干预，认为别人的行为怪异或有恶意。但是，我们也崇尚自由，并期望能自由地选择行为模式。再者，一个伟大城市的吸引力之一就是其居民的多样性。所以，使用极小的必要控制来保证一个地方不同使用者之间彼此和平相处，同时又能充分体验到自由，实在是一门精细而微妙的艺术。"② 这是维持公共性的他律。

除学会在同一个时空下对与他人共存时的容忍的自律外，"减少冲突的方法是把空间分割成相对较小的单元，清楚地标示出来，这样就可以减少相互之间的干扰。这是一个间隔的技术问题，……为了避免这样的浪费，所有权也能够用时间来分割。例如，不同的度假游客，能一个周末接着一个周末地共用同一座小别墅；教授们一个接一个使用同一间教室。我们并未把这种形式看作是一种所有权，然而，它的确是一种所有权的形式"③。

城市公共空间中最具典型的是城市的广场。作为一种重要的城市公共空间，城市广场在现实使用中的功能异化，造成了一系列去功能化乃至负功能化的后果，使原本最具公共象征意义的城市广场部分地失去了应有的人性光辉和人文价值。

第二节　城市广场的功能异化

一、研究背景和意义

城市广场源于古希腊雅典城邦，经罗马帝国等世代，在欧洲及其殖民地城市广泛兴建，早期是集市、宗教、管理、刑罚、动员、休闲、集会等公共功能集中地，是城市乃至

① 亚历山大·加文：《如何造就一座伟大的城市》，第84页。
② 凯文·林奇：《城市形态》，第152页。
③ 凯文·林奇：《城市形态》，第152页。

国家的政治、经济、宗教和文化中心；到工业时代，仍保留了宗教、管理、休闲、集会等功能，增加了国家动员、战争动员、舆论、交通、旅游功能。进入后工业社会，欧洲城市广场只剩休闲、舆论、旅游三个功能，部分保留着宗教、集会和交通功能。这是广场原有公共功能被其他功能设施替代的结果，如市议会替代了集会和动员功能，市政厅替代了管理功能，超市替代了集市功能，法院、监狱替代了刑罚功能，等等。这使欧洲城市广场功能更市民化、单一化和狭隘化，这是欧洲城市广场最早的、正态的去功能化，是城市发展的必然结果和趋势。

锡耶纳城的帕里奥广场“位置在市政厅前面。由于广场结合了很多重要的城市功能——司法、行政、贸易、生产、宗教、社会——所以毫不奇怪，正像威切利所说，广场会以压制卫城的优势继续发展，直至最后变成城市中最重要最富活力的因素。实际上，希腊时代的城镇中，广场甚至将卫城的古老组成部分——神庙或剧场也包括了进来”①。古代乃至今天，欧洲城市广场的结构特质是：周围是多种功能的房屋排楼，中间是广场，如布鲁塞尔广场、法兰克福罗马广场和威尼斯圣马可广场，具有强大的集聚和向心力。中国古代的广场（如果有过真正广场的话）和现在的广场则相反，建筑物在中间，周边环绕着断续的广场。其原因是：①建筑物至上，社会交往功能为下；②要充分利用土地空间；③经济和商业权力至上。其与古代欧洲城市的市政广场相比不利的是：①缺乏相对封闭性，缺乏一个有向心力，整合和团结导向的广场中心；②围绕状的广场使广场只是个走廊，不能起到整体性和凝聚作用，不适合市民社会交流；③总有遮光背阳的地方，被中心建筑物遮挡了宝贵的阳光；④这样分散的、有断面的场地难以整体性使用。本节论述作为城市微观空间的我国城市广场的社会功能异化过程。

二、重要概念

长期以来，中国不少城市广场的社会功能已部分发生了去功能化、介入性功能和负功能化等异化过程，成为城市中有争议的微观公共空间。

在研究城市广场的社会功能异化②前，先阐释四个基本概念：城市广场的基本社会功能（初始性功能）、去功能化、介入性功能、负功能化。

1. 基本社会功能（初始性功能）

伟大的公共空间（无论街道、广场、公园或其他公共空间）必须具备一系列特征：对公众开放，人人均可使用，吸引并保持市场需求，提供成功的城市框架，营造宜居环境，形成市民社会。伟大的公共空间影响着人们的日常生活。③ 城市规划者和管理者对城市广场设定的客观类型和主观社会功能包括 13 种城市广场类型及 12 项基本社会功能。城市广场的 13 种类型包括中心广场、市政广场、商业广场、文化广场、纪念广场、景观广场、绿化广场、喷泉广场、水面广场、水岸广场、车站广场、交通广场、体育广场。城市

---

① 刘易斯·芒福德：《城市发展史：起源、演变和前景》，第 161 页。

② “异化”与“变迁”的内涵不同。变迁是指功能发生自然的历史性变化，是外在性进化，是褒义的；异化是指一种本身应有的功能发生异常变化，是内在性的蜕变，是中性的。

③ 亚历山大·加文：《如何造就一座伟大的城市》，第 29 页。

广场的12项基本社会功能包括政治功能、经济功能、宗教功能、文化功能、历史功能、符号功能、教育功能、景观功能、休闲功能、旅游功能、交通功能、生态功能。这也是初始性功能。实际上，在自古有广场传统的欧洲，广场还有一个基本功能——居住功能。"在17世纪时，广场出现了新面貌，或者说，它起到一种新的城市功能，就是使同一行业和同等地位的住家集中在一起，互相之间，鸡犬之声相闻。"①

城市广场的本质社会功能有8个方面：社会交往、社会整合、社会心理矫正、再社会化、社会平等形塑、历史价值观载物、集体记忆和自然生态维系。其实践效用是"熟人社会"和城市精神重构，治愈"城市病"，改善城市人文和生态环境。

这是理想化和传统意义上的城市广场的基本社会功能和本质社会功能。

2. **去功能化**

去功能化指因社会变迁、城市化进程、异质性社会结构、社会群体作用、规划理念和城市管理等原因，造成城市广场基本社会功能未能有效实现，理想化的社会功能和作用部分或全部失去。这里的去功能化不是指原有基本社会功能的完全丧失，而是被忽视弱化、被遗忘淡忘、被边缘化、被排挤的现象和过程。如纪念广场还留有纪念雕塑，但大部分居民和游客已不甚了解其历史背景和文化意义。

3. **介入性功能**

在去功能化前提下，因广场所在城市或社区的经济特征、文化结构、管理体系、公民素质、社会需求和空间区位的特殊性及不同社会阶层与社会群体各种理性和非理性的选择，使城市规划者和管理者始料未及的其他功能在广场生成和繁衍，是非设定性、非常规性、异质性的功能介入。介入性功能有三类：某些社会阶层或社会群体的生产性功能、生活性功能和异化的公共行为功能。

4. **负功能化**

在城市广场去功能化和出现介入性功能后，由此引发危及城市广场和城市社会的负面作用，对城市社会具有负面甚至破坏的效果，如出现社会越轨与犯罪、损害公共利益等社会现象和社会行为。

三、城市广场功能的去功能化、介入性功能和负功能化过程

由于社会变迁、城市化进程、异质性社会结构、社会群体作用、规划理念和城市管理的影响，城市广场的基本社会功能发生异化：先是去功能化，同时介入性功能入侵，造成负功能作用。现用剔除法分析该异化过程并总结于表1.2。

---

① 刘易斯·芒福德：《城市发展史：起源、演变和前景》，第411～412页。

表 1.2　13 种城市广场类型的功能异化过程

广场类别	基本社会功能（初始性功能）	去功能化		介入性功能	介入性功能行为类型	负功能
		减少的功能	剩余的功能			
中心广场	政治功能 经济功能 宗教功能 文化功能 历史功能 符号功能 教育功能 景观功能 休闲功能 旅游功能 交通功能 生态功能	政治功能 经济功能 宗教功能 交通功能 生态功能	文化功能 历史功能 符号功能 教育功能 景观功能 休闲功能 旅游功能	有生产性功能、生活性功能、公共行为功能。但由于属于市政一级广场，管控严格，其介入的可能性和持续性较小。即使介入也会被不断驱离	商演，儿童游乐场，棋牌区，路边摊，拍照服务，广场舞，露天卡拉 OK，体育活动，布展，乱停放，卖艺，乞讨，群体事件	从城市管理者角度看，这些介入性功能会影响城市形象，破坏环境，危害治安，侵权扰民及非法经营。有损城市公地的权威性，排挤其他功能
市政广场	同上	同上	同上	有生产性功能和生活性功能、公共行为功能。介入的过程与市政管理部门发生持续性冲突，其结果最终取决于双方权力的博弈	同上	占据排挤原有社会功能时空，不能正常运转。有损城市形象，破坏环境，危害治安，侵权扰民及非法经营等
商业广场	经济功能 文化功能 符号功能 景观功能 休闲功能 旅游功能 交通功能 生态功能	文化功能 符号功能 景观功能 交通功能 生态功能	经济功能 休闲功能 旅游功能	各类正式和非正式业态包括“灰色经济”将广场作为低成本的商贸交易空间。有与商业相关的违规娱乐活动	商品推广，商业文化表演，路边摊贩，乱停放，广场舞，露天卡拉 OK	会在不适宜的时段形成密集的户外商业活动，造成城区噪声污染、环境污染和交通拥挤，出现违规商业活动

续上表

广场类别	基本社会功能（初始性功能）	去功能化		介入性功能	介入性功能行为类型	负功能
		减少的功能	剩余的功能			
文化广场	宗教功能 文化功能 历史功能 符号功能 教育功能 景观功能 休闲功能 旅游功能 生态功能	宗教功能 文化功能 历史功能 符号功能 教育功能 生态功能	景观功能 休闲功能 旅游功能	文化传播功能被忽视，大量低端的生产性功能和生活性功能介入	商演，儿童游乐场，棋牌区，路边摊，拍照服务，广场舞，卡拉 OK，婚介角，卖艺，乱停放，乞讨，群体事件	降低了原有文化底蕴和文化层次，广场文化被低级化和庸俗化，人文意义和历史价值丧失
纪念广场	政治功能 宗教功能 文化功能 历史功能 符号功能 教育功能 景观功能 休闲功能 旅游功能 生态功能	政治功能 宗教功能 文化功能 历史功能 符号功能 教育功能 生态功能	景观功能 休闲功能 旅游功能	介入的生产性功能主要是各种商业经营和不受约束的休闲活动，尤其是市民的过激嬉闹喧嚣和不文明行为	同上	削弱了广场的纪念意义，有损其所代表的历史传统、社会价值或文化意义。会破坏文物、纪念物等。有损历史价值的尊严和完整延续
景观广场	文化功能 符号功能 教育功能 景观功能 休闲功能 旅游功能 生态功能	文化功能 符号功能 教育功能 生态功能	景观功能 休闲功能 旅游功能	区位优越的地方会出现大量非规范的商业活动。在区位边缘化地方，尤其是住宅区附近会出现高密度的娱乐性的民间文化活动	商演，儿童游乐场，棋牌区，路边摊，拍照服务，广场舞，卡拉 OK，体育活动，布展，乱停放，卖艺，乞讨	违规商业活动和过度民间活动造成噪声污染、环境污染和公共秩序紊乱，有损景观、教育、旅游功能
绿化广场	景观功能 休闲功能 旅游功能 交通功能 生态功能	景观功能 生态功能	交通功能 休闲功能 旅游功能	原有的绿化带和绿化植被被市民求生存的生产性功能和一些生活性功能侵占破坏，其生态绿化的公共性受到侵犯	商演，儿童游乐场，棋牌区，路边摊，拍照服务，广场舞，卡拉 OK，体育活动，布展，乱摆放，卖艺，算卦，晒被，乱停车	植物、绿地和灌木被损坏甚至土质化，造成稀有的自然生态环境被毁，城市公共环境、景观环境和卫生环境被破坏

续上表

广场类别	基本社会功能（初始性功能）	去功能化		介入性功能	介入性功能行为类型	负功能
		减少的功能	剩余的功能			
喷泉广场	景观功能 休闲功能 旅游功能 交通功能 生态功能	景观功能 休闲功能 旅游功能 生态功能	交通功能	喷泉因市财政短缺或设备失修而长期不能使用。这种“破窗效应”会招致其他功能和问题的侵入，喷泉演变成干枯的游戏场或臭水潭，景观均被破坏	商演，儿童游乐场，棋牌区，路边摊，拍照服务，广场舞，卡拉 OK，体育活动，布展，乱停放，卖艺，乞讨，婚介角	喷泉水体干枯或污染，维护成本上升，是城市破产符号，引发破坏性功能侵入。市民活动过度造成卫生问题和噪声问题
水面广场	景观功能 休闲功能 旅游功能 交通功能 生态功能	景观功能 休闲功能 旅游功能 交通功能 生态功能	无	水体水质被污染。气候变暖使水体水位、水质下降甚至干枯。引致其他违规功能的介入	商演，儿童游乐场，棋牌区，路边摊，拍照服务，广场舞，卡拉 OK，体育活动，临时展，乱停放，卖艺，乞讨，非法捕捞	水面广场不能达到亲水和生态效能，环境污染、疾病传播和景观破坏。水生动植物锐减，水体富营养化，水生动物迁离
水岸广场	景观功能 休闲功能 旅游功能 交通功能 生态功能	景观功能 休闲功能 旅游功能 交通功能 生态功能	无	水质被污染。气候变暖使水位、水质下降。亲水平台失修，林荫植被稀缺，水中生物被威胁。水面和水岸成垃圾倾倒区。引致其他违规功能介入	同上	失修的平台失去亲水功能，水质恶化，污染环境。市民过度活动造成卫生生态问题。难以成为鱼鸟类等动物的栖息地
车站广场	经济功能 旅游功能 交通功能 生态功能	旅游功能 生态功能	经济功能 交通功能	介入性生产功能，如非正规的交通服务和其他违法性的生产活动；介入性生活功能，如临时露宿功能	非法牟利如倒票、假票、摊贩，非法营运，候车人聚集，临时栖身，乱停放，乞讨，群体事件	非法营运，扰乱站前广场和交通服务秩序，阻碍广场的通达性，挤压旅客空间，滋生犯罪。增加紧张氛围

续上表

广场类别	基本社会功能（初始性功能）	去功能化		介入性功能	介入性功能行为类型	负功能
		减少的功能	剩余的功能			
交通广场	旅游功能 交通功能 生态功能	旅游功能 生态功能	交通功能	介入性生产功能多为低端、非正式的私营交通运营、临时饮食摊贩及无序的车辆停放	摩托车、私家车、三轮车拉客，票贩子，卖发票，摊贩，乱停放，乞讨，派广告	阻塞周边交通要道的通达性，非法经营，滋生社会问题
体育广场	符号功能 教育功能 景观功能 休闲功能 旅游功能 生态功能	符号功能 教育功能 景观功能 生态功能	休闲功能 旅游功能	大量介入性生产功能会在有体育赛事或文化活动时大量积聚。偶发性的群体事情	路边摊，乱停放，卫生污染，球迷骚乱，踩踏事件，群体事件。停车难和交通堵塞，噪声	在体育赛事和文化活动期间的交通、卫生问题、群体骚乱和噪声污染等负功能

（一）去功能化

1. 第一层面的去功能化：中心广场、市政广场——去政治功能

表1.2的中心广场、市政广场已不全是政治舞台。中心广场、市政广场最早是古雅典的公民会议场所。“公民大会是在广场（agora）进行的。……广场作为一个专门的公共空间的出现，对于确立政治公共领域有着极其重要的作用，有形的物理空间对无形的精神活动有着强烈的心理暗示和诱导能力，……在卫城邻近地区又建了巨大广场和政府机构，于是城邦拥有了完整的宗教中心和政治中心。……当人们在广场聚集，所有事情就公开化而成为共同问题，必要的信息在此公开而被分享，话语获得同时性的传播和反馈，不同意见可以在一起比较和讨论，正是神庙和广场在客观条件上使公众集体活动成为可能，……它在城邦的政治化过程中具有特殊意义。”① 在现代，如“华盛顿国家广场将国会大厦与华盛顿纪念碑、林肯纪念堂和一系列令人目眩的大型博物馆聚集在一起，虽然遍布乔木、灌木、地被和人行道，但它既非街道，也非公园。它是一个‘国家层面’的聚会场所，民权抗议、反战示威、大型音乐会（拥有数万名现场观众和数百万名电视观众）均在这里举行。”② 这样的国家级广场还有北京的天安门广场、莫斯科的红场等。

在现代社会，城市广场（图1.1、图1.2）已失去政治功能，包括中心广场、市政广场，议事转移至议会、立法院或市民中心。仍可实现社会基本和本质功能的8种广场类型

---

① 赵汀阳：《城邦、民众和广场》，《世界哲学》2007年第2期，第64～75页。

② 亚历山大·加文：《如何造就一座伟大的城市》，第22页。

是商业广场、文化广场、纪念广场、景观广场，绿化广场、喷泉广场、水面广场和水岸广场（车站广场、交通广场、体育广场除外），但仍被进一步去功能化。

图 1.1　广州市天河区中心广场——花城广场
（图 1.1 ～图 1.8 为笔者摄）

图 1.2　许昌市建安区的政府广场

2. 第二层面的去功能化：商业广场——去非经济功能

商业广场的商业功能通过市民的娱、购、游实现，兼具经济、文化、符号、教育、景观、休闲和旅游功能，有助于实现本质社会功能。但一些商业广场的文化、符号、教育、景观功能淡化或缺失，仅剩经济（购）、休闲（娱）和旅游（游）。罗布主张："应从城市规划和建设入手，培养、塑造城市居民的集体记忆和集体意识。这可以将城市精神浸透到居民的日常生活。芝加哥居民无论种族、阶层都将逛'Marshal Fields'商场视为生活的一大组成要素，去'Marshal Fields'购物已成为'集体'活动。共同活动将身份、背景各异的市民聚到一起。这些生活细节看似微不足道，却正是城市精神的体现，有助于消除城市多元文化间的隔阂。"① 这是通过商业广场构成由不同社会阶层和社会群体共享、共知的社会整合平台。

但现实中的社会阶层分化、社会群体消费力差异较大，如存在炫耀性消费和贫困人口，通过商业广场等弥合城市社会阶层差异、促进社会融合的理想实属乌托邦。因此，商业广场既不能实现基本社会功能，也不能实现本质社会功能。

3. 第三层面的去功能化：城市文化广场和纪念广场——文化、历史、教育、宗教等社会功能丧失

文化广场和纪念广场有文化传承、历史传统、集体记忆、价值载物等社会功能。"广

---

① Blair A. Ruble, "As Urbanization Accelerates, Policymakers Face Integration,"（《城市化加速过程中，政策制定者面临的包容阻力》），https://www.newsecuritybeat.org/2012/08/urbanization-accelerates-policymakers-face-integration-hurdles/.

场作为文化生产空间，它生产的文化不完全是社区文化，而是城市的地域性文化。”① 但许多这两类广场复制假、大、空、泛、不能代表城市和地域文化历史的设计和器物，留不住记忆，不能体现文化历史价值观。市民和游客个体化、多元化的文化历史传统和价值观不能完全理解广场展现的文化历史器物、符号小品和广场家具，不能完全认同其蕴含的文化历史观，其历史价值载物和集体记忆等本质社会功能从器物和理念上被弱化。按此推理，文化广场和纪念广场的文化、历史、教育和宗教等社会功能已部分丧失，只剩景观、休闲、旅游等功能（图1.3）。

图1.3　广州石室（基督教堂）前的广场

4. 第四层面的去功能化：景观广场、绿化广场、喷泉广场、水面广场、水岸广场——自然生态功能的丧失

景观广场、绿化广场、喷泉广场、水面广场、水岸广场等生态广场有维持生态环境的社会功能。但它们被异化为产生“热岛效应”的硬质铺装和人工构筑（图1.4），呈现涉及历史、政治、文化、宗教、民俗的粗糙、媚俗的雕塑品。其自然生态系统缺乏整体性、连贯性、多样性，绿植、水体和生态体系多为人工构建而缺乏自净力和自循环力。花草树木被过度修饰，违背生物繁衍规律，缺乏自然生长空间，树木稀疏不遮阳，草地不许踏入，水体景观荒废或水体枯竭污染，难以吸引鸟类等动物栖息，未形成可自生繁衍的自然生态，市民缺乏对自然环境的准入和使用，上述四个去功能化过程中，一个基本社会功能——生态功能同时丧失。作为最重要和最宝贵的公共物品的生态空间，城市广场最严重的去功能化是对自然生态功能的去功能化。新广场多是对自然生态环境的新侵占和对动植物的再驱逐。

---

① 周尚意、吴莉萍、张庆业：《北京城区广场分布、辐射及其文化生产空间差异浅析》，《地域研究与开发》2006年第6期，第19～23、32页。

炎热无遮挡的白天空无一人

傍晚后热闹非凡，广场舞、卡拉 OK、溜旱冰、小买卖

图 1.4 XC 市 BH 公园广场

最后，车站广场、交通广场、体育广场只有特种功能，缺乏基本社会功能和本质功能，不再赘述。至此，城市广场的基本社会功能和本质社会功能都因各种原因日渐失去。城市广场“失用化”① 的闲置形成，其他异质性功能必然介入。

（二）介入性功能

城市广场如不能实现社会功能，出现“去功能化黑洞”，监管松懈的公共广场就会被其他功能介入。这些介入性功能源自各类社会群体（如职业群体、亚文化群体、边缘社会群体乃至越轨犯罪群体）自发、自然、自觉的集体空间需求。介入性功能有三类：不同社会阶层或社会群体的生产功能、生活功能和公共行为功能。

介入性生产功能是某些社会阶层或社会群体基于生存需求或消费需求，在城市广场进行的正式或非正式的生产性功能活动。包括露天集市、露天咖啡、艺术品展、鱼鸟花市、商贩摊位、街头艺术、体育活动、圣诞节市场、节庆活动、跳蚤市场等，这是具欧洲城市广场特点的介入性生产功能类型，其管理规范，成为“城市客厅”（Urban Hall 或 City living Room）一景。欧洲的介入性生产功能有悠久历史传统，有其介入的历史演进过程，有规划者和管理者对其接纳的良性循环。其介入性功能属性随时间演变，伴随其权益被认可成为新的初始性社会功能。

但国内一些城市广场贩销演出、棋牌区、路边摊、儿童游乐场、拍照服务、教广场舞、卡拉 OK、乱停放、传销行骗、乞讨等异化的介入性生产功能多点多时呈现（图 1.5 ～图 1.7）。因管理失范，一些介入性生产功能在方便市民的同时发生越轨。许多介入性生产功能是城乡二元化下人口流动、无业人口增加、经济结构差异、社会分层碎片化、

---

① 何志宁：《“城市失用地”的概念、类型及其社会阻隔效应》，《南京社会科学》2013 年第 4 期，第 68 ～74 页。

贫富不均、规划不周和市民素养参差不齐等互动造成的，对此缺乏法规对策。其中哪些功能可被接受为新社会功能，哪些功能须控制和摒除，还需各方权益博弈和法律检验。

图 1.5　YJ 市 HL 岛旅游区沙滩广场蜕变为卖场（远处有棚帆的摊位）

图 1.6　XC 市 PDL 商业广场一部分被改为停车场

图 1.7　NJ 市市民小广场有流浪者搭窝棚栖居（另一种生产和生活方式）

芒福德指出："在较贫穷的地区，人们至今仍可以从流动售货车上买一件衣服，买条裤子或买一只炉子，中世纪的习惯是如此根深蒂固，以致一些百货公司被迫上街去摆摊，至少在中下层的居住地段内是如此。但是，在新的城市规划中，没有给市场广场留下用地；不论是巴洛克规划中道路交叉口的圆形广场，或是商业城市规划中的长无止境的大街，都不喜欢那种吸引步行人集中的集市广场。"① 甚至在不同的时间，广场上的互动各

① 刘易斯·芒福德：《城市发展史：起源、演变和前景》，第 450 页。

不相同。① 这也促使广场的介入性功能最大化。

介入性生活功能是城市某些社会阶层或社会群体在社会服务设施不能满足其生活方式、生活习惯和生活规律需要时，将城市广场作为消费娱乐空间，将公共空间准私有化或私用化，以满足其在居家空间和其他公共空间不能满足的生活、文化及社会需要的生活性功能。其类型包括：满足市民社会交往、社会角色和社会认同需求的广场舞、业余表演和体育活动，满足儿童和家长在正规设施（如幼儿园）外游戏玩耍需求的儿童游乐场，外来务工者为满足娱乐需求群聚观看广场幕墙播出的节目，被边缘化的缺少活动空间的民间娱乐活动如棋牌群落，以及自发的婚介角、晾晒被服的场所等。

介入性公共行为功能指城市广场的空间形态具有一定象征感召意义、人群聚集容积和社会心理张力，某些社会阶层或社会群体利用广场的恢宏形态、社会历史意义和巨大的人群承载空间对行为参与者的心理刺激，策划、发动和展开各种规模和方式的群体公共活动行为，以达到某些公共社会目标。其类型包括公益活动、文化节日和体育竞技，也包括群体过激行为如诉求行动、示威游行、声援活动或抗议集会甚至市民暴动等。这些在城市广场爆发的、对政府和主流社会积极的或反动的公共活动都会起到更显著和广泛的社会影响。

介入性功能从其异化性到被整合、到被同化或再次分化，有一个社会认知—控制—容忍—接受（或排斥）的过程。这取决于城市规划者、管理者、市民、广场所有权者等参与方在理念、意志、权力、利益、地位上的博弈结果。

（三）负功能化

进而，去功能化、介入性功能入侵、广场空间结构及建筑—器物设计的不合理和管理缺陷会使广场出现负功能化，出现意想不到、难以控制的负功能乱象，甚而引发危害公共安全和利益的越轨和犯罪。

鉴于功能需求，虽然城市广场能在部分时段实现介入性生产和生活功能，但使用的社会群体有限，对其他功能有排他性，城市广场非但不能成为真正的全民广场，还会出现违规经营、偷税漏税、违法传销、非法集资、销赃倒卖、毒品交易、聚众赌博、卖淫嫖娼、乞讨诈骗、违章停车、阻碍交通、逃税摊贩和垃圾油污、空气污染、噪声污染、视觉污染等弊端；夜间若照明不好，会出现“破窗效应”，成为犯罪场所。② 这会增加市政管理成本，成为财政“黑洞”，滋生腐败犯罪。广场可能成为越轨和犯罪行为被唤醒的孳生地和市政负担。

“广场并非服务于某项特定的活动，而是为每个人所使用。……如果不对公众开放，那就不能称之为‘公共空间’；如果只有少数人使用它，那么也不能算作‘公共空间’。”③ 某种过度的功能介入也是对公共空间的“私用化负功能化过程”。“应当对城市公共空间的不同部分（不仅仅是广场）进行合理的规划设计，以便为每个人提供免受他

---

① 亚历山大·加文：《如何造就一座伟大的城市》，第22页。

② James Q. Wilson, George L. Kelling, “Broken Window,” *The Atlantic Monthly*, 1982, no. 3, pp. 3–4.

③ 亚历山大·加文：《如何造就一座伟大的城市》，第30页。

人干扰的活动场所。然而，规划设计并不足以防止人们互相侵犯，无论身体还是心理方面。城市公共空间的分享原则是：每个人既不侵犯他人，又能按自己的意愿行事。这是市民社会的本质。……经验证明，繁忙的街道、广场和公园经常遭受的损毁是大量使用者无意识的‘正常’活动造成的。"①

介入性公共行为功能不良入侵使城市广场易成为群体事件爆发地。群体事件中反社会、反秩序、反法治的暴力倾向，使广场成为社会动乱爆发的集聚点、中心点和扩散地，成为大规模示威抗议乃至街头冲突和街垒战的节点。就其对社会安全、公共秩序、法治国家而言，演变成暴力和动乱中心的城市广场最具负功能化。

最后，从广场这一微观空间的结构、建筑器物的不合理设计和管理缺陷看。其一，广场庞大深远的空间视觉效果，给本已繁忙、紧张、焦虑的市民造成渺小感、失落感和不可控感，缺乏人性亲和力的广场会造成新的心理精神疾患。其二，一些城市广场较少与周边建筑及其中的功能相匹配，缺乏整体性。城市广场周边建筑的物化特点是：轴心终点的政府大楼、嘈杂的商场、威严的雕塑、拥堵的车站、各类酒店、商务大楼和遍布的摊贩。如曾经的"上海人民广场……在有限的空间聚集了如此多的城市功能，根本原因是为城市黄金地段的巨大商用价值所驱动，完全遗忘了广场固有的文化交流功能与环境生态功能，于是一个本该提供舒适视觉感受与放松身心的地方，实际上异化为一个更加拥挤、嘈杂、使人焦虑不安的场所。"② 这失去了广场应有的社会、文化和休闲功能，是功能剥夺。所引发的从侵权扰民、卫生脏乱、城管滥权、交通堵塞到社会不公、安全失控、生态失衡等城市乱象，使城市广场蜕变为城市化过程和转型社会各种"城市病"和社会问题集中表现的场所。这类源于古希腊罗马时代、被柯布西埃标榜但已被斯科特抨击的城市广场问题实应避免。③"建筑特色的统一有助于让广场周边居民、街道行人以及乘坐汽车路过的人形成强烈的空间归属感和美学观感。"④ 欧洲城市广场一般不大，周边建筑配置有咖啡厅、餐厅、酒吧、花店、书店、冷饮店、电影院、博物馆、小旅店、蔬果店、旅游纪念品店、旅游服务中心和雕塑小品等功能相关的文化休闲服务，与广场融为一体，各要素功能合理均衡分布其中。"在伦敦，人们来到广场，便进入一个安全可靠、远离噪声和混乱的世界。他们沿小路漫步，坐下来读书，享受树木、灌木丛和水流带来的宁静。"⑤

如何改善城市广场的功能质量？纽约时代广场给出了简单有效的案例。为管理纽约时代广场，"时代广场联盟安排 70 名卫生工作人员和 50 名安保人员，确保时代广场及周边地区安全、干净、有吸引力。"时代广场的管理经验是："采用以下三种方式有效地管理城市公共空间，推动市民社会的发展：①调整城市公共空间的配置；②改变城市公共空间的使用规范；③改进管理方法。"⑥

---

① 亚历山大·加文：《如何造就一座伟大的城市》，第 36 页。

② 刘士林：《市民广场与城市空间的文化生产》，《甘肃社会科学》2008 年第 3 期，第 50 ～53 页。

③ 詹姆斯·C. 斯科特：《国家的视角》，社会科学文献出版社 2012 年版，第 152 ～158 页。

④ 亚历山大·加文：《如何造就一座伟大的城市》，第 244 页。

⑤ 亚历山大·加文：《如何造就一座伟大的城市》，第 244 页。

⑥ 亚历山大·加文：《如何造就一座伟大的城市》，第 233 页。

四、总结与讨论

作为“城市客厅”的城市广场的地位是：广场不能没有城市，但城市可以没有广场。这看似绝对，但城市广场社会功能或丧失殆尽，或弊端丛生却是现实。

由城市广场功能异化演进可看到两个问题：一是城市广场一些基本和本质的社会功能已弱化或无效；二是介入性功能虽有其入侵的合理性，但有负功能。城市广场作为城市微观空间，通过“去功能化”部分的逻辑辨析，其作为城市公共物品的非排他性、非竞争性、普遍性、唯一性和全体共性的最本质的终极功能似乎只有生态功能。但这个可被所有利益攸关方接受的，有全体共性，超越历史、文化、政治和经济范畴的功能，却在所有城市广场类型中被彻底“去功能化”了。

城市广场建设的直接参与者是市政府、经济界和规划师。这三者固化的理念使广场总脱离不开政治、经济和历史元素，如宏大规模（政绩彰显）、硬质铺设（商业活动）和纪念雕塑（历史记忆）。广场的真正使用者——市民的权益和功能诉求却被忽视。如上述的广场本质性和基本的社会功能——生态绿化和文化休闲成为附属次级功能：景观式草地免进、树木稀疏不遮阳、滋润净化空气的水体缺乏、休憩座椅和儿童游乐区不足等。这使城市广场庞大而不亲民、规整而不温馨、华丽而不实用、人造而不生态，甚至使市民产生心理压力感、昏眩感和渺小感。

其根本原因是忽视了城市广场社会功能应关注的三个基本要素：公民，文化，生态。亚里士多德（Aristotle）认为理解城邦须先理解公民：“凡有权参加议事和审判职能的人，就说他是那个城邦的公民；城邦的一般含义就是为了维持自给生活而具有足够人数的一个公民集团。”① 城市规划实则是对公民在城市工作生活的规划。如何按照人的需要界定广场功能，就是城市广场新功能主义或功能优化视角。

一座城市，最吸引游客的可能是那些公共空间，但如果对城市公共空间疏于管理，久而久之，它们便失去吸引力，城市也会被游客抛弃。因此，城市公共空间需不断变化，不定期地“焕然一新”，以永葆吸引力。对市民也一样。加文说：“城市广场，与街道类似，通常可组织广泛的社交、政治和商业活动，以此吸引个人和团体，为城市公共空间的发展做出贡献。人们在不同的时间、不同的季节从城市的各个地区聚集到这些广场，参加不同类型的活动：庆祝、抗议、音乐、政治集会（如占领华尔街）、烛光晚会、儿童表演、农贸交易、演讲、街头表演、艺术展览等。然而，城市广场的主要功能是作为社会和政治中心，邀请社会各界人士的参与，帮助参与者树立社会责任感和认同感。”②

像广场这样的“城市公共空间必须易于识别、便于访问和使用，安全且舒适”③。加文在描述意大利锡耶纳的田园广场上的互动时，是这样描述的：“人们来到田园广场，从喷泉取水，会见朋友，在市政厅谈生意，了解最新消息，吃饭或喝酒，参加专门的公共活动，观看体育赛事。一直以来，田园广场最著名的年度盛事是锡耶纳各地区代表之间的赛马比赛。……即便没有赛马节，平时这里也聚集着成千上万的人，其中多是来自世界各地

---

① 亚里士多德：《政治学》，吴寿彭译，商务印书馆1983年版，第113页。
② 亚历山大·加文：《如何造就一座伟大的城市》，第22页。
③ 亚历山大·加文：《如何造就一座伟大的城市》，第42页。

的游客。该广场距离城市中的主要目的地均在15分钟的步行路程内，这里是开展各种活动的理想场所。”①

和许多城市广场一样，匹茨堡平板玻璃公司总部办公大楼广场因未留出供人们活动的空间，曾沦为一条沉没、无趣的“通道”。为提升吸引力，在该广场内设置了可移动桌椅，在方尖碑旁增建了戏水喷泉，添置了阳伞，点缀了树木绿植，从而使该广场成为孩子们和成年人喜欢的目的地。可移动桌椅可以供人们坐下来吃午饭或谈话。夏季，孩子们在喷水池中戏水玩耍；冬季结冰时，人们来此滑冰放松。广场上还举办农贸市场、儿童剧院、假日集市，甚至建起了一个与匹茨堡卡耐基图书馆合作的移动式的“读书室”。②

作为一个放大了的生态广场，纽约中央公园的功能多元性决定了它丰富的正功能。“曼哈顿中央公园的体育场、草坪、湖泊、可乘凉的树木和游乐场相互交错，从一个地方步行几米便可以来到另一个地方。总而言之，曼哈顿中央公园的规划设计最大限度地丰富了人们在公园里的‘选择权’，使公园极具吸引力，便于进入，易于使用，足够宽敞，可供休闲娱乐之用，可满足人们的需求。”③

巴黎的共和国广场上“60%的空间服务于行人。共和国女神雕像和广场北侧的街道都禁止机动车驶入，成为步行专用区。……雕像仍然是广场的重要部分，但不再是主要景点。除了已存在的地铁入口，游客可使用四个绿树成荫的休息区、一个咖啡厅、一个公开演讲台、一个小型玩具租借馆，这里栽种了150多棵树，夏季还有孩子们喜欢的水景。……共和国广场上全新的城市公共空间具有以下特征：人们容易进入和漫步；具有吸引力，人们在那里做自己想做的事，不干涉他人；人人均可使用，如行人、自行车骑行者、成年人、孩子们、老年人等。共和国广场的更新使环境更安全、更健康。每个人享受广场带来的福利，而不侵犯他人的利益。共和国广场就是市民社会的一隅。”④ 这都是城市广场的正功能。

第三节　大学文化空间的失落

一、研究背景和意义

大学应是最有文化底蕴、最有历史厚重感、最有人文关怀的教育圣地。由于重要大学一般位于大中城市，其存在成为城市文明最根本的标志性符号。从世界最早的博洛尼亚大学，到近现代的哈佛大学、耶鲁大学、剑桥牛津、海德堡大学、北京大学、清华大学，其校园空间从天际线、建筑体到艺术小品，都充满着传统、历史、文化、神圣、严谨、伟岸的气度。历史时间较短的大学则缺乏这样的厚重底蕴，其校园空间和建筑设置不足以唤起师生的使命感、神圣感、自豪感和责任意识。

我国20世纪90年代开始的大学市场化刺激了扩招，扩招推动了老校区的搬迁、拓

---

① 亚历山大·加文：《如何造就一座伟大的城市》，第51页。

② 亚历山大·加文：《如何造就一座伟大的城市》，第90～94页。

③ 亚历山大·加文：《如何造就一座伟大的城市》，第100页。

④ 亚历山大·加文：《如何造就一座伟大的城市》，第270～273页。

展，随之而来的是远离城市、远离其传统历史故土、远离人文气息的新校区的出现。一些大学扩容搬迁后，新校区恍如没了根的文化沙漠、流浪篷车。本节以有着百年历史的DN大学在某城区自2006年落成使用的新校区为案例。该校区占地面积约3700亩，住校生约2万人。其校园空间规模、建筑风格、建筑外立面色彩等常被诟病。以下是从人文景观视角对校园人文环境的描述性批判。

大学人文景观作为一种微观文化空间，反映着大学的办学理念、价值取向、文化品位。人文景观并非空谈风花雪月，而是情感与创造力的延伸。优秀的大学人文景观空间体现着对人的尊严、价值、精神财富的关怀。

二、大学文化空间的意涵和价值

人文景观是指一切人类生产、生活所创造的具有审美价值的对象，包括一切人工创造的具有社会历史文化内涵的景观。它可以分为两种类型：一种是按照审美理想与文化观念建造而成的；另一种是在创造之初并未考虑审美价值与功能，但随着人类活动与历史累积，沉淀了特殊文化内涵而成为被审美对象。大学人文景观多为人工建造，除基本实用功能，还是学校办学理念、价值取向的丰富载体，是特殊的微观空间，是城市空间的一部分，应更具人文情愫。

人创造环境，环境塑造人。斯坦福大学首任校长戴维德·约旦（David Starr Jordan）在开学献辞中说："长长的连廊和庄重的列柱也将是对学生教育的一部分。四方院中每块石头都能教导人们要知道体面和诚实。"① 人文景观带给师生直接的视觉体验、潜移默化的思想浸润。优秀人文景观蕴含着对生命的尊严和人文价值的关怀，和对情感、想象力与创造力的接纳与鼓励。人文景观成为大学的标识和符号，是微观空间的重要组成。斯坦福大学创办者利兰·斯坦福（Leland Stanford）和夫人聘请了设计纽约中央公园的世界首位景观设计师弗雷德里克·奥姆斯特德（Frederick Law Olmsted）规划建设斯坦福大学的校园，并获得了成功。

"从本质上说，创造力是断续性的，……很容易被强制、凶兆、不安全以及外界压力所干扰。任何时期花大力解决自身肉体生存问题，都会耗尽精力并且干扰敏觉头脑的感受力。这种创造能力最初是在城市环境中形成的，它主要是在生产和分配的经济手段被庙宇和宫廷中的少数统治阶级霸占之后而产生的。"② 在古代城市，知识和创新的一部分发生在教堂、庙宇，因为这有无忧虑的宜人的环境，在现代社会则是在大学里，尤其是今天的"一流大学"。战争中的西南联大就是在保存肉体下的一次寻找安身立命之地的大迁徙，而四川和云南的人文地理似乎更适于文化和研究，就如德国的著名大学很多是在山清水秀的小城镇里。

也为加州大学伯克利分校设计了校园的奥姆斯特德在其提交的伯克利校园设计方案里曾动情地写道："在文明的前进道路上，学者应该处于领导的地位，而不是不情愿地处于追随者的地位。作为一个合格的领导者，学者必须能够带着同情心，对真实的文明生活进

---

① 转引自关肇邺《美国斯坦福大学校园建设》，《世界建筑》1989年第2期，第14～15页。

② 刘易斯·芒福德：《城市发展史：起源、演变和前景》，第106页。

行明智的评判，这种评判只能通过了解文明发展中更高等级、更有典型特征的形式来获得。为此，学者们应该被优雅的宅居生活所围绕，至少在他们的性格最容易被塑造的那段时间，毫无疑问，这些就是文明最成熟和最美好的果实。”① 正是在这样的对学术研究、大学、大学师生生活的理解下，他设计出了既与社会现实相结合，又不受城市商业世俗纷扰的宏伟壮丽的加州大学伯克利分校和斯坦福大学的校园。

三、个案分析

作为反例，本案例分析 DN 大学 JN 校区最主要的 JL 湖湖区文化空间景观。

JL 湖中心湖区包括图书馆前的水廊、半圆广场和 JL 湖沿岸线区位范围，人造景观有图书馆、亲水平台、步道、九曲桥、连廊、雕塑等，自然景观有植被灌木、绿地草坪、景观树、湖水水体、动物（鱼、水鸭、白鹭等）等。

地标校图书馆位于校区南北和东西两十字形轴线的中心交汇点，是校园正中心与最高处，象征知识的尊严和至高地位。其他景观环绕图书馆而建。JL 湖中心景观即中心湖区沿岸。JL 湖作为校园内唯一的大型水体，是人文景观的集聚地带，有九曲桥、滨水连廊、两个亲水平台和湖边环水步道。绿化带是人工设计的灌木丛、草坪、花卉带等。有别于教学楼、办公楼、实验楼、宿舍区和食堂、超市等功能空间，JL 湖中心湖区的人工建筑和人文景观功能主要用作休闲和观赏，因毗邻图书馆和文科楼，是新校区最具文化艺术魅力和想象力的空间之一。但新校区里这一几近唯一的人文生态微空间给笔者的人文感受又是怎样的呢?

（一）罗曼蒂克消亡

桥的功能在于连接沟通。九曲桥选址很特殊，与图书馆外围环形步道相连，闭合成围绕图书馆的完整弧形。九曲桥作为中心圆环的最终点，被赋予了校训“止于至善”的意义，即永远行走在追求至高理想的道路上。这要求九曲桥的形象应是诗化的、幻想的、寓意性的，能承载和传达其核心人文内涵。作为校园唯一的景观桥梁，富有设计美感的九曲桥应成为又一文化地标，与图书馆一陆一水、一静穆一灵动遥相呼应。同时，九曲桥周围湖面种植了荷花，与周围的自然景观相和谐，风格协调统一，与湖里的小水鸭、鹭鸟和湖边的绿树花草相映成趣。

老九曲桥用石材修建，通体白色，六折弯曲。栏杆装浅黄色灯，夜晚成蜿蜒灯饰景观。夏天，湖面布满粉色荷花，白色九曲桥蜿蜒其中。师生行走间的感观是 DN 大学的“西湖”。尽管相比于杭州西湖石桥，九曲桥显得粗糙简陋，但其石材与古风仍有质朴感，在夏日荷花映衬下和谐自然。曲桥与湖光、荷花、绿柳、蓝天构成诗意江南水乡。

但 2019 年翻新后的九曲桥却大相径庭。新桥面改用塑胶铺设，还塑造出红黄二色的运动流线图案，形似运动场塑胶跑道；栏杆改用钢化玻璃，增设了花坛和座位合一的长形塑料座椅。桥面被拓宽，便于自行车、摩托车、三轮车通过。夜景由桥面的白色地灯构成，成列地灯映在玻璃栏杆，形成灯光秀场的 T 台效果，桥面如铺满星星。夜景虽让人惊艳，但因灯影的视觉错乱而安全隐患四伏。

---

① F. L. 奥姆斯特德：《美国城市的文明化》，王思思等译，译林出版社 2013 年版，第 218 页。

桥面耀眼的红黄色和塑胶材质被塑造成体育场塑胶跑道一般，与桥梁本身和湖景都不协调。荷花湖是清幽、灵秀的江南水景，由绿、白、灰和荷花粉色组成基调，新九曲桥的红黄色则显得突兀。新九曲桥取名“秋实”，但塑胶颜色与设计图存在色差，非金黄而是土黄、非枫叶红而是暗红，没有秋日明艳，反而平庸粗糙、黯淡无光。塑胶材质与玻璃栏杆不适配，塑胶跑道般的桥面使人联想到体育竞技，如进入跑道，令人躁动不安；玻璃则通透、轻灵、魔幻，勉为其难的一动一静的“虚实结合”生硬牵强，微观空间过简的极端就是肤浅幼稚。在洋溢着江南诗意的荷花湖上，新九曲桥像后现代异类横亘其中，损毁了形象、色彩、风格、气质上的整体观，宛如湖面上一道扭曲的“塑胶跑道”，人文气质不足（图 1.8、图 1.9）。

图 1.8　形似操场跑道的塑胶桥面、流线型花纹、玻璃钢化栏杆

图 1.9　功能不明的环形石条，似乎是座椅但又凹凸不平（图 1.9 ～图 1.20 为调研组组员摄）

目前，一些城市在设计人行步道这类微观空间时，热衷于采用这种“红 + 褐黄”的塑料跑道形式，说是增强韵律感和促进市民运动锻炼，但实际上与休闲散步的主功能相违背，且年久失修后会出现磨损、褪色和翻皮破碎现象。

新九曲桥缺乏对景观气质的重视。九曲桥是景观的“眼”。旧九曲桥和荷花湖古朴幽雅，只需美化翻新即可。新九曲桥改造为现代简约风的休闲步道，试图集运动和观景于一体；但明显的落差就像在古典园林中修塑胶操场。而体育和旅游不是同质功能。九曲桥本是湖景点睛之笔，却从景色中脱离或被异化，浪漫全无（图 1.10）。

新桥反映了设计的主观独断和审美偏执。塑胶面流线图案有如 20 世纪 90 年代的中学操场：整齐划一，但缺乏生命。九曲桥这样充满自我意识和个体感知的小天地和小情趣也在集体叙事下被彻底改造为操场跑道，剥夺了自由想象空间，淡忘了美学意识，失去了人文关怀。大学微观空间里最不应缺的文化在这里荡然无存。

新九曲桥夜景设计问题是：玻璃护栏反射地灯灯光时造成道路延伸的机场跑道般的错觉，对步行者而言拓展了视觉空间，营造出满地星河的效果，但存在行走时撞到栏杆的风险；对高速行进的骑车者而言，一片迷离，不知哪里是转弯，看不清前方路段意味着安全隐患。学校做出过改善地灯加盖了金属灯罩，光线更暗，反射度和迷惑性降低，不知哪里是曲角转弯的“机场跑道感”仍存在（图 1.11）。

图 1.10　桥上塑胶座位上的垃圾。
但从没有人在此坐过

图 1.11　分辨得出哪是玻璃护栏和曲角转弯？
夜间九曲桥如迷惑的机场照明跑道

九曲桥是交通功能性的还是景观功能性的？拓宽桥面后车辆通行更方便，但车速自然加快，出现了车与人抢道或交错的现象。九曲桥应是静怡的漫步休闲区，如今行人在散步时却要惶恐后方有车轰鸣或擦身而过，安然宁静氛围消减。允许自行车、电动车、摩托车和清洁车等通过，桥回归了“通行”功能，却对行人和游客不友好。桥两头虽竖着指示牌：“人行通道，禁止骑车”。但上桥后的通道仅此一条。如禁行车辆通行，它们只能绕行较远路程，一般人趋利避害难以做到。要理解、尊重和接受九曲桥是景观桥这样的休闲、文化、人文功能微观空间已然不可能。

九曲桥交通功能与文化、人文能否兼备？大型桥面人车分流即可，如旧南京长江大桥。但九曲桥狭窄的通道、景观外延和文化内涵不允许，只能二选一。

老九曲桥“罗曼蒂克消亡”的意涵是对固有和初始空间美好记忆的破坏——对旧九曲桥的记忆封存于2006—2018年在该校区就读的学生和在此工作的教职员工的脑海里。对他们来说，新九曲桥在人文价值上的退化损害了其集体记忆。在校图书馆大厅，毕业生纪念照采用老九曲桥形象。老九曲桥同图书馆一样，构成了老校友对JL湖新校区的共同记忆。其因古朴素淡、婉约灵动的风格，从一成不变的灰色校舍群中脱颖而出，承载了难得的浪漫情调。许多人曾在此拍摄落日荷花、乘凉赏景、倾诉思绪、互诉衷肠。校区里有许多运动场，可以用来运动、上课，但不能用来审美、问心、问道。大学人需要的是静心淡泊的文化之桥，而不是一个竞争焦躁的“操场跑道”。

（二）徽派建筑还是毛坯房

滨水连廊位于图书馆东侧由JL湖延伸出来的河道的边缘，很像徽派建筑。连廊为青灰色，入口处有一排圆形镂空格窗，窗外种植竹林、打上夜灯；围墙有方形格窗，两侧有长条形石凳；天花板大部分未封闭，透过其能观赏星空。验收时建筑师发现原方案色彩与周围景观不协调，便改成现在的青灰色石质装饰。

河边连廊之意：观赏水景，遮雨避暑，审美文化。审美文化的焦点，按建筑风格看是徽派建筑与民国建筑合体。但建成后的滨水连廊这一微观空间是否达到预想效果？笔者两次白天见到的连廊里空空如也（一直鲜有路人“问津”），反而在连廊外原来设有的长椅上有人休憩。晚上一次观察到有一对情侣在廊道石凳上聊天，连廊灯光明亮，周围则漆黑一片。连廊绝大多数时候是闲置的，没有发挥应有的社会文化功能。无人使用或鉴赏的建筑小品，社会和文化意义何在？问题在哪？请看连廊的夜景照片（图 1. 12 ～图 1. 15）。

图 1. 12　夜间空旷的连廊内部，白色的顶灯显得幽暗阴森

图 1. 13　夜晚远景，并非不可救药

图 1. 14　“蜂窝煤”般寓意难解的孔洞

图 1. 15　摆放随意的景观石，地灯照得有点瘆人

“只有在反乌托邦的思想里，我们才能发现这样一些例子：压抑的空间环境支持着压抑的社会环境，而且是用一种非常直接和合适的方式。至少，地狱就是一个生动和让人信服的例子。”① 这种空间感是否与该工科高校的管理环境相符？夜晚的惨白、未知、阴森、诡异，使这个耗资不菲的艺术长廊成为一个似乎“无所作为”的闲置建筑，似“鬼蜮”地带。笔者认为，其原因有以下三点。

首先，景观效果缺乏吸引力。建筑物外观呆板怪异，既不像房子，也不像廊道，宛如未竣工的建筑，色彩和校园的灰白基色一样单调；青灰色石质结构孤立突兀地矗立在草坪上，石头墙贴质感坚硬、冰冷，打上白色灯光，白天萧瑟，晚上阴森；模仿徽派风格，但未得要旨；与几何形的长廊主体不协调的圆形窗户既像蜂窝煤，又似船舱舷窗；竹林被捆

① 凯文·林奇：《城市形态》，第 206 页。

束在绳子中间、东倒西歪，假山假石无章法地随意摆放在树下：不到位和缺乏整体美感的景观，无异于浪费资源和审美暴力。

其次，休闲设施不够舒适，功能单一。按照滨水长廊的规模，它的原始设想应是一个休憩区，满足包括乘凉、避雨、欣赏河景和望星空等审美需求。实际体验中，连廊长椅颜色和柱子相同，狭窄而没有靠背，看起来就像承重结构的一部分，除此之外没有座位和其他设施。这给人一种走廊空空如也，没有凳子、桌子、依靠、景观，却又不像单纯的人行通道的体验，更没有适合群体集聚的空间。

最后，缺少艺术内涵。连廊由未经修饰的水泥砌成，像半成品，正是“毛坯房”的观感。石质仿古建筑的质感偏硬，缺乏柔和、细腻、精致的润色。近水长廊清一色的水泥墙、水泥地，结构缺乏细化和雕饰。最后就是清一色的暗灰，没有其他任何明丽彩色，给校园中原本灰、大、粗的建筑群填上了浓墨重灰的“一灰”，使周边环境更显死气沉沉，萧瑟阴暗。难怪年轻活泼的学子们对这里并不青睐。

但如果设计者做以下思考和修改，这个微观公共空间则可能是另一番景象：在格窗外种植花卉和植物，造型与窗框构成景观图画；将低矮的竹子改为大型竹林；石头改为假山，增加造景；石柱、墙壁上进行雕刻，雕刻内容可以是经典作品、人物或校史、校歌歌词；天花板正中、横梁上可砌上浮雕；长廊转折处摆放石雕；在围墙围出的露天空间摆放石质桌椅；改变灯的颜色和样式；用泛黄的暖色光、日光灯替换中式灯笼，改善夜晚的阴森感；地板换成青石板，或增加花纹……这些都是事半功倍的补救措施。

（三）亲水平台不亲水

改造JL湖人工景观时增建了两处亲水平台。亲水平台呈古希腊剧场的圆环状或长弧状。平台主体前端是背朝JL湖的圆形剧场或望湖走廊，后面是可坐卧的阶梯。但建成三年后，似乎去亲水平台的师生不多，这失去了建此两处平台的初衷。

其原因不外有六点：一是建筑物完全由水泥地块和大片砖石构成，且依然是一成不变的灰白色调，与全校园的老色调并无二致，缺乏吸引人进入的柔美感和亲和感；二是其周围没有可遮蔽的树荫灌木，已有的树木甚至湖边翠柳也被彻底铲除，使在此流连的无论是游人还是恋人，都因被暴露于“光天化日”之下而缺乏某种隐私感、舒适感和安全感；三是国人似乎没有在这样的“公共台阶”上坐卧的习惯——生怕弄脏了裤子、衣服，而水泥状外观的阶梯也显脏易脏；四是因缺乏必要的供电电源插头，似乎很难在这两个平台举办公共活动，尤其是晚间活动；五是最关键的一点，两个亲水平台并不亲水，不但没有可以引导游人直接进入湖水并戏水的缓梯，也没有在湖边种植水草或灌木，而平台边缘离湖面的距离竟然有约1米之高，与湖水咫尺之遥却难以触及，何谈亲水；六是虽经大力整治，但JL湖水体污染依然存在。这些使得这一微观休闲空间亲和力不足，不易共享。

（四）无序的绿化

设计者试图如布置欧洲广场庭院般设计湖区的绿化景观，将植被修成半圆、流线型的几何图案。要裁剪整齐有型的植被，后期需要大量人工修剪与持续维护；但人工控制力有限、成本高，一般的园林工缺乏园林审美能力和维护技术。绿化带的现状是：有许多未修剪的死角，人工种植的花草和野生植被凌乱共生；岸边坡面陡峭，容易造成水土流失，且缺少美感，人们也不易进入亲水。

中心湖区适不适合整齐的园艺风格？笔者认为有待商榷。中心湖区面积大而且地形破碎起伏，适合错落有致的植物和造景。在整体风格肃穆规整的校园内，水是灵动、变化、有创造感的，大片荷花含有古典韵味。如果不能控制或难以自然造化，不如尝试依傍天然、顺应天然、润色天然。因此，完全可以进行半控制性的、植物类型多元化的、按植物自然生长规律高低搭配的灌木丛式样的设计。这可以吸引多种动物寄居繁殖，更可以减少后期维护成本，也使自然更自然生动。

即便仍采用简约的设计思路，至少也要保持视觉上的统一和协调。如种植完整的花卉、灌木带，无需分割成块；湖面可增加一两处伸入水中的观景台或凉亭；定期清理湖面，修剪荷叶、芦苇，不要让水生植物挤满湖面，造成植物单一化入侵。一度单一化的入侵植物就是填满整个湖面的荷花，这既造成景观单调，在荷叶枯萎时难以清理，更不利于水鸭、白鹭等水鸟和鱼类在其间栖息游弋。

（五）古人寂寞无人问

雕塑是一处空间区位的地标，传达审美意向和文化观念。雕塑就是某种意义和价值的强烈和持续的表达，校园内雕塑的摆放位置与学校的文化价值取向相关。

孔子铜像位于校图书馆前小广场的东南角，与背后高大密集的花木融为一体，不留意甚至无法发现。但对孔子的尊重是后人更是求学者的基本态度，其雕像虽不须放在高处空间供人瞻仰，但至少要被人看见，地位应显见，位置应合适。该校老校长的雕像偏于一隅，尺寸矮小，与后面高大繁茂的灌木的颜色融为一体（图 1.16），在角落里没有存在感，无人问津，仿佛是历史在这个校区里的忘却。

图 1.16　老校长的雕像

图 1.17　被树木遮挡的纪念石

校园内还有诸多校友或外单位捐赠的纪念石，是真正被遗忘的雕塑。这些纪念石大多是修葺建筑后的证明，或是校友返校佐证，或是捐献纪念，篆刻着题名、感谢辞等。但有的和普通观赏石混在一起，有的随意放置在树下、草丛边（图 1.17）。纪念石的分布零散，平时也少有清理擦拭。所以，对于雕塑和纪念石等的处理，似乎既不在乎形式，也不在乎意义，只在乎形式上的拥有。

四、总结与讨论

第一，JL 湖的景观与空间缺少协调性。湖边的“塑胶”步行道、草坪上的水泥连廊等与周边自然环境格格不入，造成对原始景观的破坏和对空间审美的透支。学校似乎奉行“简约而不简单”的建筑风格，大量采用对称形状和几何图案；但这些水泥方块很难与形态不一的天然植被相融合。风格上，该工科大学将学校的风格定位为沉稳、场面、严谨、单一，用灰蓝白三色做建筑基调。这种基调放在大片活泼的绿色中太过低调甚至阴沉，黑灰色的景观建筑和雕塑、纪念石以及单一整齐的植被更会让建筑黯然失色。细节上，中西糅杂、古今冲突，既希望凸显现代精神，又不愿放弃对古代历史的残存意识，结果是人文景观的四不像。滨水连廊是一个集中爆发点，新九曲桥则令人忧虑是否放弃了对美学的追求，淡忘了人文意识，缺少了文化底蕴。这些建筑群既不具有现代感与科幻感，也不优雅与浪漫，也未达到返璞归真的目的。不典型的风格，就是没有风格。微观空间变得粗糙。

第二，对人文艺术的理解有偏差。人文景观无法生造，不是建筑工人在工地上勤勤恳恳就能造就的，也不是建筑设计师或园林规划师在办公室里就能冥想出来的。它应是古人与今人、东方与西方、老师和学生共同创造的。人文景观必然有时间向度，有从古至今、从今向未来的节奏感，也应有内容递进，从食宿行的直接功能需求，到宇宙人性的终极思考。而该校的许多建筑已简化为一串功能符号，形式呆滞，内核单一。人感知不到建筑的情绪，因为建筑没有灵魂。

大学人文景观最表层的价值是美感冲击，然后是文化价值，最深刻的是对居住者风貌的展现与心灵的成就。要想有人文气息，先问问此地此时师生们最喜欢什么、最需要什么、最憧憬什么。只有当校园的“漫游者”在与建筑的接触中留下自我、寄托自我、飞扬自我，才造就了建筑的生命，实现了设计的真正意义。

第三，人文精神的失落。工科院校需不需要重视人文精神？答案和“工科生是不是人”一样清晰。人文精神是对一切自我的普遍关怀，对人的尊严、价值、命运的关切和捍卫。有人文精神的校园，视全面发展的人格意识和伦理道德为理想，珍视人类遗留的文明。大学风貌应是自由勃发的，追求思想多元而非思想固化。理性与感性、大众与小众都能找到自己的天地。一些校园景观鲜见这种强烈表达的美，虽不怀疑建造者的良苦心意，但缺少的是师生的声音和对人文精神的关怀。“文化艺术生活的陶冶，使人的情感得以锻炼、提高和训练。在此过程中，城市人类通过自身的行动和参与，尤其是通过自身的超然脱俗和内心自省，使自身的生活在很大程度上具备了共同的思想方法和精神面貌。”① 人文景观是感知和审美的结果，它如果无法引起情感与共鸣，就失去了意义。一些历史悠久的老院校，没能在新校区的微观空间里保持自己的风格。缺乏生命与灵气的空间和景观，反映的是一些工科院校对人文建设乃至文科建设的长期忽视和不理解。

DN 大学 JL 湖校区空间大、天然植被多，人对自然的控制力终究有限，不必追求全盘统一和对称。这里已经有图书馆和教学楼的整齐庄重，但也可以有 JL 湖的浪漫婉约。或可以参考中式园林移步换景的设计，这既要建筑学的参与，更需要历史学、艺术学、人文社会科学的有识之士的责任与担当。

芒福德对加州大学伯克利分校有过这样认知：“大学有着悠久的历史，在国际上有着活跃而频繁的联系，专心致力于知识的交流和合作，所以成了新的城市和文化核心，但大学仍然带着它原先进行古代神庙智力活动的标记。……知识屈服于与产生自动的工业技术

---

① 刘易斯·芒福德：《城市发展史：起源、演变和前景》，第 122 ～ 123 页。

扩张相类似的力量，也丧失了它为人类服务的主要着眼点，因此没能对它自身最有价值的产品进行评价，吸收或供人类广泛使用。结果是消灭了完整的人，使不完整的人日益变得无人性，它只有不完整的知识，不能掌握住整个局势，或做出有感情、有想象力的完全的反应，像他受过训练的智力上的反应那样。如现在设立的一些大学，即使最大的大学——伯克利的加利福尼亚大学是最大的大学中的一个——也显示出发展过大，过分拥挤，分离和无序等这些当今大都市的罪恶。”①

第四节　公益组织基于城市社区的社会距离

一、研究背景和意义

中国社会转型进程仍在持续，这意味着社会弱势群体依然存在，甚至会因经济社会结构或自然灾害而增加。公益组织是社会转型中的润滑剂、阻尼器。

公益组织得到各级政府在政策、财政和人力物力上的支持，如由政府外包，公益组织投标购买社会公共服务，代替政府完成部分社会工作，践行社会政策。但该过程中有不少问题，如：由于获得政府财政，它们并非严格意义上独立的非政府组织；由于政府补贴的阶段性，公益组织本身的非营利性使其面临资金自持性和发展可持续性问题，公益事业受益者即弱势群体一旦失去支持，“正常生活”就难以为继；公益组织人员如社会工作者（以下简称“社工”）的临时性使组织本身和受助者缺乏安全感；公益组织与其他社会组织、社会机构和公益体系脱节；等等。

有一点是被学界和实际工作部门忽视的，即公益组织履行公益行为时的城市社区空间形态（以下简称“社区空间”），指组织在社区中的具体活动办公场所及由此产生的空间功能效果。这是城市中公益组织活动的微观空间。目前公益组织的区位场所大多在街道办事处（以下简称“街道办”）、居委会等基层组织的体制化社区空间内，这类基层组织办公建筑使公益活动的场地数量和规模受限。这不但反映了公益组织及其活动在社区空间中尴尬的存在形态，也是公益组织在城市中地位的缩影。许多公益组织是在政府委托下，携带中标后的财政支持，通过三梯次的社区空间递进，将实践工作惠及基层民生及弱势群体。第一梯次是省市级政府将外包项目发放到街道办和居委会。第二梯次是街道办、居委会将资金发放给中标的公益组织，这取决于公益组织所入驻的社区位置。这既是资金的流转，也是使用主体的转变。第三梯次是公益组织将资金用于社区公益项目，即落实到受助者所在住区甚至家庭等具体位置。第三梯次的社区微观公益空间完成了公益资金和社工工作、活动的落地。

在此，社区微观公益空间是公益组织及其公益活动所处的城市社区空间，包括三个范畴：一是公益活动发生时的城市空间区位，如街道办、居委会在社区的位置；二是受助者所在的空间区位，包括其生活住区（以下简称“住区”）、家庭所在位置或工作单位位置，以及受助者位置与其他相关社会组织机构（如民政机构、学校、派出所等）的空间区位

---

① 刘易斯·芒福德：《城市发展史：起源、演变和前景》，附图56的文字说明。

关系；三是公益组织公益活动所在空间区位与受助者所在空间区位相互作用形成的空间距离，并由空间距离形塑而成的公益组织及其公益活动与受助者的社会距离。这是本节研究的重点。

根据芝加哥学派的罗伯特·帕克（Robert Ezra Park）的人类生态学的定义，社会距离指社会存在体之间在空间、时间和心理上的距离。社会距离可通过评价体系进行量化。社会存在的空间距离、时间距离、心理距离之间可相互转换。① 本节强调的是不同空间节点在基层政府组织、公益组织、受助者、受助者家庭和社工等相关参与方之间形成的社会距离。

公益组织、受助者和社工从各自空间区位“出发”，在某个社区空间节点实现结合，公益活动得以展开。三方基于社区空间在互动中形成的空间节点就是公益组织与受助者的互动空间。空间节点有三种微观社区空间分布形态。

第一种社区空间分布形态（以下简称“第一空间”）是基层组织所在的位置，如街道办、居委会的办公区，这是公益组织最初始和最基本的“桥头堡”、活动场所或行动始发点。公益组织和受助者汇聚于这类固定互助点，形成受助者单向的聚合行为，即受助者按时定点地集中于该区位，接受公益组织的群体性帮助。受助者有安全感，因为他们已知晓这些固定互助点的位置、政府部门、人员和运作方式，没有因陌生感和不确定性造成的不安全感；但有因出现在救助现场而被社会污名化的可能。第一空间也会使公益组织增加场地使用成本，如租金。

第二种社区空间分布形态（以下简称“第二空间”）指公益组织直接介入受助者日常所在空间展开公益活动，如受助者家庭或其所在的学校、养老院、少管所、派出所、精神病院等社会组织和设施，形成公益组织单向性的聚合行为。在对“自己的”空间相对“狭隘”和熟悉的环境下，受助者及其家庭有更大的安全感和便利度，利于保护受助者隐私、去污名化，受助者的受助出行成本也较低。公益组织可节省场地成本，但公益组织有交通成本，社工有人身安全风险和职业伦理风险——如社工对受助者及其家属、家庭的介入度和亲密度不易把控。

第三种社区空间分布形态（以下简称“第三空间”）是公益组织与受助者约定前往的第三互助空间，如社工和受助者相约去某一地点参加临时公益活动。公益组织、受助者和社工共进一个较“中立”的空间环境和活动场所（如博物馆、游园会、晚会等），这对双方是对等公平的。所在地第三方的参与也使公益活动主体多元化，对活动的公开参与使受助者被污名化的程度减少，有利于其对社会的融入。

这三种展开公益活动的社区微观公益空间的分布形态及其特点，所形成的社会距离是不一样的，其正负社会效应不同，人性化的达成度也不一样。

第一空间里，受助者长期和经常地聚集于街道办事处或居委会，使公益组织、社工与受助者形成较稳定、较密切、程式化的集约互动关系。其他相关社会组织如学校、劳动局、养老院、少管所、派出所、法院、精神病院等正式公益机构会将责任转移给公益组织，在客观上疏离公益工作，使受助者和公益组织反而被边缘化，受助者逐渐失去那些命

① R. E. 帕克、E. N. 伯吉斯、D. 麦肯齐：《城市社会学》，宋俊岭、吴建华、王登斌译，华夏出版社 1987 年版，第 1 ～20 页。

运攸关的正式公益机构的帮助。这种“囚笼”化的救助空间和模式不利于受助者的再社会化和社会再融入。但受助者与公益组织和社工的社会距离拉近了，受助者直接感受到国家、政府的在场——拉近了福利国家与弱势个体的社会距离，但与整个现实社会的社会距离却会扩大，甚至会疏远与受助者家庭亲属的社会距离。受助者的隐私保护弱，在被公开的救助过程中被标签化和污名化，从而固化受助者弱势群体意识，使其重新融入社会的社会距离加大。

第二空间里，公益组织及社工直接介入受助者所在位置，如家庭、学校、养老院、少管所、精神病院等，甚至其家属所在住所、学校、工作单位等。社工不但可以直接帮助有特殊需要的受助者，更可以零距离了解受助者日常生活、学习、工作所在的微观空间的实际情况，并使其所在空间的相关人员、组织、机构等理解公益组织的工作，并可能因此获得配合支持。这使公益组织、社工、受助者及其所在场所空间四方攸关者间的空间距离和社会距离最短，相互间的社会整合、融入度和三角互动更密切，相互认同感更强。这是较理想的救助方式，是公益组织在微观空间、社会和心理上的深度嵌入，受助者隐私也受到保护。

第三空间里，公益组织、社工和受助者同时在第三方场所进行公益活动。作为命运共同体，三方会因第三方的参与而凝聚之间的社会关系，摒弃平时交往中的隔阂和矛盾，缩短之间的社会距离感；而与第三方场所及相关参与主体间形成新的多元化的社会关系和社会距离，对行动主办方及在场主体如嘉宾、组织者、观众等造成感召影响，甚至通过在场媒体获得更广泛的理解、支持和在未来的参与，从而缩短公益组织和受助者与社区、城市的社会距离，形成某种意义上的社会整合。公开活动虽然会在一定程度上暴露受助者的隐私，但可能有助于其去污名化和社会再融入。

二、个案分析

以下通过四个案例分析公益组织的社区微观公益空间形态和社会距离。选取南京四个公益组织进行案例分析。这四个公益组织有三个特征：①都是位于城市或城郊的公益组织；②以购买政府外包公共服务项目为主要资金来源；③服务对象是城市弱势群体，如社区中的特困群体、老年人、青少年、流动人口等。

研究公益组织基于社区微观公益空间分布的社会距离变异。公益组织和受助者在展开公益活动时是上述三种社区微观公益空间形态中的哪一种，应以受助者的社会群体特点和具体社会需求及公益活动中的空间节点研判。因为不同空间节点中的社区空间形态形成的空间距离形塑着社会距离。

1. 案例1：YJQ社工服务中心

YJQ社工服务中心的社工W称：“成立于2012年6月的‘NJ市YHT区YJQ社工服务中心’的公益项目有14个，在20个社区及高校开展睦邻调解、儿童教育、家庭发展、社会倡导等专业社工服务，在各项目点开展专业服务1280次，直接或间接受益于YJQ服务的人数达28650人次。”中心的一个公益项目是“爱心相伴，童心同乐：青少年综合能力提升计划”，针对流动儿童教育资源匮乏及家庭陪伴缺失问题，对社区流动儿童教育托管。

W说："项目拟实施地为TXQ街道，因街道地理位置及发展规划机制，下辖社区多为拆迁安置型社区、涉农社区。铁心桥周边软件产业发展，汇聚大批从业人员，激发了周边餐饮等配套产业的发展，更多流动家庭汇聚在TXQ街道。由于拆迁安置型社区的独特性，原住居民减少，越来越多的流动家庭入住社区。约有2/3的居民为流动家庭租户，社区有大批流动儿童。"该社区人口社会结构变迁是城市社会变化的缩影，在不可预测的巨变中必然产生社会弱势群体，公益组织责任凸显。项目服务对象是流动儿童，公益活动聚集点是居委会，属于第一空间，在该空间展开公益活动的矛盾点是去污名化。

如W所说："专家学者、政府政策等关注流动家庭及儿童，并为改善其生存环境做出努力。但更多的关注却加大了社会对此类群体的标签化认识。从流动儿童角度，许多儿童开始认识到自身与城市儿童的不同，诸如学校就学、课外辅导等诸多明显差异，为儿童融入城市生活带来很大影响。因而要弱化、消除由此产生的标签，帮助儿童更好地适应朋辈群体生活。"由此看，为流动儿童在社区设置的公益活动空间缺乏隐私性，活动范围过大。而较隐秘的第二空间，即公益活动在受助者所在家庭、学校进行，知情者范围最小。该公益组织认为流动儿童的需求主要表现在三方面，如W所说："基础服务层面——搭建社区学堂平台，满足儿童日常学业基本需求。个体成长层面——建立周末兴趣培训班，搭建儿童素质成长平台；搭建朋辈群体互动平台，共同成长。社会互动层面——搭建儿童社会互动平台，认识城市和社会，增进个体成长。"要满足这种需求，却适合在第一空间和第三空间完成。

三个需求层面的关键词是"平台"，这只能适合在第一空间展开公益活动。这使受助者和家属的自身权益如隐私性和集体活动的必要性之间因两者所对应的空间形态不同发生了矛盾。随着公益活动中的互动的开展，三种社会距离发生变异。第一个变异是：公益组织和社工与受助儿童在第一空间紧密的社会距离，他们之间建立起类似家庭成员的亲密关系。第二个变异是：在街道或居委会公共空间的集中管教使这个群体在社区中被标签化，凸显了他们与其他家庭孩子课外活动的空间区隔。第三个变异是：随着社工高密度的介入和受助儿童在第一空间与父母的隔离，造成受助儿童与父母的二次疏离——父母忙于生计（住区有大量商贩）而把孩子交给公益组织，与孩子共处时间更少。这是受助者需求、公益活动供给和所提供的空间节点或微观公益空间形态三者间的相互异化。这是否对该项目缩短受助儿童与社会间社会距离的目标——"增进流动儿童学习能力，促进个体身心灵发展，帮助其更好地适应家庭、社区、城市生活。（社工W）"适得其反？

由经适房构成的CLYH社区位于城市边缘，周边缺乏社会公共服务设施和私营社会服务产品，在社区建立自给自足自主的社会公共服务设施成为必要。这要求公益组织必须在住区提供独立和体系化的社会服务，从而呈现出第一空间的形态：在该社区居委会二楼约300平方米的空间，隔断出了约10个房间，容纳了"为老""为少""为睦邻""为环保"四类公益空间。有限的空间和全面的功能满足使第一空间配置紧张，但获得高效利用。这种孤岛式的社区微观公益空间及活动高度集约化，受益者对焦社区居民，许多受助者也是志愿者（如家长自愿照看"四点半课堂"的孩子）。在第一空间平台上，居委会、社会组织、社工、受助者、志愿者和居民间的多维社会距离高度聚焦，但上述三方的社会距离却疏离了。

2. 案例 2：睦邻社区互助中心

案例 2 的睦邻社区互助中心也是一个服务于城市社区的公益组织。其工作特点也是购买政府服务后，深入城市“问题社区”进行公益改造活动。据在此工作的社工 Q 介绍：“睦邻社区互助中心总部位于 KZM 的 CZY 社区，CZY 社区是在社区营造和社区服务方面的成功例子。2017 年 3 月，作为政府购买服务在社区为社区居民提供社区服务的社会组织，中心总部入驻 NJ 市 JN 区 YX 社区居委会。”其成功之处是作为草根社会组织，把公益活动直接投放到可容纳数百人的第一空间，服务覆盖辖区 3 万居民。Q 说：“YX 社区地域范围大，有很多子社区，楼栋数约 280 栋，社区人员复杂，主要是拆迁安置户和租住户，社区归属感不高。……社区微基金就是睦邻社区互助中心在 YX 社区的第一个社区项目，以从政府申请到的资金用于社区的营造和活跃。”据 Q 介绍：在 YX 社区的“睦邻中心总共两层楼，每层有不同的功能室，在二楼有一图书馆，大概有两千多册图书……”这也是将公益活动定位安排在社区中心的空间形态——第一空间。这种空间节点的成功要满足三个条件：一是受助者相对集中于某社区；二是受助者非特殊弱势群体，没有个人隐私担忧；三是公益组织具备社区介入的经验和有效性。这样，上述异化社会距离问题才可能避免。

但这样介入社区的公益“外来者”也有自身造成的社会距离问题。Q 说：“社区居委会因为是居民自我管理、自我教育、自我服务的基层群众自治组织，历史由来已久，社区居民对居委会的认知度和认可度很高，如果居委会通知事情或有什么活动，居民们都积极响应。但对于新介入的社会组织，却存在很多问题。如居民的认可度和认知度不高，在组织活动鼓励大家参加时，很多人不会给予太多反应。”这是初期反应。据 Q 介绍，一旦有成功经验和专业能力、握有政府资金的公益组织在第一空间扎根后，其能量会随其辐射作用得到最大限度发挥。到 2017 年 9 月，半年时间里，该公益组织已对社区服务起到有效作用，开拓了 Q 所说的以下工作：“中心引进各种社会组织，进一步为社区居民提供便利服务。有的组织每周定时请医生为老人讲述基本医疗知识和养生知识，有的组织定时为青少年提供手工制作机器人和机械等无偿教学，某俱乐部请来大咖开展知识分享讲座。”

这一切都是在第一空间进行的，其所形塑的社会距离后效如 Q 所言：“以促进社区居民的‘相信，参与，承担，互助’为愿景，在社区开展各项活动，丰富居民生活，挖掘社区精英，倡导社区结社，提升居民公益意识，激发志愿者精神，吸引了 200 多位志愿者为社区居民提供生活服务、文体活动和志愿服务，在方便了居民生活的同时，将‘社工为我做服务，我有时间做义工’的文明风尚融入社区，从而改变了一般社区冷漠逃避、缺乏参与的现状。”

案例 2 是一个建立于回迁安置房社区的微观公益空间所在。内嵌于居委会办公大楼的睦邻社区互助中心（图 1. 18），约 2000 平方米的空间容纳了多个专项公益组织和数十个居民自组织俱乐部，有童趣园成长室、“彩虹屋”公益商店、老人食堂、棋牌室、健康指导室、乒乓球室、少儿汇、舞动空间、百姓书斋、国学堂、科技室、创客家、闲适厅等。中心一周七日开放。中心的空间区位有两个特点：一是它偏于住区一角，住区内距离较远的居民少有问津；二是与该中心一街之隔的 HDLZ 小区属中高档住区，其居民也经常造访这个位于安置房区的公益中心，使得两个不同社区的居民在睦邻中心这个平台上共享公益服务，正常、平等地交往，弱化了不同社会阶层之社区区隔造成的社会区隔，拉近了两类社区、不同社会阶层居民间的社会距离。在睦邻中心相识的不同社区的居民成为朋友，结伴出游。通过第一空间这一空间节点，在异质社区塑造出小范围“熟人社会”。

图 1.18　NJ 市 JN 区 ML 街道 DN－CS 社区居委会的睦邻中心

Q 谈到在 JS 省儿童少年福利基金会的经历：“某个周日，在 JS 省音乐广播《音乐爱生活》DJ、基金会、六合区妇联负责人、志愿者和参与‘音乐种子’春蕾助学行动的爱心家长和小朋友来到 LH 区 HG 小学举办活动。活动主要是让捐助者与被捐助者见面了解，让捐助者亲眼看看所帮助的对象，给自己所捐助的孩子带去一些他们喜欢的玩具和文具。”这是在第三空间展开的公益活动。

按 Q 的说法，第三空间有如下好处：“这样做有利于保证捐款去向的透明性，让捐助者清楚自己捐助的去向，还能近距离接触自己的捐助对象，让捐助者安心。与音乐电台的合作，可以通过广播、微信、微博、电视向大家展现活动，向外宣传，吸引更多的人参与，更有利于基金会的募资。”这是通过第三空间拉近公益组织、社工、受助者、赞助者、媒体以及与全社会的社会距离。

3. 案例 3：创益空间

该案例反映了公益组织活动主要社区空间——第一空间的构建过程。LYFH 公益发展中心（以下简称“公益中心”）成立于 2012 年 12 月。据社工 R 说：公益中心除在社区展开公益活动，还进行“以转型跨越为目标的社会企业试水，承接了部分地区‘微创空间’的载体打造，聚集公益咖啡、志愿者招募、慈善超市、小型沙龙等多种业态，探索社会企业的本土化运作路径。”2016 年 10 月，公益中心联合“QH 区 QH 街道社区综合服务中心社会组织服务项目部，在 QH 街道建设 QH 创益空间。虽然 QH 街道的项目点没有自己独立的办公室，与街道办事处人员一起办公，但这给大家创造了一起与街道下属各社区交流的机会，直观地明白社会组织与行政力量的侧重点和合作突破口，也让我们在后面所做的社区活动更有针对性，更契合社区居民需求。QH 街道社会组织创益空间也是今后开展社区活动的‘大本营’。”因此，公益中心依托街道办的既有空间支持，打造提供社区公益服务的第一空间，这一空间形态与其上属街道办和居委会在社会距离上是零距离的。

R 谈到在筹建创益空间的过程中，“讨论了社会组织如何进行资源整合，如何使创意空间契合发展主旨，迎合居民的需求，以及在社区活动方面调动居民兴趣和积极性等问题。……随着 QH 创益空间硬装工作的不断完善，软装方面的内容也在不断精益求精，与社区、社会组织、街道等不同主体共同商讨如何让创益空间的内容设计更符合社区居民需求。……以及创益空间整体布局的设计和所呈现的内容要从体现街道各社区的人文素养和文化着手，……为更加符合‘创’与‘益’两个字之间与 QH 街道文化间的渊源。”

创益空间蕴含的社会距离解释丰富：既有不同级别社会组织之间、创益空间及公益组织与居民之间、街道办与公益组织之间，也有居民之间的社会距离。因此，公益中心的社区空间关系基本形态有三个：一是与街道办的空间关系，二是与其下属公益组织的空间关系，三是下属公益组织与受助者的空间关系。从而造就了三类重要的社会距离。

与 QH 区 QH 街道办事处的社区空间关系是一种嵌入关系。LYFH 公益发展中心获政府创投资金后，公益中心社工直接进驻地处内院的街道办，与街道干部共同办公。此后，街道办将临街的下属商用房征回，改建为上下两层共约 200 平方米的 QH 创益中心（图 1.19），公益中心改落户于此。

图 1.19　NJ 市 QH 区 QH 街道办事处旁的 QH 创益中心

由创益中心这一社区微观公益空间形成四种社会距离关系：

第一，紧挨街道办，双方的工作沟通是零距离的。以街道办为代表的政府基层组织作为职能部门，对辖区内社区的管理是职责所在，但面对转型期中国基层社会服务的复杂局面，其配置资源和能力经验有限，如何提供针对性、专业化和创新性的社会公共服务是政府当务之急。而公益组织为基层社会服务提供了可能，公益组织替代政府服务社会，更能激发社会服务的创新能力，完成有效的社会服务。公益组织与街道办、居委会等居民们熟悉的基层组织在城市空间上“同框”，也增强了公益组织的合法性、权威性和工作便利。

第二，关键公益组织公益中心以筑巢引凤的方式吸引聚集了其他公益组织。创益空间的二层有会议—培训厅、公益组织办公室和公益组织党务办公室，在空间上形成了同质性的公益组织和异质性的组织功能的高度集聚，使两个等级梯度的公益组织在人力、物力、智慧、资金、信息等方面形成凝聚力，降低了组织运营成本。① 平时独立分散的各级公益组织之间凭借此平台达到了零距离工作接触，形成公益组织间密切的社会距离关系。

第三，被公益中心接纳、孵化、训练的各功能化的下级公益组织作为其触角，以创益空间为圆点，其公益活动放射状地直接接触基层受助者，在第二空间展开第三层级上的与社会弱势群体零社会距离的公益活动。

第四，创益空间临街而建，透明化的落地玻璃墙面，对社区居民和过往路人免费开放，供其阅读、休憩等，这在异质性的陌生城市里提供了一个人造的"熟人社会"，客观上拉近了创益空间、公益事业与普通百姓的社会距离。

因此，QH 创益中心以 LYFH 公益发展中心为主体，吸引了各专业公益组织入驻，对入驻的公益组织统一管理、培训和孵化，形成了在街道层面集中、在社区层面扩散的管理现状，并渗透到各社区，为有需要的居民在居委会或住区居民家里提供有针对性的专业化服务，拉近了社区、社会组织、居民之间的社会心理距离。这是第一空间功能和第二空间功能的有效结合与互动运用。

各级公益组织在城市空间的这种梯次配置，反映了其不同的社会功能和社会距离。梯次化的公益组织如行政单位般形成自上而下的社会组织管理模式：入驻街道层面的公益组织如 LYFH 公益发展中心有替代政府职能的功能，对扩散到居民区的公益组织有指导、管理和孵化功能，主要进行政策和理念的倡导和研究；扩散到各小区的公益组织则代表关键公益组织为社区居民开展具体公益活动。

4．案例 4：社会工作事务所

案例 4 以一个在城郊农村的公益组织与城市个案做比较研究。

案例 4 是成立于 2015 年 5 月的 NJ 市 JN 区 NJ 工程学院社会工作事务所（以下简称"NY 社工所"）。其受助对象主要分布于城郊农村。据该机构的社工 Y 介绍："该机构目前项目的重点是社区矫正人群，如受刑人困境家庭子女关爱，特殊人群（服刑、戒毒劳教、社区服刑、社区戒毒、刑释解教人员）子女关爱，文化公益（文化讲坛、国学院），积极老龄化，独居老人、留守儿童关爱等。共开展个案工作 50 人以上，集中教育 30 场次，吸纳矫正对象参与公益活动 120 次，行为及心理矫正对象 10 人以上。"受助者主要是社会矫正者，其特点是被社会边缘化和污名化。展开公益活动时的社区微观公益空间类型选择很重要，既要拉近受助者与公众的社会距离，也要保护其隐私权；同时要考虑到社区群众对此类人群的宽容度和理解度还较低。因此，虽然应帮助受助者融入社会，缩小与公众的社会距离，但从保护个人隐私角度看，在第一、第三空间这样的透明化的公共空间展开公益活动不合适；但直接介入到家庭这一第二空间，虽然可以有效保护受助者隐私权，但又会使受助者与公众社会的社会距离疏远。这是非常矛盾的。

谈到老人服务方面，Y 说："结对帮扶老人，以每周上门探望或电话聊天形式，与老人谈心聊天，及时掌握他们的境况。"这种社工定点上门服务的方式属于在第二空间的公益活动。这适合老人不宜出门的身体特点，但也使老人与公众的社会距离疏远，其社会活

---

① LYFH 公益发展中心的基本业务包括：①为一线社会工作者提供多层次继续教育服务；②开展志愿者招募、培训和管理服务；③开展社会工作学术研究与交流，提供社会工作专业评估、咨询、督导服务；④挖掘培育初创期的公益组织，提供业务咨询、财务托管及成长支持服务。

动更限于其家庭内、家人间和住区中。因此，要拉近没有污名化担忧的老人与公众的社会距离，可以让他们多在第一和第三空间进行更多公益活动（图 1. 20）。

图 1. 20　NJ 市 JN 区 GL 街道 XY 社区公共空间的敬老活动

所以，公益组织展开公益活动时，应根据受助者的个体特征和需要，选择不同社区微观公益空间进行，既达到良好的社会距离，又维护其公民权益包括隐私权。

NY 社工所位于 JN 区科学园 NJ 工程学院人文与社科学院，面积约 20 平方米。其公益活动的社区微观公益空间形态也是三种：第一空间是让居民到社区居委会开展日常活动（如户外趣味运动会等）；第二空间是到居民家入户走访；第三空间是去第三方空间活动，如组织儿童去 NJ 海底世界游玩、参观 NJ 大学等。所以，城郊农村公益组织的空间分布与城市公益组织的空间分布并无二致。

但农村公益组织开展公益活动时的社会距离呈现却有别于城市公益组织。该案例中，受助的孩子和老人生活在城郊农村这样的熟人社会，农村社区小空间范围的、同质性的熟人社会中个人隐私及家庭生活完全"暴露"在他者视野，社会网络和社会关系本来就密切。在此情况下，相较城市社区而言，第一、第二、第三空间的划分及其不同的社会距离影响作用在农村社区的变异较低。公益组织及其活动可以较随性地在社区微观公益空间内部展开，这也有利于在社工介入的同时，促使面临社会解体的农村社区的社会团结、社会关系修复和重建。

三、总结与讨论

本节论述的中心是社区、公益组织、社工的社区微观公益空间分布形态及其形塑的社会距离。在社会服务中，社区是综合平台，公益组织是载体依托，社工是社会福祉执行者；三者联动是以政府购买社会服务为牵引，以社区为平台，以公益组织为载体，以社工为骨干，以满足居民需求为导向，通过公益组织引入专业资源和社会力量，通过提供专业化、有针对性的服务，把问题化解在社区，以多元服务供给实现社区新型社会服务、社会服务供给方式和全新社会动员机制。

社区在此有两层含义：一是城市住区及住区内需要扶助的社会弱势群体，二是位于社区的街道办和居委会。因此，社区也是城市微观空间及相应的社会组织存在，是一个区位、场所、地点。位于其中的街道办、居委会等基层组织的办公空间是长期固化的，与分布广泛的社区居民存在空间疏离，加大了基层组织与居民的社会距离。街道办、居委会与居民的社会关系变得程式化，许多互动交往停留在发通知、举办文化活动等偶发事务上。如上述睦邻社区互助中心所在的ML街道CS社区居委会位于覆盖面积广大的YX安置房住区的边缘，住得远的居民“无事不登三宝殿”。如果基层组织不主动深入基层、拘泥于办公室，基层组织在社区的功能辐射作用将更加式微。这是基层组织功能长期不彰的空间距离原因和社会组织原因。随着城市住区结构转型（如商品房区的涌现）和居住方式的原子化（相较于单位“家属大院”），取而代之的是住区物业公司。但物业公司很难履行基层组织的相关职能，如执行社会政策和展开社会工作等。

因此，公益组织是不同于政治组织、政府组织、经济组织、文化组织、教育组织、军事组织等正规化正式组织的特殊社会团体。从空间存在形态看，从政治组织到军事组织等传统上都有自己在地理空间上相对稳定、固定和长久的区位存在，如党派集会点、政府办公楼、工厂仓库、歌舞剧院、大学校园、军事基地等，在微观空间上是客观存在和显性可视化的。但包括公益组织在内的许多社会组织没有自己固定的区位场所，处处表现出非正式、非制度化的游离于体制外的状态。如环保非政府组织“绿色和平组织”，其工作地点具有很大的不确定性和流动性。为完成使命，其组织成员的行动空间可以在轮船上、在森林里、在核电站旁……社会组织这种“居无定所”的社会活动正是其相较于正式组织所特有的灵活和机动，它们在进行社会运动包括开展公益活动时，更能缩短与社会和民众的社会距离，获得意想不到的社会效果。正是这种灵活、机动，使公益组织一旦入驻基层社区，就能发挥作用。

因此，富有社会责任感、具有社会活动经验、拥有充满活力的专业社工人员的公益组织，一旦进驻社区，就将公益活动在空间上直接嵌入居民生活中。公益组织没有固化空间存在，这正是其优势所在，因为其社区微观公益空间区位是伴随其成员的空间运动而最具灵活性和可塑性的。社工可以随时根据其组织社会功能目标进行空间位移，从而最大限度地缩进与社区和居民的空间距离和社会距离。其具体的城市社区微观公益空间形态就是上述的第一、第二和第三空间。三种空间形态可谓严密、灵活、递进式地梯次介入社会基层，有效履行公益责任。公益组织相较于街道办、居委会，其三类空间更“接地气”。

社工是最积极的元素，是公益组织的触角、延伸和先锋。他们通过在三类空间的行动，最大限度地对社区和受助者实现空间覆盖：通过第一空间组织公益活动，在第二空间入户访问、帮扶，在第三空间扩展公益活动边界。社工的行动力有多大，公益组织的微观公益空间疆域就有多大，社会距离就更多样、更密切。

第二章　失效的城市自然生态

第一节　消失的城市滨水区

一、研究背景和意义

城市滨水区（water-front）是特定微观空间，是城市中与江河、湖泊、海洋毗邻的土地或建筑，即城市邻近水体的部分。① 本节研究仅限靠近江河的城市，城市滨水区（以下简称“滨水区”）指城市靠近江河岸堤的长带形块状区域。

“远在新石器文化尚未广泛形成农业村庄和城镇的时候，人类大约已懂得如何为后来这些村庄、城镇选择有利的地点了：流水终年不断的清泉，坚实的高地，交通便利而又有河流或沼泽为保护的地点，濒临江口河湾，有丰富的鱼类、蚌类资源等等——这些因素在许多地区的过渡性中石器经济（mesolithic economy）中都成了重要条件；这些地点所发现的大堆大堆的贝冢，就是这些永久性居住地的见证。”② 这是水对人类的早期意义。人类聚居形式经历了洞穴—村落—城镇—都市的变迁，江河扮演着关键角色。人类文明诞生于江河——古巴比伦文明发源于幼发拉底河与底格里斯河，古埃及文明发端于尼罗河，古印度文明始于恒河，中华文明源于黄河、长江。江河孕育了人类文明，也是城市形成的摇篮。

世界70亿人中约28亿人生活在滨水地域，约占总人口的40%。联合国人口与发展委员会《2008年城市人口报告》显示，城市人口占全球总人口的50%。通过对该委员会2008年公布的世界城市人口排名前90位城市的人口统计，世界滨水大城市的人口约5.8亿，占全球总人口的8.2%，占全球城市人口的14.3%。世界城市人口的重要一部分集聚在滨水区。这一数字在现在只会进一步增长。中国80%的水资源分布在长江流域及以南地区。

20世纪90年代以来，受片面发展经济的理念影响，滨水区的功能布局已由过去的优势蜕变为劣势，并成为持续发展的障碍和隐患。

第一，江河流域是人类文明发源地，历史文化遗存很多。但开发城市滨水区时未注意保护历史文化遗产，未发挥其历史文化功能，丧失了本源性的文化价值。

第二，受城市是生产功能中心的历史惯性和发展理念的影响，基于A. 韦伯的工业区

---

① 王建国、吕志鹏：《世界城市滨水区开发建设的历史进程及其经验》，《城市规划》2001年第7期，第41～46页。

② 刘易斯·芒福德：《城市发展史：起源、演变和前景》，第8页。

位原理，为降低工业重货物的运输成本，造船厂、水泥厂、钢铁厂、机械厂、仓库、码头等集聚于水岸，滨水区这一城市微观空间污染严重、形态丑陋、噪声不断；同时，衰败企业的建筑废墟仍侵占着水岸土地资源，污染了水体、土壤、空气和视觉。此外，排污、养殖、渔业、军港等功能对滨水区亦造成污染破坏。这些与城市生活格格不入的设施已成为城市生态宜居发展的结构性问题。

第三，为城建时的便捷和低成本，滨水区不是作为自然生态区被保护起来，而是在此开辟出沿水岸的交通干道，如高速公路、滨江路等。阻断性的线性切割妨碍了市民亲水，不利于水岸自然环境和动植物生态链的自然性、整体性和延续性。

第四，滨水区规划中，基于景观、休闲、旅游和文化等所谓生态建设的大量人工环境介入，继续破坏着作为城市生态功能区的滨水区的完整性和原生态，造成区隔化和碎片化。如亲水平台、滨水步道和滨水公园对水体的占用、切割、破坏。

第五，受暴利驱动，房地产商肆意圈占滨水区的生态公用地，兴建密集的江景房、别墅区、高级会所等。破坏自然生态的入侵性的过度开发打破了城市的生态和社会平衡，少数阶层霸占城市公共生态用地，违背了社会公平原则。

第六，滨水区功能混乱，土地废置，存在大量没有经济价值和社会价值的“城市失用地”，即滨水区中所有静态地价和动态地价均为零价值或负价值的空间。① 滨水区的优势区位功能未得到有效的发挥。

对此，芒福德在针对欧美国家同类问题时指出：“资本主义经济认为，城市发展的规律意味着坚决无情地扫清日常生活中能提高人类情操，给人以美好愉快的一切自然景色和特点。江河可以变成滔滔的污水沟，滨水地区甚至使人无法走近，为了提高行车速度，古老的树木可以砍掉，历史悠久的古建筑可以拆除；但是，只要上层阶级能在中央公园内驱车遨游或是清晨在伦敦海德公园的骑马路（Rotten Row）上放马漫游，没有人会关心城市中广大市民缺少公园绿地和休息的地方。”②

因此，无论是改善生态环境，重构城市生态功能，还是捍卫社会公平，对滨水区这一珍稀城市微观空间的功能重建是重要议题。以往的滨水区功能重建多集中在城市规划、建筑设计、景观绿化、生态环保等领域，缺乏从社会学、历史学、伦理学、政治学、生态学和人类学角度的研究。本节拟论述作为生态空间和公共物品的滨水区的自然生态—社会功能的生态性、合理性和公平性，提出作为重要城市微观空间的城市生态功能区的理念。

二、案例分析

工业化国家早有灾难性的经历。“美国的钢城表明了滨湖地带总是被铁路和大钢厂抢先占用，空中被烟雾和臭气所污染。在早期工业城市设计中，没有考虑到有害工业的位置与当地主导风向的关系，使它们与居住区隔离；也没有考虑到废渣的处理，不致污染河水或避免把地形景色弄得乱七八糟。”③

本节对南京、上海、广州三个城市滨水区的功能进行卫星影像分析，并对改造前的南

---

① 何志宁：《“城市失用地”的概念、类型及其社会阻隔效应》。

② 刘易斯·芒福德：《城市发展史：起源、演变和前景》，第442页。

③ 刘易斯·芒福德：《城市发展史：起源、演变和前景》，附图39的文字说明。

京长江的滨江带、江心洲进行了实地调研，总结出工业化和后工业化城市滨水区的功能类型和存在问题。

工业时代早期，“工厂通常要求坐落在最好的位置，主要是棉布工业、化学工业、炼铁工业等，工厂场地要求坐落在滨水地区；因为在生产过程中需要大量的水供给蒸汽锅炉，还要冷却水，制造必要的化学溶液和染料。尤有甚者，河流和运河另有其他重要用途，它们是最便宜也是最方便的倾倒所有污水和污物的场所。把河流改造成污水阴沟是新经济特有的功绩和技艺。”①

南京长江段东岸从渡江胜利纪念馆到南京长江大桥，西岸从浦口码头到南京长江大桥江段。沿江滨水区遍布着以下非城市功能属性的生产性基础设施：货运码头、军用码头、航运部门、废弃工厂、油罐区，只有两个轮渡码头是与城市生活直接相关的，沿江功能设施生产化、工业化而非生活化。这是工业化时代和制造业产业结构下城市滨水区被作为生产、运输空间的历史后果。除幕府山景区等少数江岸外，南京长江滨水区的主要功能是制造业、化工业、仓储业等产业功能区，如污染最严重的江北南京经济技术开发区。

上海黄浦江两岸黄金滨水区密布金融、保险、公司、酒店、会展、文旅等高端服务设施。滨水区成为后工业社会新业态功能区。如由旧厂区码头改建的世博园是工业社会、制造业向后工业社会、服务业的转型，但其生产性和商业性的功能性质未改变。

广州珠江滨水区同样分布着芳村段工业区的生产功能区和琶洲段会展—媒体—文化这样的后工业社会生产功能区；在“最优”的区位如二沙岛和滨江东路密布着中低密度的私人宅邸，基于社会公平，这样排他性、封闭性、利己性的生活功能区也是不可取的。

以上三城市中滨水区的生产和生活功能区，其生产性、单一性、利己性都是不合理的。这是我国一些城市微观空间滨水区存在的问题。这违反了滨水区属于城市生态空间和公共物品的功能价值原则：生态性、合理性、公平性。

长期以来，滨水区的功能选择基于工具理性，倾向于经济利益。滨水区密布与经济发展相关的修造船厂、工矿企业、仓储港口、民用码头、交通干线和豪宅区，它们最大限度地滥用滨水区的便利和水资源的惠顾；城市规划中的非科学和行政化，使其生态、经济和社会问题更为凸显。而要解决问题，存在以下三方面阻力：一是基于经济利益对滨水区非理性的不可持续的掠夺性利用，以及所谓“必要合理”的经济增长、就业压力和财税需要，会使滨水区的经济结构转型举步维艰，更难言对滨水区生态环境的保护和社会公平。二是基于对滨水区炫富性豪宅用地和对居住环境无限的剥夺性追求，对自然环境的刚性需求会持续，房地产商会趋利而为。反生态的“人类中心主义”利己意识成为对滨水区生态公共物品的文化威胁。三是基于公共物品的非竞争性和非排他性，个体对滨水区公用地的私用化或私有化违背了土地资源属于全体市民的基本理念。

因此，由于错误的自然生态理念、过时的工业社会观念和欠缺的公民意识，滨水区的空间功能布局已由优势蜕变为劣势，隐患无穷并异化为再发展的障碍。城市是各种资源和功能通过压缩、整合、分化、重组后形成的，最终只留下了居住、消费、生产、交通、休闲等功能，而生态、文化等非物质性功能被边缘化了。

---

① 刘易斯·芒福德：《城市发展史：起源、演变和前景》，第472页。

三、城市滨水区功能分析

（一）滨水区的功能定位

1933年，城市规划的经典文件《雅典宪章》确立了城市四大功能区：工作功能区、交通功能区、居住功能区和休闲功能区。四大功能区成为规划中首要考虑的功能区。但《雅典宪章》没有明确城市生态功能区（urban ecological function areas）概念。滨水区属于城市生态功能区，是重要的不可替代和复制的微观空间。

功能区的选择取决于功能主体支付地租的能力。李嘉图（David Ricardo）提出的地租理论认为：地租是土地经过利用得到的纯收益，包括转换收益和经济租金。转换收益指土地持有者将土地供给不同土地使用活动所能获得的最大收益，经济租金指高于转换收益的溢价。他完善了级差地租理论，认为级差地租产生的两个条件是土地资源的有限性和土地自然条件及其区位的差异性，并把土地耕种顺序和土地收益递减规律作为地租理论的基础。产生级差地租的主因是土地区位差异，也就是经济地理位置的不同。而滨水区作为人类历来趋之若骛的城市区位，其地租较高。依据地租理论，经济理性的“经济人”会根据地租的级差分布分析滨水区土地的使用价值和商业价值，按地价和区位布局功能区，以达到土地经济效益的最大化。但道德理性的“社会人”认为滨水区是生态空间和公共物品，属包括全体人类在内的整个生态自然界，其地租是无价的、不可变卖的，只有使用价值，不应有商业价值，滨水区只有一个功能——生态功能。

弗里德曼（J. R. Friedman）在1966年出版的《区域发展政策》一书中提出城市空间分布的“核心—边缘理论”：随着经济增长周期性的发生，区域发展呈现不平衡，会产生经济增长区域——核心区域和经济增长缓慢或停滞衰退区域——边缘区域。通过对城市空间经济增长阶段分析，根据经济区位特征，弗里德曼将城区划为四种类型：第一种是核心区域；第二种是向上过渡区域；第三种是资源性边缘区域，由于资源的发现和开发，出现经济增长，可能成为次级核心区域；第四种是向下过渡区域，经济增速缓慢或停滞萧条。滨水区属资源性边缘区域，存有水体、水产、生态等自然资源，处于待进一步开发阶段，应通过对资源的保护利用，促使滨水区功能优化，成为城市中以生态功能为主的次级核心区域；但也可能被利用成引发污染破坏的生产区、港口区、渔业区或房地产区，虽然在短期内是向上过渡区域，终将沦为向下过渡区域。

城市滨水区的功能定位是城市空间权力博弈的结果。在空间权力研究方面，除列斐伏尔外，福柯（Michel Foucault）致力于空间微观权力分析。他研究空间、权力、知识三元素的关系，认为空间是公共生活形式的基础，也是权力运作的基础。空间本身就是权力的展现，通过社会空间系统可了解权力关系间的影响。空间是权力的隐喻和象征，空间的生成和延展渗透着权力逻辑，空间是权力关系的构筑物。因此，城市微观空间的形成、发展、分配和布局可被看作社会群体和组织权力运作的结果。在滨水区的土地开发和功能定位中，城市空间功能布局中有政治经济权力构建、渗透和博弈，滨水区的功能定位反映了政治经济权力的干预程度，以及对其他影响因素的排他程度。该过程中有政府、经济、知识、公众、自然五个影响因素的参与。前两者是城市空间权力博弈的主导者；知识成为傀儡、对话者或批判者；直接和最终的受众——公众的声音却是弱小的；作为无声和被动的影响元素——自然本身，则是人类最需要关注的隐性参与者。

随着城市化发展和宜居理念强化，作为自然本身的微观空间滨水区的经济、社会和生态功能得到公认，但滨水区的经济功能受到各利益主体追逐。国内外对滨水区的功能定位研究主要集中在两方面：功能定位规划，滨水区的功能价值原则。

（二）功能定位规划

20 世纪 70 年代，北美城市开发滨水区取得成功，如巴尔的摩和维多利亚两个内港在开发模式、规模、管理和设计方面有成功经验。巴尔的摩市政府买下滨水区内港的土地，建造基础设施，然后将“熟地”卖给开发商，由私人资本建设。同时，由政府指定的公共机构（如港区委员会、其他私人机构和非营利机构）合作开发，建成拥有零售店、公寓、旅馆、博物馆及水族馆的居住游憩商业综合功能区。[1] 英国卡迪夫海湾和伦敦道克兰码头滨水区的功能定位提供了三个经验：一是在机制上同样成立半官方的重建公司，将“生地”炒成“熟地”，出让给私企；二是在战略上将滨水区的功能开发与城市复兴、经济社会转型相结合，重视社会与环境效益、提供就业、保证社会公平、扶助弱势群体及改良生态环境；三是在策略上实行市场导向，吸引私人投资。[2] 广州珠江滨水区的开发采取了内部更新与向外扩张相结合、政府与民企合作的多层次复合更新模式和“两河一岛四岸”的发展框架。[3] 三个功能规划个案都把城市滨水区定位为生产—商业功能区。

滨水区功能定位规划经验促进了研究的多维观察，共识是：滨水区功能定位不仅涉及自然生态环境，还反映着从社区、城市到国家甚至全球尺度的社会政治经济变迁。研究滨水区功能定位的同时，要对城市中的自然、生产、社会网络及政治、经济等进行审视。[4] 但上述经验都带有“经济人”理性，主要功能是政治经济权力下的经济利益诉求，这与对滨水区的剥夺性滥用并无二致，没有顾及生态空间和公共物品，没有充分考虑这一唯一性城市微观空间的功能价值。

（三）滨水区的功能价值原则

滨水区功能分析涉及社会价值、功能价值和评价标准，本质是功能价值原则。

1. 社会价值

滨水区功能选择作为城市规划的一部分，要遵循社会性原则。作为“守夜人”的政府应以制度为依托，通过政策技巧和开拓空间，借具体制度得以实施。[5] 过程中强调社会

---

① 徐永健、阎小培：《北美城市滨水区开发的经验及启示》，《城市研究》2000 年第 3 期，第23 ～ 25 页。

② 部学东：《英国城市滨水区开发的经验与启示——以卡迪夫湾和伦敦道克兰码头开发为例》，《江苏城市规划》2007 年第 12 期，第 27 ～ 31 页。

③ 林琳、傅鸣、许学强：《广州珠江滨水区更新模式的思考》，《人文地理》2007 年第 1 期，第 67 ～72 页。

④ 王晓文：《欧美城市滨水区研究的新视角：政治生态学转向》，《地理科学》2009 年第 4 期，第 601 ～ 606 页。

⑤ 陈映芳：《城市开发的正当性危机与合理性空间》，《社会学研究》2008 年第 3 期，第 29 ～ 55、243 页。

公平和市民参与，体现市民意愿和基本需要，以保证基本社会功能，实现景观规划的社会目标。① 其根本社会价值就是“看得见青山绿水，留得住乡愁”。

2. **功能价值**

滨水区的社会功能价值是为了满足市民对生活质量的追求和城市自然生态平衡需求。滨水区在功能转型或开发中，其功能价值要遵循协调多方因素、避免土地资源浪费、重视公共利益功能空间等原则。② 滨水区最大的公共利益是作为城市公共物品的自然生态空间的功能价值。“所有这一切，都使猎民具备了特殊的品格，能够实行有把握的领导职责。这些特性，就是贵族统治的基础。”③ 这也许可解释为什么欧洲贵族都爱打猎了。在现代城市，人们去森林公园、湖泊河边和乡村田野旅游、玩 Cosplay、搞团队拓展、登山、漂流或在郊外骑马、遛狗，可能是一种乡村贵族生活的潜意识再现——是城市人把控大自然的心理需求。为城市构建就近的生态功能区（包括滨水区）是必要的。它对人的身心有疗愈作用。

3. **评价标准**

滨水区功能建设过程会出现评价标准问题，如用地功能结构是否合理、历史建筑及特色风貌能否保留、防洪规划与空间开放的关系、规划决策及实施的社会参与度、项目效用评价原则和方法④以及权属关系、资金来源、管理模式和长远观念等。⑤ 基本的评价标准是：生态中心主义，合理规划，公平正义。

结合中国一些城市滨水区现状看，滨水区过度开发导致城市水生态污染、环境污染、景观环境破坏和热岛效应。⑥ 现行法律法规对滨水区功能的公共性界定与保护存在空白，滨水区存在被私有化危险。滨水区在市场主导下成为“豪宅区”，开发商和富裕阶层获利最大，政府收益有限，市民和社会是牺牲者。⑦ 这违反了社会性原则。在滨水区功能选择中，应注意经济社会效益、空间正义与社会公平的平衡，提供相应的立法保护与政策支持，保障其为全民所有，维护功能价值。⑧ 滨水区功能价值原则是生态性、合理性、公平性。

---

① 张庭伟：《城市规划的基本原理是常识》，《城市规划学刊》2008 年第 5 期，第 1 ～6 页。

② 运迎霞、李晓峰：《城市滨水区开发功能定位研究》，《城市发展研究》2006 年第 6 期，第 113 ～118 页。

③ 刘易斯 · 芒福德：《城市发展史：起源、演变和前景》，第 34 页。

④ 王晓鸣、李国敏：《城市滨水区开发利用保护政策法规研究——以汉口沿江地区再开发为例》，《城市规划，2000 年第 4 期，第 48 ～52、64 页。

⑤ 于哲新：《浅谈水滨开发的几个问题》，《城市规划》1998 年第 2 期，第 42 ～45 页。

⑥ 江昼：《滨水区房地产开发对城市生态环境的影响》，《城市问题》2008 年第 8 期，第 51 ～55 页。

⑦ 保继刚、刘雪梅：《房地产开发主导下城市滨水区更新反思——以广州滨江东为例》，《规划师》2005 年第 5 期，第 107 ～110 页。

⑧ 宋伟轩、徐岩、朱喜钢：《城市滨水空间公共性现状与规划思考》，《城市规划与建设》2009 年第 7 期，第 45 ～50 页。

四、总结与讨论

（一）城市生态功能区理念

城市滨水区的本质功能是城市生态功能区。滨水区是城市的生态空间、公共物品。其基本逻辑是：从自然生态和环保角度看，滨水区是包括自然水体、衍生的植物和寄生的动物和微生物在内的所有动植物共有的公共空间，不是人类专有。滨水区“以人为本”的生产性和生活性功能结构违反了自然规律和生态自由原则，也违反了公共物品的排他性、非竞争性和公有性。

滨水区及其生态圈不只是某城市独有的生态体系，由于它联系着上下游（尤其是下游）的地理空间，其存在与否及其存在状态，将深刻影响其上下游滨水区的存在状态。因此，滨水区同时也是其上下游滨水区的生态空间和公共物品的一部分，是它们的延伸和承载。由此意义看，沿江河的滨水区是江河整体自然生态的公共物品，其功能选择也必然是公共性的。

在全球变暖、城市缺水、快速城市化、“城市病”严重和生态破坏的今天，滨水区及其所具有的洁净水体、森林绿地、动植物生态链及其人文地理资源极具生态意义。其以自然状态存在的本身，就是不可替代、不可再生和不可或缺的唯一性的自然生态资源。其存在具有永恒的社会历史意义，不是临时性的经济利益和个人利益可窃取的，它代表了普遍的生态伦理、美学文化和人类价值。如把“入侵的”人类及其活动作为滨水区主体，会违反公共物品的基本准则。因为“入侵”进程中较单一的生产性业态和单一的社会群体会以其权力和财力优势独占该空间，成为“顶级群落”，并在排斥其他合理功能和社会群体后将其利益最大化。这是不合理、不公平、不伦理的，生态空间和公共物品不应成为经济寻租的对象。

基于人类社会早期的生存需要，人类主要的生产生活自然地集中在可提供肥沃土地、清洁水源和宜人气候的江河滨水区，造就了世界上第一批文明古城，但同时也破坏了原始水域生态。至今，人类仍热衷于傍水而居，但已不是基于生存需要，而是满足富裕阶层的无限私欲，如追逐私人豪宅的江景房、水景房。这种对滨水区高度私有化的物质主义、炫耀消费不仅违背了自然生态正义，也破坏了社会公平正义。这在如中国这样自然资源有限的发展中国家、转型国家和贫富分化、城乡分化的二元经济社会，有可能引发灾难性的社会政治后果。

必须以自然生态正义和社会公平正义确定滨水区为宝贵的城市微观生态空间和公共物品，它不只属于人类，更不属于人类中的个体或特权阶层，而是属于包括天然水体、植物、动物、微生物在内自然界原有的系统性组成部分。必须使滨水区回归最自然原始的状态。这是理想化的城市生态功能区的基本理念。

城市生态功能区理念的提出，是基于对城市社会学理论的梳理。城市社会学最早是对城市空间和社会群体的研究，如芝加哥学派、亚文化学派、消费学派、后马克思主义学派、后韦伯学派，以及空间社会理论、社会网络理论、女性主义等；其后是对城市文化价值的关注，如文化生态学派；再就是城市权力精英研究；全球化下的城市研究重回了对社会群体的关注。但所有这些理论流派都没有涉及城市中的自然生态问题。这一理论缺失在当今提倡低碳环保、宜居易业颐养怡游的城市研究中是不适宜的。当对工业化、物质化、私有化、权利化、分层化、污名化的滨水区感到不可接受，而现有理论包括环境社会学不足以解释、解决问题时，城市生态功能区理应被关注；更要为“把城市放在大自然中，把绿水青山保留给城市居民。要体现尊重自然、顺应自然、天人合一的理念，依托现有山水脉络等独特风光，让城市融入大自然，让居民望得见山、看得见水、记得住乡愁”① 这一正确国策提供理论支持。这也应是城市社会学和城市规划学研究的新视角。

但城市生态功能区的理论内容还需做艰苦构建，笔者暂且先针对滨水区功能的生态性、合理性、公平性问题，提出滨水区生态功能优化整合的基本实践方法——嵌套（nesting）、填充（filling）、扩大（expanding）、剔除（excluding）、控制（control）、维持（keeping）。这既是理论初建的一部分，也可为这一城市微观空间的优化整合、实现人性化提供实践方法上的参考。

嵌套指让两个以上功能类别嵌入、重叠，如使滨水区生态功能效益最大化；填充指在两个以上的功能区的交叉空白区补充必要、合理和适当的生态功能；扩大指根据实际需要使现有功能区拓展延伸或完善加强最重要的功能，如亟须的生态功能；剔除指对不合理、不必要、负面性和非公共性的功能区进行移除，因此会有很多既有的不合理、不公平的功能空间、功能类型和功能设施被清除，这对既得利益者和既得利益群体来说是难以接受的，这可能是最具争议的一环，如拆除滨水区的工厂，改建为生态公园；控制指允许合理公平的功能区的存在，但控制其存在发展的规模和对自然生态的不良影响，如竭力控制滨水区中人工环境对生态环境的侵占；维持指对现有合理功能的保留维持，如对未开发的滨水区已有的自然生态的维持，避免人工环境介入，以维持其作为生态空间和公共物品的自由一自然状态。这是城市生态功能区之于滨水区的基本理念和实践方法。其根本要旨是包括生态功能在内的合理功能在城市空间上的高度整合。

例如，通过嵌套和填充，可以改变水体被阻隔的困境，使滨水区成为居民的乐园。让“河边地带也可以变成接缝处，……岸边的一些工作场所用途通常是一些能吸引人的景致，但常常被长长的、横亘在前面的边界地带挡住，同时也把水的景观挡在城市视野之外。这样的边界地带应该允许有一些通道，可以让公众进入，眺望水面，观察水上的交通。在我住的地方附近，有一个年代很久的公共码头，……在码头上可以进行各种各样的活动：钓鳗鱼、日光浴、放风筝、摆弄汽车、野餐、骑自行车、卖冰淇淋和热狗，向过往的船只招手以及旁观别人下棋，并乱发一通评论（因为这个地方不属于公园管理部门管，因此干什么都可以，不受限制）。在炎热的夏夜，或夏季的某个懒洋洋的周日，再也找不到一个比这儿更快乐的地方了。”② 这里所嵌套和填充的，并不是规划中的滨水公园或步道，而是简单而活生生的人的社会行为——伴水而居的天性。

据此，我们尝试对滨水区以下六类功能中反生态、不合理、不公平的现状进行修正。

港口功能。滨水区被作为生产区位利用，集中了工业生产、造船修船、港口仓储等功能，区内污染严重、功能衰退、功能冲突。需要结合经济结构调整和去产能，将生产设施

---

① 《中央城镇化工作会议回应社会三大关切》，https://www.gov.cn/jrzg/2013-12/15/content_2547953.htm。

② 简·雅各布斯：《美国大城市的死与生（纪念版）》，第244页。

拆除迁移，利用现有设施和空间改造为生态宜居社区。如德国鲁尔区爱姆施工业园对莱茵河去工业化的生态宜居改造。这里可采取的是剔除和嵌套。

商贸功能。滨水区因其通达的中心地区位，历来是港口商贸集散地；在后工业社会，因其环境优良又成为高端业态集聚地，成为公司商贸区，从纽约哈德逊湾的曼哈顿到上海黄浦江两岸的外滩—陆家嘴，概莫如是。但单一的功能扩张是金融帝国在城市空间分配上的霸权主义，需要包括自然生态功能的其他功能嵌入。这里强调的是控制和填充。

居住功能。城市富裕阶层寻租侵占滨水区，造成社会不公。要针对因个人财富和权力造成的城市社会空间分层导致的滨水区居住空间的阻隔、封闭、分化现象，重置滨水区土地资源，避免居住隔离和空间剥夺，拒绝以牺牲宝贵的滨水区资源为代价发展短期利益的房地产，反对城市空间使用上的社会不平等，保护滨水区公共自然环境。这里强调的是剔除和维持。

娱乐休闲功能。人类的亲水性和动植物界一样"强烈"，加之水资源缺乏，人类对水体更趋之若鹜。滨水区建立起了一些娱乐休闲设施，如游泳场、水岸公园、水上运动场等。这些虽是公共物品，但一些设施较高档甚至有专属性。从城市生态功能区的角度，其对作为城市共同体一员的其他弱势社会群体乃至自然生态界仍是排他性和不公平的。这里强调的是控制和剔除。

历史文化功能。滨水区往往遗留着城市乃至国家最宝贵甚至唯一性的遗址与文化，其所代表的历史价值也是独特的，是最珍贵的公共物品。这类滨水区的功能突出了历史文化价值，要排除其他经济社会功能的入侵。如保护江苏镇江的金山和北固山，历史文化功能需要维持和扩大

生态环保功能。要利用滨水区的自然与人文资源。通过自然生态组群将滨水区两岸的山、水、洲连成一线一片。以城市次中心建设为契机，塑造具现代生态气息的滨水区，使有限的人工环境与无限的自然环境复合成滨水绿带，成为持续自主循环的自然生态链。这强调的是对自然生态环境体系的维持和扩大。这也是城市生态功能区的最终实践目的。

（二）城市生态功能区的应用指南

基于城市生态功能区的理念，滨水区是生态空间和公共物品，属于全体市民，不允许被利益群体和个人占有；不允许滥用、建设任何生产设施，衰败的要搬迁；不允许修建交通线路；禁止建设滨水房地产。总之，让土地复归自然生态或转为其他无污染无碍观瞻的新公共功能。

如城市滨水区作为城市微观生态功能区应有以下生态功能：自然滩涂草地和湿地可阻止和滞纳洪水，生态灌木绿地和树林有助于水土涵养和动植物及微生物栖息，低度建设的滨水绿化休闲公园有利于生态空间的公共化，低度建设的公共基础设施如渡轮和游轮码头有利于完善城市社会功能，低度修建的林间步道和自行车道有利于建设宜居社区，等等。滨水区应成为属于全体市民可进入的集绿色环保、自然景观和假日休闲等功能于一体的公共生态城区。滨水区必须尊重生态结构和规律，不能强行改变，要顺其自然。滨水区的功能构成不能污染江河湖水的水质，不能对水生物的生存和周边及上下游动植物、微生物的自然生长繁衍造成不利影响。

滨水区有三种改造—发展的规划类型：更新改造（对已建成的滨水区进行更新改

造），拓展开发（已有城区向未开发的滨水区的拓展），新城开发（在全自然状态下的滨水区建设新的核心或次核心）。应以功能生态、合理、公平的原则，以生态、社会、文化、历史、政治作为评价视角，改变价值观，摒弃片面追求经济利益，建设科学合理的滨水区空间功能体系，通过局部功能提升和协调整合不同功能间的关系，以达到人类回归水岸、宜居绿带的目的。

最后提出城市生态功能区之于滨水区的应用理念是退线成段、功能突出、合理配套、连段成带、以带领区、以区促市的六步规划。对滨水区退线成段，即把滨水区按其地域特点划分成段，每段相对独立发展，布局相应的功能；根据其地理、历史、文化等特性发展特色功能，功能突出，合理配套；每段完成其特色发展的同时，又与其他各段的发展相辅相成，连段成带，部分之和大于整体；其后，以带领区，即以滨水带引领城市滨水区及城市纵深的发展；继而以区促市，以功能优化后的滨水区促进整个城市的生态宜居。从而形成“退线成段—功能突出—合理配套—连段成带—以带领区—以区促市”的城市滨水区空间功能改造链。以此为基本理念进行具体实施，实现生态性、合理性、公平性的原则。

多伦多滨水区的科克城公园是成功范例。在规划该滨水公园时，市民就“说服政府，除了阻挡洪水和修复受污染的土地，还应采取以下措施：①将一些地区重建为功能性湿地；②其余部分建造相对较低的山丘以及一个可阻挡洪水、绿树成荫的公园；③公园同时作为社区的中心地带，为居民提供休闲娱乐设施。科克城公园包括数百棵树木和灌木、运动场、野餐桌、长椅、开放式草坪。最具特色的是精心设计的山丘，既是雨水消纳设施，又是孩子们与水生植物、鸟类、青蛙、鸭子和其他野生动物亲密互动的一方天地。多伦多滨水区包括很多令人印象深刻的休闲娱乐目的地，比如桥下公园，以及设在唐河谷公园高架路匝道下的儿童游乐场。West 8 事务所设计了三个起伏的木质波浪桥。虽然起伏的木板桥取代了狭窄的人行散步道，但它们与无背座椅功能相同，供人们观赏滨水区美景、聚会吃饭或摄影留念”①。而多伦多滨水区的港口码头设计是这样的：“将新的渡轮码头与公园连接起来。地下设有停车场；地面上建造渡轮码头；屋顶上建造一个有轻微地形起伏的绿色公园；公园包括人行散步道、小船、游乐区、观景台和升降桥，提供航运、摆渡和水上出租车服务，组织观光游船和休闲泛舟活动。”②

第二节　人造微观空间对自然宏观空间的侵占

一、研究背景和意义

维吉尼亚·李·伯顿（Virginia Lee Burton）的《小房子》③ 在儿童绘本界中脍炙人口。它从一座拟人化的小房子的眼中透视了周围自然环境的变化——人类因逐利造就的人工环境逐步侵吞着大自然。一开始，一切都是美好的……

小房子“坐落在一个偏僻的小山村里。稀稀落落的，偶尔有人们从它身边经过……

---

① 亚历山大·加文：《如何造就一座伟大的城市》，第 300 ～ 302 页。

② 亚历山大·加文：《如何造就一座伟大的城市》，第 305 页。

③ 维吉尼亚·李·伯顿：《小房子》，郝小慧译，大象出版社 2019 年版。

很幽静，透出些孤独的感觉。”“小房子在山岗上，日复一日的看着日出日落。”

而小房子眼中的四季，一直以来是这样的：

“春天：柳树抽絮，草长莺飞，燕子归来，衔泥筑巢，桃花盛开，一派生机盎然。”

“夏天：白色的雏菊布满山岗，孩子们在池塘里嬉闹玩耍。”

“秋天：满目皆是橙色和丰收喜庆的艳红，果实成熟，收获的季节，孩子们背上书包去上学。”

“冬天：白雪皑皑，到处银装素裹，孩子们在溜冰、滑雪橇。”

有时候，“年复一年，看着日月盈仄，小房子幻想着城市的喧闹。”

随着时间的演进，世界发生了翻天覆地的变化，这就是《小房子》中描述的日益极端的城市化进程。到最后，小房子周边的环境变糟糕了：“人口日益膨胀，周围的屋子越来越高，完全看不到小房子的身影。”“在城市的喧闹声中，小房子开始怀念往日的乡村气息。”

在小房子主人的后代发现在闹市中寂寞的小房子后，它们把它带离了嘈杂拥挤的城市，重新在恬静的乡村给小房子安了家。从此，“小房子再也不去向往那遥远的城市灯光，默默地享受着大自然带来的恬静生活。”

这些文字让我们联想到现代环保先驱蕾切尔·卡尔逊（Rachel Carson）于1962年撰写的《寂静的春天》①。此书也是以寓言开头，描绘了一个美丽村庄生态环境的突变，讲的就是经济发展和城市扩张对自然生态的侵占和掠夺。

纵观地球自然地理变迁的历史，人类必须承认，大自然是本原、是根本，人类只是附着物。人类是自然的产物，是后来者，而“原住民”是无数曾经生存和目前仍在生存着的微生物、植物和动物们。生态学中常有这样的类比：如果把地球的历史（46亿年）比作一年的12个月，那么人类（出现于500万年前）是在12月31日14点才出现的，而人类自己塑造的人造微观环境空间——城市（出现于5000年前）则是在全年最后的40秒钟才出现的。由此看，大自然是最无垠的宏观空间和无限时间，而人类以自己位于生物链顶端的优势占据的部分自然空间和在其上面建设的人造环境，只是相对时空规模意义下的微观空间。虽然人类人造环境如城市这一相对的微观空间正日益吞噬着自然宏观空间的三维空间（水、陆、空），但这样的规模比例始终不可能被彻底逆转，就如人类永远是分子，而大自然始终是分母这样的大小比对关系。

“人、动物、植物三者之间所形成的这种共生关系已经很有利于后来城市的形成和发展。”② 城市自然生态在城市和人类社会发展中有着不可或缺的作用。

二、案例分析

1. 案例1：DN大学JL湖校区

NJ市JN区南郊某地，直至21世纪初，这里仍是一大片田野湿地，既有农田水网，也有灌木树林和水洼地，还有寄居于此的多种小型动物：野兔、黄鼬（即黄鼠狼）、野

---

① 蕾切尔·卡尔逊：《寂静的春天》，马绍博译，天津人民出版社2017年版。

② 刘易斯·芒福德：《城市发展史：起源、演变和前景》，第13页。

鸡、野鸭、白鹭、大雁、刺猬、乌龟、蛇类和各种常住的、季节性的鸟类，如白鹭、喜鹊。可谓如《小房子》里所描述的一派自然田园风光。

DN大学当年买下了这里的3700亩土地作为分校区用地，为缓解扩招后带来的校舍压力，要拓展新校区这样的人类微观空间了。大兴土木后，近一半的自然空间被建设成教研、宿舍、体育和办公建筑设施。可以满足1万～3万名师生的需求。2008年，新校区投入运行后的两年，师生们还可以看到穿梭于灌木中的黄鼬、野兔，横穿校道的刺猬、大水蛇，飞翔于林木间的野鸡、喜鹊，盘旋在绿草坪上的白鹭、大雁，畅游在湖面的野鸭、小鳄龟、小龙虾……这也许是中国大学中最具原生态的校园了。但到了2019年，校园大半以上面积都被新建的大型建筑占据，学校人工环境的各种微观空间持续挤压、侵占大自然的宏观空间。黄鼬、野兔这样需要较大活动范围的哺乳动物已几乎绝迹；白鹭等季节性候鸟降临的数量从原来的上百只到现在的几十只，逐年减少——因为原来原生态的杂草丛生、富含昆虫的草甸已被改造成单调干净的人工草坪；很难再看到飞翔于灌木中的野鸡；偶尔才能看到蹒跚着冒险穿越校道的小刺猬……

由于栖息地环境的恶化和适合生存的环境减少，黄鼬这种常见动物已被我国自然保护联盟定为易危物种，被列入《国家重点保护陆生野生动物名录》。黄鼬对环境和气候适应力强，没有固定巢穴，主要栖息地是林缘、河谷、灌木丛和草丘，也常出没在村庄附近，居于石洞、树洞或倒木下，或柴草堆、乱石堆、墙洞、树洞、墓地等处。一般随其猎物的存在、迁移而存在、迁移，主要猎物是野鸡、鸟卵及幼雏，鱼、蛙和昆虫，以及老鼠和家禽等。显然，开发成校园前的这片广阔的农田湿地环境和这些猎物，是可以满足黄鼬的生存需要的，直至2010年，仍能看到它们的踪迹；但9年后它们已基本绝迹，只能偶尔在校园建筑物的缝隙中被看到。同样，野兔喜欢生活在有水源有树木的混交林，凡具备以下三个条件的地带，野兔数量多：一是具备藏身的多刺洋槐幼林，生长有小树的荒滩等；二是既能瞭望周围，又不太影响奔逃的地带；三是食物的附近有水源，豆类农田和萝卜白菜地附近的荒坡。水对野兔的影响很重要，缺水地区野兔很少。野兔没有固定栖息地，育仔期除外，平时过着流浪生活。校园建设前的广阔的自然环境是极适合野兔生存繁衍的，这有连绵起伏的野地灌木和密布的水塘。但建设拓展校区，使野兔生存空间和生存环境日益减少和恶化，现已难见其踪影。

新校区建设既缩小了动物的生存栖息空间，也阻断了它们的活动迁徙通道，损毁了它们赖以生存的自然环境。据2019年2月更新的数据，校园总面积3752.35亩（约250万平方米），总建筑面积约78.97万平方米，仅占校园总面积的31.6%。但即使如此，生态环境体系已被基本摧毁。

根据2012年1月住房和城乡建设部颁发施行的《城市用地分类与规划建设用地标准》① 2.0.7条款的规定，人均公共管理和公共服务设施用地面积的算法是：城市（镇）内的公共管理和公共服务设施用地面积除以城市建设用地范围内的常住人口数量，单位为平方米/人。按上述标准推算，该校JL湖校区常住学生数量约1.5万人，人均占有的教研、办公、实验、后勤等建筑面积为52平方米，这是个相当高的比例。在校园二、三期建设完成后，计划招收3.2万名学生，假设建筑面积扩展到90万平方米，那么人均校舍

① 中华人民共和国住房和城乡建设部：《城市用地分类与规划建设用地标准》，2012年1月。

建筑面积为28.12平方米。如果包括同样被师生使用的校园树林绿地，即以校园总面积计，那么人均占有校园面积就更大，分别是166.86平方米和78.21平方米。这显然是个更奢侈的数据。

但人类占有的微观空间彻底挤压、摧毁了其他生物圈的宏观空间。这是一种人工微观空间对大自然包括植物、动物和微生物在内的不道德行为。放眼到宏观的城市规划，这种人工环境破坏、侵占自然生态环境的现象是一种被默认的“明规则”：“资本主义对现有城市结构采取了两种手法：一是到郊区去，避开市政当局的一切束缚和限止，要不然就彻底破坏老的城市结构，或使城市密度增加到远比当初设计的为高。新的经济的主要标志之一是城市的破坏和换新，就是拆和建，城市这个容器破坏得越快，越是短命，资本就流动周转得越快。……新的经营思想也要摧毁一切阻碍城市发展的老建筑物，拆掉游戏场地、菜园子、果园和村庄，不论这些地方是怎样有用，对城市本身的生存又是如何有益，它们都得为快速交通或经济利益而牺牲。”① “这些城市形态都沉陷于对这些复杂而有条理的大规模人造世界的表现上。然而，当你冷静地考虑到创造和维护这些美妙形态的社会机制或考虑到对地球生态系统的影响，这些方案的后果则是非常可怕的。这里，控制的必要性被彻底忽略了，或者说，是被掩饰了。也许这就是人类想要对自然有绝对统治权的一种梦想。”② 人类也许可以改造自然，但不应是通过城市的扩张。

在大学这样强调公共空间和自然生态的地方尚且如此，在城市建设中的大量住宅区更难以想象。“兰德博恩（美国一个成功的绿色生态住区——笔者注）的大型中央公园，为儿童嬉戏提供了安全的绿色空间。……兰德博恩仍是一个非常适宜居住的且深具吸引力的社区，它传达出田园城市概念的本质。……为什么它没能成为后来几十年中的发展模式。一个可能的答案是，当存在分块投机开发的选择自由时，总是很难执行大规模的统一规划。再者，大量的为公共空间而建的土地即便可通过街道建设来削减开支，也仍占据着开发商主要的一项开支投入。但是，更重要的也许是，随着对共享公共空间的注重，土地的使用都不及老一套的开放区中对私人庭院的重视；当面对大型公共绿地和步行道与大型私人庭院进行选择时，美国的购房者绝对都会坚持选择后者。”③

2. 案例2：科隆城市森林环带

科隆是按人口数排在柏林、汉堡、慕尼黑后的德国第四大城市，人口近100万人。城市位于莱茵河谷，莱茵河由东南向西北蜿蜒穿过，被丘陵环绕。在城区西半部外围有一个弧形森林带，位于城市的核心区域，是城市的绿肺，既对城市生态起到绝无仅有的作用，也是崇拜森林文化的德国人的一种精神寄托。

“二战”后，科隆划归英国人管制。英国军管当局向当时从流亡状态重归科隆当市长的康拉德·阿登纳（Konrad Adenauer，后成为“二战”后联邦德国首任总理）提出了一个非分要求：德国人自己要把这片弧形森林砍伐掉，把所有木材运往英国，这是对战败德

---

① 刘易斯·芒福德：《城市发展史：起源、演变和前景》，第430页。

② 凯文·林奇：《城市形态》，第46页。

③ 迈克尔·索斯沃斯，伊万·本—约瑟夫：《街道与城镇的形成》，李凌虹译，中国建筑工业出版社2006年版，第70页。

国的经济惩罚。但科隆在战争后期被英美联军轰炸，城市损毁率达 90% 以上，很多市民和从前线回家的士兵都没有栖息之所，又时近 1945 年冬天，加之鲁尔工业区被战火摧毁殆尽，城市供水供电都成问题，这片森林只能暂且为城中居民提供基本的取暖做饭所需，如果屈服于英国人的要求，这个宝贵的森林带将不复存在。这不但是对科隆人生存的威胁，也是对德国人森林文化情结的伤害。对此，阿登纳断然拒绝了英方砍伐城市森林的要求。

在阿登纳不卑不亢的反对下，科隆这片古老的环带森林得以保存至今，成为拱卫城市生态环境的宽阔蜿蜒的绿色环带。留住了科隆的一抹绿色，留住了德国人的森林文化，留住了科隆人的乡愁。与 DN 大学案例中的人造微观空间对自然宏观空间的蚕食、侵犯、破坏相反，科隆城市森林环带是深深地嵌入这个古罗马城市的核心区域，是自然宏观空间对人造的城市人工环境的嵌入和融合。

绵延的科隆城市森林环带约有 5 公里宽阔度，种植着繁密的受大西洋暖流滋润的寒温带树种和灌木，林中有蜿蜒小河串联的大片湖面，还有一处处宽阔起伏的草场。林中有一大片圈养动物的草甸和林地，里面的马、牛、鹿、鹅、羊、火鸡等处于半野生放养状态，马、牛、鹿等大型动物可以在里面驰骋奔跑。

林带中尽可能地限制人造微观环境的存在，以最大限度地使这片城市森林保持原生态状态。林中唯一的公共交通工具仍是 19 世纪的马车和马。人工建筑是几座跨越小河的小桥，两片硬质铺面的广场，一个木凉亭和零星安置的休闲靠背长木凳。有点喧嚣的是掩映在密林中的小型网球俱乐部，还有偶尔以 10 ～ 20 公里/小时的速度缓缓穿过林区的、极少鸣笛的老式货运火车。在大大的斜面草坪上总会有晒日光浴的人。在某处特定的偏僻林间空地还有天体日光浴场。

在周末，森林环带中的道路禁止汽车通过，把整个森林交给在这里散步休闲的市民，提供安全、低噪声、低污染的公共环境。这里虽处市中心，但极目远望看到的都是绿色和阳光，看不到楼房和汽车，听到的是布谷鸟啼鸣，听不到汽车和城市生活的噪声。笔者曾经常在此散步，因森林太大，经常会迷路。

三、总结与讨论

19 世纪末 20 世纪初，对城市发展的讨论集中在霍华德（Ebenezer Howard）和柯布西埃截然相反的规划思想上。两位学者奠定了 20 世纪城市发展的两种基本方向——分散和集中。这两种不同理念也是关于城市中微观空间和自然宏观空间关系的两种潜意识下的博弈。虽然两位学者在提出其观点时并没有这样的主观想法，但后人在运用时出现了不小的偏颇。

1898 年，霍华德著有《明天：通往真正改革的和平之路》，1902 年修订再版，更名为《明日的田园城市》。其核心观点是：鉴于工业革命以来城市中的混乱、污染、肮脏、贫民窟、失业、犯罪等城区颓败景象，提出了应兼有城市和乡村优点的理想城市——田园城市的理念。提倡建设把城市生活优点同乡村美好环境和谐地结合起来的田园城市。人民在这样的城市里既可以在工厂工作，获得教育资源，过上富裕生活，同时享有在农庄田园里的安逸祥和绿色生态——森林、草甸、牧场、水体、动物。其具体做法是：疏散拥挤的城市人口，使居民返回乡村。当城市人口增长到一定规模时，就要建设另一座田园城市，以免过度拥挤，使居民更接近乡村自然空间。若干个田园城市环绕一个中心城市（中心城市人口规模为5.8万人）布置，形成城市组群。他认为此举是解决城市社会问题的万能钥匙。这就是把微观的城市嵌入广阔的大自然中。根据其理念，城市引入的公园、森林灌木和新开挖的湖泊，就是把大自然零星破碎地、亡羊补牢式地重新引入、安置到人口集中、建筑密集的城市。今天看来，霍华德的思想虽然开端得早，却是更为人性、理性、生态的，它合乎人类对城市生活和大自然最纯朴、最自然、最本真的身心追求。

但后来，柯布西埃提出的城市规划设想与霍华德的思想完全相反，却主导了至今的人类城市发展的大方向。柯布西埃根据对城市发展史和对巴黎的研究，提出300万人口的"现代城市"设想。其主要考虑是：鉴于人口在区位上高度集中于巴黎大区，为缓解城市空间人口承载压力，要建设300万人口的集中型城市。在这样的大城市，除中心区和各种机关、商业和公共设施、文化和生活服务设施外，建设有可供40万人居住的24栋60层高大楼，高楼周围有大片绿地，建筑面积仅占5%；外围是环形居住带，有60万居民住在多层板式住宅；最外围是容纳200万居民的花园住宅。其中心理念是提高城市中心密度，改善交通，提供充足的绿地、空间和阳光。基本原则是：城市按功能分成工业区、居住区、行政办公区和中心商业区等。市中心地区向高空发展，建造摩天楼以降低建筑密度。城市必须集中，只有集中才有活力。而由拥挤带来的城市问题可通过技术手段解决。这一技术手段就是通过大量的高层建筑提高密度和建立一个高效率的城市交通系统，而且可以保证有充足的阳光、空间和绿化。因此，在高层建筑之间必须保持较大比例的空旷地，即机械化的"垂直的花园城市"。

这是柯布西埃理想中的"明日的城市"或"阳光城"，但他有点偏激的理念似乎被后人曲解或滥用了。其理念在今天的几乎所有的美国大城市、中国大城市以及伦敦、莫斯科，甚至德国的法兰克福和巴黎本身的拉方丹区，都可以看到其实践的影子。但现实证明，这种过分强调城市高度集中所体现出来的高楼大厦的过度聚集，其社会和生态后果是有许多负面效应的。

也许是一种补充或补救，柯布西埃在他的设想中也提出：建筑物用地面积应只占城市用地的5%，其余95%均为开阔地，布置公园和运动场，建筑物处在开阔绿地的围绕之中。但这是学者的主观理想。在现实的大城市建设中，几乎没有哪个城市可以达到这样的绿色生态标准。

柯布西埃的理念长期居于城市规划发展的主流地位，却对许多大城市的发展造成了不可逆转的影响：城市只注重生产、商业、居住、交通、消费、娱乐等功能性建筑设施的建设扩张，忽视了绿色生态环境的保留和构建。这是后进的城市人工环境反客为主地挤占、侵犯了大自然的空间，最终因缺乏绿色而造成城市微观空间的非人性化——缺乏森林、灌木、草地、水面以及清新的空气和养眼的景色。如一位上海居民所说，周末想去绿色宽阔的郊外休憩，开车需要近两小时，而且肯定会堵车。从上海市区到崇明岛西沙湿地约有120公里，正常开车需要起码一个半小时，实际行车时间需要两小时之久。因此，城市人造空间和自然生态空间应以后者为主，两者相互嵌入融合。

巴黎总建筑师埃纳曾提出城市绿地分布标准：居民离公园不超过1公里，离花园和街心花园不超过500米。这也是"理想之城"，但在许多城市只是乌托邦。

第三节　人造绿地的空洞

一、研究背景和意义

城市是地球上人类的终极造物。人类在建设自己的城市家园时，习惯于铲除待开发地自然界的花草树木，推平土地，填埋湖泊，建起人造环境。待发现自己身处高楼大厦的包围后，人类再亡羊补牢地在钢筋混凝土间种植上稀疏的树木，铺上廉价的草皮和盆栽的花木，这些人造的、被隔断的、零碎的、不成体系的被重新“引入”的人造自然，与天然而生的自然植物、植被的禀赋功能天差地别。城市中出现了被设计点缀的人造绿地的空洞。

空洞化表现在：①植被人造化。很多被移植到城里的树木是在城市建成后被再次移入的“外来物种”。②功能释放时效差。许多植被需经过漫长的生长过程，才能起到涵养水土、遮阴挡雨、净化空气和美化环境的作用。③植被适应性弱。如果规划不当，一些植被会因“水土不服”、管理不善而在生长期夭折，实现不了植被覆盖。④人工栽培成本高。人工移植栽培的植被要投入更多财力、人力护养，高成本的同时还不一定能实现原生态植被的效果。⑤植被生长环境差。处于闹市中的人工植被，因其不成连贯体系，孤立稀疏地与人类近距离接触，极易被破坏——“路是人走出来的”，被破坏后又得不到补种。⑥植被存在适配问题。一些植被植入城市后，在起到有益功能时，也可能带来意想不到的生态问题，如花粉诱发过敏症（花粉病）、烂熟果实弄脏人行道、秋冬的落叶增加清扫负担等。⑦人造植被难成体系。人为植入的植被在以人工环境为主的城市中，很难形成系统、连贯、持续的生态系统，而处于个体、断裂、短暂的状态。⑧生态链随之断裂。在零散破碎的环境中，不可能形成体系化的动物链和微生物链。植物链、动物链、微生物链因碎片化和断裂化而“漏洞”百出，这就是人造绿地相较自然绿地形成的空洞化。

芒福德不无讽刺地说过：“城镇的发展使人们更难走向周围的郊野，为补偿这一缺憾，建成区内种植了树木，甚至用盆栽植物来作街道的一种装饰。”① 这就是城市绿地生态的连续性问题。芒福德的观点非常清晰：“在区域范围内维持一个绿色环境，这对城市文化来说是极其重要的。一旦这个环境被损坏、被掠夺、被消灭，那么，城市也会随之而衰退，因为这两者之间的关系是共存共亡的。但是，维持这样一个环境的平衡现在很困难，这不仅是因为许许多多低级的城市设施无节制地散布在各处（无数的路边摊贩、汽车旅馆、汽车修理店、汽车销售代理商、建筑地块等等），而且由于耕作本身的工业化，使耕作从原来的一种生活方式转变为一种机械加工业务，它的内容、目的和境况与其他大都市的行业没有什么不同。重新占领这些绿色环境，使其重新美化、充满生机，并使之成为一个平衡的生活的重要价值源泉。”②

二、案例分析

本案例分析的主题是：结合前文中有关城市广场去功能化和负功能化的论述，探讨如

---

① 刘易斯·芒福德：《城市发展史：起源、演变和前景》，第213页。

② 刘易斯·芒福德：《城市发展史：起源、演变和前景》，附图58的文字说明。

何将城市中的微观人造空间——被弃置的城市广场进行功能优化，改造为系统性的自然绿地微观空间。

（一）基于城市广场的生态功能改造的意义

城市广场功能优化的基本原则是人性化、人文化、社会化和生态化。对此，从列斐伏尔到柯布西埃①、从芒福德到梁思成、从《雅典宪章》② 到《马丘比丘宣言》③、从雅典卫城广场到天安门广场，学界和实践对此都在不同历史时期和城市空间上有过经典诠释。迄今，城市广场的人性化、人文化、社会化原则已获得尊重，而城市广场12个基本社会功能（即政治功能、经济功能、宗教功能、文化功能、历史功能、符号功能、教育功能、景观功能、休闲功能、旅游功能、交通功能、生态功能）中最基础、最根本、最普遍但最缺失的是生态功能即生态化原则。

有学者认为："城市开放空间是指在一定城市地区内，具有生态、文化、景观、控制、保护、价值等多重功能和目标的存在于城市建筑实体之外的开敞空间体，是城市地区人与环境协调发展的空间基础，是改善城市系统结构与功能的空间保障。它既包括城市建成区内的园林植被、河湖水系、闲置空地等具有自然特征的环境空间及道路广场、停车用地等具有社会经济功能的人工地面，又包括城市区域中的森林耕地、河湖水域、滩涂沙地、山地丘陵等自然用地。"④ 这里的开放空间就是城市公共空间，包括人造公共空间、半人工半自然公共空间和自然公共空间，下辖四个系统，各系统有具体的公共空间类型。其中广场系统包括前文提过的13种广场类型（表2.1中有下划线部分）。

表2.1 城市公共空间系统分类

<table>
<tr><th colspan="2">公共空间系统</th><th>具体类型</th></tr>
<tr><td rowspan="7">人造公共空间</td><td rowspan="2">道路系统</td><td>交通型：市、区级干道，快速干道</td></tr>
<tr><td>生活型：支路，街道，商业步行街</td></tr>
<tr><td rowspan="5">广场系统</td><td>中心广场，市政广场</td></tr>
<tr><td>商业广场</td></tr>
<tr><td>文化广场，纪念广场</td></tr>
<tr><td>车站广场，交通广场</td></tr>
<tr><td>体育广场</td></tr>
<tr><td>半人工半自然公共空间</td><td>广场系统</td><td>景观广场，绿化广场，喷泉广场，水面广场，水岸广场</td></tr>
<tr><td rowspan="2">自然公共空间</td><td rowspan="2">绿地系统</td><td>近郊开敞用地：林耕地，山地滩涂，河流湖泊</td></tr>
<tr><td>城市中的绿地：公共，居住，道路，专属，生产防护林五类</td></tr>
</table>

① 柯布西埃的"城市建筑面积5%、绿地面积95%"原则。

② 1933年的《雅典宪章》对绿地和休闲地的保护性原则。

③ 1973年的《马丘比丘宣言》提出了以人为本和公民参与城市规划的原则。

④ 苏伟忠、王发曾、杨英宝：《城市开放空间的空间结构与功能分析》，《地域研究与开发》2004年第5期，第24～27页。

由表2.1分析，道路系统是城市四大功能区中的一环①，改造空间狭小。绿地系统要绝对保护，不能做任何功能篡改。因此，唯一能进行结构改造和功能优化的就是广场系统，尤其是去功能化、负功能化的广场。基于人性化、人文化、社会化和生态化原则，城市广场最基础、最根本、最普遍的功能是生态功能。

对此，有学者论及，城市广场应同样有城市开放空间或公共空间的以下根本功能：①生态功能。城市开放空间包容了城市中大部分的自然环境要素，绿色植物和水体能改善城市的小气候环境。道路、广场等人工开放空间有扰动气流、导引风向、人工绿化等生态功能。②文化功能。城市开放空间包含社会文化要素，为居民提供了理想的室外活动场地；城郊的自然环境、风景自然保护区、生态敏感区及滨河湖海等都是旅游度假的好去处。③景观功能（即休闲功能）。城市绿地的质量和水平直接影响着城市的形象和面貌。②后两个功能已在许多城市广场实现——无论是通过初始性功能还是介入性功能，都包含着绿色生态元素。但当前城市广场仍多缺失生态功能。

城市公共空间具有和生态功能相关的控制功能和经济功能。控制功能体现在城市外缘绿带可有效避免或控制城市无限蔓延，防止“摊大饼”；经济功能表现为可度量和隐性的经济价值，如居住区绿化虽不产生利润，但绿地和开放空间导致住区、工商业地价上升。生物多样性保全体现在生态价值上，随着价值观更新，这种价值将在人类生活中占据显著位置。③ 因此，即便是控制功能和经济功能，包括城市广场在内的公共微观空间都离不开生态功能这一基础、根本、普遍的存在。这是城市广场最重要的价值属性，是不可或缺的实用价值和使用价值。“在一些地方，绿道已成为公众聚集、儿童玩耍的理想场所，而且随处可见的绿道使邻里交流变得更加容易。”④ 所以，绿色微观公共空间在城市还具有社会性。

（二）重建生态功能及功能优化的新理念

城市公共空间“分为点、线、面3种空间形态，它们相互交织、互为沟通，组成城市开放空间网络。点状开放空间面积相对较小，形状为团块或类似块体，例如，分散于城市各地的街头绿地、小型广场，各居住区中的小区级游园、居住区公园；线状开放空间成条带形，例如，城市的道路系统、河流水系和绿带；面状开放空间是指城市中面积相对较大的开放空间，包括综合性公园、动植物园、大型广场和水域等”⑤。

“（中观）层次的分析对象是指与城市居民生产、生活关系最为密切的城市建成区中的各种绿地、广场和道路等。这些形态各异的开放空间担负着生态、文化、景观、游憩、保护等多重功能和目标，……这一层次开放空间的布局结构直接影响到城市开放空间的功能发挥。英国的特莫（T. Turmer）在长期进行伦敦开放空间的规划研究后，对开放空间在城市中的布局结构归纳出6种模式。a为单一的中央公园；b为分散的居住区广场；c

---

① 1933年，《雅典宪章》将城市用地空间功能区归为四类：居住功能区、交通功能区、休闲功能区、工作功能区。

② 苏伟忠、王发曾、杨英宝：《城市开放空间的空间结构与功能分析》。

③ 苏伟忠、王发曾、杨英宝：《城市开放空间的空间结构与功能分析》。

④ 亚历山大·加文：《如何造就一座伟大的城市》，第25页。

⑤ 苏伟忠、王发曾、杨英宝：《城市开放空间的空间结构与功能分析》。

为不同等级规模的公园；d 为建成区典型的绿地；e 为相互连接的公园体系；f 为提供城市步行空间的绿化网络。这些模式基本涵盖了城市各种开放空间的布局结构。”①（图 2.1）奥姆斯特德设计的波士顿“项链”绿带是 e 和 f 模式较有代表性的成功实践。

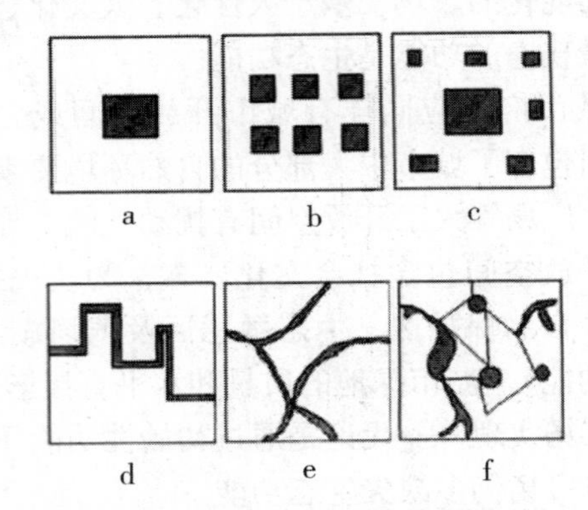

图 2.1　城市开放空间布局结构的六种模式

资料来源：苏伟忠、王发曾、杨英宝：《城市开放空间的空间结构与功能分析》。

在其他实践中，“波特兰市政府成功地将大片土地收归国有，并且在土地之上建造了城市公共空间。纽约也同样通过改造碎片化的街区，重新利用公共土地，将分散的数千个约 0.03 公顷的街头小空地进行美化，并串连起来形成绿道。波特兰和纽约的做法证明，若想营造宜居环境，唯一的途径是：持续增加城市公共空间，改善空气质量，减少噪声，应对气候变化。”如波特兰将两个城市广场的硬质景观与树木、草坪和其他植被相结合。“伊拉 · 凯勒水景广场位于街道斜坡地带的中心，可应对美国西北部日常繁忙的交通和常见的暴雨。树木将广场包围，能过滤掉车辆噪声、污染物和颗粒物。树林周围的土地吸收地表径流。广场不仅是成年人的娱乐场所，也是孩子们的游乐场，同时是当地生态系统的一部分。”②

再介绍一下纽约的“绿道计划”。“过去 20 年里，纽约一直通过绿道计划改造对机动车流影响不大的三角形交通岛。该计划始于 1996 年，在纽约市交通运输部和公园与娱乐管理局的共同努力下已取得成功。截至 2013 年底，全市共增加了 2569 个公共空间，占地面积超过 68 公顷，栽种了全新且茂盛的植被，有的甚至是园艺品种。生长茂盛的树木、灌木丛、草坪、阔叶树和花卉以及公共空间取代了城市道路上的消极空间，这些绿色斑块美化了社区，屏蔽了车辆噪声，使行人愉悦，并改善了空气质量。得益于公共绿化，之前表面吸收太阳能并辐射热量的深色不透水道路铺装转变成重要的环境资产，花卉、灌木和树木可降低温度，为小动物提供浆果和其他食物，为鸟类和其他野生动物迁徙和活动提供小型廊道。此外，绿色植物可以吸收街道噪声并在夏季带来阴凉，可将环境温度降低 2 ～ 4℃，过滤空气中的颗粒物，吸收过往车辆排放的气态污染物。一些绿化街道的种植面积大到足以覆盖人行道和休息区，实际上把街道变成了小型公园。”③

---

① 苏伟忠、王发曾、杨英宝：《城市开放空间的空间结构与功能分析》。

② 亚历山大 · 加文：《如何造就一座伟大的城市》，第 188 ～ 190 页。

③ 亚历山大 · 加文：《如何造就一座伟大的城市》，第 193 ～ 194 页。

在此启发下，可以把去功能化和负功能化的城市广场，在满足其他必需基本社会功能或其他社会功能已不可能介入的前提下，改造为生态绿地，并由点到线、由线到面地形成大面积整体性绿洲森林，即类似 e 和 f 的城市绿地系统。对此，“城市绿地系统……在城市规划学中已有系统的归纳。……可分为点块状绿地系统、条带状绿地系统、楔入型绿地系统、混合型绿地系统 4 种。广场的分布位置主要与城市的空间结构和城市道路的结构形式密切相关。”① 为此，功能优化理念如下。

鉴于全球变暖、炎热周期长以及作为生态空间和公共物品的生态绿地稀缺的现实，应把占据重要区位、面积宽阔、硬质铺设但去功能化或负功能化的广场改建为城内大范围的生态森林、灌木绿地和自然水体。即把硬化地面变土化地面，把不必要、失去作用的广场改造成林木、草甸和水体构成的城市“绿洲”“湿地”，再通过对现有道路的高密度植树、绿化及河流化，以生态林荫道链接各“绿洲”“湿地”，连成系统化的大面积的自然生态绿地系统，建设现实中的田园城市。

为此，首先，依据人性化、人文化、社会化、生态化原则，改建、扩建、增建“新三类生态广场”：绿化广场、森林广场、水面广场。合理吸引各类动植物和微生物，限制包括雕塑在内的人工设施，增强市民准入性、便捷性和融合度，使人与人造的自然生态融为一体。然后，将“新三类生态广场”与城市已有的公园、绿地、灌木、湖泊、河道、林荫道等自然环境整合为有机整体，形成新的城市生态绿化体系和生态区，构建嵌入城内的自然生态链。最后，把城内新构建的自然生态链和城郊的开阔森林、灌木绿地、天然水体等野生自然环境通过林道、山体、河流、交通线等连接，形成输送清新空气的“狭管效应”，构建更广阔的区域性生态体系和生态链，达到贯通空气、流畅水体、繁衍动植物的城市自然生态空间，实现天人合一，建造人性化、人文化、社会化、生态化、多元化、低碳化、减灾化、海绵化的城市。通过生态化建设衍生新社会功能。建设生态城市，功能必要、成本不高、过程可行，主要是理念转变。

（三）功能优化及生态化的意义

“关键是要保存大小城市社区所在环境中的林木绿地，首先是必须防止城市组织无限制的生长发展，蚕食这些绿色植物，破坏城乡生态环境。随着人们余暇的增加，保存自然环境显得空前重要，不仅要保持肥沃的农业和园艺用地以及供人们娱乐休息和隐居之用的天然胜地，而且还要增加人们进行业余爱好活动的场所，如供他们从事园艺种植、园艺美化、饲养鸟禽和各种动物，进行科学观察。”②

因此，把去功能化、负功能化、失用的城市广场改造为城市草甸、森林和水体，并形成大面积的整体系统，是大胆而现实的构想，且改造成本较低。伴随着全球变暖和民众需求趋势，这一城市规划理念和城市广场生态功能作用的意义将日显重要。这符合让城市融入大自然、让民众看得见山水、记得住乡愁的理念。

“按照 20 世纪 60 ～70 年代德国社会地理的慕尼黑学派的观点，城市广场应有景观的 7 种基本功能中的教育（to education）、恢复休整（to recover）和社区生活（living in

---

① 苏伟忠、王发曾、杨英宝：《城市开放空间的空间结构与功能分析》。

② 刘易斯·芒福德：《城市发展史：起源、演变和前景》，附图 58 的文字说明。

community）功能。”① 后两个功能与生态功能密切相关。“1990 年，著名科学家钱学森就提出了建设‘山水城市’的命题，并指出城市建设必须注重生态环境建设与保护，丰富了城市文化内涵。‘山水城市’可以作为广场文化的重要思路和文化形态。”②

人类实为动物的一种，源自自然，归于自然，但其日常工作生活大部分在城市人工环境如厂房、办公楼、教学楼、超市、住家等建筑物度过；出行时，也多是在封闭的人造容器汽车、地铁、轮船、高铁、飞机中。这是无奈的选择。因此，在有限的闲暇时间，人类会从心理和生理需求上追逐回归自然：在公共空间表现为去公园、植物园、动物园和海边、沙漠、森林等纯自然环境旅行；在私人空间表现为在自家庭院、阳台、天井、室内栽种花草，养鱼养宠物，造泳池等；在时间上表现为对闲暇时间的珍惜，如假期的密集出行；在行为文化上表现如踏青、植树、扫墓、赶海、登高、秋游、赏雪、溜冰、冬泳等。但对这些自然生态的使用，市民有极大的时空局限和成本支出：大面积成体系的绿地水体在城市中较为稀缺或距离较远；市民只能在有限的闲暇时间如周末或假期接触大自然；很多生态绿地、植物园、森林公园、动物园和自然景区等收费，提高了生态空间和公共生态的准入门槛；工作和家务的挤压使市民在家种花养宠物的时间很少。为此，有必要扩大和延长市民接触享用城市生态森林绿地水体的空间和时间，首要途径是加强对城市生态森林绿地水体的改建、扩建、增建。由于城市空间的地租效应，扩建、增建生态森林绿地水体的已有潜在空间很小，而对去功能化、负功能化、失用的城市广场等闲置城市空间的改建成为优选。且成本低、可行和有效。

以上文字并非笔者的猜想，请看芒福德的描述：“那种认为旧石器文化已完全被新石器文化取代的认识，的确是一种幻想。甚至今天，每逢春季的星期日，每个大城市周围的郊野上都有成千的垂钓者来到河岸、湖边，仍然操起旧石器时代捕鱼的旧业；再稍晚的季节里，更远处的原野上，还会有人在继续更古老的活动：采集蘑菇、浆果、坚果，捡拾蚌壳、漂浮木，或在海边的泥沙中挖掘蛤蜊。古人类的一些生计活动如今已成为人们的消遣了。”③

从建筑学、城市规划学角度看，“围绕一定主题配置的设施、建筑或道路的空间围合以及公共活动场地是构成城市广场的三大要素。”④ 从社会学和生态学角度，城市广场三大新要素是：①人性化，所有社会阶层、社会群体及个人可获得公平均等的舒适使用感；②通达性，人类通达其中的便捷性、公共性、亲和性；③生态化，生态森林绿地、水体、动植物和微生物为主体的城市生态广场（表 2. 2）。三点互为结构性作用。

---

① 周尚意、吴莉萍、张庆业：《北京城区广场分布、辐射及其文化生产空间差异浅析》。

② 刘君：《广场文化研究》，《学术交流》2004 年第 8 期，第 131 ～ 133 页。

③ 刘易斯·芒福德：《城市发展史：起源、演变和前景》，第 21 页。

④ 严晶：《浅论城市公共空间》，《苏州大学学报（哲学社会科学版）》2007 年第 1 期，第 119 ～ 120 页。

表2.2　城市广场的三大新要素：人性化、通达性、生态化

要素	解释	衡量指标	功能优化点	实际意义	矛盾点
人性化	公平均等的舒适使用感受，广场成为市民社会交往、社会融合和社会和谐的平台，是淡化社会分层和社会矛盾的机遇空间	1. 公共性，非排他性； 2. 平等融合的氛围； 3. 协调的空间结构形态； 4. 舒适适宜的空间规模尺度； 5. 无噪声污染； 6. 相对独立的休闲空间； 7. 进行无害化的文娱体育活动； 8. 绿色、环保、卫生的环境； 9. 和谐慢节奏的氛围； 10. 足够的安全感	广场真正成为非排他性、非竞争性的公共空间；无害化处理；适宜的空间结构形态和规模尺度；和谐舒适的社交环境	市民平等共享舒适的自然生态、公共设施和人际交往，促进城市环境的人性化、人文化、社会化和多元化，利于减少越轨犯罪，增强社会群体团结	一些城市对城市广场的规划仍基于税收、就业、权威和交通等经济和政治功能的考虑，忽视人类对“自然生态功能”基础性、根本性、普遍性的客观需求；受困于对政绩、GDP、就业的“路径依赖”而无法改变观念，规划者、管理者和公众需培育城市广场公共生态功能的理念和决心；国内外基于生态化的城市广场功能的优化改造还没有足够借鉴的经验。在实践过程和结果上还有相当的风险
通达性	人类通达其中的便捷性、公共性、亲和性。城市空间整体性强，不碎片化	1. 市民有进入的意愿和可能； 2. 市民可在多个方向自由进入； 3. 免收费，全体市民共用； 4. 减少围墙、栅栏等隔离物； 5. 无特权区和特权建筑； 6. 照顾特殊/弱势群体需要	不阻断交通，形成整体，平等准入。加强人性化、人文化、社会化和减灾功能（灾害避难区）	市民对自然生态空间的准入和共享，不阻断交通、适于步行和骑行，促进低碳生活	
生态化	生态森林、草甸、水体、动植物和微生物成为广场主体，而非人工建筑和设施	1. 适合人坐卧、玩耍的草地； 2. 可以遮阳的林木； 3. 大面积的亲水水面； 4. 吸引繁衍中小型动物的环境； 5. 尽可能少的人工建筑和雕塑； 6. 有自行车通道和步行道； 7. 无商业活动； 8. 对周边噪声和尘埃有效阻隔； 9. 有防灾减灾功能	构建系统性、整体性的自然生态链，在城市中开拓“绿洲”和“湿地”，达到“天人合一”	森林、草甸、水体让动植物重新繁衍，美化净化优化环境。市民生活在自然生态，缓解压力和社会紧张情绪。实现生态、低碳、减灾	

关于人性化。城市公共空间尺度应以人为本，人性化设计。有些公共区域的尺度让人感觉舒适，有些却令人感到尴尬，如暴晒的大片硬地、无法进入的大草地、被汽车占领的街道、被大路割裂的景观、高大的建筑，让人感到城市的疏远无情。公共空间应突出使用功能和服务功能，使身处其间的公众感到舒适，体现尊严。要思考的是，如何在高密度现状下营造人性化氛围，缩短人与城市的心灵距离。① “2005 年，美国和加拿大在新奥尔良、纽约、波特兰、底特律、费城、旧金山、蒙特利尔、萨凡纳等八个城市评选出十二个最好城市广场，依据是市民在此从事活动类型的多样化、广场上人口结构多样化、广场上的人们以团体为主、广场上很少有空地、广场一直有人使用等。所有人都有使用广场的权利。”②

关于通达性。柯布西埃认为城市建筑物的地面应架空，地面均可由行人支配。法国建筑师托尼·嘎涅（Tony Garnier）提出城市不设围墙，以利通达。中国城市实际已通过围墙、栅栏、护河隔离出以机关、厂区、工业园、校区、酒店、公园、住区等为单位的破碎化的封闭空间，阻碍了通达性和公共性，形成社会阻隔效应。广场周边应避免这种阻隔。

关于生态化，是本节重点。对城市广场的生态化意义所强调的是：①作为隔离屏障作用的广场生态绿化。广场绿化带可隔离灰尘、噪声，分布在广场周边，特别是有道路、企业时，对排放的污染粉尘起吸附隔离作用；屏蔽噪声，营造安静环境。PM2.5 值提高和雾霾天气使这一功能更具意义。②作为美化作用的广场生态绿化。此作用在园林管理中被过分强调，花草植物一般高度较低、被修剪成有特定的形状和造型，颜色搭配。但如此设计存在误区：不能起到遮阳效果；不能起防尘降噪作用；植物种类单一，不能构建自然错落生长的自然生态链，以吸引动物鸟类栖息繁衍。③作为储存涵养积水的“湿地”。目前，城市广场多为水泥、无缝板砖等不渗水硬质铺面，绿地与硬质铺面面积比例不合理，后者面积过大，雨季加重城市内涝。广场的凹凸设计、下沉处理和绿化铺面可起洼地、湿地和湖泊作用，具渗、滞、蓄、用、排、导功能，分流储存利用雨水，增补地下水。④作为自然生态链的绿化带。广场可改成如图 2.1 中 e 和 f 那样由大面积的草甸、灌木、森林、水体构成的自然生态区，成为多类植物栽培区，吸引动物栖息繁衍，形成在城市中心的自然生态链，还以青山绿水乡愁。

所以，“这种自然形成的树篱就像一道道屏障，人们很难跨越树篱过马路。树篱起到的保护作用同样体现在从侧翼服务区和行人专用区只能看到中央道路上行驶车辆的上半部分，从而防止车辆前灯令夜间骑行者头晕目眩，并且确保卡车或汽车不会从道路上突然转至人行道及自行车道。同时，这些多叶灌木美化了路边景观，极具观赏效果，并且可吸收通行车辆发出的噪声和可能溅起的水花。”③ 这是城市绿化的多重生态作用。如此的细致和周到。

在实践中，“树木必须位于合理的位置，进行恰当的配置，以便充分体现树木的保护功能。巴塞罗那的夏季非常炎热，格兰大道上高大的树木枝叶繁茂，可有效地保护行人免受阳光直射；而在冬季，这些树木作为一道道防风墙，阳光从树杈间洒落下来，保护步行者免受寒风的侵袭。此外，这条林荫大道的可见度较好，行人、自行车骑行者和机动车驾

---

① 严晶：《浅论城市公共空间》。

② 尹绪忠：《论城市文化特色的若干显性展示——以广东省中山市为例》，《社会科学》2009 年第 11 期，第 119 ～ 125 页。

③ 亚历山大·加文：《如何造就一座伟大的城市》，第 59 页。

驶员都有良好的视线，可以识别潜在的危险，避免可能发生的交通事故。”① 这是树木绿植的一种社会安全功能。

“城市需要公园及开放空间，不是为了市长的政绩，而是为了日益拥挤的城市能为广大的市民提供身心再生的空间，为了营造一个宜居的环境。与那些铺张的纪念性建筑相比，公园及开放空间更具有永恒的价值。公园及开放空间（或更确切地说是景观）决定城市的发展，给城市未来以生命和活力。近几年来，这一点已有更深的讨论，并推动了一些新的思潮的发展，如景观都市主义、绿色基础设施或生态基础设施。”②

较能体现人性化、通达性和生态化的是布鲁塞尔广场（图 2.2）。作为“欧洲城市会客厅”，在新年前后有圣诞市场；每年 5 月举办沙滩排球赛，广场堆起从海边运来的沙子。广场平时早上是花市，傍晚是鸟市。1971 年始，每两年在 8 月 15 日前后的周末，广场都铺设花毯。花毯精选根特区秋海棠，每次以不同主题设计，花卉用量达 80 万株。③

广场

广场上的露天音乐会

广场上的礼品摊位

图 2.2 比利时布鲁塞尔广场（笔者摄于 2007 年 11 月）

---

① 亚历山大·加文：《如何造就一座伟大的城市》，第 60 页

② 俞孔坚：《未雨绸缪，博爱为公》（北京大学建筑与景观设计学院的俞孔坚教授为《美国城市的文明化》各章做点评），F. L. 奥姆斯特德：《美国城市的文明化》，第 211 页。

③ 朱宝凤：《布鲁塞尔大广场》，《世界文化》2009 年第 8 期，第 38 ～39 页。

另一成功案例是斯德哥尔摩绿树环绕着中心水池的长方形国王公园，它在1998年由城市规划局“变成了一个公共聚集地，就像很多欧洲广场一样，人来人往，热闹非凡。21世纪初，国王花园开始组织各种活动，吸引大批当地人和游客。人们非常喜欢国王花园，因为它令人感到舒适。……夏季，这里举办150多场特别活动。比如，每年六月历时一周的斯德哥尔摩美食节，……多个乐队全天候演出，……冬季，人们在夏天享受的凉爽游泳池变成了溜冰场，圣诞节前后各种集市纷纷登场。各色人等在这里享受生活：小孩儿在水中蹒跚学步，街头潮人喝着啤酒，年轻情侣享受日光浴，青少年在咖啡厅吃冰淇淋，老年人在树下散步，商人们谈生意，零售商售卖纪念品，自行车骑行者匆匆地踏上回家之路，游客拖着行李箱，亲朋好友在著名的雕像前拍照留影……各种景象交织在一起，好不热闹。”①

因此，生态功能要在城市广场实现，主要不是财政和技术问题，而是理念和决心问题。

“城市广场文化在体现城市的显著特征——建筑、文化、人群与活动的同时，也体现了人类对大自然的亲近和回归。现代城市为了实现可持续发展，重新重视生态环境建设；广场文化也包括了对郊外公园的兴建与利用和对‘山水城市’模式的追求。”② 城市生态广场从本源上就是人类回归自然的原始地，是城市荒漠中的绿洲。因为不管是身体的还是心理的，人是自然的一部分，人是动物的一种，人类必须也需要与大自然融为一体。

“从广场的功能看。城市是生产要素高度密集的空间。在生产要素高密度的地区建立开阔的广场，留出城市的广阔空间是给密集的城区以呼吸、休闲、想像的空间，还城市一个自然生态环境。……如利用水体营造广场，如喷泉广场、水面广场、一河两岸形成的特定的公共空间等。”③

在规划城市广场时，首先要参考地理学家、生态学家、建筑史学家、民俗学家、人类学家、考古学家、社会学家、哲学家、社会心理学家、艺术家、美学家等人文社会科学学者和公众的想法，其次才是按他们的建议进行硬件设计的建筑师、城市规划师、土木工程师和交通工程师的思路，这是由城市广场之于人类的基本功能和本质功能决定的。必须构建新的城市规划的程序机制和人文理念。

据此，在发现、恢复和改造现有城市广场的社会功能和建设新广场时，应以现实和实际的功能需求为初始性功能需求，先确定功能类型，再据此改造或建设广场。而不是先建广场，再纳入功能类型；按该思维模式，就会一再出现去功能化、介入性功能和负功能化等连锁问题。同时，应把去功能化和负功能化的城市广场尽可能改造成城市自然生态绿化带。

三、总结与讨论

“对自然风光的偏爱遍布于各个阶层，至少在美国是这样。……在这个国家，这种偏爱的近于普遍的特性已得到充分证明。这些偏爱是相当具体的：偏爱小型家庭农场的安排

---

① 亚历山大·加文：《如何造就一座伟大的城市》，第66～67页。

② 刘君：《广场文化研究》。

③ 刘君：《广场文化研究》。

得当的、富饶的景色；偏爱湖滨和海滨；偏爱园林景观：绿草如茵、开敞、间或有树和小树林、靠近水域，还能看见丘陵或高山。对荒野——人类尚未涉足过的地方——的喜好是一种更受限制的趣味，但它同样正在增长。遗憾的是，几乎已不存在大片的真正的荒野，除了北极和南极地区、正在缩小的热带森林以及巨大的沙漠。"①

人类在决定兴建一座城市后，会在彻底推平山丘、填满湖泊、截断河流、铲除原生态树林植被并兴建起高楼大厦后，重新把预留出来的少许空地再人工种植上稀疏的树木，配置上人工草坪（甚至塑料草坪），栽上小树丛和花卉，甚至重新开挖人工湖泊，堆起山包。但这一切人为制造的城市绿化，与原生态植被的系统结构相比，难以形成繁茂的自然性、系统性、层次性和整体性，因此也难以吸引和有助于各类各层级的动植物在此栖息繁衍。人造植被毕竟是违反大自然自然生长的意志和规律的。这种对自然规律的违反还表现在人工栽培的花草植物一般高度较低、被修剪得有特定的形状和造型（巴洛克遗风），颜色人为搭配。但如此设计存在三大缺陷和误区：①不能起到遮阳遮风挡雨的效果；②不能起到防尘降噪作用；③植物种类单一，不能构建自然生态链，难以吸引动物尤其是鸟类栖息繁衍。

作为自然生态链的绿化带，大面积草甸、灌木、森林、水体重构成的自然生态区，将成为多元化的植物栽培区、吸引多种动物栖息繁衍，就可以在城市中心形成自然生态链，还以青山绿水。最终理想是，可以让诸如梅花鹿、野羊、小型野马、孔雀、天鹅、大雁等这样的较大型的动物与城市居民同生共存，这将是一个极为祥和理想的田园城市风光。让城市有更多自然环境、更少非必要人造环境，让包括人类在内的所有动植物的各类微观生存空间人性化、自然化，让城市生态体系更可持续。

但在强调生态绿地整体性和连续性时不能矫枉过正。"经济学家阿尔弗雷德·马歇尔（Alfred Marshall）在1899年建议在英国征收'国家新鲜空气税'，作为保证各城市之间永远有绿带的一种方法。'我们需要，'他说，'在我们城市中增加游戏场地。我们也需要防止一个城市发展扩大到与另一个城市相连，或发展成与相邻的村庄相连；我们需要在它们之间保持一条乡村地带，这条地带上只有奶牛场等以及其他公共游玩场所'。"② 这是城市与生态自然绿地的空间平衡与和谐。

---

① 凯文·林奇：《城市形态》，第181页。

② 刘易斯·芒福德：《城市发展史：起源、演变和前景》，第517页。

第三章　儿童空间的适幼性

第一节　住区儿童游乐场的缺憾

一、研究背景和意义

问题的提出是从中国长期以来的独生子女政策的后果、城市化的后效和社会现代化进程的影响三个角度展开的。

“如果日常生活中存在着这种熏陶，一个社会就不需要再安排美术欣赏等课程，如果缺少这种熏陶，那末，即使安排了这些课程，多半也是徒劳的，……哪里缺少这样一种环境，哪里即使是合理的进程也会半窒息：言辞上的熟练精通，科学上的精确严密，都弥补不了这种感觉上的贫乏和空虚。如果这是打开儿童启蒙教育的一个钥匙，……这同样也是打开后期教育的钥匙；因为城市环境比正规学校更能经常起作用。”① 这就是住区中和城市里儿童游戏区的基本意义。

（一）独生子女政策后果

中国自20世纪70年代推行计划生育政策，独生子女数量大幅增长。据统计推算，2010年独生子女总量约1.5亿人。虽然已放开独生政策，但由于生二胎的意愿低等因素影响，到2050年，独生子女数量预计仍将达3.1亿人。②

实行计划生育政策前，中国家庭大多是一家多孩的情况，生育日期大多比较集中，孩子间的年龄差距较小。所以，出生在这一时期的孩子，童年时代的娱乐活动大多是与家中年龄相近的成员展开的，对娱乐空间的需求相对不那么强烈，且娱乐活动可以在任何时间、在家庭或户外的任何空间进行。加上许多孩子是在父母所在单位的家属大院长大的，职业同质性较强的邻居的孩子们成为发小玩伴，孩子们课后就在较为封闭安全的家属大院的空地、道路、绿地玩耍。

伴随计划生育政策的实施，独生子女数量不断增加，由于在家庭成员中缺少合适的同龄玩伴，孩子们的娱乐活动就转向与其他家庭中年龄与自己相近的陌生孩子间进行，活动时间开始受到一定限制；对于活动空间的需求也有所增加，如果关系没有发展到十分熟悉的程度，那么这一娱乐空间的选择最好是在非私人家庭空间的公共领域。同时，随着家属

---

① 刘易斯·芒福德：《城市发展史：起源、演变和前景》，第318页。

② 《2018年中国人口数量、总人口预测、独生子女人数及失独家庭数量统计分析》，https://www.chyxx.com/industry/201801/608787.html?tdsourcetag = s_ pctim_ aiomsg。

大院的消失和住房商品化以及商业住宅区的涌现，邻里孩子们之间因家庭社会结构的异质性造成了彼此间的疏离感和陌生感，孩子们的交往不但需要他们之间的相互了解和磨合，也可能深刻地受其家长的社会分层意识的影响，如一些家长不允许自己的孩子和其他邻居的孩子成为玩伴等。由此，儿童的娱乐空间和玩耍自由在一定程度上被压缩、被限制。

（二）城市化的后效

伴随经济快速发展，城镇化进程不断推进。据统计，2015 年中国城镇人口达 7.7 亿人，城镇化率为 56.10%；到 2020 年，中国的城镇化率达到 60%。①

为容纳越来越多的城市人口，城市规模不断扩大，用地面积不断增加。城市用地的一个特点是功能区分相对明确，不同功能区之间有较明显区隔；农村用地则相对自由，居住、种植、养殖、坟地、荒地等不同类型用地间会有一些交集，不同区域间的分割相对不那么严格。在城市化发展起步阶段，农村用地占大多数，在农村较为广阔、自由、开放的空间环境下，孩子们的娱乐空间选择是相对自由和多样化的，田野、树林、山岗、水塘、草地，甚至是乡间小路和打谷场都可以是他们的娱乐场所。在城市，分割为不同功能区，有些功能区根本不能作为娱乐空间。这样，孩子们的娱乐空间变得相对有限。在城市居住区，楼房的居住模式、高密度的楼间距和小区低容积率以及伴随而来的有限的儿童游戏场和狭窄的水体绿地，也是对娱乐空间的无形压缩。有学者曾对居住环境与儿童户外活动的相关性做过调研。结果表明，儿童在户外活动的时间受建筑类型的影响较大，住高层的儿童在户外活动的时间低于住在低层和多层的儿童，女孩在这方面尤其如此。住高层的女孩户外活动时间每天 0.5 ～0.66 小时，是平均数的一半。在高层居住的女孩普遍比居住在其他建筑类型的儿童意志力差。②

（三）社会现代化进程影响

社会公共服务设施在城市中地位的确定是有其历史过程的。欧洲“在上个世纪中通过了大量的法律，采取了许多措施，目的全是要纠正过去的错误，如环境卫生法规、医疗保健、义务教育、职业安全、最低工资标准、工人住房、清除贫民窟，以及建设公园和儿童游戏场、公共图书馆和博物馆，所有这些，正是从反面证明了工业城市的贫困和罪恶。但是，这些改善尚有待在城市的新形式中得到更充分的发展。”③

伴随着社会现代化进程，人的现代性特征越来越显现。家庭规模逐渐缩小且越来越独立，人的个体化和独立性逐渐增强。近些年，在儿童娱乐活动服务的供给领域，为应对个体化、个性化特征，出现了各种形式的娱乐项目，如室内室外轮滑、乐高创意拼搭、武术、跆拳道、乐器、舞蹈、口才、美术等。这些课外项目将孩子们的娱乐圈乃至课外生活圈圈定在一个相对确定的区域，在这个区域同龄的和特定的孩子是聚集的。其他孩子要想与其他同龄、不同龄的和不同个性特点的孩子建立起互动关系，就必须参与到一定的娱乐或教育活动中。在人的现代性和市场作用双重因素推动下，自然自由的公共化的娱乐空间

---

① 《2017 年中国人口总量、城镇人口比重、城镇化率发展趋势预测》，https://www.chyxx.com/industry/201612/477303.html。

② 王江萍、姚时章：《城市居住外环境设计》，重庆大学出版社 2000 年版，第 136 ～139 页。

③ 刘易斯·芒福德：《城市发展史：起源、演变和前景》，第 491 页。

逐渐被人工约束的商业化的娱乐空间抢夺，尽管孩子们的娱乐形式大大丰富，但对于娱乐空间的自由选择和自主地、具有创造性地选择娱乐活动的权利也被悄然无息地剥夺。

由于独生子女政策、城市化、社会现代化等因素影响，现代城市儿童的开放娱乐空间被不断压缩，这深刻体现着研究这一城市微观空间的现实需要。

二、对儿童娱乐空间的关注及相关规定

儿童娱乐空间问题早有相关研究，并制定了规制。美国 1906 年创立全美儿童游园协会并发行杂志，推动儿童游园发展。国际组织积极倡导为儿童建设游戏场地。1924 年的《日内瓦儿童权利宣言》提出儿童享有充分游戏和娱乐的权利。1933 年国际现代建筑师协会通过的《雅典宪章》（即《城市规划大纲》）在学术界首次发出了在居住区设置儿童游戏场的号召。1957 年，联合国第十四次全体会议通过了《儿童权利宣言》，再次强调儿童游戏权利。1979 年，有 10 个国家制定了关于居住区内儿童游戏场地的统一标准。1989 年，联合国大会通过《儿童权利公约》，规定：缔约国确认儿童有权休息和闲暇，从事与儿童年龄相宜的游戏和娱乐活动，及自由参加文化活动和艺术活动。确认儿童不仅有发展权、受教育权，还有享受游戏的权利。① 从这些规定可见，国际上对住区儿童娱乐空间有很高的关注度，凸显着这一城市儿童权益微观空间的重要性。

规定是死的，但孩子们的天性是活的。对于孩子来说，所有城市空间都是他们玩耍的乐园。简·雅各布斯曾这样批评 1929 年纽约地区规划协会一个关于要把孩子从街道上拉回到专门嬉戏场地的报告："这个报告接着哀叹孩子们为什么这么顽固，喜欢'到处瞎逛'而不是喜欢玩一些'被认可的游戏'（被谁认可?）。代表'孩子组织'的那些人希望把孩子们的嬉戏活动圈起来，而孩子们却顽固地倾向于在充满活力和刺激的城市街道上闲逛，……孩子们使用各种方式玩耍或自娱自乐。他们在水塘里踩水、拿着粉笔乱画、跳绳、滑旱冰、弹弹子、炫耀他们的宝贝东西、聊天、互换卡片、玩街头棒球、踩跷跷板、在像肥皂箱一样的助动车上涂鸦、拆卸旧的婴儿车、爬栏杆、跑上跑下等等。……他们那种玩耍方式的魅力在于随处不在的自由自在的感觉，那份在人行道上跑来跑去的自由，这与把他们限制在一个圈起来的地方完全是两码事。如果他们不能做到随时随地地玩，他们干脆就不去玩。"② 同样，在住区里，孩子们在任何地方都可以发现玩耍的场地和玩具——小路边、土丘、沙堆、草地、通风台、水池、地库入口、单元门厅、小树丛、凉亭、廊架、斜坡……孩子们玩耍的空间是自己随性随意随时选择或构建的，不需要有设定的、固定的空间和玩具。

---

① 马建业：《城市闲暇环境研究与设计》，机械工业出版社 2002 年版，第 116 ～ 120 页。

② 简·雅各布斯：《美国大城市的死与生（纪念版）》，第 75 ～ 76 页。

三、住区儿童游乐场的价值和现状

（一）住区儿童娱乐空间价值

1. 对儿童的价值

（1）儿童娱乐空间促进儿童身心发育。儿童期是智力开发的关键期。游戏可有效促进儿童智力发展，甚至先天智力水平较低的儿童，通过游戏其智力也能有所提高。游戏对智力发展的促进不只停留在游戏过程中，其影响是持久的。促进儿童智力发展的游戏有两类：一类是构建游戏，即通过双手操作进行造型；另一类是社会性游戏，指儿童在活动中模仿成人社会行为的游戏。游戏过程中，从外界接触到的新知识与儿童内在已生成的知识体系交互重塑，在一定程度上促进儿童智力的提高和社会心理的健康发展。

儿童期是身体生长发育的重要时期，骨骼、肌肉、神经等迅速发育，身体器官发育是以接受足够刺激和锻炼为基础的。走、跑、跳、投、攀爬等大幅度或大运动量活动对促进孩子身体发育有重要作用。居住区娱乐空间提供的一些器械就是辅助儿童完成这些运动和锻炼的。如楼梯、绳索帮助儿童进行攀爬训练，平衡木、木马帮助平衡训练，蹦床促进弹跳力，吊环拉伸体型，滑板车和扭扭车锻炼腿力，滑梯增强胆量，孩子间的追逐嬉戏进行着跑步训练，等等。身体运动对智力开发同样有促进作用。由于孩子日益增长的行动力和活动范围及高密度住宅区儿童数量增加，住区内一个面积足够大且锻炼器械类型多样的儿童游乐场是必不可少的。

（2）儿童娱乐空间促进儿童认知能力。认知是人获得知识或应用知识的过程，或信息加工过程，是人基本的心理过程，包括感觉、知觉、记忆、思维、思想和语言等。居住区的娱乐空间为儿童提供了可沉浸其中的环境，儿童在游戏过程中注意力高度集中。在注意力高度集中状态下，他们充满好奇心和探索精神，积极与外界互动，敏感地捕捉来自外界的刺激，面对突如其来的问题，他们发挥能动性，启动大脑思考，依靠自身力量解决。这一过程中，他们的创造性被激发，认知能力增强，体力耐力得到训练。这种类型的常见项目有沙子砌筑、浅水塘卵石采集、植物采摘等。

（3）儿童娱乐空间增强儿童社会交往能力。娱乐空间的一些游戏和项目设置在家庭空间环境下也能完成，但促进社会交往的功能却是公共娱乐空间所独有的。人是社会性、群体性动物，社会交往能力是其必备技能。在我国独生子女政策的影响及社会现代化背景下人的个体化趋势中，儿童的娱乐更局限于家庭或一些活动被强制聚集在有限的空间中的“同类”群体中进行。相比之下，公共娱乐空间提供的是自由选择和搭建关系的大平台。在这一空间下，孩子们的交流受到监护人和特定空间限制的程度较低，如何进入，如何说话，如何与不同年龄、不同性别、不同性格的玩伴交往，如何解决冲突，如何理解他人这一系列过程都要由孩子们在公共娱乐空间的活动中自主完成。在这样的训练下，其社会交往能力才能得到提高。

此外，公共娱乐空间还有一些细节性的具体功能，如能够塑造儿童的品行道德、帮助儿童形成积极开朗的健康心理状态、促使儿童形成自我保护意识等。就环境本身来说，能提供充足的阳光、新鲜的空气、广阔的视界等自然条件，促进视力、骨骼、肌力等的健康。

“当人们回忆自己的成长历程或者阅读传记和回忆录时，往往会发现童年的魅力所在。一方面，孩子们可以自由地活动，并享受着伴随而来的好奇心、新奇事物所带来的兴奋；另一方面，孩子们能够回到他们自己安全的王国，在那里梦想未来。能够有机会摆弄物件，检验自己的想法的确是美好的回忆。逐渐认识自己生长的城市、社会群体、生产职能、与城市的关系也是同样美好的。因为孩子们喜欢亲切的人际关系和作为某一稳定和谐社会群体一分子的满足感。与植物动物的亲密接触成为他们记忆中不可缺少的一部分。成年人们仍然会记得童年时代的美丽事物造成的愉悦，自由动手实践的惬意和世界的神奇。世界对于孩子们来说是丰富多彩、生动而神秘的。”① 好的童年可以疗愈一生，而儿时的游戏和游戏空间是最好的前提基础。

2. 对监护人的价值

（1）节省监护人成本。现代社会个性化的娱乐服务供给丰富多样。这些活动的积极意义在于丰富孩子的生活，弊端在于它们把孩子原来公共性的娱乐空间向以营利为目的构建的私人化特定空间挤压。相比于公共空间，这些空间不那么开放、自由和实惠。以商场内的小型游乐场为例。商场的开放时间和地点是固定的，这使需要工作的家长或上学的孩子在娱乐的时间和空间选择上不那么自由。同时，这些小型游乐场是私人营利性的，必须支付不菲的“准入”费用，费用往往是按次数、按小时计算，很多家长为让孩子能长期、多次且低价地进行娱乐，会选择办理充值会员卡，导致孩子被长期束缚于某个特定的儿童游乐场，排斥了他们对其他儿童游乐场的自由选择，这无疑是对孩子娱乐权的相对剥夺。如果居住区内有儿童公共娱乐空间，就能减少监护人一些不必要的或高额的儿童娱乐支出，且对所有孩子都相对公平，且所选择的娱乐时间也是相对自由的。

（2）监护人获得更多时间。如果居住区没有合适的儿童公共娱乐空间，孩子们的娱乐就要转向家庭空间，或在其他一些营利性的特定空间。对于家庭空间内的娱乐，特别是独生子女家庭，家长本身就是孩子的玩伴，需要倾注大量时间和精力陪伴，会耽误日常工作，占据做其他家务的时间和精力。对于营利性的特定空间的儿童娱乐，其环境相较于日常家居环境是较陌生的，进入这个空间的孩子和家长的异质性和不确定性较大，还有游乐区周边过往的陌生人。出于安全考虑，参与这样的娱乐活动也需要家长的陪伴。可见，两种方式都会挤压监护人的工作时间、家务时间和生活时间。如果居住区的儿童娱乐空间设置合理，就可避免家长带孩子到特定付费游乐场进行时间有限的娱乐活动；在熟人成年人的监护下，孩子与逐渐熟悉的同龄人玩耍，可节省家长或监护人充当玩伴的时间，让家长或监护人有更多的工作时间、家务时间和生活时间；孩子玩耍时，家长和监护人还可以与同住区的其他人交往。要强调的是，让孩子与可靠的同龄人在住区的儿童公共娱乐空间玩耍，还可以减轻家庭监护人中祖辈看护孩子的辛苦，让老人有更多自由。可见，住区儿童娱乐空间的设置可以还给家长和监护人被剥夺的属于他们自己的时间，这有利于他们的工作事业，有利于家务完成，有利于家庭和睦，有利于家长和监护人的身心健康，有利于促进市场消费。

---

① 凯文·林奇：《城市形态》，第251页。

（二）住区儿童娱乐空间现状

1. 儿童娱乐空间稀缺

我国在居住区设计中给出了居住区各级中心绿地的设置规定（表3.1），但对儿童娱乐空间的设置却未有明确指标，配属儿童娱乐的空间设施并不多。

表3.1　我国居住区各级中心绿地设置规定

名称	构　成	要求	最小规模/公顷
居住区公园	花木草坪，花坛水面，凉亭雕塑，小卖部、茶座，老幼设施，停车场，铺装地面等	有明确的功能分区	1.0
小游园	花木草坪，花坛水面，雕塑，儿童设施，铺装地面等	有一定的功能分区	0.4
组团绿地	花木草坪，桌椅，简易儿童设施等	灵活布局	0.04

资料来源：邓述平、王仲谷：《居住区规划设计资料集》，中国建筑工业出版社1996年版，第133页。

我国游乐协会也给出了推荐指标：有游戏设备和特殊设施围护起来的游戏场地要以每个儿童不少于6.5平方米的面积为基准；但与日本等国家提出的游戏场地指标相比，这仅仅是满足儿童游戏最基本需要的用地指标（表3.2）。对于中高档居住区来说，在建设中对儿童娱乐空间的规划面积依然较小；对于一些普通居住区来说，这样的空间规划甚至没有。

表3.2　中日儿童游戏场人均用地规范比较

单位：平方米

项目	30名儿童		50名儿童		100名儿童	
	人均最小面积	最小用地	人均最小面积	最小用地	人均最小面积	最小用地
日本指标	3.2	120	8.1	320	12.2	640
中国指标	1.1～1.85	33～55.8	1.1～1.86	55～93	1.1～1.86	110～186
远期目标	6.5	182	6.5	372	6.5	650

资料来源：邓述平、王仲谷：《居住区规划设计资料集》，第197～198页；中国风景园林学会：《〈儿童户外游憩场地设计导则〉解读》，http://www.chsla.org.cn/Column/Detail?Id=6661027113440256&_MID=0。

2. 儿童娱乐空间缺乏儿童需求视角

（1）非儿童导向的娱乐设施。大多数住区公共娱乐空间的设置多是面向多年龄段群体的，很少有专门面向儿童群体的设计。大多数住区的娱乐设施都以成年人使用的健身器材为主，种类单一，通常都是固定的几样，不具有吸引力，既难引起儿童的兴趣，也不适合儿童使用。

公共娱乐空间的设施未考虑不同年龄阶段儿童的特点。由于儿童在不同年龄段的生长发育特点不同，所进行的娱乐活动也有所不同。婴孩在八九个月时开始抬头、爬行；1 岁时会站立，开始逗人游戏（如躲猫猫）；2 岁婴儿能掌握行走技巧，喜欢到处走动甚至跑动，喜欢玩沙、水、花草等，并逐渐学会跳、跑、越过小障碍物等复杂动作；3 岁时走路和跑步都更勇敢、稳当，喜欢爬、攀、滑、推等活动，能利用简单室外游戏设施进行游戏活动；3 ～4 岁的幼儿体力增强，能直立行走和操作物体，使用多种玩具器械，有能力从事一些最初步的游戏活动，具有初步的认知能力和思维智力；5 ～6 岁的儿童能有把握地进行跳、跑、攀登等活动，可以学习、实践复杂的身体行动技能，智力进一步提升，甚至到陌生的户外进行游戏活动，对探索周围环境有浓厚兴趣；7 ～12 岁的儿童在动作方面能进行较长时间的行走和较大的体力活动，运动技巧的自控能力和平衡能力增强；同时，他们在进行游戏时的步行范围扩大，以粗壮有力活动为主，能努力学习游戏内容和规则，并有能力使用自行车、公交车、地铁等交通工具。因此，根据不同年龄段儿童的不同特征，娱乐空间的设施设置也应有相应的调整，以配合不同年龄段儿童不同智力、体力和能力的成长训练。但几乎所有居住区的儿童游戏场目前都做不到这一点。据观察，目前大部分是适合 2 ～6 岁孩子的“通用型”游乐设施。

（2）色彩搭配不适宜。儿童阶段对视觉的刺激是非常敏感的，而多数住区的娱乐设施颜色较单调，不能满足儿童对外界的视觉刺激需求。

（3）对客观因素考虑不周。由于这些公共娱乐空间通常都是露天的，所以需要对客观因素加以考虑。多数娱乐空间对这一问题的考虑是不周的，常常会有娱乐设施在夏天经历暴晒后由于温度过高不能使用，以及在雨后由于积水而连续几天不能使用等状况。如物业不及时擦拭，暴露在露天的娱乐设施也会很快变得藏污纳垢，使家长和儿童难以进入。在下雪的冬季，如果娱乐设施上的积雪积水不及时清除，也会出现同样的进入问题。

（4）安全问题。居住区中的娱乐空间有很多建立在通行道路的两旁，来往车辆对儿童的安全造成了现实和潜在的威胁。此外，娱乐设施的高度没有考虑到儿童身高和弹跳能力的特点，以及需要缓冲的地带没有使用塑胶、软垫或沙坑等，都会给儿童在游戏过程中的人身安全埋下隐患。

四、理想的住区儿童游戏空间

（一）住区儿童娱乐空间用地规划预设

根据住区规划设计新规范中的绿地指标，对住区儿童人均游乐空间面积做出推算，如果实现不了较高目标，至少也要达到基本指标（表 3.3）。

表 3.3　居住区儿童人均占游戏场地面积推算

项　目	居住区	小区	组团	备注
户数/户	10000 ～15000	2000 ～4000	300 ～700	平均每户 0.3 名儿童，游戏
人口/人	30000 ～50000	700 ～15000	1000 ～3000	
儿童数/人	3000 ～5000	600 ～1200	90 ～210	

续上表

项　目	居住区	小区	组团	备注
人均公共绿地指标/平方米	>1.5	>1.0	>0.5	游戏场地面积取公共绿地面积1/5～1/3的下限
公共绿地面积/平方米	>45000	>7000	>500	
儿童人均游戏面积/平方米	3.0～5.0	2.33～3.89	1.1～1.86	
游憩空间面积/平方米	9000～15000	1400～2333	100～167	

资料来源：邓述平、王仲谷：《居住区规划设计资料集》，第1、197～198页。

（二）规划设计从儿童需求出发

应改变原先单一的健身器材模式，引入适宜儿童、能引起他们兴趣的设施，如滑梯、平衡木、绳索走道、沙坑、浅水池等。

注重色彩使用。娱乐设施及地面铺装材料等使用鲜明色彩和各式图案，形成强烈的视觉刺激，既能吸引儿童注意力，又能渲染活动气氛。还可以结合景观布置，在娱乐空间周围种植颜色亮丽的花草树木，能在带来视觉刺激的同时，激发孩子对自然的兴趣。

充分考虑不同年龄段儿童的特点，可将娱乐空间分为婴幼儿活动区、学龄前儿童活动区和学龄儿童活动区三个区域。①婴幼儿活动区供3周岁以下儿童使用。提供不同的娱乐物件对儿童进行感官和认知训练，提供爬、走、跑、跳、跨越小障碍物等简单的肢体活动内容。设置一些带有小扶手的步道，帮助婴幼儿进行行走训练。环境应相对封闭隔离，营造安全感。区域内的道路要平整防滑。②学龄前儿童活动区主要供4～6岁儿童使用。该年龄段的孩子体力增强，活动时间延长，兴趣浓厚，探索意识强，并有一定的主动性和创造性。环境布置比婴幼儿活动区复杂一些，可设置滑梯、攀登架、小型游戏组合器械等，以满足他们较大的活动量和已提升的认知力。孩子的动手能力和想象力增强，可设置一些类似于涂鸦墙、沙子砌筑、攀岩运动等更具主动性、创造性、操作性甚至冒险性的项目。孩子初具交往能力，要留出供他们进行聚集性活动的空间，营造社会交往平台。③学龄儿童活动区主要供7～12岁的儿童使用。可设置较大型的游戏组合器械，消耗处于这一阶段的儿童旺盛的精力和体力。场地设置注重起伏性和远程性，辅助他们进行更复杂的游戏活动。同时设置一些更具思考性和探索性的项目，增加可供使用的自然要素如木头、沙石、水体等。留出更多空地供他们跑动和进行自由发挥的创造性活动。设置半私密空间，为孩子提供交往的个性化、隐私性场所。与其他两个年龄段的活动区分隔，避免大孩子欺负小孩子，但注意促进不同年龄段儿童间的相互认识、交往和协作，培养互敬互爱互助精神。

注意客观因素影响。在活动区周围种植高大遮阳的树木，避免夏天由于阳光暴晒造成器械温度过高，难以使用。放置器械的场地要求地面结实平坦，防滑、防磕碰、防绊倒，形成5～10度的坡度和漏洞，便于雨后自动排水。

排除安全隐患。儿童娱乐空间的选址应在小区深处，要避免设在道路旁，在活动区周围设围栏，避免来往人群和车辆尤其是机动车辆可能造成的伤害，在儿童游乐区域严禁无端按汽车喇叭。娱乐器械的高度要充分考虑到不同年龄段儿童的身高特点，不超过他们身体的活动半径和能力，以免造成不必要的伤害。需家长陪同的设施要有标示，为家长设置看护时的座椅区。注意防护栏的安装，地面选用塑胶、草坪、沙坑、垫子等形成缓冲，减少因跌倒、滑到、下坠等意外带来的伤害。

五、总结与讨论

儿童身心发展是个特殊的、渐进的过程，是生命和心理周期中较脆弱敏感的阶段。孩子的成长经历着从襁褓到家庭空间再到外界公共空间的过程，并最终融入复杂的公共空间。这既需要孩子随年龄增长而自发的身心发展，自身本能地经历从警惕、观察到探索、挑战的过程。城市和住区所应能做的，是给予孩子这一成长过程中良好的空间环境，一个安全、感性、探索、发展的微观空间环境。在这个环境的建设中，住区儿童公共娱乐空间的设计是一个社会心理工程、家庭福利工程，是关系儿童身心健康的社会福祉工程。这一城市微观空间的建设不只局限于居住区，也涉及幼儿园、小学校园、儿童娱乐空间等。在很多儿童与成年人共享的娱乐空间，应同时照顾或更关注儿童参与者的潜在需要——因为儿童是还不能为自己的权益发声的。由此，应注重对诸如迪士尼乐园、乐高乐园、动物园、海洋世界等这样的儿童和大人共享的大型公共娱乐空间中的儿童权益保护进行研究。

儿童娱乐空间基于儿童不同年龄段身心发展特点，是一个相较于成人世界的小世界。要从儿童视角关注儿童，而不是从成人的主观意念和幻想出发，就如书店里总有一个专为儿童阅读而设计的小空间一样。似乎在任何公共场所，都应该为 3 ～ 12 岁的孩子设定相应的空间配置。例如，高铁上可以看到年幼的孩子在狭窄的车厢通道内追逐打闹，极不安全，更影响乘务员的工作和其他旅客的行走、休息；后排的孩子顶推前排乘客的座椅；孩子播放的动画片噪声喧哗……这都容易造成成人间的争吵矛盾。这是在高铁上缺乏根据孩子成长特点设置特殊旅行空间的结果。这样的儿童微观空间从某种意涵上说，是对儿童这个看似渺小的年龄群体赋予一种社会性。只要对某人类群体的社会性有充分的认知和尊重，就会赋予社会一种面对其存在的社会责任感，从而形成相应的社会行动，最终避免社会隔阂和社会冲突。营造适合儿童的城市微观空间，是建设和谐社会环境的一个必要工作。

“游乐园是孩子们在监督下使用一块特定土地的方式。现在人们正在考虑如何让孩子们利用整个城市，包括街道、小巷、屋顶、庭院、商店，等等。比如，把人行道或废弃的土地建成适合儿童活动的场所。……游乐园的建立是我们保护城市孩子们的利益的一个发展。这与成年人们心目中安全、管理完善、干净整洁的儿童活动场所相去甚远。”① 践行一切为了孩子的目标，是一个复杂的事业。

---

① 凯文 · 林奇：《城市形态》，第 305 页。

第二节　儿童的险境

一、研究背景和意义

从古至今，城市作为人类的栖息地似乎都是为成年人的工作、生活、出行、娱乐而设计、安排、建造和管理的。在许多城市，甚至是只关注了泛泛的基于“人”或“人类”的宜居性而规划建造，而这里所谓的“人”或“人类”，却往往只适用于成年的、健康的、心智成熟的男性，而忽视了对诸如肢体残疾人、盲人、聋哑人、孕妇、老人、精神病人、妇女等特殊群体的关爱和照顾。幸运的是，在许多文明度高的城市，已针对这些显性的、传统的特殊人群在城市空间里的工作、生活、出行、娱乐建立了针对性的城市空间和交通系统。其中，一个重要但隐性的社会群体因其有成年人的日常“荫庇”而被长期忽视，但却因此一再上演了城市人类生活中的幕幕悲剧。这个很少被重视的社会群体就是少年儿童。无论在乡村还是都市，现有空间环境潜藏着我们还未意识到的对幼小孩子而言的重重危险。一些意想不到的城市微观空间，都会让无知又好动的幼小孩子常常身处险境。

二、案例分析

（一）危险的窨井

曾经有一段视频：一个六岁的小女孩在住区里无声无息地消失了。几小时后……查看小区物业的监控录像发现，这个孩子从家里独自出来，在蹦跳着穿过小区草地时，突然从地面消失。仔细回看，原来是草地上一个没封严固定的窨井盖360度翻转，孩子瞬间跌入3米多深的致命的化粪池中……

如果无知的、不懂回避的孩子不慎踏上残破、松垮或不达标的城市人行道或空地上的窨井盖后，会跌落到阴暗、狭窄、窒息、深不可测的暗井、化粪池、污水井、电缆井里，这些暗井的狭窄和深度会给消防救援造成极大的阻碍，极易耽误救援时机，酿成惨剧。

由于城市建设中的许多无序性和各市政单位之间缺乏协调，许多地下管网的铺设是各自为政。因此，街道上、广场上、小区里有很多圆形、方形如创可贴样的窨井盖，密密麻麻，有碍市容观瞻。再加上为节约生产成本，许多盖子“单薄如纸”，风吹雨淋后不久便老化，脆弱破损；或在安装时不规范操作，一旦踏上就会侧翻甚至翻滚，小孩和成人陷入后，由于窨井直径和空间狭小，拯救工作也异常困难，经常发生要在旁边用挖土机挖掘成百上千土方，从侧面掘进施救的情况，这往往会丧失营救的最后机会。更有甚者，每当城市下暴雨时，为迅速排水防止内涝，水政部门往往有时会把排污渠的窨井盖全部打开，但却毫无围栏或遮掩。为此，已经有不少人被路面的洪水裹挟着陷入或卷入窨井和排水渠里，不幸身亡。家长要从小教育孩子：“绕开井盖走”。

理想的地下管道设施铺设是使用一个巨大的足够空间直径的大管道，将供水管、污水管、排污管、电缆、网线、煤气罐、暖气管、光纤管、电信网线等都集聚于此总管中。工人使用一个通道就可以进入处理所有的管线，地表窨井盖的数量也会大大减少。而窨井盖是良心盖，不能用塑料等轻薄、低成本材料代替制造。这涉及地表行人、车辆的安全，涉及城市微观空间的安全。

（二）高度差的陷阱及其他

对于年幼的孩子来说，城市微观空间有双盲区和不可触摸区。

双盲区是高度的盲区。孩子因其有限的身高，目视所及处即目视的有效范围有限。同时，也是由于孩子低矮的身高，同样造成成年人因空间中物体的遮蔽而不能看到孩子所处的确定位置——这就是同时针对孩子和成人的双盲区。

所谓“鬼探头”就是由于停靠路边的车辆或人行道上绿化带的遮蔽，使跑步或骑车突然横穿马路的个头矮小的孩子成为机动车道上最危险无辜的“探头鬼”。当在道路上高速行驶的汽车突然面对横穿而出的熊孩子时，可能为时已晚。

在路边停车是有安全优势的，但对于懵懂顽皮的孩子则是一条潜在的绵延的陷阱。“经过鼓励在街道上停车，新传统的支持者认为，一排停靠的车辆提高了行人的活动能力，因其在行人与行驶车辆间建立了一个缓冲带。另一方面，交通工程师却常常过度焦虑在街道上停车的问题，特别认为那将增加‘冲出车道’的交通事故数量：当行人——尤其是儿童——从停车地闯进车道时。经验显示，此类担忧可以通过控制车速和交通流量的方法很容易得到减轻。”① 但在我国的实际情况可能不易做到——司机们一般会高速行驶，即使在小区内部；对车流量的控制更不可能，只能是对孩子们交通安全的谆谆教导或为孩子的儿童自行车制度性加装超过小轿车的高度的黄色或红色的安全旗，以对司机提前预警。

图 3.1　国外孩子常用于儿童自行车上的加高警示旗，一般为黄色和红色

资料来源：https://www.sohu.com/a/409716031_120502194.

不可触摸区是一个泛指的概念范畴，是指孩子因为身高和臂长、脚长的限制，当他们行走时，有很多对成人来说触手可及的重要位置却是他们难以触及的。这同样会形成微观空间中的安全隐患，如孩子够不着马路交通灯按钮、握不住楼梯扶手、腿脚踏不上高台阶等。这些现象都是孩子们在日常生活中天天要“克服”的障碍和面临的风险，而且很可能要他们在无成年人的陪伴下，在没有任何预先正确的教诲、提醒或警示的情况下独自

---

① 迈克尔·索斯沃斯，伊万·本—约瑟夫：《街道与城镇的形成》，第104页。

面对。

令人担心和难以驾驭的是孩子日益增长的、天真的好奇心和探索意识，这在他们的学习中是心理优势；但对幼儿来说，身处危机四伏的城市空间，则是无尽的隐患和冒险。年幼孩子较为缺乏交通安全意识。由于缺乏家长和幼儿园的正确教导和看管，幼小孩子在独自面对城市道路时，还没有走人行道、过斑马线、关注红绿灯和避让车辆的安全意识。会有幼小无知的孩童在调皮或赌气脱离父母等监护人的管束或视界后，无意识地游荡在车水马龙的车道上，险象环生，酿成悲剧。

孩子们所遭遇的，比我们想象的可能还要可怕。因为成人总是以成人的视角看待城市的任何空间，并错误地认为孩子们也能这样看待和面对。结果是悲剧时有发生：孩子只是在小区的草坪上奔跑玩耍，却踏上没安稳的可360度旋转的窨井盖而掉入化粪池溺亡；汽车撞死横穿马路的孩子；因父母或监护人疏于监管，导致小区里蹲着玩耍的孩子被倒退的汽车碾压；好奇好胜的孩子在企图闯过小区里的两个墙壁之间的狭窄空间时被夹在当中；孩子从儿童游乐场断裂的秋千上摔落；顽童在滚动电梯上“倒行逆施”。

由于城市土地紧张和人口压力，高层住宅楼大量出现。在这些高层小户型楼宇中，会有幼小的孩子入住，或不久后会诞生并生活着大量的婴幼儿。加之这些年来，随着城市社会治安的好转和对居家美感的追求，家庭多喜好落地玻璃窗，安装格栅式防盗窗的住户减少。这却会存在一个致命隐患——儿童坠楼。许多有两个成年人的三口之家（父母和幼儿）或四五口之家（父母、幼儿和在家照顾孙辈的祖父母），对居家幼儿的24小时监管也会百密而一疏。例如，大人临时出门时孩子还在熟睡，醒后无人看管的孩子就有失足坠楼的可能；在父母都上班时，在家照顾孙辈的老人相对更缺乏安全意识和监护能力，这一风险依然存在。

所以，城市住宅区的高层化、孩子的年幼无知和现代家庭人口结构、家长工作繁忙无暇照顾孩子和安全意识淡薄，是构成城市中频发孩子坠楼的四个互动因素。每一个高层住户，作为每个小家庭的微观空间，实际上都存在威胁幼小孩子的安全隐患。必须意识到，对于幼小的孩子来说，城市的任何空间都是陌生和危险的。

三、总结与讨论

“每个人都有来往的自由。有为幼儿、老人、残疾人使用的特殊交通工具；也有运送小包裹和幼童的便利方式。……所有的地方道路都能保证孩童安全地穿越。的确，要鼓励儿童到处走走，通过看、听、尝试、怀疑和学习来了解世界。”① 但这以提供一个对儿童安全、友好的城市微空间为前提。

2岁至约12岁的孩子很可能是城市中任何静态和动态的微观空间中最可能的潜在牺牲品。原因与下述三个互动和可激化的方面有关。

首先，2岁（有的孩子甚至16个月或18个月就可以蹒跚而行）至12岁的孩子，由于身体机能尤其是四肢的发育，已能独立地离开父母进入到一些形式的城市空间；但其在城市中的任何随意性和无意识的行为，都会因城市微观空间中的各种隐患而对其造成威

① 凯文·林奇：《城市形态》，第213页。

胁。因为，城市空间从根本上说，是为人口中占多数的所谓能理性和正常行动的成年人（甚至部分地只为男性的成年人）而设计建造的。

但同时，身体行动能力从2岁起已经日趋健全的孩子，在其后相当长的一段成长时间里，是缺乏安全意识的，并因人而异——这取决于家庭、幼儿园、小学是否对他们有严格的、有意识的、持续的安全教育，以及不同孩子对教诲的接受能力、理解能力和养成良好习惯的能力——从而决定了孩子在城市空间中的行动中是否能有意识地、自觉地或本能地规避各种风险。如一个孩子在遇到马路人行道上的窨井盖时是否会本能地主动规避。

城市规划中有对肢体残疾者的特殊设计，有针对盲人的特殊设计，有面向老人的特殊设计，但缺少对婴幼儿、少年儿童的特殊关注和设计。这都是基于一个天真但主观臆断的想法——无智慧、非理性、无完全行动能力和社会责任能力的孩子，肯定是受到其家长、监护人或相关教育组织如幼儿园、中小学的监管的，尤其是在城市公共空间，相关成年人理所当然地会带领和代替孩子的各种行为，无需担心孩子安全，孩子自己也无需有安全意识。但这是个认识误区，不是任何成年人（包括孩子父母）都具有高度的对孩子的责任感和保护意识的。而且，这种责任感和保护意识及相应的行为，都是建立在成年人与孩子形影不离并始终将孩子保持在其视线和控制范围内的前提下。这实际上对每个初为父母的年轻家长都是极大的认识和能力的挑战——因经验缺失、时间缺失、爱意缺失、责任感缺失、忧患意识缺失，他们对孩子的监管总有百密一疏之时。曾经有一位母亲因为沉迷于玩手机，其幼小儿子就溺亡在近在咫尺的熙熙攘攘的公共游泳池里。在失去了成年人的监管后，瞬间迷失、遗落在城市空间中的孩子，将立刻身处险境。而基于成年人所建设的城市空间，是没有任何对茫然无助的孩子提供自动支持的可能的，这只能取决于当时街头陌生人的良知和行动。但这些良知和行动同样不完全可靠和可信赖。

除了空间的适幼化（适老化已谈得很多）建设和改造外，公众在儿童行为空间中的参与也很重要——每个（陌生）成年人都可成为每个（陌生）孩子的监护人。“这就是为什么有一个条件非常必要：让成人在大部分时间里能够出现在地面公共空间里，让一些做小本生意的人进入这些地方，因为这些人一般都有遵守公共法则和秩序的习性，当然也要在这些地方拥有一些公共人物；同时，要做到使街道上的活动极其活跃，有意思，以致能吸引高楼三、四层上的人的注意力，这些楼层上的人如果经常能注意到街上的活动，那就是对孩子的最好的监视。”①

一个城市、一个城市的每处微观空间，是否有为儿童的安全福祉着想，这是一个社会问题、一个教育问题、一个伦理问题、一个人性问题。

---

① 简·雅各布斯：《美国大城市的死与生（纪念版）》，第365页。

第四章　居住空间的宜居化

第一节　毕生的购房者

一、研究背景和意义

本节的问题假设是：高房价和“购房热”这一矛盾冲突的本源动力是“城市固化的住房结构与户内人口结构变化的非对称矛盾”。即户型和户内结构固化的住房结构这一微观空间不能一次性满足消费者在户内人口结构发生变化后的居住空间和使用功能需求，促使消费者在满足“刚需”后，进行第二次改善性购房甚至第三次永久性购房。国家卫计委2014年5月发布的《中国家庭发展报告2014》指出：中国家庭数量达4.3亿户，居世界之首。按每户在其家庭周期三次购房算，共需建造约12.9亿套住房；按每套住房最低建筑面积为平均100平方米算，就要建造约1290亿平方米住房。这还不算有家庭同时拥有几套住房的情况。照此，拥有14多亿人口的中国家庭如果都经历三阶段三次上升式购房过程，对房地产商是巨大刺激，但对百姓是巨大负担，对土地和环境资源是巨大负载。其恶性畸形循环可将经济社会生态拖向深渊。为此，需要对这一普遍的、却因其内隐性而不易被发现和重视的问题作探讨并寻求解决路径。

二、固化的住房结构与户内人口结构变化的非对称矛盾

（一）固化的住房结构

中国商品房类型主要有三种：中高层商品房，联排（即双拼）别墅，独院别墅。基于刚需、首付还贷能力、住房结构基本需求和主要供给类型，我国大部分城市居民购买中高层商品房。作为主要户型大类，其住房结构与户内人口结构变化的关系是研究重点。中高层商品房的户型有五个档次：超小户型、小户型、较大户型、大户型和超大户型。以下从建筑面积、户型结构、户内结构、功能需求和消费群体，简析这五档商品房相对固化的住房结构（表4.1），作为后续分析基础。

表 4.1　中高层商品房户型的五个档次

户型	建筑面积/平方米	户型结构	户内结构	功能需求	消费群体
超小户型	30 ～ 90	一厅一室、一厅两室	厨房（有些是与客厅合并的“灶台”）和卫浴	纯刚需房：单身公寓或过渡房。个体居住、减少成本、适合上班族（有便捷的公交系统）的“城市落脚地”	单身新市民：新就业大学生、职场新人和外来务工人员等。他们结婚成家后一般会搬离
小户型	90 ～ 120	两厅两室、两厅三室	独立厨房，单卫浴，单阳台或双阳台	热销的刚需房，适合中等经济条件的新婚成家需要或三口之家的核心家庭使用	中下阶层买得起的，但与户内人口结构变化发生非对称矛盾最多的户型
较大户型	120 ～ 150	两厅三室	独立厨房，双卫浴，单阳台或双阳台	改善性住房。需要更宽敞的住房空间和完备的居家设施	多为户内人口增加后，如有多个孩子、老人的三四五口之家
大户型	150 ～ 250	两厅四五房的大平层、跃层、复式结构	一层为客厅、餐厅厨房。二层为多居室，三层为主卧和书房等	“奢华”型理想化的永久性住房	经济实力殷实、多人口或追求宽敞、舒适、生态、养老的富庶家庭
超大户型	250 以上	城中或城郊超大户型小高层“墅质洋房”	更复杂和多元化，有层间花园和庭院草地（在一层）	“奢华”型理想化的永久性住房	经济实力殷实、多人口或追求宽敞、舒适、生态、养老的富庶家庭

（二）户内人口结构变化

“大部分的建筑都不是按照原有的设计使用目的而被使用着，甚至住宅本身也不是原有的住户，即使像人类家庭这么稳定的单元，也会以不同的方式在改变，例如分家，搬家、至少是变老了。行为模式改变了，但空间却始终如一，不变给我们一些稳定感，但‘不适宜’却是一个必然的后果。我们要花力气改造传到我们手里的房子，或要改变我们的行为。”①

户内人口结构变化具有周期性。涉及人口指新市民——新就业大学生、职场新人和外来务工人员等。新市民有购房刚需，对住房有个性化质量标准，有社会文化压力（结婚

① 凯文·林奇：《城市形态》，第 118 页。

购房）和一定的购买力。处理好该社会群体的住房问题，不仅关系到他们安居乐业，也关系到其作为人力资本和生产力的劳动效率，更关系到释放其作为中等收入群体的购买力和维护社会稳定等问题。户内人口结构指新市民所购房屋内长期居住的人口结构，即常住人口的性别、年龄、身份关系（指与户主关系，如孩子、父母、岳父母、兄弟姐妹、其他亲戚、朋友、保姆和租户等）。基于中国社会文化特点，随时间推移所发生的户内人口结构变化有 6 个周期（表 4.2）。

表 4.2　户内人口结构变化的周期

<table>
<tr><th>周　期</th><th>户内人口结构</th><th>周期时长</th><th>矛盾点</th></tr>
<tr><td>第一周期：“寄居”期</td><td>新市民初期寄居于集体宿舍或合租房，或栖居在父母家。户内人口结构为简单的单身形式</td><td>一般为 3 ～ 5 年，以第一次婚恋为结束</td><td>寄居因结婚成家、高租金、高房价、代沟而完结，购买刚需房</td></tr>
<tr><td>第二周期：新婚期</td><td>新婚夫妻共住，可能有一方或双方父母</td><td>以首个孩子出生时终止</td><td>夫妻生活习惯矛盾，与父母代沟矛盾</td></tr>
<tr><td>第三周期：早期核心家庭期</td><td>两代人的家庭，夫妻两人及新生儿。也可能有一方或双方父母加保姆</td><td rowspan="2">按子女离家学习或工作前算，第三、四周期共 18 年（子女离家读大学）或 22 年（子女大学毕业、工作）、25 年（子女硕士毕业、工作）</td><td>因新生儿、不同代际同住和保姆入住造成住房空间紧张</td></tr>
<tr><td>第四周期：后期核心家庭期</td><td>仍是两代人的家庭，夫妻两人及未成年及成年子女。也可能有一方或双方父母加保姆</td><td rowspan="2">按中国社会文化传统，在第四、五周期，即使子女成年后离家学习、工作乃至独立成家后，父母住房仍会保留子女的房间及其家具物品等。因此，子女离户不意味着户内居住空间会空置或变宽敞，倒是相反</td></tr>
<tr><td>第五周期：早期空巢家庭期</td><td>成年子女外出学习、工作，或结婚分家后，早期空巢家庭的户内人口为中青年夫妻。也可能有一方或双方父母同住，或有租户</td><td>子女离家学习工作起，至子女结婚分家止</td></tr>
<tr><td>第六周期：后期空巢家庭</td><td>子女继续在外地学习、工作或独立成家后，户内人口主要为独居的中老年人、其他亲人、保姆或租户</td><td>从子女独立门户到户内中老年人去世为止</td><td>户内人口少，常为老人。但若两三代同堂，居住空间仍不足</td></tr>
</table>

（三）固化的住房结构与户内人口结构变化的非对称矛盾

在阐述了住房结构的固化和户内人口结构的变化周期后，将分析固化的住房结构与户内人口结构变化间的非对称矛盾。实证研究是依据6个不同类型规模的房地产企业经销主管的质性访谈资料，是基于房地产企业视角的实证研究。访谈涉及南京碧桂园项目经理、扬州恒大销售经理、南京升龙销售经理、许昌（郑州附近的四线城市）瑞贝卡房地产置业顾问、河南郑州某房地产公司（以下简称郑州某公司）经理、河北某房地产公司（以下简称河北某公司）人力资源主管。设置12个问题，分别访谈6位被访者，访谈时未说明研究目的，以避免误导，保证答案的客观性和中立性。

研究假设是：固化的住房结构和户内人口结构的变化间有着因不对称供给所造成的非对称矛盾；随着户内人口结构的周期性变化，固化的住房结构不能满足住户不断变化的使用功能，迫使住户多次重新购房，以化解非对称矛盾。这一困境却使房地产商及其高房价不断获得市场需求，民众则不断为满足刚需或改善性需求购房，做一辈子“房奴”。本研究根据访谈资料对此假设进行验证。

问卷首问题：近3年[①]，您所知的购房者数量呈上升还是下降趋势？原因？

碧桂园项目经理从人口结构需求方面有代表性地指出：“总体属上升阶段。原因为：20世纪80年代末、90年代初是中国人口生育峰值，这部分人群都已工作2～5年，到了适婚年龄，需要婚房，也具备了购房能力，属刚需。”因此，主要的购房者是新婚家庭，户内人口是夫妻二人。即第二周期新婚期的人口结构类型需求。

第2题：顾客感兴趣的户型多数是怎样的（包括：1. 面积？2. 卧室数量？3. 楼层？4. 是否要仓库或储藏室？5. 购房者对哪类户型感兴趣？）据此，购房者对户型选择的原因理由是什么？（表4.3）

表4.3 购房者感兴趣的主要户型及原因

房地产企业	回答	分析
南京碧桂园	刚需倾向于购买两室或小三房，65～90平方米；改善选择120～150平方米；永久性购房视经济实力选择别墅200～550平方米或大平层180～280平方米	该回答与笔者上述“固化的住房结构”中的划分基本相近
扬州恒大	主要为95～110平方米三居室，高层（一般为18楼）的8～15层最佳；最好有独立储藏室摆放杂物、电动车。小高层最受欢迎	购房集中在小户型（120平方米内）的刚需

① 所有访谈的时间为2016年9月，当时仍是购房高峰期。

续上表

房地产企业	回答	分析
南京升龙	刚需和改善对产品需求是有区别的。需求以首改为主，业主最感兴趣户型是 90 ～120 平方米，卧室三个以上，楼层 15 ～25 层，对仓库储藏间无明确需求，以小高层最受欢迎。购房者对户型的选择主要考虑置业目的和购房预算	第一，以处于第二周期新婚家庭的首购刚需房为主；第二，不超过 120 平方米的三居室；第三，开发商只重基本需求，未关注随家庭生活积累和孩子出生后的新需求而增加的大件用品如小型电动车、婴儿车、玩具车；第四，未考虑到家中有人尤其是产后主妇因失去原工作而全职或兼职做电商、微商等新使用功能出现后的空间需求（如囤货间）。三居室满足不了户内人口变化产生的新功能需求：小交通工具和货物等只能占用阳台和室内空间，居住质量因此下降。购房者也想购买永久性住房，但受高房价和低购买力制约
许昌瑞贝卡	四线城市家庭人口结构复杂，一般选择 110 ～140 平方米三房，偏中间楼层，对仓库储藏室兴趣不大。大部分购房者对小高层感兴趣，原因是总价低。有实力的也购买别墅（终极置业）。选户型的原因是不满足现有住房环境	因房价单价较低，购房面积较大。其他户型要求仍为传统三居室；购房者对仓库仍不重视；终极住房是小高层和别墅；购房主力属于第二周期的婚房刚需
郑州某公司	80 ～100 平方米的户型是主需求。结构需求是 2 ～3 居室，要求卧室多，可供常住人口居住。15 ～20 层最优。大部分购房者未提仓库储藏室	大部分购房者的需求是低于 120 平方米的户型，未意识到仓库和储藏室的未来作用。盲目追求高层
河北某公司	面积在 80 ～90 平方米；两室为主；高层偏爱 15 ～20 中高层；对仓库储藏室需求小；从客群定位看以度假养老为主、刚需婚房为辅，3 ～5 人入住，80 ～90 平方米两室户型最适合	不能摆脱国人青睐小于 120 平方米的中小户型的购房“惯习”

据表 4.3，房地产企业关于购房者对刚需户型“追捧”的描述有六点共性：①以新婚家庭的刚需购房为主；②热购户型面积不超过 120 平方米，大部分在 90 ～120 平方米；③户型结构为 2 ～3 居室；④购房者对仓库储藏室在未来户内人口结构变化后的作用认识不足；⑤追求高楼层仅为权宜之计；⑥大部分购房者在未来有购买小高层和别墅的愿望。这意味着六个相应矛盾点：

第一，新婚不久，户内会因新生儿至少增加一人。许多家庭因需要父母照顾小孩再增加一两人，户内人口由此从两人增到至少四人。如需全日制保姆还需增加一人，即共有五位户内人口。家庭迅速进入第三周期：早期核心家庭期。这是房地产商提供的固化户型和购房者首购刚需房时“始料未及”的，固化的住房结构与新增户内人口矛盾陡增。

第二，基于户内四五人的人口数量，若按 90 平方米算，人均拥有住房面积从原来两人的 45 平方米减半至四人的 22. 5 平方米或五人的 18 平方米；若按 120 平方米算，也由原来两人人均 60 平方米减至四人的 30 平方米或五人的 24 平方米。2012 年底中国城镇人均住房建筑面积为 32. 9 平方米，2023 年底增长为 40 平方米。因此，现有住房面积供给似乎超过人均住房面积，但一旦户内人口增加，就低于人均住房面积，居住质量随之下降。

第三，新婚家庭热选 2 ～ 3 居室户型是基于主观上居住空间理想化的使用功能分配：主卧，小孩房和所谓书房的三居室。但未考虑到增加了照顾孩子的祖辈和保姆时的卧室需要。届时，书房会改成老人房（且不说书房往往狭小朝北，有悖家庭长幼有序伦理），保姆则会尴尬地无处栖身。两居室住房（是低收入新婚夫妻首选）更是捉襟见肘。

第四，大部分购房者未意识到随着户内人口的增加和电动车、自行车等小型交通工具、婴儿车、家具衣物等伴随增加时，仓库储藏室的重要性。一些生育后的主妇因难以恢复全职，转而兼营微商、电商，为节约成本，家中也成了存货仓库，但缺乏储藏室的 2 ～ 3 居室难以满足这一新使用功能。

第五，为追求土地利用率、单位面积获利和容积率，房地产商一般建设 30 层以上的商品房。购房者为躲避低层污染、噪声、潮湿、阴暗，获取高密度楼间距下的日照、通风和远景，多首选 15 ～ 20 楼的中层。但这不符合人类自然行为习惯（人类不是攀爬类动物），更缺乏对社会交往和孩子安全的考虑。随着收入提高，人们仍会追求小高层和别墅。这意味着高层住宅并非购房者终选，而是在高房价、低收入、供给侧和刚需压迫下的权宜之举。

第六，大部分中高层、120 平方米内、2 ～ 3 居室的住房都是“过渡房”，小高层和别墅这样改善性、永久性住房是未来的新刚需。购房者从而陷入了不断买房的畸形循环。但这是中国经济结构、有限土地和国民购买力等都难以承受的。

第 3 题：近三年来最抢手的户型是什么？其次是？（如一厅一室？两厅两室？两厅三室？两厅四室？叠墅？独院别墅？或其他?）如方便，可告知您的公司或您上个月各类户型都卖出去多少套吗?（表 4. 4）

表 4. 4　最热销的户型

房地产企业	回答	分析
南京碧桂园	销售比例由之前的刚需：改善：终极置业的 5：4：1变为 3. 5：5. 5：1。南京刚需减少，改善和投资需求加强	几轮购房潮后，刚需下降，较大户型的改善性住房需求增加。从侧面反映了固化的住房结构和户内人口结构变化间的矛盾
扬州恒大	主要是 95 ～ 110 平方米小三居室，其次是 85 ～95 平方米微型三居，再次是 120 ～130 平方米大三房或四房	三线城市首选户型同样是小户型三居室，未过 120 平方米需求线。但超过 120 平方米的大三房和四房也是最优选项

续上表

房地产企业	回答	分析
南京升龙	以升龙公园为例，热销户型为140平方米洋房，其次是120平方米洋房，都是三房两厅两卫	二、三线城市以120平方米为基本需求线，户型结构是最基本、固化、常规的三居室为主，四房极少
许昌瑞贝卡	热销户型为三室两厅两卫大三房，面积132～145平方米；其次是三室两厅两卫小三房，面积110～130平方米间。上个月大三房卖出25套，小三房卖出8套	四线城市许昌受作为新国际航空物流中心郑州的地价带动，房价上升，但均价仍低于一、二线城市，同等面积户型的单位价格仍偏低，当地人有需求、有能力买大户型房。户型结构以三居室为主，差异是房间大小，住房结构与大城市比无变化。户内人口结构变化时产生的非对称矛盾是同样的
河北某公司	热销的还是两室两厅户型，其次是三室两厅宽敞户型。由于本项目已进入尾盘阶段，上月去化量较平均，都在20套左右	作为非典型楼盘——度假养老住房，热销户型是2～3居室典型户型，和刚需房没区别。即也未考虑将来户内人口结构变化后将出现的新的住房空间适用问题

说明：郑州某公司对此问题未予回答。

五家房地产企业对第3题的答案基本一致：购房者基于性价比和高房价，只能购买在户内人口结构和住房使用功能变化后并不适用的2～3居室住房。这迫使首购者在感觉空间拥挤和不适用后再次购买更大的住房，再陷购房恶性循环。

第4题：买房过程中，人们多关心的问题是什么？会提什么问题？是否提过以下问题：室内有无放婴儿车的地方？有无仓库储藏室？有无老人房？有无儿童房？（表4.5）该问题是第三个问题的延伸，既了解购房者对未来户内人口结构发生变化如新生儿、住入老人和经营微商、电商后如何应对小户型住房问题的感知，也了解房地产企业是否意识到这些变化将带来的固化住房结构的不适用性。

表4.5　购房者是否关注住房结构的使用功能

房地产企业	回答	分析
南京碧桂园	无。刚需客户只在意房间数量，改善型客户也不问这么详细，多考虑周边配套、公共交通、学校资源、交付时间等，对房间使用情况会自行商量而不问置业顾问	无论是刚需购房者还是改善性购房者，对固化的住房结构在未来户内人口结构发生变化后所带来的不适用都考虑不周。“对房间的使用情况会自行商量”是虚妄，套内结构高度集约化、简约化和结构固化（承重墙）的2～3居室住房已不容住户再装修或需要时大改（保护承重墙）。只能再购房

续上表

房地产企业	回答	分析
扬州恒大	购房者最关心单价、总价、性价比。其次是附加值，如学区、周边交通、配套等，最后才是各功能用房的具体尺寸、收纳空间等	购房者最关注的也是房价和外部环境，却将住房结构本身这一最直接、最根本、最日常的实际使用功能忽视了
南京升龙	购房者最关心学区房。其他问题：项目有哪些轨道交通和商业配套，项目是否人车分流，物业公司是哪家等。对能否放婴儿车，有无仓库无涉及，对老人房和儿童房问题不关注，直接看样板房	同样，购房者“舍近求远”地关注周边环境，不注意住房结构本身未来的适用性。而样板房多是误导性的不切实际的设计臆想和华丽诱惑
许昌瑞贝卡	多数人关心单价和总价，咨询有无优惠和交房期。客户提出过室内有无存放婴儿车和童车的地方、有无仓库储藏室、有无老人房、有无儿童房	购房者倾向性基本相似。但基于许昌购房者中有不少农村回迁户，家庭规模较大、户内人口较复杂及孩子较多、务农等因素，相对城市核心家庭，他们会关注户内小孩、老人甚至放置农具、工具、收成品等的空间问题
郑州某公司	人们多关心总房价、能否顺利贷款。室内有无仓库储藏室、有无老人房、儿童房等问题，均无人过问	因“囊中羞涩”、房价压力和购房焦虑，购房者关注的仍是购买力，无暇顾及住房结构细节和长远的住房功能需要
河北某公司	一些有特殊需求的客户问过，不过人们关心的问题比较集中：一是保值增值性，二是物业服务品质	在以养老度假和增值投资为主营方向的房地产，购房者更不关心住房结构将来的适用性

第 5 题：您认为购房者买房的目是什么？其中最主要的有哪两个？（表 4. 6）

表 4. 6　六家房地产企业认定的购房者主要目的统计

房地产企业	购房目的							最主要的两个目的
	刚需/婚房	改善	投资	学区	永久置业	增加功能	度假养老	
南京碧桂园	1	1	1	1	1			刚需/婚房、投资
扬州恒大	1	1	1	1		1		刚需/婚房、改善
南京升龙	1	1	1	1				刚需/婚房、学区
许昌瑞贝卡		1						刚需/婚房、改善
郑州某公司	1		1					刚需/婚房、投资
河北某公司	1						1	刚需/婚房、度假养老
总计	5	4	4	3	1	1	1	

从表4.6的统计可见，当前购房者尤其是首购者的主要目的是满足刚需/婚房，其次才是改善性购房和投资性购房。可见，多数人的购房目的是满足最基本需要，还未意识到未来随户内人口结构的改变所将出现的矛盾。对此，下面的第六个问题的答案将进一步证实。

第6题：若购房者为第二次买房，多数是为了什么？第三次呢？（表4.7）试图了解第二、第三次购房的目的，以验证笔者关于在户内人口结构发生变化而造成非对称矛盾后，将迫使居住于小户型的人们再次购房的假设，包括是否有购买小高层和独院别墅这类永久性住房的意愿。

表7　第二次、第三次购房的目的

<table>
<tr><th>房地产企业</th><th>回答</th><th>分析</th></tr>
<tr><td>南京碧桂园</td><td>二次购房多为改善型住房，因首套刚需住宅面积较小，随人口增加会很不方便；三次购房多为投资，少数为终极置业</td><td rowspan="6">户内人口增加造成非对称矛盾后，迫使居住于小户型的人再次购房，强调解决居住空间窘迫、买学区房和改善环境以及投资。但购买小高层和独院别墅这样的永久性购房意愿仍不普遍。这为第三次永久性购房埋下了伏笔，非理性的“购房热”怪圈仍将持续</td></tr>
<tr><td>扬州恒大</td><td>改善居住环境、学区房。第三次购房属于终极改善，改善房屋品质和居住环境</td></tr>
<tr><td>南京升龙</td><td>二次购房目的很多，如改善居住条件或房间不够，增加房间数或孩子上学，或为投资；第三次主要是改善居住条件，提升产品质量或投资</td></tr>
<tr><td>许昌瑞贝卡</td><td>第二次购房多数为了改善居住环境，第三次及以上的投资者较多</td></tr>
<tr><td>郑州某公司</td><td>投资+改善，改善+投资</td></tr>
<tr><td>河北某公司</td><td>从马斯洛需求论分析：收入水平提高，人们对居住品质有一定要求。刚需客群在“初巢期”后，逐步购买改善型购房，也有“望子成龙”的学区房需求和注重“享乐主义”的度假第二居所等</td></tr>
</table>

综上，第二次购房主要为改善居住条件，包括扩大居住面积、增加房间数、购置学区房和更好的周边环境等，原因都与户内人口增加有关，如孩子出生和上学。第三次购房多为永久性理想购房或投资购房。为此，人的一生在高房价压迫下卷入不断购房成为“房奴”的怪圈：首购房是为满足基本刚需，以便成家；二次购房为满足户内增加人口的功能扩大需求；三次购房是实现理想的永久性购房或投资购房。这是房地产商的“福音”，却是购房者的“无底洞”和经济“黑洞”。

对此三阶段式购房，房地产商是如何提供对应户型和住房结构的呢？为此，第7题探究答案：房地产公司近3年来主推户型主要是什么？有无变化？原因是什么？最近3年内公司建造的房屋户型比例是否根据购房者需求有所变化，原因是什么？（表4.8）

表 4. 8 主推户型与购房者需求

房地产企业	回答	分析
南京碧桂园	刚需（60 ～ 90 平方米）比重下降，改善（100 ～150 平方米）比重增加。三、四线城市房屋拥有量高，需求以改善型为主；一、二线城市原始居民房屋拥有量也高，但一、二线城市房价高，想留在大城市的人因无法偿还高房贷而无法刚需置业	已敏锐注意到各级城市购房户型的变化及其原因，尤其意识到人们对 120 平方米以上改善性住房的需求在增长。即新购房潮正持续酝酿
扬州恒大	开始考虑总价，缩小户型总面积，或在原面积基础上增加使用功能（如 85 ～95 平方米三居、120 平方米四房等），主因还是房价增长，必须增加竞争力，技术更新，提高性价比	人们被迫在购买 120 平方米内中小户型以节约房款的同时，考虑住房结构改善（如增加房间数）以应对增加的户内人口，以低投资和较小居住空间解决更多使用功能问题
南京升龙	以升龙汇金中心而言，户型面积 35 ～100 平方米不等，变化较大，主要为适应市场需求	养老度假户型户内人口在未来变化不大，以 30 ～ 90 平方米小户型为主，130 平方米户型为长期养老用
许昌瑞贝卡	主推户型为三室两厅两卫，暂无变化，原因是客户是乡镇居民，家庭结构成员较多，两房满足不了正常居住。近 3 年客户需求无变化	验证了笔者对第四个问题答案的判断：许昌购房者中村乡镇居民较多，家庭规模较大、户内人口复杂和孩子较多等，人们感知到更大面积户型和更多居室的住房结构才能满足户内人口的现时需要，从而“提前”二次购房。但未来需要仍未考虑
郑州某公司	两室一厅，总面积变小，房价虚高，存在销售瓶颈。客户需要增加卧室数量	小户型虽有需求，但增加居室数量已是趋势。这从侧面反映了刚需房相对户内人口数变化的空间弊端
河北某公司	户型在 30 ～130 平方米，针对本地和外埠不同人群。在三期项目伊始，考虑花园洋房特性，户型配置上遵循市场需求，提升 90 平方米户型比重	解释同南京升龙

南京升龙和河北某房地产商的回答近似。两企业停留在中小户型刚需供给。

第 8 题：现阶段您所在公司是否有针对特殊人群设计不同房型？（如为坐轮椅的老人或残障人的家庭拓展门宽等）。（表 4.9）该问题是进一步了解房地产商是否考虑到户内人口的生存状况发生异变时的需求。

表 4.9　是否有针对特殊人群需要设计住房

房地产企业	回答	分析
南京碧桂园	无。房地产商两极分化，大型开发商占市场比重很高，他们为考虑成本均采用规模化复制化生产，不太考虑个别情况。但近年养老地产发展会相应改善	除河北某公司外，所有被访者均未考虑户内人口的生存状况异变时的需求。随着人的生命周期中退休、终老阶段的来临，现有刚需房和改善房都可能难以满足老龄化的住房结构需要，迫使或诱使人们再次购房，这又将是一轮规模庞大、范围广泛的适老“购房热”
扬州恒大	目前没有，只在公共设施部分增加残疾人通道	
南京升龙	不会	
许昌瑞贝卡	有针对老人设计的小公寓，仅此一栋	
郑州某公司	无	
河北某公司	三期项目主打居家养老，产品设计上考虑了老人房设置，在卧室、卫生间、客厅等空间做无障碍人性设计，提升老人入住的安全性和便捷性	

综上，前五个房地产企业都未考虑到对户型和住房结构进行预设性建设，以提高未来户内人口生存状况异变时的应对能力，如户内新出现的以下特殊人口的特种需要：孩子居家安全、老人轮椅通达、残疾人设施、盲人导盲、瘫痪者淋浴、妇女妇洗器、精神病患者安全甚至新豢养宠物等问题。住房结构完全从所谓健康的、理智的成年人甚至健壮男性的使用需要为标准。只有专供养老度假住房的河北某公司有此考虑，这一在主流房地产住房类型供给中不具代表性的适老房企，对未来户内人口的生存状况变异或生活质量需求的应对却极具代表性。

在调研得知热销户型和住房结构仍是刚需的 120 平方米内的 2 ～3 居室后，分析主要购房家庭类型，以通过此类家庭未来户内人口的变化规律，来验证已购刚需房必将出现的固化弊端和非对称矛盾。第 9 题：目前买房主要是哪两类家庭？（1. 单身族？2. 新婚夫妇/以结婚为目的的情侣？3. 夫妻 + 未成年子女的核心家庭？4. 夫妻 + 已工作的成年子女的核心家庭？5. 夫妻 + 婚后与父母同住的成年子女及配偶？6. 夫妻 + 未成年子女 + 老人？7. 夫妻 + 已工作的成年子女 + 老人？8. 夫妻 + 已婚子女 + 老人？9. 夫妻 + 老人 + 子女 + 保姆？10. 夫妻 + 老人 + 子女 + 房客？）

综合六个房地产企业的答案：回答最多的是第二、第三类家庭，即“新婚夫妇/以结婚为目的的情侣”和“夫妻 + 未成年子女的核心家庭”。个别提到了第六类家庭，即家中有老人的。这对应了住房供给中的两种基本需求：刚需房和改善性住房，但以刚需房为主。这意味着仍将出现巨大的改善性和永久性住房需求，即随着户内人口增加，刚需住房只是权益过渡性住房。但第二、第三类家庭并未意识到将至的窘境，等待他们的是做第二轮“房奴”的困扰。

也许刚需房购买者意识到了将出现固化的住房结构与动态的户内人口变化间的矛盾，是什么财政原因迫使他们无奈而为之呢？对此，第 10 题（确认性问题）：在购房资金方面，常听到或了解的问题是什么？为什么有这样的问题？结果如何？（表 4.10）

表 4.10　购房资金问题与“房奴”

房地产企业	回答	分析
南京碧桂园	多数是资金被困进股市	房价虚高，首付额过高，房贷额过高，但收入和储蓄不足。这迫使刚需购房者只能购买小户型住房。虽解燃眉之急，但却为做循环式的“房奴”留下隐患
扬州恒大	月供压力、首付款不足。月供增加年限或全家集体偿还，首付由开发商垫资	
南京升龙	房价高，首付款高，首付款筹集难，购房者通过多方式筹集首付款	
许昌瑞贝卡	主要问题是资金不能及时到位，这跟购房者资金处置有关，有的是外借，有的是回款，一般能按时交房款	
郑州某公司	首付款不够，月供过高。原因：收入水平增速慢。结果：举全家之力购房	

因此，高房价和低收入使大部分首购者只能购买紧凑型、实用型、小户型、短期性而非宽敞型、适用型、大户型、长期性的刚需住房。住房结构较狭小、居室不超过 3 间，这必将限制其他功能的满足和未来新增人口后的空间回旋余地。

这自然引发购房者永久性购房意向问题，即第 11 题：以您的工作经验来看，购房者买房是为了永久性居住还是过渡性的？是否有人考虑将来再买房？如有，主要是什么原因？（表 4.11）

表 4.11　未来买房意愿和原因

房地产企业	回答	分析
南京碧桂园	刚需房为过渡性，改善型多为永久居住，个别有实力的客户考虑购买终极置业。终极置业的标准为 160 ～280 平方米，4 房以上。房屋类型：高层大平层，多层洋房、联排或独栋别墅、优质学区房	碧桂园经理的回答最具说服力和代表性
扬州恒大	过渡性购房，因管理部门或行业对住宅舒适度的舆论引导较好，引导客户不断换房，几乎十来年就是一次更新换代	“经济永动机理论”的体现：商品经济下的广告效应，新产品不断催生新购买力和消费市场。但对于作为耐用消费品的住房，这是误导和浪费。人就此成“房奴”，是错误的房地产怪圈和经济怪胎

续上表

房地产企业	回答	分析
南京升龙	两种目的都有，所有购房者都不排除未来再次购房的计划，主要原因是希望能有更好的居住条件	因高房价和低购买力出现了过渡刚需房、改善性、永久性住房三个购房层次和阶段。住房权作为基本人权、生存权和社会权是人类理应拥有的，不能以个人能力决定拥有权。但三个基本权力被异化为财产权、生产权、生产资料
许昌瑞贝卡	购房者大都选择永久性居住，少部分客户考虑将来再次购房。原因是资金较宽裕，选择更好户型，再次改善	因当地特殊的家庭人口结构（这是所有购买刚需房的核心家庭未来将形成的户内人口结构——多口之家），购房者“提前”购置改善性住房
郑州某公司	均有。因欲望无边	也许购房欲望是有边的，这就是小高层和独院别墅，反映了国人的终极住房梦：庭院独户加泳池草地。但这要经过耗时耗钱的畸形循环，而不能“大、快、好、省”地一步到位。考虑到土地承载力、人口规模、经济结构和社会伦理等国情，应考虑一步到位解决理念
河北某公司	购房时希望一步到位，部分人出于客观条件选择过渡，有可能因为并非常住，有可能是经济条件或地理位置因素	住房政策、房贷政策、房地产规范、消费者理念、人口预测、户籍制度、社会保险、就业市场、住房设计应该为百姓一生只一次性购买住房创造条件

第12题：您是否认识一些要卖房的人？如有，他们主要基于什么原因想卖房？以怎样年龄层次的人为主？以从卖房者角度检验笔者的假设。（表4.12）

表4.12　卖房原因与买房的关系

<table>
<tr><th>房地产企业</th><th>回答</th><th>分析</th></tr>
<tr><td>南京碧桂园</td><td>考虑资金周转；以小换大；前期购买大量房产投资，现担忧房产有价无市；买保险等。35 ～55 岁</td><td rowspan="6">六位被访者中四位证实了卖房的主因是通过卖房款购买新住房，改善居住环境。因此，卖房还是为了买房，并可能产生新的房贷，还是没跳出当“房奴”的怪圈</td></tr>
<tr><td>扬州恒大</td><td>主要目的是换房。以30岁左右的三口之家为主</td></tr>
<tr><td>南京升龙</td><td>再次购房，或急需用钱，或准备去其他城市。30 ～40 岁</td></tr>
<tr><td>许昌瑞贝卡</td><td>一些人基于有多处房源，想把部分房源卖掉，缓解经济压力。35 ～45 岁</td></tr>
<tr><td>郑州某公司</td><td>趁高位套现。35 ～50 岁</td></tr>
<tr><td>河北某公司</td><td>二手房有两类：一是住宅不能满足家庭需求，如人均面积、住宅体验；二是因生活圈和工作圈变动导致。约40岁</td></tr>
</table>

六位业界人士的答案基本一致：卖房是为买改善性住房换取资金，以满足家庭需求，如人均面积、居住体验，是第二次购房理想的实现。但很多人在购买改善性住房满足户内增加和异变的人口结构后，仍未摆脱“房奴”困境。正值生活事业爬坡期的中青年人因学区房或换工作搬至其他城区甚至其他城市，也是卖房买新房的重要原因。卖房群体集中在35～50岁，正值人生事业高峰期，但因购房导致的经济窘困、工作懈怠和精力耗费，乃至宏观上对内需市场消费的负面影响可想而知。这种从刚需转向改善乃至永久购房的进程，其中所耗费的从家庭到社会的经济、社会、文化成本，是值得反思的。这些成本包括房价上涨、国内消费疲软、住房阶层分化、社会不平等加剧、人力资源耗散、工作精力不济、劳动效率下降、社会归属感降低，以及假离婚购房、代际融资购房造成家庭矛盾，等等。

三、住房结构与户内人口结构变化的矛盾点

（一）矛盾点1：固化的住房结构与变化的户内人口结构

首购的刚需房一般为90～120平方米的2～3居室户型。以购婚房为主要目的的刚需购房者首要考虑的是夫妻和有孩子后最低限度的居住空间需求，却忽视了未来户内人口结构继续变化的各种可能。这类随家庭“生长”发生的户内人口结构变化引起的非对称居住空间需求包括：孩子出生后需要婴儿房，儿童在住房中的安全活动空间，照顾小孩的祖辈的居住空间，保姆居室，放置婴儿车、大型玩具、新日用品的空间；生二胎后新增孩子的居住空间；成年子女的独立房间（这不会因孩子离家读书或工作而改变）；“啃老”子女继续占用户内空间；家庭空巢后可能合住的租客；户内出现有生理和心理障碍的人口（如无自理能力的老人、瘫痪者、残疾人、盲人、精神病人、恐高者、抑郁症患者等）或有长期寄住的亲友；等等。这是2～3居室狭小固化的住房结构不能解决的非对称矛盾。即使解决了（如通过隔断），也造成居住质量下降。理想化的书房、客房、儿童房不复存在，休闲阳台成万能“仓库”，这都成为新增人口或变异人口的功能性、临时性空间。彻底解困的办法是被迫第二次购房，把有限的收入投入到无限的还房贷中，不断沦为“房奴”。这对生活质量、住房市场、内需市场都有负面性。

（二）矛盾点2：家庭经济的功能性空间

在电商、微商盛行的时代，现代家庭不仅是居所，也成为新的劳动场所或经营场所。一些企业鼓励或允许职工在家工作；产后母亲或户内人口经营电商、微商；家人创建家庭企业，为节约成本户内住有职工（一般为亲戚、朋友）等。家庭企业和经济活动构建户内经济功能空间需求，如办公区、仓库区、职工生活区。但小户型2～3居室、缺仓储间的首购房是难以满足要求的，即使勉强为之，也使户内各异质性功能互相干扰，降低居住质量。为此，二次购房成为必要。

（三）矛盾点3：作为社会网络节点的社会性住房

由于户内人口结构变化和伴随的功能性需求所迫使的第二、三次购房，会将购房者在首购房住区中积累形成的邻里关系（以新婚夫妻的孩子与邻家孩子的关系为特殊纽带在

住区中形成的和谐人际关系）、社会网络随之一次次瓦解。这既不利于邻里间长期稳定的社会交往、生活互助、社区归属，也无益于传统社会风尚。

（四）矛盾点4：作为问题支点的高房价和低购买力

面对高房价，购房者被迫在首购时忽视长期需求而满足短期急需，重实用轻适用。小户型刚需购房的直接原因是以新婚夫妻为主的首购群体财力有限，他们初涉职场，工资收入低，但婚龄已到，父母催婚，迫于个人、家庭和社会压力，先成家后立业的他们不得已暂购2～3居室的小户型房。这样的房型和购房行为是权宜性和阶段性的，这为将来户内住房矛盾埋下伏笔。固化的户型结构不能更改，唯一出路是购买改善性住房。但改善性住房面积一般比刚需房仅大1/3，房价却高了许多，购房者仍陷于“房奴”泥潭。高房价和低购买力间的平衡点难以找到。

（五）矛盾点5：购房者的“非理性”意识

核心购房群体即刚需购房者多处于家庭第二、第三周期。但他们对第三周期本身、第四周期至第六周期将出现的户内人口结构必然发生的变化缺乏意识和准备。因此，对于短期急需，其刚需购房的实用目的明确，但对未来因户内人口结构将发生的变化、异化和由此产生的非对称矛盾，则是缺乏认识的。这使所购住房一开始就不具有居住适用的可持续性。在闭环式购房狂热中，没人向这个巨大的购房群体提出客观、冷静、长远的建议。他们被楼市、人生和家庭变化周期中的问题牵着走，身陷生活质量下降和一辈子做“房奴”的恶性循环。

四、总结与讨论

房地产企业有可持续的牟利意识。相比盲目的购房者，房地产商从管理层到售楼员不对称地、单向地洞悉楼市的所有信息和购房者的消费心理及购买力。其销售行为出于追求最大利润和最小成本的经济理性即售房的商业价值，本质上不在意所售房的使用价值。这表现在以下方面：

（1）根据即时的住房市场需求建设适销的户型和住房结构，投消费者之所好。没有替购房者长远考虑，房产项目具有很强的投机性和短期性。

（2）最大的住房消费群体是基于新婚家庭形成的刚需群体。缘于高房价和低购买力，2～3居室小户型始终热销，而这类户型不具有长期和可持续的适用功能。但只注重短期收益和低成本的房地产商是不考虑的。

（3）销售商在接待购房者时，总惯于探听购房者职业、收入、还贷方式（如商业贷款或公积金贷款）等购房能力和购房目的，很少关注购房者的家庭结构及未来可能的变化；更不会提醒购房者当前所购住房在未来会出现的矛盾弊端，因为这势必减弱刚需购房者的购房热情而可能失去生意。

（4）房地产企业将住房作为生产资料和获利永动机。其户型和住房结构强调的是市场短期需求的快速牟利，缺乏社会意识和风险意识，不考虑售后住房功能的适用性和可持续性。他们关注的仅是可获取的剩余价值和商业价值，忽视了住房使用价值和社会价值。

（5）一些原从事实业的房地产企业在将制造业通过转投房地产和付出高额买地款后，

必然设法在短期内回本盈利。其所有商业行为都是根据最近期的楼市走向而动，且面向最具活力和刚需的购房群体，这可以使其稳赚不赔，管理难度和经营风险较低，企业成本也随之下降。

（6）一些房地产企业在售房后派驻自己的物业公司，以获取更庞大更长远的利益。但物业的管理质量造成住户不满，迫使购房者形成为换取更好的住区环境而再次购房的需求。房地产商再次投其所好，建设具有更好住区环境的新楼盘，刺激人们购买改善性住房。这是房地产商求之不得的“良性”循环。因此，因户内人口结构变化和住区环境的恶化所造成的联动作用，也不断驱使民众在一生中多次购房，直到所谓的永久性住房。

第二节　人才公寓的“异托邦化”

一、研究背景和意义

2018 年，NJ 市实施创新驱动“121”战略，以推动高质量发展，培育和集聚一批名校名所名企名家名园区，打造综合性科学中心和科技产业创新中心，构建一流创新生态体系，推动 NJ 建设成为具有全球影响力的创新名城。为建设创新名城需要吸引和留住人才，需要重点解决人才安居问题，推出人才安居政策：重点关注高层次人才、高校毕业生、高校院所和企业人才、重大项目人才的安居工作，坚持多主体供给、多渠道保障、租购并举，通过提供住房、补贴、政策等为人才量身定制安居方式，构建系统完备、全面覆盖、高效便捷的人才安居政策和保障制度。

人才公寓是指专项用于人才安居的生活配套租赁公寓，是解决人才在某地创业、就业的短期租赁和过渡周转用房，是 NJ 市人才安居政策的一个重要方面。但在实际落实过程中存在入住与退出困难、住房质量不佳、周边环境混乱、地铁交通不便等诸多问题。因此，本研究试图通过对 NJ 市 JN 区 SY 大道 JL 湖人才公寓的实地调研，从人才公寓中的微观空间设计和微观空间中人的互动等角度对人才安居项目和政策做出合理分析。

二、案例分析

本研究选择 JL 湖人才公寓作为研究个案。JL 湖人才公寓从大的区位选址及其周边环境，到公寓内部空间和空间中人的互动方面的问题都较为典型。同时选择各方面环境更好的 YG 人才公寓做比较。

JL 湖人才公寓于 2015 年 12 月建成，有 DN 大学、JB 电子有限公司等单位人员在此入住。占地面积 128 亩，建筑面积 26.3 万平方米，房间数共 4110 套，可容纳 8220 人，人均居住面积只有 30 平方米。每栋楼都是一样的外观、一样的外立面、一样的结构、一样的颜色。正如“在整个城市里，除了少数几个特大的构筑物和集中在一个街坊里的贫民住宅外，建筑之间几乎没有大的区别。”① 在今天，很多人才公寓小区和安置房区就是这种景象。

---

① 凯文·林奇：《城市形态》，第 13 页。

人才公寓每栋楼宇的一层大概有 6 户，有不同户型，其中单人户型只有 30 ～50 平方米的单间，卫生间与厨房相连，剩余空间面积狭小；也有一厅两房的套间结构。房间一般有阳台与窗户，通风情况较好；但楼宇间距离较近，采光差。社区内基本按单位分配住房，属于一人一户居住，私密性较好。

人才公寓的户外公共空间基本为硬化铺设，只有西端靠 NX 高速部分有树木、草坪，绿化程度较低。人才公寓周边的公共交通系统并未完善，距离最近的地铁站点需要 2 ～3 站的公交车路程，日常公共出行只能选择公交车，且等车时间较长。人才公寓没有医疗设施，没有药店，最近的就医点是一所私立医院，乘车约需 10 分钟。人才公寓内有小超市，商品较齐全，但只能满足基本需求；没有菜市场，购买主要日用品和副食品需要到较远的 SG 超市，乘车约需要 15 分钟。人才公寓体育设施匮乏，设施老旧，篮球场破损严重。人才公寓有一个便民利民服务点，但并不承担向居民提供社会化服务的功能，且被占作他用。“像穷人的住房那样，房屋面积占了地基的绝大部分，这样就把应该提供的集体公用的空间和小花园的用地挤掉了，对大多数房间来说，只留下通风的竖井，或者，如果居住区里另建大楼，就得紧挨着另一经济公寓的后墙，设计得很坏。”①

人才公寓南端为绕城高速，西端为 NX 高速，小区位于两条城际高架高速交通干道交汇处，噪声污染和视觉污染都很严重。人才公寓北端有出口加工区，厂房聚集，自然环境和外部空间景观较差。与人才公寓一墙之隔的 QSX 苑职工宿舍区，居住着大量在加工区上班的青工，人员流动性强，社会分化严重。各公寓楼物业保安管控进出人员的标准为是否是公寓人员。

人才公寓整体环境卫生情况良好，楼内较干净整洁，住区内无垃圾堆放情况，且有社区卫生评比公告栏，但商业区存在垃圾无人清理的现象。每栋人才公寓的一楼均为物业安保人员办公处，安保执行严格。但公寓内公共设施较少，并无专业人员负责设施维修及保养，公共设施老化严重。公寓有地上停车场与地下停车库，在公寓门口公示栏内张贴有车辆管理办法条例，车辆管理情况较好。

初衷美好、配套功能尚属完善的人才公寓，却在人才的入住上设置了不合理的高门槛。这是一种在获取城市微观空间——公寓问题上所发生的个人与社会、个体与整体、个人与制度间的矛盾。具体问题是：按 JN 区政府规定，JL 湖人才公寓申请需同时具备以下条件：具有 NJ 市户籍；博士学历，毕业未满 5 年；劳动合同或聘用合同规范完备，并有稳定收入；在本市连续缴纳社会保险和住房公积金一年及以上；本人、配偶及未成年子女在本市无住房。但最矛盾点是第四点，即必须“在本市连续缴纳社会保险和住房公积金一年及以上”。这对来自外地的人才如外地大学毕业生或海归来说，是不可能马上满足的条件。

申请人才公寓需要办理相当繁杂的手续。如 DN 大学申请人才公寓的教职员个人所需准备申请材料如下：申请人和共同承租家庭成员的身份证，户口簿及居住证明（居住证明提供租房合同复印件），劳动合同或聘用合同，社会保险和住房公积金缴纳证明，婚姻状况证明（单身教职工本人写好情况说明，由学院盖章即可，民政局已不再开具单身证明；已婚教职工提供结婚证复印件），新就业人员还需提供学位证书和毕业证书。

① 刘易斯 · 芒福德：《城市发展史：起源、演变和前景》，第 449 页。

人才入住条件要求在本市连续缴存社会保险和住房公积金一年以上，这无异于与人才公寓设立初衷不符，很多新就业急需解决住房问题的人才因为条件限制，无入住资格。在分配上，政府先将房型、数量分配到单位，然后单位内部自行分配。单位分房多是按照资历顺序选房。新就业人才短时间解决其住房问题的需求很迫切。这两点导致新就业人才住房问题非常突出，很多新入职的青年教师要等一两年才能入住人才公寓，在这之前要么租房，要么继续违规“赖在”博士生宿舍里。但入住人才公寓的员工离职（包括自动辞职、被免职、解职、退休等）后，被要求于离职日起三日内搬离，不允许借故拖延或要求任何补偿或搬家费。

关于该住区物业管理。调研中发现物业管理存在以下问题。一是保安方面，外来人员可随意从正门进入，保安不询问。人才公寓与旁边的 QSX 苑连通，也可从 QSX 苑进入。但对每栋楼却实行严格的准入管理，每栋楼都有保安值守，对上下楼人员进行严格的盘问检查。这种“舍本求末”的管理方式虽是出于安全考虑，但也使公寓内人员的交流与互动受到限制，对外来人员却“熟视无睹”。二是在物业张贴的管理规则中提到，置业服务公司主管可经常检查宿舍，住宿人员不得拒绝，这是对入住者隐私权的侵犯。三是公寓上有醒目的“JL 湖人才公寓”字样的大灯箱，有住户认为夜晚亮灯不仅影响住户休息，还要求住户分担电费。四是公寓生活区内缺乏供成员交流休憩的公共场所。

研究发现，不同的人才公寓与入住者的职业类型有关，即作为微观空间的人才公寓，也发生了社会阶层的区隔和空间的隔离。对比附近的 YG 人才公寓和 JL 湖人才公寓，可以发现同样是人才公寓，在整体选址规划、基础设施配置、居住环境等方面均有很大差异。JL 湖人才公寓的定位是为外来务工人员、企业管理人才、创业创新人才提供的公寓，YG 人才公寓是为高科技研发园区提供配套服务的。差异化的人才公寓建设或与职业分化有关。

三、总结与讨论

造成 JL 湖人才公寓微观空间非人性化的原因有三个层面：一是空间经济资本，涉及该公寓的市场定位和资金来源等经济问题；二是从社会分层视角看 JL 湖人才公寓在规划和人员入住中的问题；三是 JL 湖人才公寓的空间权力资本问题，关联到空间规划中的政治经济学和城市权力等。

（一）空间经济资本：基于市场定位及资金来源的建设投入

1. 社会保障房的定位与人才住房需求的冲突

从公共经济学视角看，JL 湖人才公寓作为社会保障房的一种，是政府为保障和满足人才的住房消费需求而提供的一种公共产品或公共服务，其政策构想在于为人才提供廉价、暂时性的租住房以方便人才的生活工作，进而达到留住人才的目的。但从社会保障房的发展建设定位、人才的住房需求、人才公寓的建设定位和人才引进政策的初衷四方面对比看，这种住房政策在定位和实施过程中与人才自身的需求不匹配，引发问题。

首先，社会保障房的定位是政府为中低收入住房困难家庭提供的限定标准、限定价格或租金的住房，强调其保障性，是政府关注低收入群体的政策性住房，包括两限商品住房、经济适用房、廉租房和政策性住房。然而，就自身住房消费需求而言，人才群体与其他公租房群体不同，自身有高度流动性，人才群体对住房的需求根据自身工作资历及经济能力的发展有很大的变动性，在租住房的选择上强调暂时居住的状态，相对于政策扶持的其他住房困难群体，在满足基本生存生活的基础上更追求舒适、雅致和人性化，这使人才公寓建设有其特殊要求。

但在实际建设过程中，人才公寓的建设和管理标准并未很好地与服务于低收入群体的公租房建设和管理标准相区别，导致中高端人才的住房需求得不到满足与尊重，这在JL湖人才公寓的建设中尤为突出。JL湖人才公寓与紧邻的作为出口加工区职工集体宿舍的QSX苑无论从建筑风格、建造时间、配套设施还是物业承包商来看都基本一致，住区之间并无区隔，人员来往混杂，使人才公寓与实际定位于服务各类打工入住者需求的QSX苑相通并共享空间及其服务，在缺乏安全性与隐私性的同时，人才群体的特殊需求得不到满足。

这是由于人才政策与社会保障房政策在服务定位及满足需求层次方面的不匹配导致的。用基本性、保障性定位的住房来作为吸引与留住人才的手段，难以满足人才多样的住房需求，引起不满，甚至与政府人才住房政策的初衷相违背。

2. 以政府为主导的直接投资的缺陷

人才公寓在建设投资方面有政府建设与单位自建等形式，JL湖人才公寓建设中政府的直接投资占大部分，因此导致JL湖人才公寓的服务面向的单位种类相较于单位自建房更复杂，人员流动性和复杂性更大，也因此建筑质量与服务难以平衡各方人才需求，导致入住者满意度较低。同时，作为政府直接投资的人才公寓，被纳入政府政绩考核，会出现部分居住者反映因“面子工程”及规划不合理等引发的非人性化的建设与管理问题。

（二）空间社会分层：空间规划中以社会财富获取为主要标准的社会分层导向

JL湖人才公寓规划及人员入住安排虽是出于就近原则，但就设施与服务的资源配置方面与其他人才公寓的建设对比，存在较大差异，这暗含了以社会财富获取为主要标准的社会分层导向。政府按照市场需求将人才分为A到F六类，对六类人才采取区别化住房待遇。从促进创新创业与科技、经济快速发展角度看，入住JL湖人才公寓比例较大的高校青年教师与入住U（悠）谷的高科技人才被划为不同人才类别。这种以创造经济价值多少进行社会分层与资源分配的方式，忽视了以教师为代表的知识生产与传播人才的社会价值，导致资源分配上的不合理，使JL湖人才公寓居住者的实际需求被忽视。这也是人为的社会区隔，造成社会阶层的潜在矛盾，而不是将住房作为所有公民的一项基本权利。

（三）空间权力资本：权力对空间资源分配以及空间管理的渗透

1. 政府权力对空间资源的把控与分配不尽合理

列斐伏尔认为：空间是政治的。排除了意识形态或政治，空间就不是科学的对象，空间从来就是政治的和策略的……空间，它看起来同质，看起来完全像我们所调查的那样是纯客观形式。但它却是社会的产物。空间的生产类似于任何种类商品的生产。① 人才公寓的空间生产是政府权力在市场利益考量下对资源的把控与分配的结果。政府基于按财富创造标准进行的人才分类判断及区位上的就近原则考虑，确定了公寓的选址及基础设施配套。这实际上遵从了自身政治理性和经济理性的原则，一方面满足了人才政策实施的政绩要求，另一方面高效利用了空间资源。但这种行为难以考虑到居住者自身的需求问题，造成政策与资源的不合理配置。

2. **物业或用人单位借助空间进行规训管理**

从更微观角度分析 JL 湖人才公寓的不合理化时，可看到物业和用人单位以空间和管理对员工的规训。JL 湖人才公寓与 QSX 苑雇佣的是同家物业，管理形式如前所述，采取的是牢笼般的宿舍管理，以单位划分的入户许可、严格的保安审查、挂满钥匙的大厅甚至部分企业单位的宿舍检查制度等，在以安全为由的管理要求背后是物业权力或用人单位的权力对住户日常生活的干涉和入侵。物业或用人单位希望借此对住户进行规训管理，使其顺从自身管理，成为“合格的”住户或员工，以达到便利管理的目的。这种行为是对住户或员工“人”的需求的忽视，是经济生产关系对生活的入侵导致的非人性化。

城市会出现、繁荣、衰败。但农村可能会永远存在——只要在一个自然生态环境下有人类生活。而城市中的安置房区、经适房区、人才公寓、老破小住区、城中村、棚户区如果不进行改造，就可能只是一个城市中的“贫困落后村”，而不可能成为繁荣的“市”的一部分。

第三节　住区共享空间的去邻里化

一、研究背景和意义

据中国《2020 年社会蓝皮书》，截至 2019 年末，我国城镇化率已达到 60%（该数字的内涵、外延可商榷），基本实现城镇化。在快速城镇化进程中，居住区开发建设量大面广且时间仓促，忽视了居民对共享空间的需求。虽然大多数居民搬进崭新的住区，但却失去了“家园”感，对住区缺乏认同感和归属感。住区共享空间建设存在唯视觉化现象，忽视休闲娱乐的基础功能，缺乏公共空间与人的互动关系，使住区共享空间承载的功能逐渐减弱。城市建设应从量的扩张转变为质的提升。本节旨在通过了解传统邻里关系的精神内核与现代城市邻里关系的现状，为促进居民邻里关系，研究住区共享空间这一城市微观空间中的问题。

“村庄的社会结构却保持着坚固性和经久性，因为这些社会结构的基础是一些古训、格言、家族历史、英雄典范和道德训诫，这些东西为世代所珍视，并毫无改变地由前一代传给了下一代。”② 现代居住小区等城市微观空间缺乏认同感的原因是：这里没有血缘关系，没有亲缘关系，没有社团和俱乐部那样的趣缘关系；甚至由于人们来自“五湖四

---

① 参见 H. 列斐伏尔《空间的生产》，刘怀玉等译，商务印书馆 2021 年版，第 10 页。
② 刘易斯·芒福德：《城市发展史：起源、演变和前景》，第 18 页。

海”，也没有地缘关系，没有基于同一宗教或神那样（如渔村的妈祖信仰）的宗教关系。所以容易出现住区的精神和道德涣散。

“由于邻里单位成了社会结构的一个理想单位和享受公共服务的组织者，它因而变成了一个管理的概念和一个感情上的概念（这样说可能不太严谨）。在这个区域中，情况不再是人们因住得很近而相互认识，而是区域中的人共同确定其范围，为其取一个名称，在有危险时人们比较容易聚到一起。这些社区存在于城市居民的头脑中，关于其界限和固定特征的想法常常相当一致。……城市的各个行政部门用它作为建立地区联系的基础，而这进一步巩固了城市结构。”①

二、核心概念界定

（一）传统邻里关系

所谓邻里，据《周礼·地官司徒》记载：“五家为邻，五邻为里”。广而言之指家乡所在乡里，如村落。乡里关系包括同乡关系和邻里关系，是以地域关系为基础的人际关系。“美不美，乡中水；亲不亲，故乡人。割不断的亲，离不开的邻。”至于地缘关系范围的大小，历史文献有大同小异的不同说法。如《尚书·大传》卷二说：“古八家而为邻，三邻而为朋，三朋而为里，五里而为邑，十邑而为都，十都而为师，州十有二师焉。”隋朝开皇九年（589）二月，“五百家为乡，正一人；百家为里，长一人”。② 到唐代，“百户为里，五里为乡。四家为邻，五家为保。在邑居者为坊，在田野者为村。村坊邻里，递相督察”③。宋代朱熹说：“五家为邻，二十五家为里，万二千五百家为乡，五百家为党。”④ 不同说法对邻的范围都固定在四到八家的相邻关系中，里、乡等不仅是因居住而产生的地缘关系，而且是基层组织单位。本节讨论的邻里关系是在比邻而居的狭义和同居乡里（现代称为住区、居住区、居民区或社区）的广义上讨论的。

“社”“里”“坊”等指代基层居民单位及相应居住空间。北魏实行里坊制，宋代的厢坊制取代了里坊制，明清“里”“坊”概念有明确区分。这些基层居民单位与统治者对居民的控制相关联，邻里关系与国家管理直接相关。《周礼》记载：“五家为比，使之相保；五比为闾，使之相受；四闾为族，使之相葬；五族为党，使之相救；五党为州，使之相赒；五州为乡，使之相宾。”《逸周书》《韩诗外传》也有相似记载。可见儒家主张良好的邻里关系是国泰民安的前提，国家也通过基层行政达到教化百姓、治国安民的目的。汉武帝实行乡饮酒礼，宋代士大夫承担基层礼仪教化，都是教化百姓、促进邻里关系的举措。

中国传统社会以农业为基础，传统邻里关系也与农业生产相关。费孝通说：农业不同于游牧和工业，它直接取资于土地，因而农业社会的人口流动性低。在这种情况下产生的社会是一个熟人的社会，人与人间的信任来自熟悉。即便人口增多、人们在异地形成新聚

---

① 凯文·林奇：《城市形态》，第175页。
② 《隋书·高祖纪》
③ 《旧唐书·食货志》
④ 《四书集注·论语集注》

落，新的邻里关系也与原来的邻里关系相近，“相保、相受、相葬、相救、相赒、相宾”等内容不会产生新的内涵。① 新中国成立后，结束了等级秩序，但传统邻里关系并未瓦解。单位制构建的“家属大院”成为传统社会模式向现代转型的过渡，延续了邻里关系的传统性。

西方传统文化里也有邻里意识。芒福德说：“16 世纪时，有一段一个乡下人与一个城里人的对话，最为风趣地说明了这一点。前者赞扬乡下的生活以及他和他的邻居们——放牧人、农夫、买卖牲口人、木匠、雕刻匠以及其他这类人——享受的友好和睦的生活，这些邻居都是善良诚实的伙伴。那种生活过去城市里也曾经有过，但是现在消失了，因为他的对手回答说：‘我也这样想，但你一旦成了一位先生，就享受不到那种生活了。’‘什么？’乡下人高声嚷道，‘你要我过单独寂寞的生活？那比死去还难受。’对此，那位城里的先生回答说：‘不，不，我也不是那个意思，因为如果你成了一位先生，在朝廷里和城市里生活在上等人中间，你任何时候都可以在那里找到合适你地位和状况的伙伴。’”②

传统里坊伦理有四方面：“里仁为美”的伦理价值取向，义道当先的伦理行为准则，礼尚往来的人际交往规范，有诺必履的信任伦理风尚。③ 邻里形成居住共同体，产生认同感。按马克·格兰诺维特（Mark Granovetter）的强弱关系论，传统邻里关系获得强关系支持，给予确定而有力的帮助，即“远亲不如近邻”。传统邻里关系具有宝贵的精神内核，这也是当下所缺失的。传统邻里关系应具有如下特点：

（1）传统邻里关系是以农业社会和乡村中国为背景的。虽然不能说传统社会没有城市邻里关系，但当时大部分人生活在乡村，从而也才有守望相助的可能和需要。因此，邻里关系主要发生在乡村社会。

（2）邻里关系多与家族关系相联，受家族文化精神影响。传统中国社会有聚族而居的特点，某些村落就是一个大家族。中国社会从某种意义看是家族社会，邻里关系的文化精神是天下一家、视邻若亲。邻里间并非仅为空间的彼此共存。作为社会联系形式，邻里关系是通过家庭成员间的交往建立起来的，可看作家庭关系的外在延伸。人们的交往关系首先是血缘和姻缘，地缘关系的空间范围很小。

（3）邻里关系是熟人关系和熟人社会。因为不仅同宗同族本身就是亲人，也是熟人。即便是不同宗族，由于当时的观念是安土重迁，迁徙意识弱，联系较稳固，在自然经济主导的社会，由于社会闭塞，加之户籍管制，人们往往世代居住一方，多是宗族聚居，即便杂居，也多世代为邻。这种长期稳定的交往关系成为仅次于血缘关系的社会关系。这强化了熟人社会的邻里关系，人们更有修好邻里关系的愿望和需求。这就是“亲不亲，故乡人”，也就是说不管是不是同宗同族的人，仅凭是邻里乡亲就够亲了，已具有守望相助的充分价值理由了。

（4）传统邻里关系承载了更多的社会功能和作用。由于传统邻里关系不仅是百姓因居住在一起而产生的日常交往关系，而且还是传统社会政治治理的基层组织，它承载着更

---

① 参见费孝通《乡土中国》，北京出版社 2021 年版，第 11 ～ 20 页。

② 刘易斯·芒福德：《城市发展史：起源、演变和前景》，第 416 页。

③ 陈丛兰：《由“门”管窥中国古代居宅伦理之堂奥》，《齐鲁学刊》2021 年第 5 期，第 45 ～ 52 页。

多的社会功能，具有更重要的社会作用。

本节对传统邻里关系的界定强调住区居民亲邻睦邻的基本特点。《左传·隐公六年》中就有言："亲仁善邻，国之宝也。"把善邻看作国之宝，从政治管理角度把善邻提到高位，公序良俗离不开百姓居住生活共同体的和睦。

（二）住区共享空间

住区共享空间指住区中居民进行邻里互动的固定场所，如住区广场、社区服务中心等。它为居民提供了交往平台，是承载着居民日常社会互动的聚集地，是邻里关系产生的孕育地。简·雅各布斯（Jane Jacobs）重视住区共享空间的规划，十分赞同传统街区中街道、商店等共享空间的设计，指出在规划合理的共享空间中，人们更加容易彼此熟悉，从而建立互相信任、互帮互助的邻里关系。①

三、案例分析

本研究以定量研究和质性研究相结合的方式进行，主要采用了定量问卷调查法、文献研究法、实地观察法和访谈法。

（一）网络定量调研

1. 问卷设计

调研小组将问卷分四个部分：基本信息，邻里关系现状，邻里交往意愿和住区共享空间。其中邻里关系现状分为交往情况、邻里互助情况、关系评价；住区共享空间分为住区状况、住区庭院状况、单元楼内部状况三个部分，依次对应住区外、住区内、单元楼内。问卷共被完整填写428人次，填写时间为2022年3月14—18日，通过微信和网络平台实施。

2. 被访者基本信息

（1）性别与年龄。被访者中，男性占40.0%，女性占60.0%，女性被访者偏多；24岁及以下的占40.4%，25～39岁占19.4%，40～59岁占36.0%，60岁及以上占4.2%，中青年人占比最高，老年人占比小。

（2）学历、职业等。被访者中，受教育程度为小学的占0.5%，初中占1.2%，高中（包括中专、职高）占11.9%，大专占18.5%，大学本科占62.2%，研究生及以上占5.8%。被访者学历多集中在大学本科，其次是高中和大专。

被访者中，学生占39.5%，事业单位/公务员/政府工作人员占15.7%，企业单位从业人员占26.2%，服务人员占0.9%，做小生意者占1.6%，体力工人占0.2%，技术工人/维修人员占0.9%，科研/文化/教育/卫生相关从业人员占9.8%，军人/警察占1.4%，网络业态工作者占0.47%，无业者占3.3%。被访者中学生占比最大，其次是事业单位/公务员/政府工作人员和企业单位从业人员。

被访者中，中共产党员占18.7%，民主党派占1.2%，共青团员占39.3%，群众

---

① 简·雅各布斯：《美国大城市的死与生（纪念版）》，第102～105页。

占40.9%。

（3）户籍和住区信息。被访者中，本地人占84.6%，外地人占15.4%；自有房者占91.8%，租户占8.2%。被访者所居住的小区中，商品房小区占73.1%，职工家属大院区占14.7%，安置房区占10.1%，公租房占2.1%。即被访者所居住的小区大多为商品房小区，支持了研究重点放在商品房小区的科学性。被访者居住的住宅中，高层单元楼（高于12层）占46.7%，小高层单元楼（7～12层）占13.6%，多层单元楼（1～6层）占32.9%，联排/双拼/独栋别墅占6.8%。被访者居住的住宅多为高层和多层单元楼。被访者在目前住处居住不到1年的占7.0%，1～5年的占33.4%，5～10年的占29.7%，10年以上的占29.9%。

3. 邻里关系现状

（1）个人邻里关系。被访者中绝大多数在所在住区里认识的人较少及一般，存在少量基本不认识住区里的人的情况。与邻居日常大多是基本不交往或偶尔交往，可推测住宅类型对人际交往产生了一定影响。被访者与邻居通过日常生活中常见面的方式逐渐熟识占比最大；平时聊得较多的邻居住同一单元楼的占比也远大于其他楼栋或单元的邻居；在单元门和电梯、楼道里遇到邻居的机会最多，说明邻居交往多是通过面对面自然逐渐形成的，见面次数越多，熟识的可能性越大；特定活动也可以促进这种关系的建立。这表明以住区/社区作为研究邻里关系的场域范围是可行的，可将此研究范围称为“大邻里”。“住得越近关系越好”的观点不完全正确，人们认识的很多人是广义上的（非门对门）的邻居。大邻里存在的同时，楼道、单元门口这种“直接邻里”的作用被削减了，说明邻里范围扩大，而楼道、单元门这类容易产生交往的空间并未发挥作用。

（2）社区邻里关系。被访者多认为住区邻里关系良好，自己与邻居关系也良好，极少有关系差的情况。究其原因，认同度最多的为邻居相互熟悉、值得信赖、守望相助。遇到困难时多数人还是愿意向邻居请求帮助的，求助对象不完全与远近成正比，找隔壁邻居帮忙说明存在“远亲不如近邻”的常态；找隔壁邻居帮忙是最方便的，也是过半数人的选择。另外，找同一单元楼的其他层的邻居帮忙，又说明“大邻里”存在和楼道、电梯间“小邻里”的消极，出现“跃层”的邻里密切关系。

4. 邻里交往意愿

被访者对建设和谐邻里关系有强烈认同感，认为这有利于减少治安隐患、增强安全感，让居民融入住区生活、增强家园意识、生活上互相帮忙，居民安居乐业、结伴休闲娱乐、减少孤独感等。过半被访者认为邻里见面时打招呼、闲聊几句、点头之交就好，其次是认为邻里应经常来往、互相帮助，反映了现代城市居民的邻里观相较于守望相助的关系确实有所疏离，但没有完全割裂开。毕竟，“城市以各种方式履行着它特有的职能——即作为一个综合的贮藏器，最大限度地扩大着人类交往的可能性，同时将文明的各种内容流传给后世”①。

被访者遇到住得近的邻居时多会主动打招呼，遇到困难时会主动寻求帮助。被访者选

---

① 刘易斯·芒福德：《城市发展史：起源、演变和前景》，第93页。

择与邻居深入交往的因素中，注重对方有良好人品、“三观”相似、有共同爱好占比最高，职业、被给予帮助或居住距离因素占比较低。

5. **住区共享空间**

住区与邻里关系。被访者中认为农村和城里家属大院有利于促进邻里关系的占比最大，认为商品房中的多层住宅（1 ～6 层）有利于增进邻里关系的占比最大。

共享空间情况。被访者并不是常去住区周围的公园、广场、商业街区。在问卷列出的住区内的公共场所在被访者居住的住区基本上都具备。在更愿意去这些场所的原因中，距离近、环境美、能进行特定活动及设施齐全占比最多；不愿意去的原因中，距离远、设施不全、人太多及场所被占用占比最多；一半被访者是因为这些场所举行过邻里集体活动。被访者认为这些公共场所对促进邻里和谐是有作用的，认为存在的问题是缺乏共享空间、绿化面积过少和共享空间位置设计不合理。在被访者居住的单元楼内，有半数无问卷中列出的公共区域。被访者认为单元楼内公共区域存在面积不足、公共区域被闲置、出现故障或被私人占用等问题。

被访者对住区外共享空间、住区内共享空间及单元楼内共享空间认知较少。

6. **住区外共享空间**

大家在住区外的共享空间活动时，接触的邻里数量是最大的，但交往意愿是最弱的。离开住区去周围的绿地、广场、公园、商业街，多是自发前往或与朋友约好，人与人之间在空间上的亲近感疏离，形成一定的“社交屏障”。

大家基于共同兴趣有深入邻里交往的意愿。这种意愿与空间距离关系最弱，如果因共同的活动相识，恰好住得近，进行共同的兴趣活动，这达成了邻里交往条件。单纯的广场公园是不太可能在“15 分钟生活圈”激发邻里交往行为的。

绿地是共享空间。骑行或步行绿道是特色营造，运动爱好者在住区周边绿道骑行或跑步，常在同时段同地点出现的骑行者或跑者会因此熟识。廊道亭台能吸引人驻足休息，将其营造为象棋角会引来棋友；棋牌室也是“认脸熟”的地方。

7. **住区内共享空间**

“现代城市设计关注的是场所营造（place making），强化城市公共领域和促进城市环境更加以人为本。同样重要的是，所谓公共领域既包含一种物质形态，同时也是一种社会的组织结构。”① 统计显示，人们对住区共享空间的偏好是距离，更愿去距离近的共享空间。环境也是影响偏好的因素。方便、环境美、不拥挤、品质高的共享空间是促成邻里关系的基础。被访者对住区共享空间的评价多是“一般”。住区举办的集体活动本应有利于邻里关系，但多数人认为作用不大。

8. **单元楼内共享空间**

住同一栋单元楼内的邻居是空间距离最近的，调研发现，这也是最有可能或最普遍能

---

① 史蒂文·蒂耶斯德尔等：《城市历史街区的复兴》，张玫英、董卫译，中国建筑工业出版社 2006 年版，第 58 页。

发生邻里交往的。根据“脸熟”效应，在没有任何关系纽带维系的情况下，和邻居见面越多，产生交流的概率越大。单元楼楼道和电梯内是最容易与邻居碰面的地点，狭小的空间与短暂的相遇奠定了面熟的基础。但楼道和电梯以交通功能为主，空间品质不佳，能营造社交空间和设施的是一楼狭小的入户大堂。

（二）空间个案分析

1. 研究个案选取

本研究选择了中高层及高层商品房住区为主要研究对象。

先对研究对象分类。据建筑和庭院排布关系对住区进行划分，这与住宅“集中程度”相关：住宅越集中，层数越高，庭院越大、越完整，这是由规划的容积率、建筑密度和绿地率决定的。对中高层住区而言，绿地和庭院散布在建筑周围，在容积率不变情况下，建筑越高，庭院面积越大，可以布置游泳池、球场等大共享空间。有住区将住宅楼组团，多楼为一组，形成小中庭。庭院就是由多个小中庭连接成序列；有的住区大中庭居中，建筑环绕，更似住区公园，有各种功能区。

选取的五个住区案例为拉萨市的盛域滨江小区、芜湖市的东部星城小区、长沙市的湘江世纪城小区、杭州市的耀江文鼎苑小区和重庆市的诺丁阳光小区。这五个住区的共享空间对应递进的三个不同层级的空间形态。

盛域滨江和东部星城属第一层级。盛域滨江的楼房排布均匀，为小高层住宅，庭院空间因楼房的必要间隔而产生，主要为环绕绿化和步道，无集中性活动场所；东部星城情况类似，是均匀分布的小高层，不同之处是有轴线和对应之宽阔大道，局部有较大面积的景观场所。

湘江世纪城和耀江文鼎苑属第二层级，住宅类型是高层，出现了小中庭，提供集中性景观和活动场所。不同处是湘江世纪城的中庭是建筑均匀错位产生，耀江文鼎苑则由地块形态围合出不规则中庭。湘江世纪城采用地面层架空，车行道和店铺配置在一层，活动场所移至上方屋顶；耀江文鼎苑的功能设施都在地面层。

诺丁阳光属于第三层级，由于重庆不同的日照要求，住宅的朝向和户型布置都更自由。小区建筑为四周环绕布局，有一个大中庭提供室外活动场所。

2. 案例分析结果

（1）拉萨盛域滨江小区。位于西藏拉萨市城关区金珠西路附122号。于2010年竣工，建筑类型为小高层加别墅，权属类别为商品房小区。

图4.1为小区内广场，可见运动设施占了近一半位置，但晚上经常有住户到广场跳广场舞，略显拥挤。这或许是布局与人们的活动形式不太匹配的例子。

图 4.1　户外共享空间（图 4.1 ～图 4.6 为调研组组员娜桑拉姆摄）

由图 4.2 可见小区绿化较好，覆盖率较高。因为是在冬天拍摄，并不能算明显。

图 4.2　小区绿化

小区内有老人活动中心和商店、茶馆，商店集中于小区中心。在老年活动中心，老人可以一起打藏牌、打麻将、喝茶，有助于老人间的交往。景观水池里没有水，未发生作用。篮球场设计差，紧挨民居楼，容易影响住户的休息（图4.3 ～图 4.6）。

图 4.3　商店

图 4.4　茶馆及老年活动中心

图 4.5　小区景观，景观水洗已经干枯

图 4.6　小区篮球场紧挨居民楼

（2）芜湖东部星城小区。位于安徽芜湖市鸠江区，北临东区主干道东四大道，南接东区生态核心大阳埠水系，西邻东部星城西区，东临东三环路，占地面积 20 万平方米。小区内人车不分流，有地上和地下停车，需先从地下车库走到地上再走回居民楼。公共交通仅有公交车。小区北侧沿街一层是商铺和菜市场，新建一所小学。

外部共享空间是大阳埠湿地公园，新建了球场等运动设施，提供了共享空间，居民常在这里散步、聚会、跳广场舞、健步走、跑步等。由于湿地公园生态保护良好，园内有许多圈养（外包给私企养殖）或野生的动物，有管理人员定期维护。

内部共享空间是中心广场（图 4.7），周围有幼儿园、超市、私人诊所和社区服务点。以广场为中心，北侧为小商业街，有饭店、超市、理发店、小吃摊、药店等；东侧有儿童娱乐设施，常有孩子玩耍；南侧延伸出小型花园，处于荒废状态；西侧有健身区，但由于没有维修，相关设施已不能使用，被居民用来晾晒被单、衣物或粮食。

图 4.7　小区大尺度共享空间（图 4.7、图 4.8 为调研组组员储月摄）

次之的共享空间是小区内道路和花园（图 4.8），居民在道路上进行简单运动，如跳绳、打羽毛球、踢毽子等；但由于人车不分流，存在不方便和安全问题。

图 4.8 小区小尺度共享空间

单元楼除了楼道外没有其他公共空间。由于大多是 6 层住宅，内部没有电梯，进单元楼就是楼梯，空间狭小。许多面向道路的一层居民自营小商店，如美容美甲、兴趣班、棋牌室、小饭桌等，有的直接开门铺路，通向主道。

（3）长沙湘江世纪城。位于湖南长沙市开福区，湘江东岸，捞刀河口与浏阳河口间，是城北两大居住区之一，2010 年建成。有高层住宅 158 栋，分 15 个组团，每组团 10 ～ 11 栋。总入住 2 万余户，8 万余人。

住区人车分流，底层架空层有城市道路通过，避免大型小区割裂城市。底层道路两旁是商铺，道路划分的大片区是停车场，从地铁、公交站步行或开车进小区的住户从停车场找到相应楼栋电梯上楼。地下一层停车场、门面和地上一层的绿化景观人行带和小区道路是外部共享空间（图 4.9）。小区西面门禁外消防通道西侧是湘江河堤，也是外部共享空间（图 4.10）。地下层商铺有水果店、菜市场、药店、餐馆、小吃摊、便利店等，因住户回家都经地下层，人流量很大，商铺繁忙，雨雪天也有人活动。

图 4.9 湘江世纪城小区外部共享空间

（图 4.9 ～图 4.12 为调研组组员欧文博摄）

湘江风光带。从捞刀河口到浏阳河口段是水景资源，小区门禁与湘江风光带间有 5 米的消防通道。风光带包括绿化带和河堤，绿化带有小广场，配有健身和儿童游乐设施。夏天人流量大，人们在此散步、跳舞，河堤上有很多垂钓者。

图 4.10　**小区沿江河共享空间**

小区门禁内（图 4.11）。每个组团之间有一个约 500 平方米的水面，水面上有亭和廊，廊道无顶，亭的遮雨效果不佳。小区一层绿化极为丰富，道路穿插于绿化中。有出口可下到负一层，但出口较少；下到负一层最直接的方式是通过楼内电梯。

图 4.11　**小区门禁内共享空间**

水面绿化亭廊占地上一层，共享空间最大。其次是小广场，配置有游乐设施或健身器材，这样的共享空间在整个小区只有 7 个。在这两种类型的共享空间中，使用人群多为老人和带小孩的家长，使用时间为晚饭后最多。小区内有 4 个篮球场、1 个网球场、数张乒乓球台。该类运动场所使用频率较高，不下雨就基本上有人在使用。值得注意的是，据住户反映，每个组团之间的水面在小区刚交楼的时候是音乐喷泉，但几年后音乐喷泉再也没有开过，水面也疏于管理。这也是“邻里公园”。邻里公园“有两种形式，一种是像许多英国的新镇那样，邻里周围有一圈绿带，另一种是像雷德朋那样，邻里内部有一条绿带连接起各个街区。”①

楼栋中。楼栋中发生社会互动的场所是楼道和电梯。此外，楼栋中可见到的艺术类培训班也是人们开展交往的场所（图 4.12）。面向儿童的书法、美术、乐器、舞蹈等培训班引发了家长之间的交流。

① 刘易斯·芒福德：《城市发展史：起源、演变和前景》，第 515 页。

图 4.12　小区楼栋中共享空间

（4）杭州耀江文鼎苑。为封闭小区，西侧临河，有 38 栋 20 层以上高楼，楼单元数从 1 个到 4 个，3000 多户。一、二两期间有道路分隔。环小区道路将楼宇围绕其中。

由于小区居民楼较高，为满足日照要求，居民楼排布较离散，户外区域面积较大。一、二两期居民楼和户外空间的排布有所不同。一期居民楼排布较规则，从东到西呈 4334 四纵列，外加南北两侧板状居民楼；景观、绿化、活动区等户外空间不规则，在楼栋间穿插延伸。二期居民楼几何秩序较弱，户外空间轮廓清晰，居民楼围绕东西向的三处户外空间排布，呈共边的三个环带。户外区域绿化、景观面积大；活动空间面积适中，分布均匀，类型多样。

小区与幼儿园、小学、初中、大学相邻，有办公楼、商场等公共场所。受学区影响，小区居民中幼儿、学生及父母和老年人较多。新老住户均不在少数。

小区内的共享空间包括以下类型（图 4.13）：

社区服务中心。是社区工作者办公和居民办事场所。间或组织居民举办活动。

景观空间。包括景观湖、沿湖步道、凉亭、长廊、草坪等。凉亭周围绿化和水景宜人，顶部遮盖可遮阴蔽雨，但活动面积较小。在凉亭进行的活动包括聊天、休息和幅度较小的体育锻炼，如做操、太极、跳绳等。活动者以带孩子的父母和老年人为主，活动内容多样，目的性不强。凉亭是诱发邻里关系的共享空间。

长廊。类似凉亭，可聊天、休息；亦是道路，除两侧长凳，中间不适合停留。

沿河步道。位于小区西侧，是晨练、散步的备选路线，在这里活动的人较少。

景观湖。面积较大，对小区景观塑造有重要作用，不仅服务户外空间体验，也构成了民居的窗外风景。景观湖中的小岛可上人，但没有设施，适合孩子们玩耍。

意义不明的草坪。石板路两侧最初是完整的草坪，但石板路不方便非机动车出入和步行，人们更随意从草坪上穿行，草坪逐渐变成了裸露的土地。

环形柏油路。机动车道，也是许多居民跑步、散步的路线。

步道。行人和非机动车出入的通道。在步道上发生的邻里交流大多是熟人之间相互寒暄，或是带孩子的老年人之间的简短交谈。

亲水平台。即景观湖边平台。最大的亲水平台常被作为小区集体活动的举办点，也是

图 4.13　小区内的共享空间（调研组组员杨健敏摄）

中老年人跳广场舞的地方。

儿童游乐设施。孩子在玩耍中相互熟悉，陪孩子的父母、老人也在这里闲谈。

空地。较大空地上有人跳绳、打羽毛球；较小空地如小花园，人的活动较少。

架空层。部分单元楼底层架空，停电动车。因空间狭窄，光线差，无人在此停留。

公共建筑。景观湖北岸一个亲水平台旁有一公共建筑，内有健身房、培训班等；有用于举办活动的室内挑高空间。晚上这里会聚集许多孩子和家长。

单元楼共享空间。单元楼的共享空间包括门厅前空地、门厅、楼道、电梯和逃生楼梯。这些空间的功能以交通为主，但电梯和楼道也是同单元邻居交流的场所。

（5）重庆诺丁阳光小区。位于沙坪坝区小龙坎正街。有 10 栋 26 ～33 层高楼，呈环绕中心布局。有幼儿园、棋牌室等，共享空间集中在中部大中庭，含游泳池、绿地景观、步道、健身区、儿童活动区，其余场所在楼间空间和环绕空间，有球场、步道、绿地等。

小区主要共享空间之一是入口处空地。大门外有较大面积的入口空间，除承担交通功能，也成为室外活动空间，快递、店铺货车常停此处；流动摊贩在两旁售卖；节日时这也搭建卖商品的帐篷。该处树荫遮蔽率不高，夏天活动锐减。小区正对大门的是有喷泉和坡地的景观区（图4.14），是小区为数不多的空地。白天是主要交通空间。傍晚是人群聚集区，儿童玩耍，散步、遛狗，成为夜晚最热闹的地方。

图4.14　小区内正对大门的空地（图4.14～图4.17为调研组组员吴旻昊摄）

游泳池在夏天特定时段开放，旁边有2021年翻修的活动区，铺设了地砖，放置了桌椅，是邻里活动较集中的区域（图4.15）。主要活动群体是老人，产生互动和围观现象。

图4.15　泳池附近空地

9号楼和10号楼间有空地（图4.16）。10号楼底层是幼儿园，这片空地成了父母接送孩子的停留地。聚集等候的家长在等候期间便产生交流。在其他时候，由于围绕空地有树荫和座椅，停留者不少，但因座椅间距较远，中部庭院较宽阔，并未产生邻里现象。

图 4.16 9 号楼和 10 号楼中间的空地

以幼儿园前空地为起点，一直道斜向穿过中庭，直达小区东南侧一小空地（图 4.17）。先经过一处儿童活动区，有树木围合，持续有儿童活动，晚上更集中。家长围绕在区域周围。这里有两种交流：儿童玩耍中自然形成的交流，家长等待时互相认识。

图 4.17 小区东南侧的小空地

顺着直道再向前，是一处健身器材区，有拉膜结构的顶作为景观和遮蔽，所以下雨天这里也常有人活动，多为老人和儿童，交往情况与儿童活动区相同。此处位置处在中心区域，但活动人数并未更多，可能由于处于大中庭中心，对于每栋楼都相对偏远，因此位置的不便利导致了其中心性优势被削弱。

3 号楼和 4 号楼间有一处较大空地，虽然中间设置了绿化，但由于其开敞性，也出现了骑自行车、打羽毛球等室外活动。这里也是一个步道旁的休息区，使用和交往情况大体与其他休息空间类似。

该小区住宅有一定的特色。由于重庆特殊的日照条件，建筑无需朝南，因此每层楼的户型布置较自由。楼层平面是较自由的布局，户数较多。以 9 号楼为例，一层楼有 9 户，由狭长走廊连接至电梯间。现代商品房小区住宅内楼道的消极性在这里被扩大，同一层位于不同入户的人平时生活基本无交集。

住宅底层设有门厅，有一个跃层空间，在一旁设置了座椅和邮箱区，是“超大入户花园”或“泛会所设计理念，楼栋底层设小型会所”。不过，平时这些区域仅是老人的休息空间，大部分时候并未得到充分使用，可能与空间较小有关。

3. **案例分析讨论**

基于对各小区的调研和对访谈资料的分析，可以获取这几个城市商品房小区中影响邻里交往的住区共享空间的因素及特点。

（1）开放程度。开放的共享空间对应开放的活动。人们在开阔的共享空间（没有被绿化或功能性设施占据的区域）进行开放性活动：小区大门口的空地有小贩的帐篷、供货的车辆和快递点，在楼宇间的空地进行低强度的体育运动，在小区“内圈”（环绕步道）和“外圈”（外侧环绕的消防车道）都有休闲的人群。这里存在着最简单、最直接的空间与行为的对应关系，住区共享空间的“开放—封闭”类型从体验和感知上直接影响了人们在这些区域开展活动的种类。因此，合理的动静空间布局是住区空间营造的一个重要组成部分。

但是，住区的共享空间并不是越开放越好，适当的遮蔽是必要的。这种遮蔽在垂直方向的作用是抗气候干扰，如树荫的遮阳作用，在雨天却不能发挥作用，这导致在特殊天气条件下住区部分场所无法充分使用，适当增添凉亭、连廊等有助于提供遮蔽。另一种遮蔽是水平方向上的，如密集的植被或墙体，有助于围合空间，形成场所，遮蔽程度越高，场所的私密性、安全感越高，人们更愿意在这里进行安静的活动。因此，庭院的遮蔽是有度的，部分区域要完全开敞，以供活动需要；部分区域要较好遮蔽，多种遮蔽和围合方式的有机结合能满足居民活动需求。

（2）环境。优美宜人的环境能吸引人们外出活动，景观能吸引人们停留和活动。但部分住区的共享空间没有提供较好的景观条件，或存在景观荒废情况。喷泉、水池之类耗能成本高的景观往往没有得到充分利用或被废置，其作为住区的“门面担当”，极度依赖持续维护工作。一个状态差的设施往往起到反效果，不能起到活化场所、汇聚人群的作用，造成空间浪费而逐渐被改作他用或荒废。住区物业要做好设施维护工作。对开发商或设计方而言，应尽量设计不依赖人工设备和人工维护的景观，稳定的构筑物或自然景观对多方都是更经济的选择。除水景的妥善维持外，在自然景观层面也尽量选择易维护的植物，即不会有大量落叶、飘絮，生长不会过快或过慢的植物。

（3）交通。住区交通空间作为另类共享空间，能促进人群的减速和停留。主要交通区域能汇聚更多、更丰富的活动。交通流动性越弱的区域，集聚的人越多。如诺丁阳光小区大门外，从大街上到小区内是一条长长的道路，进入小区，正对的是喷泉和跌落水池的景观，向内道路直接连接到“内圈”步道上，向前的人流动线在这里被分割了，被迫向左或向右转向（不像某些小区，一条直道直通小区内），使人群移动速度减缓，门禁更起到减速作用。作为主要出入口，这里常有许多等待的人。由于这里聚集性较高，有同样爱好/工作的人有机会遇到，许多带孩子的老人或遛狗的人聚拢交谈，频率高于“内圈”步道的其他区域。

住区交通的特点和特定功能结合的时候，人群的聚集性和人群交流的频率会增加。小区幼儿园的大门外正好是块空地，成了天然等候区。放学时这里会聚集大量家长和放学的儿童，陌生人间的交流便成了正常的事。这其中既有等待时家长自发的搭话、询问情况，也有通过互为同学的儿童产生的关系（小朋友们在幼儿园认识，一起出校、玩耍和回家，各自的家长也在这个过程中互相认识和熟悉）。

（4）空间功能及空间特质。有的区域，其交通特点并未产生人群的特定交往情况，而主要由其功能特点或潜在的使用可能引起人们的交往。较明显的是小区棋牌室，有相同爱好的人会自行前往这些场所，进行活动并认识邻居（对儿童而言，他们前往儿童活动设施玩耍、与同伴会面并认识新的同伴也属这种类型）。菜市场、理发店、小卖部等也会有相同情况发生，不过由于在这些区域陌生人间每次交往时间不长、人数众多，因此较难使人们之间很快熟识（即需要长时间或高频率交往，如“熟客”的形成）。球场也是重要的社交场所，体育活动起到了筛选人群的作用，使同来此处活动的“趣缘”居民有更大的可能互相熟识。

具有潜在使用可能的场所也是必要的。某些场所虽不具备球场和棋牌室的特殊功能，但因其空间特质和设施提供而被居民“开发”出相关功能。如诺丁阳光小区游泳池旁的活动场地，在修缮前是个消极区域，仅在某些时候作为交通道路。修整后放上了桌椅，人便多了起来，有本就熟识的人在这聚会，也有散步的人在此停留，互相搭话；也出现了打牌下棋的人，也自然有了观牌观棋的人。陌生人便通过这些活动产生了交流。在空地上跳绳、跳舞、骑车，也是对居民的空间开放。可见，活动类型与空间特点有关，此前提到的开放性和交通条件是重要因素。单纯的交通步道很难展开活动，一块开敞空地则会有人进行体育运动。如果通过基本设施的补全完善，添加桌椅、遮蔽，人们就可以在这休息、聚会、聊天等。共享空间只要具备一些基本特点、拥有一些基础设施，它的使用方式便会在居民的主动介入下多样起来，有可能出现更多的活动形式，从而产生更多的居民交往。

在住区共享空间如菜市场、理发店、小卖部、空地等城市微观空间中，陌生人间仍有可能进行主动的熟悉，但这需要长时间或多次相遇，依赖于人们的社交主动性和“混脸熟”。社交主动性依赖于空间的停留性，一个场所能让人停留下来，因此在较长的时间内人们可能会自发地搭话，这可能就和这个场所的开放程度与活动相匹配，与宜人度高、交通流通程度低或有人进行特定的活动有关；“混脸熟”需要人们活动轨迹的高重叠性，陌生人间多次在相近的区域相遇，久而久之便有可能自发地打招呼。住区居民能因为特定且共同的活动而偶然产生交流，如带幼儿散步的老人、带儿童玩耍的大人和遛狗的人。进行相同的活动，人们更有可能从询问彼此进行该活动的情况开始，进而互相了解和认识。一方面，空间的形式能影响人们的活动，开敞的空间可以产生更多的活动可能性；另一方面，交通重要程度越高的区域会有更多的人流，而交通流动性差的区域能提高人们停留的可能，从而增加人们遇到进行相同活动的人的概率。

此外，具有特定功能或特定使用方式的场所能吸引人们主动前往并停留，这为人们交往提供了条件。例如活动室、运动设施这种指向性较明确的区域，以及有座椅的休息区这种依赖人们进一步开发使用可能的区域。后者对人们的吸引程度很大程度上取决于这里的设施情况、环境宜人度等。

访谈中发现，在实际生活中，小区在一定程度上成了实际的“社区”，小区居民间形成了某种共同体，以小区为界区分内外；行政上的“社区”在居民的认同观念中没有发挥更大作用。这也许与群体组织形式、居民心理观念有关，但也与商品房小区特定的空间形式有关，如围墙的设置、大门等特定交通节点有节制的放置、楼房形成的空间围合感等。

访谈发现，“远亲不如近邻”的情况还是存在的，邻里间寻求帮助依旧是以空间距离最近的邻居为主。在商品房小区这种高度集中的居住空间形式中，虽然狭义上的邻里被极度弱化，公共活动空间集中设置在地面的庭院，形成广义的邻里，但门对门的狭义的邻里并未消失，人们在寻求邻里帮助时依旧会以真正的邻居为主。因此，虽然可以从广义的邻里关系探索改善小区庭院中的共享空间，但不应放弃营造更好的门对门邻里关系的可能，在可能情况下，尽可能使楼道、门厅等单元楼内的公共空间更具社交性和开放性。

四、总结与讨论

简·雅各布斯质疑整齐有序的理想城市结构，把区划分隔的土地使用规定以及与之对应的独立邻里细胞形式、人车分离系统都视为与社会既有习俗背道而驰的主观意志，提倡以各种功能混用的形态来构建宜居城市。她提出“小尺度街坊”的理念，以此增加街道的面积与数量，并增加人们见面的机会。① 而“社会联系的地区越广，参加的人数越多，就越是需要许多大小不同的永久性的中心供各阶层人们面对面地交流和经常集会之用。”②但在我国，似乎除万达广场、教培中心这样的“中心”外，鲜有让人们发生集体性交往的中心，有的也是间歇性的——足球场、运动场或小范围的亚文化空间如“Live house”。究其原因如下。

（一）社交空间和交往需求减少

城市居民对公共空间需求的减少是相对而言的。住宅区中的公共场所是人们闲暇时交往互动的地方。随着高层住宅结构的隔离、互联网社交的发展、人口异质性的增强和住区居民社会分层（被受教育程度、职业、收入、志趣等影响的群体、阶层分化）的多元化和复杂化，使社交需求相对萎缩，或社交机遇越来越少。

我国高层住宅的固化建筑结构造成住宅本身缺乏人际交往的公共空间：单元门进去后，通过电梯通达各家门户，其间没有经过任何可供住户邻居逗留交往的剩余空间。只有狭窄的电梯成为邻居们的公共集合地或第三场所，但大家在电梯这一密闭空间中的交流是短暂的、理性的（想尽快回家），有时甚至是尴尬和焦躁的。这就决定了在住宅楼层内部缺乏应有的公共空间。换言之，住宅区的社交公共空间只能在楼层的户外开放空间中寻找，并且是在没有刮风、下雨、下雪和无暴晒的天气前提下。

互联网使人们可通过网络与世界任何角落的人交流，非面对面、即时性的交往成本比现实中面对面、要长久维持的关系成本更低，更轻松。因此，不少人选择网络人际交往而不是现实交往。网络世界丰富多彩，可从中获得满足和刺激，现实生活在它面前显得乏味，人们渐渐远离现实生活，沉浸在自我世界。于是，孩子玩耍交友的游乐设施，或老人聊天打牌、上班族运动休闲的公共场所渐渐不再出现在住宅区，或不被重视，但这引发了社会心理症状。

路易斯·沃思（Louis Wirth）认为人口增长伴随异质性增强，减少了人们以个人身份交往的机会，导致心理情感和社会关系疏离，人们的交往变得短暂、表面和匿名。城市人

---

① 简·雅各布斯：《美国大城市的死与生（纪念版）》，第161～169页。

② 刘易斯·芒福德：《城市发展史：起源、演变和前景》，第580页。

口规模和性质的变化导致人际关系疏远、交往减少。因此，城市居民对邻里交往需求不高，公共空间利用率降低。人们本能地把住宅当作单纯的“居所”，没有意识到它的其他社会功能如社会交往功能。

小区微观公共空间的缺乏，反过来加剧了社交机遇和需求的减少，两者相互影响，形成恶性的自封闭循环的“宅民”。

（二）社区空间和邻里关系的转变

传统邻里关系的建立，一定程度上源于过去交通和交往的不便，聚集在一起的各个家庭更容易形成互帮互助的关系。这种邻里关系不仅带来生产生活上的互相扶持和帮助，也为社交等日常活动提供了可能。空间上的紧密联系使人们无法避开邻里关系的经营，生产生活方式也使人们需要主动经营邻里关系。

仍可在现在的农村看到这样的邻里关系，两户人家在空间（尤其是低矮、平时门户洞开、相互紧邻的平房）上的邻近，为建立友好和睦、守望相助的关系提供了可能。早期城市能看到“大院”（如单位家属大院）这种形式的住宅区，空间的“邻近”有了更特殊的形式——以业缘和庭院组织空间和邻里关系。特殊共享空间“大院”作为几家人共同活动场所，使邻里生活更紧密联系，一定程度上人们“不得不”与同院邻居建立良好关系。相较于无具体形式的“邻近”更形塑了传统邻里关系。但随着城市化和住宅形式改变，这种关系在逐渐减弱甚至消失。

这种关系变化一定和生活、生产、职业、社交、交通的变化紧密相关，这是主因，人们逐渐变得“不愿意去主动经营邻里关系”，尽管他们仍有众多邻居。但存在特例：如一些仍存在的单位家属大院，在建筑形式上，虽然也是现代多层单元楼，但由于住户多为同单位的员工，具有业缘关系，其关系一定程度上能拥有传统邻里关系的一些特点。依旧拥有大院这一空间形式，在一定程度上为邻里相遇和交往提供了很自然的场所，是共享创造了空间，空间成就了共享。

传统邻里关系的形成一定程度上依赖于客观空间条件。社区场所和住宅形式的改变影响着人们的交往。中国城市化中住宅形式的变化反映在其整体的层数逐渐增加，从平房变成多层单元楼，再到现在的高层住宅楼或公寓，而且继续增高甚至迈入超高层。这种变化反映在空间功能集中上，这是现代主义的住宅设计思想：虽然新住宅之间提供了新形式的大院——庭院、广场或公园，但它们并不直接和各层的住宅直接连接，住宅集中布置在高层建筑内，共享空间则集中布置在建筑之间的空地中。建筑内部的“共享空间”——真正属于邻里的空间则多为运载人货必需的狭小垂直空间——楼道、电梯间等，无法满足其他需求。

楼层变多意味着住户增加，一个人广义上的邻居非常多，而且变化（如租户和房屋买卖）可能性更高，这不利于稳定的邻里关系的建立。如果只把目光集中到同层楼相邻的住户，由于住宅空间形式的变化，几乎所有生活需求都能在住宅单元内解决，曾在大院进行的活动被转移到了各户阳台和露台。而楼道、电梯间显然不适合长时间邻里社交，人们只在满足运载需求时使用它们，逼仄的楼道只有墙壁和紧闭的大门，“抬头不见低头见”在这种一梯（电梯）直上、各回各家的环境中很难实现。可见，社区空间和住宅形式变化是邻里关系变化的原因之一。

如果进行明确的功能分区和集中式布局，让居民到庭院活动和社交，似乎也有可能形成紧密的邻里关系，即使这种邻里已是一个更大范围的邻里，而不是门对门的小邻里。然而这些共享空间也存在很多问题。一方面，按目前的开发模式，庭院中的许多场所和设施主要服务于表象的景观，以提升小区的外观和档次，许多设施年久失修进而被废置，空间不能得到利用；另一方面，一些居民活动场所不能达到预期目的，不能吸引人们前往和停留，也就失去了形成社交和紧密关系的土壤。

“每个社区都应该是一个单独的社会和空间单元，尽可能地自治。但是，在每个社区的内部，场所和人应该非常地相互依赖。有机体的模式注重相互合作，以维护社会的平衡，而不是把社会看作是一个相互竞争的斗争体。每一部分的内容形式和功能都应该相互融合得很好，每一部分的内部功能都不相同。一个用于生产的空间。看起来就应该像是这样一个地方，应该区别于一个用于睡觉的空间。社区应该是一个整体，不仅看起来像是一个整体，而且事实上也应该是一个整体。它应该会有一个最适宜的规模，这个规模不会变得不合理。在内部，这个健康社区是一个综合体，由不同的人和场所混合构成，这种混合具有最适宜的比例和‘平衡’性。局部间相互转换着，对社区的整体起作用。但是这些局部相互并不相同，它们起着不同的作用。换句话说，它们既不一样，也不重复，只是相互各异，在这种多样性中相互支持。”①

（三）从空间到人

想要重建友好、和睦、互助的邻里关系，要针对促使其发生变化的因素来解决问题。生活方式、生产方式、交通方式等因素与时代发展密不可分，其在各方面都已发生了巨大而彻底的改变而很难复原。而忽视这些因素进行的建立友好邻里关系的尝试往往收效甚微，通过宣传和活动试图强行汇聚人们并期望其进行交往，反而会遭致人们的抵触心理和对这些活动的不屑。可以针对共享空间这一因素进行邻里关系改善，这是一种在人们思想已发生改变后的更有效的尝试。因为其造成的影响是潜在的、隐性的，人们在不知不觉中会受到环境的影响，从而熟悉和结识他们的邻居，并为之后建立更深入的关系提供可能。

空间是能够影响人的行为的。1951 年，库尔特·卢因（Kurt Lewin）提出公式：$B=F(P, E)$。其中 B 表示行为，F 表示函数关系，P 表示个体，E 表示环境。即行为随着个体和环境这两个因素的变化而变化。人的行为是自身的个性特点和环境相互作用的结果。人是环境中的一个客体，受环境的影响，同时也积极地改造环境，人与环境始终处于一个积极的相互作用的过程中。②

早期的环境决定论认为，环境决定人的行为。但这种思想把人的自身看作被动的存在，忽视人的自我欲望和选择以及改变环境的能力。相互作用论则将人对环境的影响也引进来，二者成为互相影响的两极。行为是由人控制的，空间能诱发或引导人的行为，而人同样能设计空间。因此，我们能通过对空间进行改善来影响人的行为，向着停留、交往和开放的方向发展。适宜的共享空间设计虽然不能直接促成紧密而深入的邻里关系，但能够

---

① 凯文·林奇：《城市形态》，第 67 页。

② 库尔特·卢因：《社会科学中的场论》（英文原版），中国传媒大学出版社 2016 年版，第 24～29 页。

为一段好的关系提供发生的土壤。在从其他方面改善邻里关系进展甚微之时，通过空间形态和功能的改善来达成一种“润物细无声”的影响，不失为一种可行的尝试。

“据里巴尼乌斯在公元360年左右所作的关于安条克城的演说中所记述，安条克城的有柱廊的街道总长达16英里，其间杂有各种私人和公共建筑物”。“在我看来，城市生活最令人愉快、最有益的一面在于交际和人类交流；说实在话，有交际有交流的地方，那才真正是一座城市哩！能与人谈话，这是好事；能听人谈话，这更好；但最好的事，是能够提供建议，能够体恤自己朋友的遭遇，与他们共忧喜，并且从朋友那里获得同样的友情——这些以及无数其他幸福，都来自与同伴的交往之中。其他一些城市中的居民，由于自家门前没有柱廊，天气不好时彼此便很难沟通；表面上，他们住在同一个城里，但实际上，他们像彼此居住在不同的城市里一样疏远……由此可见，城里人愈是互不交往便愈会丧失亲近的习惯；另一方面，友谊的习惯又会随交流频繁而成熟起来，而且此消彼长，总会发展起来。”“他正像在他之前的亚里士多德一样，把城市的社会功能摆在高于其附属性功利主义需要和服务作用这样一个地位。”①

（四）从人到空间

住区共享空间是影响传统邻里关系形成的一个因素。它不是一个直接的社会因素，如社会整体风气、民族特点、价值观等；但它也不是一个单纯的物理要素。环境决定论产生的建筑决定论相信，由人工或自然要素构成的构筑形态会导致社会性的行为变化。20世纪30年代，现代建筑国际会议（CIAM）提出住宅设计原理及很多国家进行的公共住宅运动，都是建立在建筑和城市设计将决定人的生活的一系列假说之上。但这种观点是狭隘而不恰当的，忽视了人自身的作用。不能单纯研究空间形态和要素，应涵盖人这一主要要素并探究其与环境的相互作用。

另外，存在与人的交互关系的空间并没有一个可以严格定量的指标或评价体系，它极度依赖人的体验感受和人的交互使用。从物理角度描述空间，可以测量它的尺寸，总结它的形态要素，分析它的热、声、光特点。但是在这，评价基于人的感受和行为。要通过人在特殊空间中的活动和社交情况，及其与空间要素的交互状况，分析其背后的空间要素扮演的角色，并提取适合人们聚集、停留和交往的空间类型。通过研究人来分析空间，并指导改善空间对人的影响。

基于此，需要研究具有代表性的住区共享空间，针对空间中人的活动、人与人的交往、人与空间要素的交互情况、空间功能和形态对人活动的影响，以了解人的感受和与空间的交互关系。

以尼古拉斯·卢曼（Niklas Luhmann）为代表的结构功能论认为：社会结构的分化加速，使居民流动性逐渐加大，个体的社会关系网络不再局限于社区关系，而是发展到更广阔的社会关系，从而导致社区邻里关系逐渐削弱。与此同时，由于城市的发展，人们的生活节奏加快，生存本能使个体在社会交往中普遍以经济利益为主，忽视了社区生活群体间邻里关系的维护。这导致个体普遍的业缘关系强于地缘关系。一些冲突论学者认为，由于社会不稳定因素和失范行为普遍发生，促成了信任危机的形成，城市居民间由于加强了防

---

① 刘易斯·芒福德：《城市发展史：起源、演变和前景》，第227页。

范意识，对其他个体产生警惕性，更阻碍了社区中居民个体关系的建立和发展，导致邻里关系疏离。社区失落论的代表人物路易斯·沃斯（Louis Wirth）指出："人口规模扩大，密度增大及异质性的加剧会使人和人之间的交往关系越来越'非人情化'，加大了人们之间的社会距离，促进社区的裂化、猜忌、冲突、利用等关系，更让斐迪南·滕尼斯所谓的'社区'不复存在，故而社区失落。"① 克劳德·费舍尔（Claude S. Fischer）等人提出的社区解放论，不同于沃斯所说的关于城市性造成社会问题的论述，他们认为社会问题是由于亚文化人口的存在而产生的，同时提出应打破以往研究对邻里关系的强调，重新思考社区概念，主张把社区居民从地域和场所中解放出来，让社区从地域边界中解放出来，接触和结交更广泛的朋友，建立超越邻里关系或根本与邻里关系无关的初级群体。

正如芒福德指出的："因为威尼斯原来分成6个邻里，每个邻里内各有全城6个同业公会中的一个。运河成了这些邻里的边界，也是连接各处的交通线，现在总共大约有177条运河；它们既是水上环路，也是公路干线，它们的作用有如一个设计优良的现代城市中的绿带和高速公路"，"威尼斯规划中按邻里和区（precinct）组织城市生活的做法，影响深远，一直影响到我们这个时代，我们重新发现，邻里和区是城市规划中一个基本的细胞单位，这个发现是走向重新建立一个新的城市形式的极为重要的一步"。②

芒福德认为："组织邻里的原则是：把家庭和学校日常需要的全部设施，安排在步行距离之内，把运送与邻里无关的人和货物的繁忙交通干道安排在邻里这个步行区之外。一旦步行距离（这是邻里的一个重要标准）确定后，接着是，学龄儿童的游戏场距离它所服务的家庭，不能超过1/4英里；这个原则同样适用于小学校和当地的市场，只是距离远近稍有变化。这样的一个社区，它的人口和边界范围都有一定限制的，也许可以用一条绿带或一条道路把社区圈起来，或者，社区外又有绿带又有道路。佩里把这样一个城市社区的人口规定大约为5000人，这样的人口规模足以维持许多各式各样的当地服务设施和附属设施，同样，到邻里外的别的地方去又非常方便，不会因为人口太多或范围太大而引起交通不便；因为只有凭感情而不是凭理智反对邻里单位概念的人才认为邻里是一个封闭的单位，认为设计得不让人们与城市内别处的人交往。"③

第四节　"柜族"的生存空间

一、研究背景和意义

"游动和定居，人类生活就在这两种极端形式之间摇摆不定。"④ 经适房、"柜族"、城中村、公寓是人类在城市游动移居的初期居住方式，代表着无房、不稳定。商品房是长期稳定的居住方式，代表人类在城市中的融入、整合和对当地文化、生活的认同和向往，是一种落地生根的归属感。转型社会、城乡二元社会、流动性高的社会就会有很多不稳定

---

① 沃思：《作为一种生活方式的城市性》，《美国社会学杂志》1938年第44期。
② 刘易斯·芒福德：《城市发展史：起源、演变和前景》，第342、341页。
③ 刘易斯·芒福德：《城市发展史：起源、演变和前景》，第514页。
④ 刘易斯·芒福德：《城市发展史：起源、演变和前景》，第3页。

的临时性初期居住方式。

本节研究“柜族”群体在城市空间中如何移动和互动，包括“柜族”群体内的互动、“柜族”居住者与微观居住空间的互动、“柜族”群体与其他群体的互动。

通过微博及新闻检索2010—2017年NJ市“柜族”相关信息发现，2012年前后“柜族”开始较大面积地出现在NJ市，2012—2013年主要分布在GL区和QH区，2013年中向PK区转移，是由城区向郊区的动态转移。居住方式主要为两种类型：第一种分布在市区及郊区的主干线上，跟随市政工程的修建而迁移，如早期隧道、地铁的修建，工人住在就近的活动板房或住人集装箱中；第二种在PK区化工园区和员工宿舍混杂，即在宿舍区内放置住人集装箱。

二、案例分析

由于“柜族”群体的居住选择具有非自主性，人与人互动主要集中在共同居住的“柜友”，与城市中的其他群体缺乏密切接触。“活动房集中地作为难民或临时劳工的住所，是形态和过程的结合。但是，这个形态并不是发展成熟的，而且其过程也是陈旧和被删节的：今天在此，明天上路。”①

“柜族”群体主要在集装箱式简易房附近就近工作，主要从事与城市建设相关的行业，他们的工资较低，租房成本过高，一般都是由所工作的工地提供集装箱式简易房。这种集装箱式简易房就是工人们在城市中流动的微观居住空间。如2012年7月26日，365地产家居报道的JQM大街“柜族”聚集区，工人主要是城西干道JQM大街路段隧道施工的人员，在城西干道爆破后不久（2012年2月起）就搬来M城墙JQM段居住，将在此住一年多，等隧道工程完工后再搬走。2013年1月13日《YZ日报》报道的在XW区MG桥地铁站居住于集装箱的工人是城北污水收集系统完善工程的工人，负责雨污分流工程施工。

“柜族”工友大多来自同一个地方，互相介绍离开家乡进城务工，在城市中的社会关系薄弱，主要交往人群集中在工友之间，大多会一起吃饭、聊天和饮酒，没有太多私人领域，公共空间几乎是“柜族”群体的全部生活空间。

调研中发现，居住的“柜族”大部分是单人（不一定是单身），一方面因为“柜族”人群从事的主要是流动性较高的建筑工作，稳定的单位宿舍难以落实；另一方面，无论是住人集装箱还是工地工棚都不具备家庭生活功能，夫妻共同入住意味着“柜子”的使用率降低，仅能两人居住在一个集装箱里。由于大部分“柜族”并非本地人，因此将妻儿留在老家，自己外出打工是更普遍的选择。

在访谈中没有发现夫妻共同居住的案例，但对新闻资料的检索中发现有这样的例子，夫妻居住在一个“柜子”里，从事相似的工作，以减少城市生活成本。

在“柜族”的微观空间里，人与空间的互动有自己的特点。“柜族”的居住形式可看作“宿舍劳动体制”的一种，指“集体宿舍、工地工棚及生产经营场所”等居住方式便于资方（雇主）对劳动力的低成本控制。放在城市居住空间看，“柜族”群体的分布是随

---

① 凯文·林奇：《城市形态》，第201页。

着城市建设由城区向郊区转移，与城市社区隔离，在生活方式、人际交往、心理文化等方面被孤立，生活不稳定，缺少初级社会关系。

“柜族”居住的集装箱简易房面积约18平方米，租金为6元/天，需要有土地使用权才能放置集装箱房。每间房住七八人，基本配置为一门两窗，防水防火、地板、水电、插座齐全，从顶部打洞接入电线，供电给空调和灯。较好点的居住密度低一些，如四人居住或夫妻两人居住，提供冰箱、电视等，在床边拉上帘子用以遮光。旁边另有单独的集装箱作为卫生间、浴室。在“柜”里生活，他们几乎没有娱乐设施，用手机娱乐，看电视或和工友喝酒打牌。散居的“柜族”群体安全隐患较大，灭火器等设备欠缺，“柜族”公司开发的集装箱房屋没有提供配套的避火设施，诸如灭火器等装置需要住户个人或群体自行购置。

“柜族”与相关社区的关系有以下方面。

第一，“柜族”与“柜族”公司的关系。可以是个人租赁关系。访谈中负责人表示个人承租需交1万元押金，租金直接从押金扣除；公司承租则不用缴纳押金，直接签订租赁合同。他表示“目前承租的都是施工工地，个人租赁情况较少”。也可以是工地团租关系。“柜族”集装箱一般由建筑工地、地铁、市政工程、铁路公路等基建施工所属单位统一租赁，并由其缴付房租。笔者调研的NJ市柜族有限公司（JN）和NJ柜族分公司（LH）主要开展集装箱活动房的租赁、销售、回收等，还提供围挡、移动卫生间、活动岗亭、工地铁床、空调等配套生活、办公设施的销售及租赁业务。

第二，“柜族”与地方管理部门的关系。工地集装箱拥有“临时审批许可证”，工期结束后必须搬走。对工期结束后没搬走的情况，城管可以取缔。但个人是否可以租用或购买集装箱房作为公寓，并不在城管部门管理范围，但可以肯定的是，若此类“构筑物”没有获得某块土地的使用权，也未获得相关部门规划审批，就属于违章搭建，会被依法拆除。如果集装箱侵占公共利益，城管会马上查处。如果有单位利用内部土地，以出租集装箱牟利，城管很难介入。

第三，“柜族”与社会舆论的关系。社会舆论的角度主要分两部分。一是记者们所采访的“精英群体”高校教师——他们主要考虑“柜族”居住的合法性和安全性等社会层面问题，如“因土地问题，目前私人租住集装箱难以实现，需要考虑的还有很多”，“如集装箱的防火、加固，未来如何规划等”。他们主要从社会保障的角度，考虑集装箱住人的隐患。二是微博上市民群体的态度，分为四种：①公正型，认为“柜族”集装箱有碍观瞻，应及时取缔；②同情型，对于现状无奈，城市无法为“柜族”群体提供更好的社会保障和居住环境；③体验型，对集装箱住人的好奇，有兴趣尝试，但笔者分析这部分群体并非想尝试“柜族”完整的工作和生活，只是单纯对居住在集装箱感到好奇，其本质与目前集装箱民宿的形式比较类似；④反讽型，借“柜族”居住在集装箱但谐音“贵族”的讽刺意味表达对生活的不满。

对以上论述的总结是：“柜族”群体的居住选择具有非自主性特点，在人与人互动的部分缺乏广泛的互动对象，主要集中在共同居住的“柜友”，与城市其他群体缺乏紧密联系。因此，“柜族”群体缺乏居所带来的社交网络的扩大或社会关系的建立，其居住的社会交往价值被剥离。

“柜族”群体的微观空间鲜有丰富的人与社会的互动。“柜族”的居住形式可以看作

“宿舍劳动体制”的一种，其分布随着城市建设由城区向郊区转移，与城市社区隔离，在生活方式、人际交往、心理文化等方面处于孤立状态，生活不稳定，缺少初级社会关系，居住条件处于绝对劣势，“柜族”群体难以融入城市社会，依托打工的工地形成关系纽带，有高度流动性和异质性，无条件形成固定持久的地缘、业缘关系，不论是在群体与工地的关系，还是社会上对于“柜族”群体的评价方面，都能感受到他们生活在城市共同体之外；虽然身在城市，但没有户籍身份，“柜族”群体无法享受相应的社会保障和公共服务；随着离家时间长，他们逐渐脱离原本的乡村共同体，成为社会“边缘人”。

三、城市特殊微观空间“柜族”的演变

（一）从政策灰色地带到政策合法化

1. 社会舆论过程

相关政策出台前，“柜族”曾有自己的话语构建。2010 年，“柜族”首次作为专有名词出现在大众面前。2014 年，全国各大媒体报道相关事宜，将其作为一个继“蜗居”“蚁族”之后新生的弱势群体的聚集场所，将其居住的柜子描述为“简陋集装箱”“简陋的工人住所”“外来务工人员遮风挡雨的居所”“位于尘土飞扬的工地上”，将居住人群描述为城市中蜗居在仅有 18 平方米的集装箱内生活的一群人。人们对于“蜗居”“蚁族”等词并不陌生，也因此对于此类同质性的概念“柜族”迅速接受。

媒体在承认“住人集装箱”是建筑工人临时住房的话语构建前提下，认为在街头出售、出租“住人集装箱”既影响城市形象，也容易造成安全隐患，提出了以下观点：①把“住人集装箱”看作适应低收入流动人口市场需求产物的观点，忽视了它所带来的城市管理问题；②没有水电等配套设施的集装箱，根本不可能长时间供人居住生活，依靠这个来解决低收入流动人口住房问题无异于天方夜谭；③听任流动人口租住这样的集装箱，政府无法实现对城市流动人口的常态化管理，对租住人员的管理失控必将造成诸多治安漏洞。

2. 市场转型下媒体舆论的转变

随着相关政策出台，管理变得清晰化，与之而来的是“柜族”的产业化发展。柜族公司主打两个市场：一个是建筑工地用房或职工的临时宿舍，另一个是与国际接轨的高级市场，即简约化办公场所、民宿或旅游装备。“柜族”本身也开始向高档“贵族”转型，媒体中的话语构建更多出现的是“柜族集团”“柜族部落”“贵族公司”“新贵族”“柜族小镇”等词，原先人员“蜗居”集装箱的话语开始在媒体中销声匿迹。

3. 政策转变过程

在相关政策出台前管理部门的态度是默许建筑工地租用集装箱，但集装箱并不在政府许可之列，可能今天在一个地方放置住人集装箱，明天就被吊走了。因此，想住在集装箱蜗居，只能躲在偏远郊区，或委身于高架桥下，甚至在建筑工地旁。HZ 市城管人员曾表示，随意将集装箱放置在马路上属违法占道。如果个人租用或购买集装箱房作为公寓，没有土地使用权，没有获得相关部门审批，就属于违章搭建。对于这种“柜族”居住的集

装箱房是否合法，有律师表示，除非集装箱房占用公共土地，否则目前没有法律条文对其做出明确规定。从2010年最初报道到2014年集中报道，集装箱房逐渐被部分群体接受。集装箱“蜗居”也罢，三轮车“蜗居”也罢，从公共管理的角度来看都是一个灰色地带。

箱式房作为新兴建筑，不仅在相关部门执法过程中遇到诸多问题，在媒体报道下也引起大众关注，敦促政府颁布适宜的法律条文或政策规定。2014年NJ市颁布了《关于明确集装箱等新型建筑物规划管理规定的通知》，在对“柜族”的规定中，规定了建筑施工用房及职工临时宿舍的合法地位。单位或个人进行集装箱、活动板房建设，应在已取得国有土地使用权的用地（或临时用地）范围内，且将该建筑作为非经营的施工用房、职工临时宿舍。此外，不得建设上述新型建筑。这份通知无疑宣告了工地上或临时职工宿舍住人集装箱的合法性，但这其中却隐匿了居住在集装箱的建筑工人人性化的居住需求。

4．政策变迁的四重“隐匿”

首先是建筑工人居住诉求的隐匿。从功能需求分析，建筑工更关注的是薪资的发放，因劳务纠纷发生的冲突也多出于此，而居住被放在了次要环节。国家与地方政府出台政策法规督促保障建筑工人的薪资发放，对建筑工人的居住关注较少，并承认他们居住在“柜子”的合法性，“柜族”群体的居住需求被隐性化。

其次，在权利层面，居住诉求面临被隐匿。无论在政策制定建筑工地临时宿舍的合法化过程中还是包工头在职工宿舍的选择上，建筑工人都难以发声，在外界话语的构建与自身认同中，都相信这一事实——6元一天的宿舍住着便宜，他们就为了多攒钱，其他需求是奢望，这构成了“沉默的螺旋”和自闭的隐忍。

再次是建筑工人现象的隐匿。新政策推行后，城管和城建部门对“柜族”是否违法有了分类和处理方式，之前对“穷人”的话语构建开始转变，“柜族”也开始向高档“贵族”转型，媒体的话语构建更多出现的是“柜族集团”“柜族部落”“贵族公司”“新贵族”“柜族小镇”，使“柜族”原本的初始群体开始隐匿，大众目光转向“柜族”新群体。此外，“柜族”语义的转变，加深了对原先“柜族”群体的歧视性认同——原先居住在集装箱里的只是贫民。“谁说集装箱只属于贫民?”，“柜族部落：折叠与湖光山色的盗梦空间”，“集装箱也这么美，看完想做柜族了”，“走进‘柜族部落’感受‘贵’族气息”，“贫民才住集装箱？不！这样的‘柜族’你也会很向往”。“柜族”已变为城市白领和真正“贵族”们的一种奇异生活方式和时髦调侃。

最后是房地产经济保护的隐匿。住人集装箱作为建筑工人的居住方式，获得了政策的赦免权，但在产业发展上，政策阻碍了集装箱的其他创新型功用。这种在工厂预制的模块单元，使用一台吊车即可运输组装的快速化建房模式，实现了长久以来房屋从不动产到动产的属性转变，甚至实现了房地产的房产和地产的完全分离。从长远角度分析，“集装箱房屋”设计新潮，方便携带，或许将在建筑市场占有一席之地，从而构成对目前房地产行业的威胁。但对住人集装箱进行限制，无形中构成了对房地产经济的保护和对劳工居住诉求的隐匿。

综上所述，市场产生的自发行为如同孩子骑的自行车车轮，而社会舆论与公共管理政策像车子的两个辐轮。在发展过程中，“柜族”从初始到产业化，社会政策紧随其后制定适宜的对策，社会舆论随之变化。但在这个过程中，“柜族”群体逐渐地在大众视野中被隐匿，他们的声音被掩盖在市场利益和政策规定之下，构成了“合法”的集装箱中“不合理”的非人性。

（二）从住人集装箱产业化分析城市微观空间的演变

下文将从“柜族”住人集装箱的产业化进程分析这个在现代城市中日益发展的新型城市微观空间的演变过程。

GZ 集团是中国首家实行集团化经营的住人集装箱厂家，其在住人集装箱产业市场的份额居首位，[①] 是国内集成房屋、集装箱房产业的代表。所以本研究将以 GZ 集团作为研究个案，分析中国住人集装箱产业的产业化发展历程。

住人集装箱产业起步时期主要表现出相对于国外住人集装箱的规模化生产的滞后性、生产工艺的简单化和单一化以及以环保为产业出发点的独特特征。

首先，相对于国外住人集装箱规模化生产的滞后性。国内住人集装箱的出现来源于国外集装箱屋的流行。集装箱是美国商人马尔科·麦连（Malcom McLean）于 20 世纪 50 年代初创意出来的。[②] 之后人们将废弃的集装箱用来建造舒适耐用的新型房屋，后来在欧美地区广泛流行，慢慢进入了规模化工业化生产阶段。国内对于住人集装箱的初步关注，源自中国 2001 年加入世界贸易组织。与此同时，欧洲、美国、日本等经济发达国家和地区都已经在半个世纪的集装箱屋发展中实现了规模化生产，生产规模都已达到较高的国际水准，无论是在房屋质量、舒适度，还是在数量上都已处于巅峰时期，在租赁领域的业务量也十分突出。

其次，生产工艺的简单化和单一化。中国在加入世界贸易组织后的几年中，开始了对箱式房屋的研发制造，但生产工艺十分简单，大部分原料都由国外进口，再进行加工而成。起初这种箱式房屋只是临时性房屋，作为工地的活动房、公共场所的商铺、洗手间、工业厂房的仓库、汽车旅馆等临时性建筑。

最后，以环保为产业的出发点。GZ 公司在 2008 年成立初期采用了资源型运营模式，以循环无限的生产方针在集团公司内部推行，在节能、新材料运用等方面有专业方法，重视回收利用的资源模式，生产简易型住人集装箱，但大多是作为临时房屋使用。

产业扩大时期总体表现出以下特征：汶川大地震、城市房价提升导致产业需求的提速，大规模涌现的住人集装箱导致城市管理困扰，快速扩张产生了众多生产商无序竞争及住人集装箱产业的全国性扩张局面。

首先，汶川大地震凸显活动板房的价值，间接推升了房价。2008 年汶川大地震使上百万套活动板房成为失去住所的灾民的临时居所，医院、学校等机构的临时空间，[③] 使组合房屋首次大规模进入国民视野。随着城市住房压力提高，以 2009 年走红的电视剧《蜗居》和“胶囊房”“蚁族”“群租”等热门社会议题的讨论，使城市住房更廉价和经济的各种形态成为诸多商业领域的发展点。

---

① http://www.guizujituan.cn/index.php?m=content&c=index&a=lists&catid=2。

② 维基百科关键词“集装箱屋”，https://zh.wikipedia.org/wiki/%E9%9B%86%E8%A3%85%E7%AE%B1。

③ http://www.mohurd.gov.cn/zxydt/200806/t20080623_173460.html。

其次，大规模涌现的住人集装箱导致城市管理困境。2010 年住人集装箱成为媒体报道焦点，住人集装箱产业对应低收入人群的居住需求，呈现较分散的混乱局面。如 2012 年，成都“柜族”散落在中心城区各角落，保守估计超过 8000 人，多数是工地工人，也有外来打工者，还有少数白领或大学生。① 此时期，由于住人集装箱不在政府许可之列，住人集装箱只能躲在偏远郊区，或委身高架桥下和在建工地旁。② 正因相关法律尚未出台，城管视其为新的违章建筑形式，部分舆论也指向了住人集装箱对城市整洁和公共场所管理的影响。③ 但由于政府不能为外来务工人员提供住房保障，故而在此时期住人集装箱的管理较为松散。

再次是生产商无序和统合。快速扩张产生了众多生产商无序竞争。由于此阶段的供需关系，大量住人集装箱得以生产和租赁，租赁价格也产生不同程度的上涨。④ 产业整合的标志性事件是 2015 年 10 月 18 日由 GZ 集团主办、LDS 协办的长三角住人集装箱企业高峰论坛，参与人员涉及长三角地区及福建、广东、河北等地业内同行，其重点议题是讨论成立行业协会、净化行业市场，应对当时住人集装箱行业市场混乱、无序竞争的情况——单纯的价格战正侵蚀着所有业内企业的利益，挑战着业内企业的可持续发展。⑤

最后是全国化扩张。围绕住人集装箱行业的产业链，GZ 集团在珠三角和长三角创建了三家原材料生产供应基地，有 21 家分公司在不同经营区域进行“资产重组、资源共享、股权整合、共同经营”，吞并了四家住人集装箱公司。⑥ 此阶段体现了住人集装箱产业快速扩张和分销网络的网络化趋势。

产业稳步发展期的特点是产品内容由简易型住人集装箱向豪华和多功能型集成房屋转型升级、产业规模的全国销售网络化及相关立法的颁布。

首先是豪华和多功能型集成房屋的升级。产品由简易型住人集装箱向豪华和多功能型集成房屋转型升级。2016 年，GZ 集团调整产品内容，开发高端住人集装箱项目⑦，从初始的生产简易型住人集装箱向生产豪华型、多功能型集成房屋、集装箱房转型升级。GZ 公司生产的豪华型集装箱广泛用于酒店、公寓、商铺、咖啡馆、酒吧、餐厅、办公、禅房等领域。住人集装箱产品分为普通和高级两类。普通集装箱包括 A 级防火集装箱、岗亭集装箱、商铺集装箱、集装箱厨卫、多功能型集装箱等，高端集装箱包括酒店集装箱、公

---

① 《成都“柜族”住集装箱月租 180 元》，http://www.guizujituan.cn/index.php?m=content&c=index&a=show&catid=9&id=145.

② 《你怎么看住人集装箱》，http://www.guizujituan.cn/index.php?m=content&c=index&a=show&catid=15&id=188.

③ 《集装箱房屋，让我们远离房贷的压力》，http://www.guizujituan.cn/index.php?m=content&c=index&a=show&catid=15&id=119.

④ 《集装箱房屋发展快，价格波动大是否可取?》，http://www.guizujituan.cn/index.php?m=content&c=index&a=show&catid=15&id=118.

⑤ 《长三角住人集装箱企业高峰论坛：合纵连横商大计凝聚力量同发展》，http://www.guizujituan.cn/index.php?m=content&c=index&a=show&catid=14&id=223.

⑥ 《2013 年柜族集团新年贺词》，http://www.guizujituan.cn/index.php?m=content&c=index&a=show&catid=14&id=33.

⑦ 《集成房屋，房子从“不动产”向“动产”的转变!》，http://www.guizujituan.cn/index.php?m=content&c=index&a=show&catid=14&id=261.

寓集装箱、别墅集装箱、商铺集装箱、办公楼集装箱、KTV 集装箱、集装箱工作室、集装箱游泳池、温泉木屋、中央商务区广场建筑、商业办公楼、青年公寓、集装箱搭建的清新风组合酒店等。①

其次是产业销售全国网络化。GZ 集团销售网点覆盖全国经济较发达的 19 个省市区，拥有 90 余家分支机构，包括长三角、珠三角、西南、福建、华东、济南等地的多个集装箱生产材料供应基地，基本实现产业的稳步发展。

最后是政策、法律限制和利益的保护瓶颈。随着 2014 年相关立法颁布，住人集装箱建筑仅能在已有土地使用权基础上，作为非经营施工用房、职工临时宿舍，而不能作为他用。住人集装箱产业在针对施工工人的单独使用范围上，受到了法律限制。而此阶段的合法化，也仅仅停留于限制住人集装箱的使用范围，维持和隐匿了务工人员住房的深层需求和住房保障。政策阻碍了住人集装箱的其他用途，仍保护了房地产经济的利益，限制了低成本高质量的住房在技术创新上的发展。故而，此阶段的合法化仍旧是对“不合理”问题的藏匿和对根本利益的保护。

综上所述，中国住人集装箱产业的发展，到目前为止主要包含产业起步、扩大和稳步发展三个阶段。从 2008 年汶川大地震对活动板房产业的促进及低收入人群在城市买房的压力逐步提升，使住人集装箱产业在起初国外经验的引进和国内技术的改良后，经历了住人集装箱产业的市场扩张、混乱和统合的产业发展过程，形成了全国销售的网络化及产品内容的高低端分布。在相关立法层面，起初在国内还没有对房屋订立相应准则，使集装箱住房的发展呈现混乱和灰色地带。2014 年相关立法出台，虽从城市管理上解决了住人集装箱的混乱无序，但仍停留于对现有房地产经济利益的保护和对基本劳工诉求的隐匿和漠视。

“柜族”现象的出现伴生了住人集装箱产业的发展，其在政策法规的出台后初步形成了住人集装箱稳定发展的局面。第一，“柜族”产业的繁荣是以牺牲流动劳工群体的居住需求为代价的。第二，在政府政策制定和房地产市场利益双重裹挟下，“柜族”群体在城市发展进程中被藏匿在工地内，形成实际存在的空间区隔和排斥。第三，在媒体话语转向和产业稳定发展下，“柜族”群体居住需求的被忽视在阶层中得以固化和强化。住人集装箱实属非人性化了的城市微观空间。

四、总结与讨论

本部分从住人集装箱合法化、公共性、产业保护和改造建议四方面深入讨论。

（一）住人集装箱合法化

城市管理者把住人集装箱看作适应低收入流动人口市场需求的产物，认为它会带来城市管理问题，政府无法实现对城市流动人口的常态化管理，对租住人员的管理失控必将导致治安漏洞。但管理部门不能因为可能的治安漏洞便阻止一个环保型、价格适宜、未来有发展的装配式建筑的发展苗头。有媒体认为，没有水电等配套设施的集装箱根本不可能长时间供人居住生活，依靠这个来解决低收入流动人口住房问题无异于天方夜谭。但随着科

① http://www.guizujituan.cn/index.php?m=content&c=index&a=lists&catid=10.

技的发展，太阳能发电的普及化，水电等技术设施唾手可得，以住人集装箱作为暂时的庇护场所也未尝不可。

（二）居住需求从隐匿到显性

城市管理者已承认了装配式建筑可以作为非经营的施工用房、职工临时宿舍，市场也以较低的价格满足工人的居住需求。但这个需求的满足是不人道的：八位工人蛰居于一个住人集装箱里，空间狭小，设施简陋，没有配套的休闲设施。

相关的改进措施如：将柜族外观的颜色装饰得更明亮，目前住人集装箱的统一颜色为外蓝内灰，长期居住于此难免审美疲劳；配置较齐全的配套设施，如运动器械，工人同样需要身心的放松。基于这样的市场化行为，对于弱势群体的工人，相关部门是否应该提供相应的补贴，让他们低价居住在更优质的生活空间？这是他们的微空间，但也许就是他们在城市的全部；他们为城市建设做出了贡献，城市应该善待他们。

（三）保护创新型柜族产业

市场中出现了“柜族集团”“柜族部落”“贵族公司”“新贵族”“柜族小镇”，反映了柜族正朝着产业化、贵族化演进。从长远角度分析，“集装箱房屋”设计新潮、便携、环保、节约，这种在工厂预制模块单元、使用一台吊车即可运输组装的快速化建房模式，或许将在建筑市场占有一席之地。

保护创新型柜族产业可一定程度弥合房地产发展带来的社会问题。房地产价格偏高，房价远超购买力，抑制了其他购买需求。房地产开发的结构性矛盾突出，使房地产市场的合理住房需求得不到保障，经适房怪象丛生，加剧住房紧张。创新型柜族如发展得当，一定程度上可作为房地产替代建筑，有助于遏制房价，保障民众住房权。

（四）具体改造建议

1. 基础设施的箱体化

住人集装箱在配套设施上是面向多人居住的集体宿舍，在安全性、隐私性、功能性上都只面向集体居住形态。在防火上只杜绝了火灾的扩大化，但箱体内的通风条件和防火措施仍相当不足。住人集装箱的优点在于可大规模量产、拼接和组合，因此，对于以集装箱为单位的封装改造，应对一个箱体内部所需要的基本设施有统一要求和规范，使箱体在安全性、隐私性和功能性上有综合的评价标准。

2. 住人集装箱的社区化

住人集装箱被严格限制为施工区域内的居住形式，其满足的是居住的单一需求，相应的洗浴、休闲和娱乐设施基本空白。因此，对于集装箱的改造可以考虑集装箱的社区化，使相应功能能够在“柜族社区”完成和实现。通过特定功能的集装箱的组合，使多个住人集装箱拼接形成一个满足基本生活和相应休闲需求的现代化社区雏形，如以集装箱为单位，增加厨房、洗浴、休闲和夫妻房等模块。

3. 住人集装箱的容错化

目前，住人集装箱的社区化由建筑公司和房地产公司承担。此一现状导致了建筑工人和周边社区的明显区隔，既会浪费了社区公共资源，又会形成两个群体间的隔阂而非融合。最理想情况下，在住人集装箱社区化的基础上，开放其只针对建筑工人的使用限制，或引导建筑工人使用周边社会公共服务设施，应与周边社区形成开放式融合，减少空间区隔形成的社会歧视。从而使低收入人群享受低成本高质量的居住环境，而非单一职业居住空间。

第五节　邻避效应的困扰

一、研究背景和意义

在 NJ 市 JN 区地铁 3 号线 DN 大学 JL 湖校区站旁，与以中层住宅楼为主的 ZL 彩云居小区一墙之隔，有个不定时“炸弹”——一个汽车加油站，导致地铁站和居民区存在巨大风险。这类功能性公共设施对周边城区安全有辐射影响，极端表现即为居民的邻避效应。极端邻避效应可以致灾致死。必须审视城市中在人们身边的高危设施，寻求在公共设施和居民安全保障间的平衡。

邻避效应，也称邻避现象，直译为“别在我家后院”（Not in my back yard，简称 NIMBY)。20 世纪 70 年代，O. 奥黑尔（O. Hare）提出邻避效应，即“某些设施可为地区居民带来利益，却由于设施附近居民承受污染，导致不断抗争”的现象。

邻避效应产生的主要原因为邻避设施。邻避设施指为社会带来生活上的便利与福祉，却会为附近居民带来负面的影响，以致附近居民产生邻避情结的设施。国外通常称此类不受居民欢迎的邻避设施为“露露”（即当地被排斥的土地使用，locally unwanted landuse，简称 LuLu)。为满足城市居民的生活便利，城市中会修建各种各样的邻避设施，这些设施的邻避效果不同，所产生的邻避效应也不同。例如，城市公园、图书馆这类设施不具备邻避效果，车站、学校、医疗卫生设施、购物中心等具备轻度邻避效果，高速公路、自来水厂等具备中度邻避效果，火葬场、殡仪馆、污水处理厂、飞机场、高架桥、核电站、加油站、垃圾中转站、公共厕所等设施则具有高度的邻避效果。① 这些功能性邻避设施离人们生活很近，且不可缺少，但这并不意味着这些公共设施就可以侵犯居民原本良好舒适的居住环境。按功能和负面效应不同，邻避设施分为五类：①能源设施，包括核电站、炼油厂、燃煤发电厂、油库等，会对居民的身体健康和生活产生危害，对周边环境造成污染；②废弃物处理设施，包括核燃料处理厂、化学废弃物处理设施、垃圾填埋场、垃圾回收站、垃圾焚化炉等；③交通设施，包括机场、铁路、公路和运输中转站等，产生噪声污染或可能对附近居民造成危险的事故；④工业设施，如石化工厂、造纸厂等，通常会带来环境污染；⑤社会服务设施，包括监狱、殡仪馆、精神病医院等。

邻避效应既反映了一种社会心理，也表现为一种社会行为。首先，为社会发展、服务民众兴建的常见的公共设施如高架桥、变电站、加油站、垃圾处理场等会使附近的居民对

---

① 张向和：《垃圾处理场的邻避效应及其社会冲突解决机制的研究》，重庆大学博士学位论文，2010 年，第 3 ～4 页。

自己的生活质量、环境安全、卫生健康产生焦虑、担忧，或因此类设施的出现导致周围房价下跌，或造成附近城区社会衰败，导致当地居民产生负面社会心理。其次，因邻避效应产生的负面社会心理会促使民众聚集起来抵制该邻避设施，并有可能演变为群体冲突事件。

二、案例分析

（一）定量研究结果

调研个案选择标准：与居民生活联系密切，承担重要生活功能，存在一定时间，规划机制、管理机制变化有研究意义，周边人口密度达一定程度。因此，我们选择了加油站、立交桥与垃圾中转站作为研究对象，范围控制在 NJ 市中心城区。

网络问卷分为三部分：基本信息类，邻避效应类，垃圾站类。其中，基本信息类了解被访者年龄、与邻避设施的距离、遇到邻避设施的频率、置身于邻避设施环境时长，邻避效应类了解大众对于邻避效应、邻避设施的认知程度和邻避矛盾产生原因，了解邻避设施对大众的影响及大众的抗议形式，垃圾站类了解垃圾中转站与被访者的距离、对于调查对象的影响程度和影响类型，与后续访谈资料进行对比。

我们利用风铃系统制作网络问卷，通过微信等网络平台进行发布。网络问卷被完整填写的 142 份，填写时间为 2023 年 3 月 19 日—4 月 1 日。相关的调查结果如下所述。

（1）被访者年龄。被访者中，24 岁及以下占 81.7%，25 ～40 岁占 12.0%，41 ～60 岁占 6.2%，60 岁以上占 0.7%。被访者平均年龄 24 岁，青年人占比高，中老年占比低。

（2）住区与邻避设施关系特征。关于所在住区邻避设施距离与居住地关系，10.6% 的被访者不知道什么是邻避设施，31.7% 表示没注意或没有；16.9% 表示距离小于 300 米，20.4% 表示距离在 300 ～500 米，13.4% 表示距离在 500 ～1000 米，7.0% 表示距离大于 1000 米。即被访者中超过六成以上的人表示住区附近有邻避设施。

（3）有关遇到邻避设施的频率。被访者中，23.2% 表示常遇到，51.4% 表示偶尔遇到，25.4% 表示没遇到过。

（4）有关置身于邻避设施环境的时间长短。小于 1 小时的占 71.8%，1 ～3 小时占 16.2%，3 ～5 小时占 1.4%，大于 5 小时占 1.4%。被访者大部分与邻避设施接触的频率较低，时间较短。

（5）对邻避设施的认知。被访者中，70.4% 没听说过邻避效应，17.6% 听说过邻避效应，9.9% 了解“邻避效应”，2.1% 对邻避效应很了解。即超八成被访者对邻避效应并不了解，大部分青年人对邻避效应也缺乏认知。

关于相关设施是否为邻避设施，选择为“是”的，占 60% 以上的有核电厂、垃圾中转站、水沟、殡仪馆、高架桥、公共厕所，占 40% ～60% 的有加油站、加气站、餐厅后厨、GAY 吧、游戏厅、网吧、酒吧，小于 40% 的有活动广场、菜市场、路边摊（图 4.18）。被访者所知道的其他邻避设施包括屠宰场、信号基站、火葬场、学校、废品收购站等（图 4.19）。

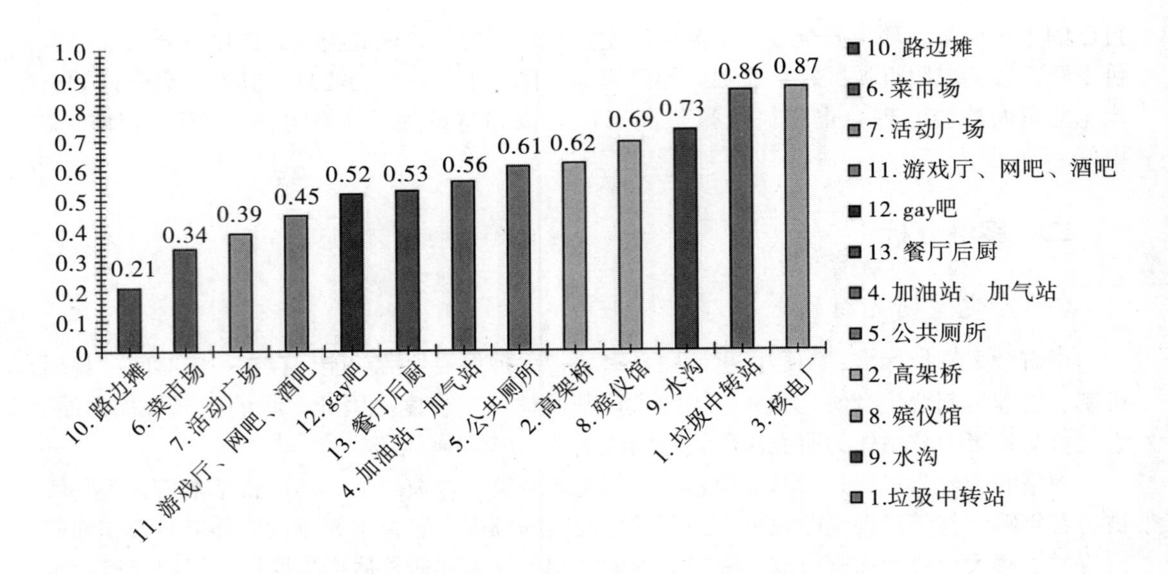

图 4.18　你认为以下设施是否为邻避设施

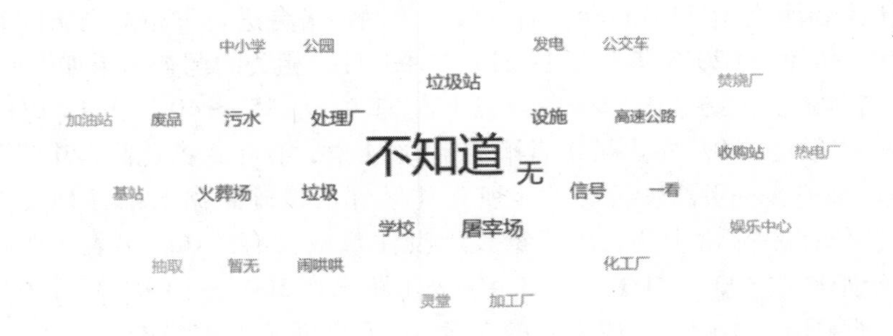

图 4.19　你所知道的其他邻避设施

（6）对邻避矛盾产生原因的认知。被访者认为产生邻避矛盾的原因有：城市规划不够完善占 69.5%，政府、个人和企业三方利益不平衡占 68.8%，公众风险认知偏差占 56.7%，民众参与力度不足占 44.7%，设施技术水平局限占 43.3%，政府决策不透明占 41.1%，政府监管力度不到位占 38.3%，等等（图 4.20）。

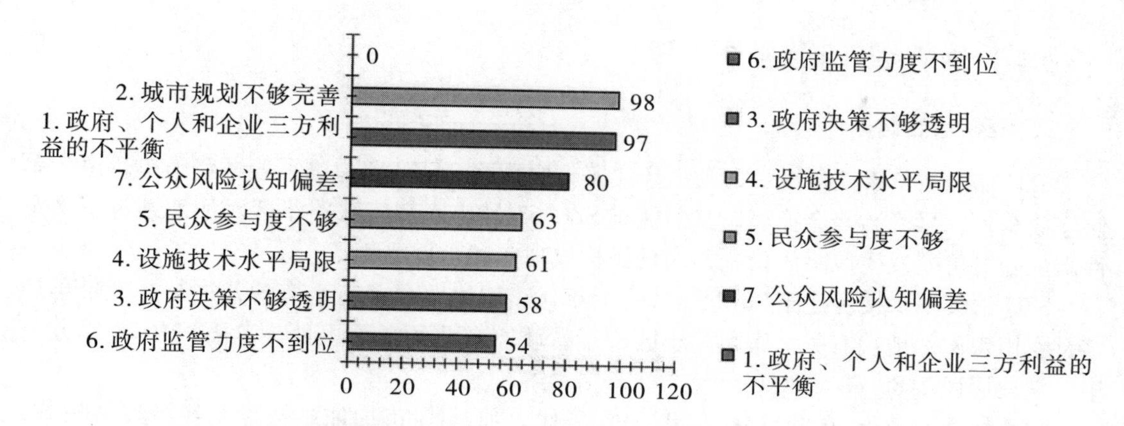

图 4.20　对邻避矛盾产生原因的认知（这里是多选题所选人次显示）

（7）邻避设施对被访者的影响。被访者认为邻避设施对其影响大小平均在 2.49/5。被访者认为邻避设施对他们生活的影响主要是噪声大、不卫生、不安全，其次是心理抵触，对房价的影响则不太在意；被访者绝大部分更重视身体健康、生命安全方面，其次是心理接受度，对利益价值的重视相对较弱（图 4.21）。

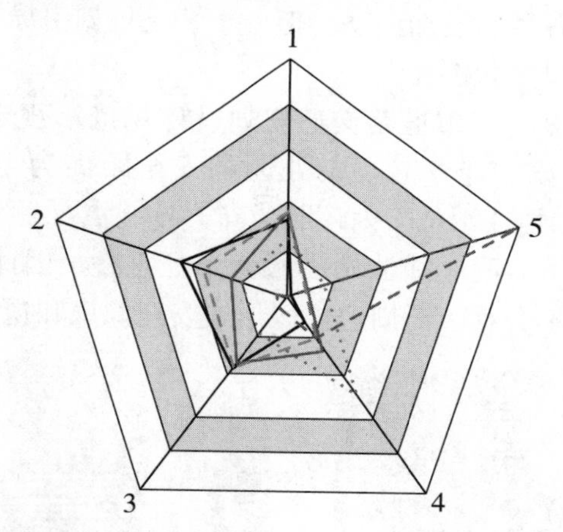

图 4.21　你认为你不希望邻避设施出现从重到轻的原因排序

（8）被访者对邻避设施建设的参与度。被访者中，77.5% 表示不参与，11.3% 关注设施未来规划选址，3.5% 会向政府反馈意见，6.3% 会了解建设动态公示，6.3% 会参与建设意见征询。总体来看，被访者对邻避设施建设活动参与度较低。

（9）更愿忍受哪些影响。在关于健康影响和心理承受度的选择中（题项是“垃圾站和殡仪馆，如果必须选一个在你家附近建成，你会选哪一个?”），59.86% 的人选择垃圾站（身体健康），40.14% 的人选择殡仪馆。被访者更注重对身体健康的影响，但对心理或习俗的影响也不容小觑。

（二）加油站、立交桥

1. SZG 加油站

SZG 加油站位于三角地带，被内环北路、康藏路、SZG 路包围。康藏路为单行道，单侧停放车辆，早晚高峰会拥堵。其两侧有 SZG 67 号小区和康藏路小区。加油站为不确定性高、随时可能发生风险的设施，对居民构成现实和心理威胁。

SZG 沿线不少楼房建于 20 世纪六七十年代，周边路名多有水有桥，这与这一带早期多是农田水网的地貌有关。康藏路小区位于省政府东北约 2 公里处，总面积 0.28 平方公里，常住居民 2480 户、5800 人。

SZG 加油站建于 20 世纪 90 年代。90 年代以前，NJ 市加油站按计划经济发展模式，基本上由市石油公司统一建设，统一经营。由于资金等原因，加油站建设十分缓慢，出现了“加油难”问题。90 年代后，随着市场经济发展、机动化水平提高和国家对燃油批发零售政策的放宽，经营加油站的利润相当丰厚，投资少、回收快、稳定、无风险的经济利益极大地激发了建设加油站的积极性，加油站的快速发展很快满足了车辆用油需求。1990—1999 年间，NJ 市机动车拥有量从 68871 辆增加到 122580 辆，对燃油的需求量猛增，又极大地激发了社会各界建设加油站。但由于缺乏规划引导，加上政府部门间政策不协调，加油站的选址处于自发状态。

建成的必要性判断。按《城市道路交通规划设计规范》规定，加油站距离住宅的安全距离为 11 ～25 米，距离中小学校、幼儿园的安全距离为 100 米，服务半径通常为 0.9 ～1.2 公里。虽然 SZG 加油站位于内环北线高架桥起点（图 4.22、图 4.23），但其东侧 600 米处就有虹桥加油站。两座加油站的服务半径重叠，因此 SZG 加油站不是非建不可。这是规模过剩，布局不合理，对周边住区形成安全隐患和视觉污染。

图 4.22　SZG 加油站

（图 4.22 ～图 4.25 为调研组组员摄）

图 4.23　加油站周边居民区及道路

2. GPG 立交桥

GPG 立交桥位于 NJ 市快速内环西线与北线交汇处，往西可达扬子江隧道，联通江北新区，往东可达新模范马路、新庄枢纽。立交桥东西两侧为童家山小区和 GPG 1 号南园，为产业园、工厂、学校附属小区（图 4.24、图 4.25）。有小区活动场所。

立交桥是在2007年建成的连接长江大桥、纬三路过江通道、快速内环的交通枢纽，在城西干道、纬七路高架、城东干道一期（九华山隧道工程）及新庄、赛虹桥、双桥门三大立交系统之后建成，属于NJ市规划10余年的“井”字形快速内环的一部分。

图4.24　GPG 立交桥

图4.25　GPG 立交桥附近小区

对周边居民来说，建在家门口的立交桥是个产生综合污染的大载体：车辆通行带来噪声污染、粉尘和尾气污染，这对居民身体健康及生活环境造成了极大的危害。因立交桥宽度大，周边又没有完善的功能设施，居民购买生活品时交通不便；同时有交通安全隐患，如桥下交通规划不当、路线复杂、人车混行等。

从现场对住在附近的居民进行简单的访谈中得知，噪声是个巨大困扰，除车行声，还有违规鸣笛，使噪声问题成为大问题。新庄高架桥（GPG 立交桥的一部分）曾对居民被噪声困扰的情况采取过应对措施，设置了隔音板，但效果并不尽人意。

“我住里面，可能感觉不大。不过她住外面一点，可能觉得吵。一般我们在卧室里，听不到，但客厅、厨房都觉得吵。而且有的时间，还堵车，那些人就老是按喇叭，就吵得很。”（一位老妇人）

“我们去超市、菜市场买菜都要走过这些马路，特别远，这附近也没有其他（超市）。而且我们这些老人过马路很危险的。以前高架桥这个地方是我们小区的花园来着，后来国家要建设，就有这个高架桥了。不过国家也给我们重新修房子，也是195几年的事了。现在也没得办法，你们要是能够提意见，可以给我们搞一个超市在这边。”（一位老妇人）

“这个房子修的比这个桥快，但是也是在这个高架桥加了这个隔音墙也。晚上睡觉，车也少了一点，也是听不到什么声音了。健康问题我们也不太清楚，还是有的吧。我们这以前空气很好的，现在这个车，尾气很多，空气有时候好有时候不好，肯定没有以前好的。”（一位老妇人）

“（噪声）当然大咯，尤其我家还是靠着街边的，平时车特别多，声音特别大。是啊，（车流量特别大），但是你看这路两边划成停车场了，平时特别容易堵车。像早晚接送孩子，赶上高峰期，堵车堵得厉害，也很危险。那（加油站）影响可太大了，天天担心什么时候可别爆炸了。”（一位出门接孩子的阿姨）

（“平时车的噪声对生活影响）大不大的（那肯定大啊），时间一长也就习惯了。”（一位大爷）

“某些疾病如胃溃疡和高血压，可由于生活紧张而加剧，如居住在高速路或飞机场的噪声范围之内。现在也已清楚地证实，噪声能降低人们的工作效率。不幸的是，19 世纪工业技术产生的环境似乎专门设计来创造最大噪声的：清早工厂的汽笛声，火车头的尖啸声，老式蒸汽发动机的当啷推进声，机轴刺耳声，皮带呼哧呼哧的转动声，织布机的飕飕声……工人们的叫喊声，他们在这许多的噪声之中工作和‘休息’——所有这些声音加强了对五官的进攻。”① 在现代城市，我们继续遭遇的是飞机的爆破音、高速路的轰鸣声、道路交通的共鸣声、市场的叫卖声、空调外接机的嗡嗡声——由工业噪声转变为了城市中的商业和生活噪声。

根据《NJ 市城市交通规划》和《NJ 市近期建设规划》，主城内快速路由城西干道、城东干道、纬三路、纬七路共同组成，形态呈“井”字形，形成快速内环。

新模范马路建成以及玄武湖隧道的启用，使高峰时段这条路成了最拥堵的道路之一，快速化改造是必然趋势。2003 年，NJ 市启动建设双桥门、赛虹桥立交系统，开始研究北线改造方案，即从玄武湖隧道西出口开始，经过很短的地面道路后，建设高架，高架采用双向六车道，一直向西与定淮门大桥对接，途中在 GPG 地区建设大型立交，与城西干道互通。该方案后因建设时序、拆迁等原因推迟实施。之后，由于 NJ 市已积累了丰富的隧道建设经验和考虑到全线高架对新模范马路景观的影响等因素，经专家多轮比较，北线敲定隧道方案。北线由玄武湖隧道出新模范马路地面，经过一段地面后，在金川河处下地，中间穿越中山北路等多个路口，全长超过 1 公里。隧道采用大开挖方式，双向六车道。隧道从 SZG 附近出地面后，将在 GPG 建一座立交桥，对接城西干道、定淮门大桥。并且这个立交桥不会像赛虹桥立交、双桥门立交那样体量庞大，而是比较“秀气”。这已是专家经综合考虑后的较优方案。

（三）垃圾中转站

MJX 街区内部道路为普通巷道尺度，但周围被四条干路围合，分别为北侧广州路、南侧华侨路、西侧上海路和东侧中山路，人流量大。MJX 垃圾中转站建于居民区建成后、商品房建成前，位于街区内的丁字路口，旁边均为居住区，住区底层有小店。丁字路口原来就容易堵车，垃圾站建成后更雪上加霜。周边居民反映垃圾中转站显脏，夏天有异味。实施调查发现，垃圾中转站地面常处于用水冲洗后的状态，地面较干净，但有一定气味。拐角处有垃圾分类站点，旁边紧靠公共厕所。巷道两侧停有垃圾车。行人经过时步行速度通常较快。有少量行人来此丢垃圾或上公共厕所。

我们通过网络问卷调查方式，整体了解人们对于垃圾站这种邻避设施的看法；并通过质性访谈居住在垃圾站附近的人群，对比研究当切身利益受到影响后对于垃圾站看法的异同。

1. 网络问卷调查

（1）居住地与垃圾中转站的距离。被访者（总人数 142 人）居住地与垃圾中转站的距离小于 300 米的占 17.0%，距离 300 ～500 米的占 19.2%，距离 500 ～1000 米的占 11.4%，距离大于 1000 米的占 29.1%，没注意到或没有的占 23.4%。

---

① 刘易斯·芒福德：《城市发展史：起源、演变和前景》，第 486 页。

（2）遇见垃圾中转站的原因。认为因为垃圾中转站距家过近的占 8.5%，垃圾中转站是通勤必经之地的占 14.9%，外出活动（如去广场锻炼）最短路径经过垃圾中转站的占 14.9%，存在以上三种情况但是非必要不经过、尽量绕路的占 22.7%，日常生活不经过或没注意的占 39.0%。

（3）垃圾中转站对被访者的影响。垃圾中转站对被访者影响大小平均为 2.62/5。垃圾中转站的主要影响为气味影响、卫生影响、心情影响；其次为转运车的噪声和对交通出行的影响，以及对如散步、锻炼的活动场地限制等公共活动的影响（表 4.13）。

表 4.13　垃圾中转站对被访者的影响

对被访者的影响	评分（1 ～5）
气味影响	3.6
卫生影响	3.5
转运车噪声影响	2.7
转运车对交通出行影响	2.4
对公共活动影响，如散步、锻炼的活动场地受限	2.8
对心情的影响	3.2

2. 质性访谈

对垃圾中转站附近住区 30 人做质性访谈（图 4.26）。内容包括基本信息、路经垃圾中转站的情况、垃圾中转站的对生活的影响、对垃圾中转站的态度、是否向社区反应或参加评议等。受访者包括居民、（垃圾中转站承包）负责人、清洁工等。

垃圾站附近一位水果店店主的感受较有代表性。

问：请问垃圾中转站对您家生意影响大吗?

答：当然了。这味道很大，尤其是夏天，味道更冲（大）。

问：平时白天会有垃圾车从咱们这（门口这条路）走吗?

答：会啊，就下午四五点钟，（还正赶上饭点,）影响特别大。

问：尤其是咱们这还有外摆（摊）是吧?

答：是啊，你看旁边便利店，室内的封闭，就算紧挨着影响也没我们（室外的）大。

问：那您觉得在咱们这设垃圾中转站合不合适？能不能接受?

答：这也不是咱们（普通市民）能管的，时间一长吧也就习惯了。但是这垃圾中转站也不能不设，周边的垃圾都得有地方放（中转）才行啊。

访谈结果显示：以距离垃圾中转站 100 米为远近边界，依据在垃圾站附近停留时间长短与经过频率高低，调研组将被访者中的群体分为四类："影响（停留，下同）时间长—经过频率高""影响时间长—经过频率低""影响时间短—经过频率高""影响时间短—经过频率低"四类。由访谈结果可知，由于人群类型不同，即在垃圾站附近停留时间与频率不同，其对垃圾中转站态度会有差异。如对偶尔经过的游客来说，旅游区路旁的垃圾站（图 4.26）就是影响时间短—经过频率低，但印象糟。

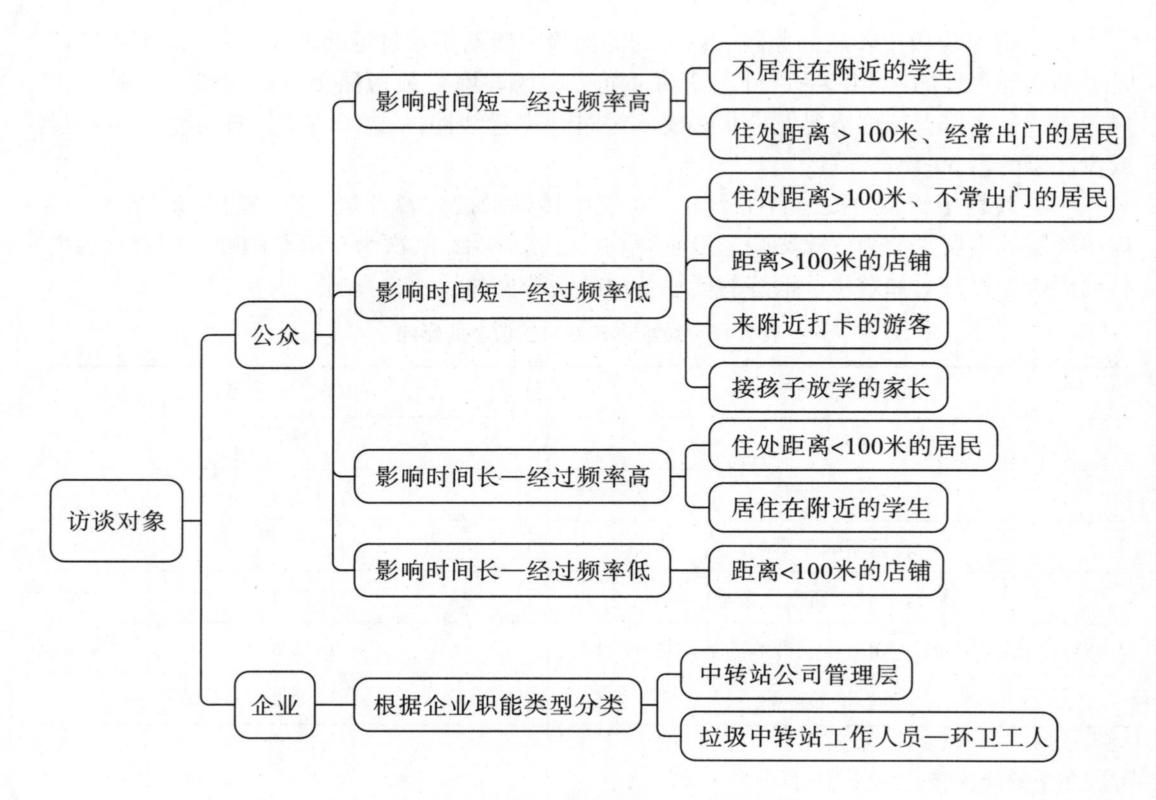

图 4. 26　访谈结构（调研组组员岳婧秋绘制）

图 4. 26　广东阳江 HL 岛旅游度假区海滨步道旁的垃圾站（笔者摄）

三、邻避效应的悲剧

以三个典型的重大邻避效应灾难事件说明邻避效应的危害性。

（一）NJ 市 7·28 地下管线大燃爆

2010 年 7 月 28 日，NJ 市地下管线大燃爆造成 13 人死亡、120 人住院治疗（重伤 14 人），死亡和重伤者大多处在距爆炸点最近的区域。燃爆造成周边近 2 平方公里范围内的 3000 多户居民住房及部分商店玻璃、门窗破碎，建筑物外立面受损。爆炸点方圆三四百米内，所有大树都没了树叶，除了东、北边大片残垣断壁，就是南、西边成片的半截房屋。

发生爆炸的 QX 区是石油化工产业集中地，区内工矿企业众多，化工原料运输管线密布。QX 区有大小码头 70 多个，沪宁高速和 312 国道附近又有众多物流公司，公路运输发达，为密集的加油站、加气站提供了生存空间。从大象坊至晓庄广场约 3 公里的路段上，有 4 个加油站、1 个加气站、JL 塑胶化工公司，及废弃的 NJ 第四塑料厂。除晓庄加气站是近年启用外，4 个加油站都有近 10 年历史，其中大象坊附近的加油站在 20 世纪 90 年代就已存在。

随着 NJ 城市规划向 QX 区推进，QX 区正由城市郊区变为市区，大量民房和住宅区在这里建起。爆炸点一带由早前居民点很少逐步形成了居民区包围化工厂、油气站的局面。QX 大道这 2 公里的范围内有燕华花园、阳光雅居、小象坊、大象坊 4 个大型居民区，两个幼儿园以及 NJ 电大 QX 分校。

与此次爆炸点相隔一条公路的是燕华花园及小区幼儿园，300 多米外是中石油加油站，400 多米外是阳光雅居及小区幼儿园。大象坊和小象坊之间又是一座加油站，加油站与大象坊最近距离不足 50 米。由此可见邻避效应的密集。

（二）TJ 滨海新区 TJ 港“8·12”爆炸事故

2015 年 8 月 12 日的 TJ 港爆炸事件造成 165 人遇难，8 人失踪，798 人受伤，304 幢建筑物、12428 辆待售汽车、7533 个集装箱受损。事故直接原因是：RH 公司危险品仓库运抵区南侧集装箱内的硝化棉在高温天气作用下发热自燃，引起相邻集装箱内的硝化棉和其他危险化学品长时间大面积燃烧，导致堆放于运抵区的硝酸铵等危险化学品发生爆炸。

从卫星图看，事故区周边已基本实现规划，海滨高速以东以物流仓储用地为主，南侧隔一个停车场为居住区；高速以西为科研等公建区，西南方向同样有居住区（距离最近，但当时尚未入住）。从布局来看，这里更像是一个普通的堆场（一类或二类物流仓储用地）而不是危险品堆场（三类物流仓储用地）。将原堆场改建为危险品堆场，是行政部门违规修改规划（或涉事公司违反规划改建）的可能性大，是规划编制问题的可能性小。

在正常情况下，危险品仓库需要距离民用住宅几公里，并有完善的安全措施。此外，危险品仓库因为存放的危险品数量随时发生变化，及四季风向也有不同，在建设之初都需要有完善的考虑。但在此次事故中，最近的居民区距离危险品仓库不到 1 公里，距离过近。

在 RH 公司环评报告的风险分析中，针对起火爆炸的可能性曾做过论证，称“不会对环境和周边人员产生显著影响”。而针对该储运危险品仓库的防火设施，公司表示还发放了 130 份调查表，结果显示，100% 的公众认为项目位于 BJ 港区内，选址合适。作为此份环评公示文件的评价单位，TJ 市环境保护科学研究院也曾在其官网公示称，项目“环境风险水平可以接受，项目选址合理可行”。但附近小区居民称，从未收到过环评方面的调查表。事故的现实则更加残酷。

（三）贝鲁特港口爆炸案

2020 年 8 月 4 日，贝鲁特港爆炸中的爆点港口 12 区位于金融和旅游城市贝鲁特的海岸线核心位置，紧邻爆点 10 公里内的粮仓、电力部大楼、总理府、总统府、手机基站等建筑受损，一艘邮轮沉没。约 158 人死亡，超过 5000 人受伤，上百人失踪，约 30 万人（占贝鲁特人口 20%）无家可归。爆炸导致黎巴嫩仅剩不足一个月的粮食储备，经济损失高达 100 亿～150 亿美元（截至 2020 年 8 月 6 日的估算）。起因仅是一处违规储存了 6 年的 2750 吨硝酸铵存放点在进行仓库焊接作业时被瞬间引爆。最终导致黎巴嫩持续的经济社会衰退和国家政治危机。

贝鲁特港口位置特殊，爆炸仓库所在的地区濒临贝鲁特繁华的中心城区，历史景点、大量的购物中心和居住区坐落于此，爆炸威力甚至直接波及车流量繁忙的滨海快速道，稠密的人口加剧了爆炸导致的伤亡。从卫星照片可见，港口和居民区之间就隔了一条路。

四、邻避效应的成因

（一）公民环境意识的提升及对环境不公平的反抗

随着城市经济社会的发展，公民也从要求保障最低限度的生存权阶段走向追寻更好的生活质量的发展权阶段，对环境质量要求的不断提高就是一个重要体现。邻避设施具有负外部性，其规划布局存在着对环境公平的挑战。随着我国公民环境意识的提高，由环境邻避设施的建设所导致的群体性事件，其实质是公众对环境不公平现象的抗议和对自我环境权利的保护。

风险感知是人们对于某一未知风险的危害性的主观判断，同时也是测量群众心理恐慌程度的重要指标。邻避设施对公众的危害不局限于噪声污染、大气污染、水土污染等环境污染所带来的生理危害，更多的是心理层面对于邻避设施带来的风险感知。如对核电站泄露的担忧，对加油站、油库等能源设施可能爆炸的恐慌，等等。

（二）信息不对称与沟通渠道不畅

政府封闭式决策模式导致公众无法参与到与自身利益相关的环境决策中，造成信息不对称，致使公众对环境邻避设施的“误解和抵制”。同时，公众无法找到有效的传达民意的沟通途径与相关责任方对话，容易引发“集体散步”、游行示威甚至暴力抗议等事件。这实际是公众以爆发式的极端化方式表达民意。

基于风险社会的理论视角，环境邻避设施存在复杂性，其安全性本身无法被百分之百论证。这种风险不确定更容易形成社会恐慌。同时，由于知识储备的差异，如二噁英技术等属于公众难于逾越的知识鸿沟，公众对不可知的环境邻避设施存在更难逾越的认知障碍。另一方面，由于大众传媒如微信、微博等网络平台的发展，信息高度爆炸和扩散，公众很难从中甄别出有效信息，一旦相关负面信息被放大，将使对环境邻避设施的恐慌进一步加深。

（三）政府公信力不足与公众抵触情绪

随着环境安全事故、重大环境污染事件的时有发生，政府环境监管缺位成了社会重要议题。尽管各部门采取各种方法“责任到人”“网格化管理”，却仍然无法避免监管虚置。各类环境事故的发生不断引发社会恐慌，当地政府权威下降，公众对当地政府的公信力产生怀疑，产生不信任和抵制情绪。在诸多环境群体性事件中，公众表达出一种强烈意识，即对环境邻避设施运行中监管的不信任，对涉污项目的一概抵制。

五、总结与讨论

（一）风险评估理论视角下的邻避效应

“风险社会”概念由乌尔里希·贝克（Ulrich Beck）提出，风险是现代化社会不可避免的产物，在现代社会中，财富的社会生产系统地伴随着风险社会的生产。“财富—分配”社会的社会问题和冲突开始与“风险—分配”社会的相应因素结合起来，形成潜在的副作用。当这些副作用变得明显可见，并将当代社会置于无法逃避的结构情境时，风险社会也就登上了历史舞台。邻避效应就是在现代化社会中对风险明确而具体的表现。邻避效应风险具有以下特征：

（1）公益性。在市场经济下，经济组织的投资活动都追求利益最大化，追求高收益。邻避设施属于公益性社会设施，它涉及国家或区域发展及民众健康和生活质量。邻避设施项目的投资和管理离不开政府监管。所以，政府是必不可少的风险承担者之一。作为公益项目使用者，民众却成了风险的最终或间接的承担者。

（2）长期性。邻避设施不同于一般项目，实施和运行持续时期较长。很多风险问题都出现在设施运行若干年后。在实践中，管理者一般只关注前期的风险问题，而忽略了对后期运行阶段项目的风险管理，从而可能导致严重的社会后果。

（3）复杂性。邻避设施这类基础建设项目，多为政府及多种投资机构投资，风险因素涉及技术、经济、社会、自然乃至政策法规等，同时也将贯穿于规划、设计、建设、运行的全过程，且比一般项目更加富于变化，因而管理也更为复杂。

（4）可转化性。邻避设施的风险在很大程度上是可以相互转化的，如资金不足导致使用较落后的技术和设施，而引发工程技术风险；继而导致项目工程质量不达标甚至不能完成，甚至是作为危险存在的烂尾工程。由于此类项目的长期公益性，因而当所有风险转化后，都将最终形成社会风险。

（二）邻避冲突管控

加强公众参与以降低邻避效应。在邻避设施兴建前就应建立协商渠道，让尽可能多的利益相关者参与决策，通过这种以利害相关人为基础的决策过程，使邻避设施所在区域变成“自愿性社区”，以减少邻避冲突发生的可能性和解决成本。

（1）合理补偿以提高民众满意度。补偿方案应强调分享成本、重新分配得益以及解决公平和公正的问题。政府应持友好态度，通过各种互动机制与居民形成良好互动，赢得信任，让居民明白在邻避设施设置问题上是合作关系而非命令执行。其次，补偿方案要保证公平，需要以契约精神践约。它首先保证对居民一方的公平，任何个人均无义务去替别人承担风险。其次保证对管理方或建设方的公平，他们有权确定最大补偿额上限。更重要的是通过环境补偿机制，如在垃圾处理设施建与不建之间、此地建与彼地建之间，增加公众选择空间，避免非此即彼的简单冲突。

（2）科学选址以降低邻避效应。一方面，在全样本分析基础上，从大数据与城市空间的关系出发，对城市环境和人群时空变化进行分析，对城市和城市间的关联性进行分析，预判城市未来发展，进而做出决策。这是从技术层面上提升决策的准确性。另一方面，通过大数据技术，再汇总在项目实施后的各类数据，形成反馈评估，通过深度分析可以发现实施情况与规划预期的差别，综合公众意见，提升下一次规划预测的精准度。

（3）完善环境公益诉讼制度。目前，环境邻避冲突的化解采取的在是压力型维稳链条支配下，行政权力主导型化解模式，司法化解的模式被边缘化。环境邻避冲突的司法化解不能替代政府权威治理，但不失为补充传统治理方式的路径。环境邻避冲突司法管控的核心是依靠诉讼制度，将环境邻避冲突评判交由法院，通过司法权力制约行政权力。

国外对保护城市生活环境、防止邻避冲突有具体要求。如“除警戒装置、施工或维护工作，或者其他特殊情况外，在离被审查地块边界200米外不得出现不需使用仪器即能察觉到的臭气、尘土、烟雾、强光或闪光灯。只要可能，地基设计应维持并巩固原有的树木——若此树木的测径超过了12英寸，保护水层、山丘，以及保护诸如远景、海洋景色和历史遗址类的其他自然面貌，并应当把对现有开发区特色的侵害减至最小。”①

邻避效应是现代社会不可避免的弊病，也成为国内外许多地方面临的难题。因此，正确对待邻避效应，科学合理建设邻避设施尤为重要。邻避问题既是社会利益冲突问题，也是复杂的公共管理和公共政策问题。要将“邻避”变为“邻喜”，减少人们生活中的“不定时炸弹”。

① 迈克尔·索斯沃斯，伊万·本—约瑟夫：《街道与城镇的形成》，第139页。

第五章　城市失用地

第一节　城市失用地概述

一、研究背景和意义

既有研究对城市中一些特殊却具普遍意义的用地类型并未涉及，如废弃设施用地、围墙圈地、硬化土地。随着城市规模扩大、密度提高和发展的成熟，城市用地在理论上都应具备功能价值，并能够被有效评估。①

本节从废弃设施用地、围墙圈地、硬化土地等多种城市失用地出发，提出了如下概念和假设：静态地价和动态地价概念，零价值区、负价值区概念和“新城市边缘区”假设。笔者认为，个体利益、无序经济、文化僻陋和生态歧视已成为高度城市化进程中出现大量零价值区/负价值区和“新城市边缘区”即价值结构失衡之城市失用地的四大主因。这些新发现的城市旧有、固有现象是难以用传统的城市社会学理论中的古典人类生态学派、文化生态学派和国内外学者已有的研究来解释的。因此，笔者尝试提出新城市权力生态理念，以补充已有的城市功能分配和城市空间区位价值理论。

研究个案中的某市兼具一级城市和二级城市规模特点，具有一定代表性，在高度城市化进程中，其政治、经济、文化和人口等资源正不断集聚，使之在融入巨大都市带并最终成为特大城市（mega city）的过程中会呈现“坟墓城市”所可能出现的问题。解决这些人类在高度城市化进程中的共同普遍问题的路径之一就是对零价值区/负价值区和“新城市边缘区”这类“城市黑洞”的研究。

二、概念解释

（一）城市的静态地价和动态地价

基于城市地租理论，作为对原有理论的补充和为以下论述构建基础，笔者提出了城市静态地价和动态地价概念。

（1）静态地价，指在纯自然地理环境下的、没有人工环境的土地因受周边自然资源、经济活动、人口密度和城市化程度影响所形成的相对静止不变的土地价值。如一片没有任何工厂、商场、住房、桥梁等人工环境的自然森林或山地，但受周边经济、社会、政治活

---

① 侯景新：《城市区位价值评估研究》，《城市发展研究》2009 年第 10 期第 19 ～24、30 页。

动影响而形成的相应土地价格。

（2）动态地价，指在自然地理环境上由人工环境形成的经济社会价值对所在土地的价格构建和影响，是指随着土地上自然资源、经济活动、人口密度和城市化程度四要素的变化所产生的动态变化的土地价值。如在“三通一平”后被开发起来的经济技术开发区或房地产区因经济、社会、政治和人口因素影响而不断发生价值波动的土地价格。

一般来看，未进行经济社会开发的土地地价是静止地价，已开发的土地地价是动态地价。在高度城市化的大城市，大部分土地地价应是动态地价。

（二）城市的零价值区、负价值区

从传统的城市空间区位价值理论和地租理论看，不管是静态地价还是动态地价，城市中的土地总应具有一定价值。但一些被忽视的土地浪费事实说明现实中并非如此，以下概念对于高度城市化过程中寸土寸金的城市土地价值观来说是一个个巨大的惊叹号。城市中的零价值区和负价值区堪称城市中的负面微观空间。

1. 零价值区

零价值区指在城市中不创造任何经济价值和社会价值的区域。从经济学的角度，这类区域有使用价值，商品价值却暂且为零。但这样的零价值是相对的，该类区域一旦被改造、开发利用或体制转变等，会即时产生新的使用价值和商品价值。

2. 负价值区

负价值区指在城市中不但未创造正价值，反而由于各种不良原因出现负价值的区域。即对城市的经济社会文化发展起到负面和破坏作用的地区。产生负价值区的基本原因有体制原因、经济动因、生态原因、功能原因、社会结构、文化溯源、自然原因和规划机制等，举例简述如下。

体制原因：城市中因政策失误等原因造成的土地资源浪费和社会负效应。

经济动因：城市中因经济活动的衰败而出现的区域，如废置的厂房仓库和房地产烂尾楼等。

生态原因：城市中存在污染的基础设施和产业企业区，以及城市垃圾场、核辐射源、被污染的滨水区等其他原因形成的点污染源区域。

功能原因：如城市中的垃圾焚烧发电厂、有安全威胁和噪声污染的位于市区的加油站、机场和火车站等必要功能设施可同时对城市构成负面影响甚至威胁。

社会结构：如犯罪吸毒人员聚落街角和非良性循环的城市贫民窟等亚文化群体聚居区。

文化溯源：如历史文化遗址或存在现代文化元素的城区中的负面因素对城市、公众和社会文化起着负面和破坏的作用，如供奉战犯的东京靖国神社、布劳瑙（Braunau-am-Inn）的希特勒故居、非良性管控的“红灯区”。

自然原因：城市中受塌方、泥石流、洪水、内涝等地质灾害破坏和威胁的地区，影响着居住功能等城市一般功能的安全运行。

规划机制：城市发展缺乏长期科学规划而不断重复建设和改造所引发的持续性的对城市正常经济社会运行的干扰，如持续的城市公共工程区域和私营工程区域造成的连续交通堵塞（如改道封路）、空气污染（如建筑粉尘）、土壤污染（如建筑垃圾入土）、噪声污染（如地基打桩声）、灯光污染（如夜间施工照明）和水体污染（如工地污水随地面径流侵入自然水体）等。

负价值区可以是相对的和暂时的，一旦被改造、开发利用或体制转变或管控得当，也能创造使用价值和商品价值。

因此，即使在市场经济主导的现代城市或正在城市化的区域，仍存在大量的的零价值区和负价值区，这在高度城市化时代似乎是不可思议的，但这却是普遍存在的事实。

（三）“新城市边缘区”

据上所述，笔者提出的“新城市边缘区”不是传统意义上的城市近郊区和远郊区，而是指城市中心的“新边缘区”，如城中两个行政区的接合部、特殊功能区和未开发或需要复兴的城区。本节研究的重点是“特殊功能区”、未开发或需要复兴的城区，即城市零价值区/负价值区。具体指城市中下列四大类呈零价值和负价值的城市失用地——价值结构性失衡之城市空间。

三、城市失用地——价值结构失衡性之城市空间的四类原因

零/负价值的城市失用地即价值结构性失衡之城市空间的出现主要有四类结构性原因。

（1）个体利益。经济个体或行政个体在城市管理缺失的情况下，为着本体利益局部占有城市稀缺土地资源，却未使之形成应有的使用价值、社会价值或经济价值。例如，对属于公共物品的旅游景点的占有（通过不合理的收费），或单位圈占囤积附属土地，但未做有效利用。

（2）无序经济。缺乏监管的“经济精英”权力膨胀、违反经济规律和法规制度所导致的地价贬值。例如，城市中源于经济集团和群体利益的废弃、闲置老工业区和仓储物流区，在建的有使用价值但无商品价值（或有价无市）的房地产区如烂尾楼和滞销房，产业业态呈低价值或负价值的生产用地，等等。

（3）文化僻陋。封闭排他的壁龛意识或权力意识文化造成低地价。例如，城市不同社会群体或阶层基于集团利益、社会区隔和社区安全等而建立的围墙围栏用地及附属地带等。

（4）生态歧视。这是城市规划理念错误所导致的负价值区。规划造成城市生态环境恶化，如大面积去功能化的城市硬质地面使土地价值下降。

下面分别分析这四类零价值区/负价值区造成城市土地价值结构性失衡、浪费贬值的原理。

（一）个体利益

1. 收费的城市文体休闲设施

基于落后的管理理念、经济才能的缺乏和人的惰性，现代城市中的许多文体旅游景点仍用收门票的方式维持。但基于游客的消费意愿和消费能力，这类景点的使用率不高，其社会、文化和经济潜力难以发挥，成为城市中的零价值区。如某市湖泊公园原来的门票是25元，但门可罗雀，难以为继。作为个体的管理部门试图利益最大化，却适得其反。但

该公园免费开放后人流如潮，园区通过其他经营获得了更高的经济回报，也实现了公园作为城市公共服务用地的社会价值。此类问题亦存在于城市大型体育设施的使用中。

个体化的管理部门应意识到：作为公共物品的城市文体休闲设施，不是管理权力的附属品，而是属于全体市民。

2. 个体对土地的囤积居奇

在城市，个体化的单位和企业在申报土地时会尽量多获取，用围墙圈起，但事后并未对土地充分有效利用，而是闲置荒废着。单位企业若发展尚好，否则无任何功能的闲置土地就是浪费。而此时市政部门也难以将其收回。这也包括房地产商圈占土地后无力或延后开发（炒地皮）造成的巨大浪费（或土地价值泡沫化）。基于个体对土地拥有权的私利追求造成了城市零价值区的出现。

（二）无序经济

1. 城市废弃的老工业区、仓储区及民用建筑废墟

20 世纪 80 年代初至 90 年代末，中国经济快速增长，以制造业为主的企业以其强大的经济实力占用大量城市土地建设厂房、办公区、仓储物流设施和职工宿舍等。但由于企业无序发展、资本循环不良、经营不善，加之竞争规律和市场萎缩后的企业衰落、业态转型和体制改革等原因，使企业衰败，大量企业建筑群被弃置。因资金链断裂或滞销形成的民用建筑废墟（如房地产烂尾楼）也层出不穷。这类不再创造经济社会价值甚至产生环境污染及视觉污染的废置城区（棕色地带）也属于零价值区/负价值区。

2. 在建房地产

从住房建设的社会效益看，有大量新建住房不但未实现居者有其屋的社会目标，却成了寻租者的梦魇。新房子建好了没人买、没人住、没人租，其原因已尽人皆知。在占用了城市和城郊大量稀有土地后建起空置的或低入住率的只有产品价值（还不是商品价值）而没有使用价值的房地产，只能是没有社会价值的零价值区；一旦房地产泡沫破裂或无房者躁动，则进一步形成负价值区。如曾经的“鄂尔多斯鬼城”。

中小房地产商会在政府调控和市场竞争下收敛或破产，但大体量寡头型地产商则会在房地产泡沫彻底破裂前（或因其是地方经济增长的“唯一”动力而根本不会破裂），仍会凭借其与地方政府公权力的共谋及滚雪球式的市场运营模式，继续其缺乏使用价值和社会价值的房地产开发。在占有市中心、城市滨水区、城市森林绿地等稀有土地的同时，制造更多“有价无市”的“房产黑洞”，使城市出现更多的零价值区。只要政府、房地产商和购房者仍将住房视作生产力而不是社会福利和基本人权，这一“城市黑洞”的空洞化仍将不断膨胀。

低经济社会效益的房地产凭借其垄断权和与行政权的寄生共谋，占有城市最宝贵的土地资源，其单一居住功能不但不能实现，且挤压了其他功能的空间，从宏观和全局上成为经济层面的负价值区，引发住房分配不均以及雷斯与摩尔（J. Rex，R. Moore）在 1967

年就阐述过的“住房阶级”问题①，是社会领域的负价值区。

3. **产业业态呈低价值和负价值的生产用地**

这指污染严重和高能耗低产出的企业以及“灰黑色”产业链（如假冒伪劣产品、地沟油和毒品的黑作坊用地等）所占有的生产用地。这在发展中国家的城市中较为普遍。I. 沃勒斯坦（Immanuel Wallerstein）的世界体系理论（World System Theory）中的“影子经济”和“灰色经济”会占据城中大片的地块，而这样的“影子经济”和“灰色经济”往往与低端业态和经济刑事犯罪相关，其生产用地就是低价值区和负价值区。法律和道德难以控制和触及的这类城区也是犯罪的“城市黑洞”。

（三）文化僻陋

1. **大量的围墙围栏用地及附属地带**

不少机关、单位、厂区、校区、居民区等，在拥有自己的建筑群后，都会用混凝土、铁丝网、铁栅栏或河道圈围尽可能多的土地，从而出现大量难以再充分利用的毫无价值的被个体固化的碎片化的土地。

究其原因：①各单位的本位主义，以权力圈地，是权力占有的符号象征；②对社会和他人的不信任感，也是对地权、物权、财权缺乏安全感的表现；③近乎动物自卫的习惯性反射本能，别人建围墙了自己也要建；④权力保护这一传统文化在现代城市中的僻陋体现——造墙自卫；⑤因长期的物质贫乏，人们往往有囤积霸占的心理，对城市中的稀缺资源——土地更是如此，即占据地权的“地主”心理；⑥蔑视自然的“人类中心主义”（Anthropocentrism）的表现。

围墙圈地的经济社会后果是：①累加起来，围墙与护河本身面积和划归的“多余”土地占用了土地资源，这两类土地是城市里大量不显性的零价值区；②大量“以我为主”、罔顾城市整体规划的围墙影响了城市公共空间中行人和车辆的通达性和便利性；③这种地理空间上的阻隔显性地转化为城市在政治、社会、经济和文化上的阻隔，如别墅区与安置房的对立，政府部门与市民社区的分割，甚至撕裂社会群体，强化社会分层和阶级冲突，影响社会稳定。基于这样的原因与后果，围墙圈地毫无必要，尤其在寸土寸金、高度城市化的大城市。

“当考古学者的掘铲挖出一座轮廓分明的城市时，他会发现一个由城墙围成的区界，即城堡，是用坚固的材料建成的，即使城市的其他部分没有城墙，或没有永久性的建筑物。”② 在古代，城墙对内的作用是控制民众、人口和劳动力、兵源和纳税，对外是防止侵略和利益损失。但在当今开放包容的后工业社会、信息无界社会，城市里的各种围墙既没有意义，也是各种流动的障碍。城墙文化就是冷酷、神秘、隔绝、对抗、歧视。城市是相对封闭的空间，人们在这里谋学习、谋工作、谋生活、谋居住，但要遵守比农村更严格的规则——从交通规则到物业规则，这是宏观的控制——通过城市规训。而一旦微观空间中也无处不在地存在管束，则是直接影响到每个人。

---

① 顾朝林：《城市社会学》，东南大学出版社2002年版，169页。

② 刘易斯·芒福德：《城市发展史：起源、演变和前景》，第40页。

相反，“雅典，以及其他许多城市，直至第一次波斯人入侵后，都不曾建筑任何严严实实的城墙，这一事实表明在直至公元前5世纪的社会条件下，城市中心本身就具有某种内部安全的意义。早期不设城墙的这种现象，或许恰恰反映了当时当地的人类品质，这些品质使爱琴地区城市明显地不同于近东诸城，这些品质就是希腊人自由自在和开诚待人。……几乎直到最后，斯巴达都反对构筑城墙，认为这是一个富于战斗精神的社会阶层所不应做的事。”①

“在中世纪社会，城墙还建起了人们心理上与世隔绝的致命感觉。由于当时道路很差，增加了城镇之间交往的困难，使人们好像生活在孤岛上一样。有如过去历史上时常发生过那样，防御性的团结和安全感这两种情绪会走向反面，发展成忧虑、恐惧、敌对和侵略，特别是当邻近的另一城市可能会牺牲别人而壮大它自己的时候。”② “墙文化”的社会心理暗示意味着：“之所以会产生‘地盘’划界的思想，并演变成一种心理因素，而且还产生很大影响，是因为现实生活中确实存在危险；此外，有很大一批人本来就有惧外心理——不管是什么样的外界，这个问题成了大城市一个严重问题。”③ 这个心病在今天是减缓了还是加重了？

2. 独立墙壁文化

独立墙壁文化是指在建住房时，希望独家独院，一个属惯习却不合理的现象：不管两家房子离得多近，都必须有独立墙壁（而不要联排房屋），农村的住房尤其显著，城乡接合部也有大量紧密靠近但独立的低层楼房，中间有大量狭窄通道或空隙。④ 这不但重复建设、耗费资源、增加成本，而且在积少成多地吞噬着土地资源——楼房间大量的狭窄通道或空隙累加的面积和立面容积是很大的，但成了毫无经济社会价值的零价值区甚至为犯罪提供人造环境。

在城郊农村会出现这样的现象：家中子女已分家或在外地定居，但家中老人和孙辈仍占有大面积的宅基地或不断翻修、新修低层楼房。⑤ 但在这些老人百年后或孙辈随父母进城定居以及城市郊区化后，这样的“农村大宅”也将因产权固化而成为占据大片农地或未来城市用地、难以恢复的零价值区。村民只图通过盖大房建新房彰显富裕（或征地时多算面积），并不考虑其必要性、实用性和持续性。

以上是个体炫耀财富和社会地位的土地消费模式，是个人经济权力在建筑文化上的表现，其后果是形成大片城市零价值区甚至负价值区。政府将来需耗费重金购置这类土地，即使本来就是国有的。这增加了城市开发的经济社会成本。其根源是：“分配和保证控制权有许多具体方式。其中一种就是界定边界，例如用篱笆、围墙、标识和地标。另外一种是，为主控团体增加对一个地方的单向可视性，监控也会因此而容易进行。

---

① 刘易斯·芒福德：《城市发展史：起源、演变和前景》，第139页。

② 刘易斯·芒福德：《城市发展史：起源、演变和前景》，第324页。

③ 简·雅各布斯：《美国大城市的死与生（纪念版）》，第369页。

④ 这类楼房在广东被称为“握手楼”，指两楼的距离近得只有二三十厘米或几米，邻居间可隔窗握手。这种建筑特点给财产犯罪和人身伤害犯罪等犯罪行为创造了有利的环境条件。

⑤ 在城乡接合部和农村常见这样的因家庭资金链间歇性断裂而处于持续建设阶段的农村“烂尾楼”。

所以，芒福德呼吁："冲破用权力和财富建起的利己主义围墙，并最终推倒用城墙围起来的城市——城市是利己主义的最强大的集体表现。一句话，从围起来的容器中解放出来，一次真正的完全的超脱。"① 笔者看来，"墙文化"的表征是冷漠、神秘、隔绝、对抗、歧视。其隔离感是社会隔离的物理空间表现——不同档次的住区、大学与世俗社会、家属大院与街角社会。

（四）生态歧视

城市建设中的生态歧视是对人类中心主义和对土地资源被肆意掠夺的诠释。生态歧视在这里指城市管理者和规划者在城市建设过程中的错误理念，它造成了资源浪费和生态破坏，使城市出现不少负价值区。

1. 错误规划造成的环境生态恶化使土地价值下降

经勘查，某市北部沿江岸经济技术开发区与 Z 山之间有一片经济社会低度发展区。开发区内的化工厂区成为该市最大的污染源，毒化了空气、土壤和水体。这是 20 世纪 80 年代城市规划时罔顾生态，只求增长的后果。

由于生态环境恶化，Z 山山麓以北的地区已成为经济社会低度发展区。如不进行生态改造，在城市经济结构转型和产业升级中，不可能再有高技术企业进入；一旦该地区的产业停滞萎缩，这里将成为大范围的零价值区或负价值区，其面积以空气被污染的范围计算。这意味着影响边界的广泛性和不确定性。开发区的企业和工业港口已破坏了沿江景观，区内空气持续重度污染，绿地稀少，公交系统不便，公共服务设施缺乏。在有环保—宜居意识的公民社会，已没有居民愿意（或被迫）移居到该地区和江对岸。这里只有工业厂房、物流设施（仓库、区内工业小铁路和被货柜车碾压破碎的道路）、低收入住宅和遗留的自然村，宜居类生活基础设施缺乏，城市一般性社会功能缺失，固定人口稀少，呈现着制造业社区早期衰败的景象。要根除生态恶果，需付出巨大代价，短期内难以实现转型改造。在城市化的膨胀性进程中，该市向北的规划发展已然不可能，在生态环保、产业调整、健康宜居等新城市发展指标衡量和矛盾中，该区将成为持续的城市负价值区——产业产值低、污染重、失业风险大，却又难以改造为宜居社区。

生态恶化造成了长期低度发展区即零价值区或负价值区，动态地价趋于零。污染严重的工业区虽创造经济价值，但影响了自身和周边地区的可持续性发展，付出了更大的生态、社会和政治代价。其功能价值只在有限的时间空间、对有限的经济政治利益群体有意义；但对城市的长期发展、对城市大多数民众及其他功能，是零价值和负价值的影响。子系统或个体的权力滥用造就了对整体利益的破坏性后果，是经济权对生态权、居住权和健康权的侵犯。

2. 大面积去功能化的城市硬质地面

在进行城建的过程中，惯性地用水泥、地砖甚至大理石等铺设大面积的广场、宽阔的路面、宽大的十字路口。占用地表面积的高架路和过宽的人行道及其他人造路面（如横穿绿地林地花圃的水泥路），这些硬化的路面很多已立体化（如层叠的高架路桥）。这些

① 刘易斯·芒福德：《城市发展史：起源、演变和前景》，第 339 页。

硬质地面的使用价值却不高，更引发了以下问题：①大片使用率低但维修和改建成本高的广场、路基等硬质地面本身就是零价值区；②硬质地面不利于城市在暴雨内涝时的排水，在洪涝时造成的损失使其成为城市经济的负价值区；③硬质地面因缺乏湿润和植被覆盖，加强了热岛效应，成为生态环境的负价值区；④过宽的路面尤其是宽大的十字路口，配以不合理的交通管制（如转换迅速的红绿灯），对老人、孕妇、儿童、残疾人等弱势群体不便，易发交通事故；⑤工程质量低劣、需不断翻修的硬质广场、路面成为市政建设的财政黑洞和扰民热点，但却是少数腐败官员的敛财之道；⑥大片的广场、硬质路面因其公共性而成为流动商贩、小食摊、违章停车者和违规用地商户的理想用地，阻塞公共交通，污染环境和景观，危害公共安全，增加城市管理的困难和成本，并引起连锁的社会群体对立。

因此，城市大面积去功能化的硬质地面，同样成为零价值区和负价值区，其带来的恶果会随着高度城市化而加剧。映衬着管理者和规划者错误的城市发展观。

"亨利·赖特，……美国著名建筑师和规划师，在规划中，他努力节省不必要的或太宽的道路面积，用来扩大游戏场地和花园绿地。"① "如雷蒙德·昂温（Raymond Unwin）在他的《太密了没有好处》（*Nothing Gained by Overcrowding*）中所指出那样，钱都花在过多的街道面积和昂贵的路面铺装上了，其实，同样数量的这些公共用地，如果好好利用，就可以省些下来设置居住区内小公园和游戏场，从而大大改善居住环境。"②

四、总结与讨论

（一）城市社会阻隔效应

综上所述，这些零价值区或负价值区会形成以下八种影响城市发展的城市社会阻隔效应——通达阻隔、社会阻隔、文化阻隔、经济阻隔、政治阻隔、生态阻隔、价值观阻隔和城市规划阻隔。这也是城市失用地的社会后效。城市社会阻隔效应是指在一定的城市空间内，形态、功能、性质完全不同的城市社会功能区在相互间毫无相容关系与整合潜力的情况下，使城市功能布局碎片化、私有化和对立化，造成城市各子空间、子系统、子功能的区隔性、排他性和利己性。其结果是城市土地价值贬值以至零价值/负价值。

通达阻隔指因子系统、子功能的利益区隔和权力保护造成的城市区域的碎片化、封闭性和排他性，使城市整体性受损，交通体系和区间通达性被非合理地阻断分割，城市各子功能系统间的空间、功能、体系和社会心理也被分割。

社会阻隔是指连续的和单独破碎的单一性功能区——往往是零价值区/负价值区——会形成或强化城市社区中的社会分层与社会隔离，甚而出现与城市整体功能体系相悖的特殊社区，使社会政治矛盾在特定背景下更显性化。

文化阻隔是指连续的和单独破碎的单一性功能区使城市社区中文化形态、文化传统和文化模式断裂和破碎。如被城市特权群体的利己功能区割裂占用的历史文化景区，使城市的历史、文化和传统的整体性、连续性和权威性受到破坏，阻绝了公众进入城市传统历史文化的"入口"。

---

① 刘易斯·芒福德：《城市发展史：起源、演变和前景》，第330页。

② 刘易斯·芒福德：《城市发展史：起源、演变和前景》，第439页。

经济阻隔是指零价值区/负价值区使作为人类生活形态中最具商业活力和经济价值的城市社区出现局地性和间歇性的经济停滞或经济衰退，并使这些局地与周边和整体经济发展水平和进程脱节甚至阻滞了城市和区域的长远发展。如企业废墟、造成污染的工业区及其他废置的不创造经济社会价值的原生产区域。

政治阻隔指功能性质高度差异或扭曲的局地破碎社区的政治功能与周边乃至整个城市的政治文化氛围间有巨大的不可调和的政治异质性，甚而造成城市中不同政治思想和意识形态的区隔冲突。即便这样的区隔与冲突是隐性的，都会对城市发展造成潜在的政治不稳定。

生态阻隔指原本属于人类生存环境一部分的自然生态环境系统被非合理的和生态不友好的人工环境入侵、分割、排斥、异化、占据和驱离。使本属自然一部分的人类生存于与原生态自然隔绝的被污染的人工环境中；同时，自然环境的生态链被阻断，导致植物链、动物链和微生物链在城市的最终瓦解崩溃，彻底被人工环境取代；人工环境和自然环境在城市中相互阻隔对立，且后者被前者侵犯。

价值观阻隔是指以上社会、文化、经济、政治和生态在城市空间中的破碎性阻隔，会最终对城市居民的价值观和意识形态产生负面刺激作用，尤其是对一些敏感度和受教育程度较高的社会群体，激起他们的反抗。出现相对的负价值社区精神和负作用群体，如激进环保组织和环保人士。

城市规划阻隔指以上七种阻隔的固化的制度性存在，会对当前和今后的城市管理者和城市规划师在城市管理、规划过程中的自律和他律起到观念性的阻隔。自律的观念性阻隔指管理者和规划者对已有错误规划理念的固化和认同，他律的观念性阻隔是指强势的城市局地功能区或权力——利益群体对城市管理者和规划者的超越法律公正的影响制衡作用。这样变异的自律和他律都使管理者和规划者不能按社会规律、生态规律、文化规律和经济规律依法进行科学的城市规划，只能屈从或规避，从而形成城市规划阻隔现象。这是在意识理念上的负价值效应，使人们规划城市时产生“思想黑洞”。

综上所述，因历史惯性，零价值区/负价值区一般位于城市中地段最好的位置，但却是低效益用地，不创造或少创造使用价值和商品价值，因此属于零价值区甚至负价值区，其静态地价和动态地价都为零或负。

因此，与伯吉斯、费雷较规整的城市功能区规划不同的是，笔者认为，城市的功能区虽然在宏观总体规划看是整体性的，但因为权力、文化、利益、理念等制度化和固化的作用，在实际的城市发展中却是碎片化、封闭阻隔和社会对立的。究其根源，是城市中各种日益膨胀的权力场和权力欲作用使然。

（二）新城市权力生态

综述关于价值结构失衡之城市空间——城市失用地的四类原因：个体土地权力欲驱动下的圈地、经济群体权力下的无序经济用地、权力文化意识下的文化僻陋和城市规划强权中权力滥用所致的生态歧视用地等，都有一个共同的若隐若现但根本性的原因作用其中——权力文化意识。

亚当·斯密（A. Smith）建立在自由经济基础上的参与性经济权力说解释了早期工业社会、资本主义社会和城市社会的发展动力机制，城市社会学者林德夫妇（R. S. Lynd，H. M. Lynd）在《中镇》（*Middle Town*，1929）中的理论更验证了城市中经济权力对城市发展的决定性作用，芝加哥学派和文化生态学派分别从社会达尔文主义、地租角度和文化决定论分析了城市区位的功能价值。但这只能部分地解释本节有关无序经济用地的部分，却不能解释权力意识文化下的个体利益、文化僻陋和生态歧视用地问题等。因此，笔者认为，有一种表现得非物化的、非显性的和非工具性的权力，它与经济规律无关，而是一种权力文化意识，这样的权力文化意识是深锲在不同社会群体和每个个体的价值观和意识形态里的，成为一种普遍的权力生态意识。而这样的权力文化意识在发展中的、资源稀缺而分配过程和结果均不平等的高度城市化的社会（地域）和高城市化时代(时间)，更容易被人们持续强化、深化和泛化，成为一种虽隐性但普遍深刻存在的社会权力场域，从而在文化和结构上深刻影响着城市的面貌和发展。这就是新城市权力生态的基本理念。

在发展中国家的高度城市化进程中，基于这样的权力文化所形成的对所有稀缺资源的占有欲，会由上至下地传递到各个社会阶层和社会群体，成为一种在城市中普遍存在的基本意识形态。在此社会文化基础上，人们对土地的利用就是排他性、掠夺性、损耗性和利用性的，并追逐权力符号而不是实用性，从而造成了大量的零价值区和负价值区。

城市中大量的零价值区和负价值区意味着城市中还存在经济、社会、文化领域的新机遇、新增长点和新发展空间。随着人口的增长和资源集聚基础上的高度城市化发展，城市中的零价值区和负价值区问题将日显突出，必须及早解决以下学术和政策难题，以充分激发这类城区的价值潜力。

第一，继续讨论零价值区、负价值区、低价值区和叠加价值区的定义①，勘测城市中零价值区和负价值区的范围、面积和潜在功能。

第二，分析零价值区和负价值区的社区结构形态及其与周边社区的互动关系。

第三，以地租理论为分析理念，测算零价值区和负价值区的地租价值即地价。

第四，研究产生零价值区和负价值区的社会、文化和政治因素以及在中国城市社会文化背景下长期难以解决的机制性原因。

第五，分析零价值区、负价值区内及其周边社区的相关利益群体和组织及其互动关系，让各参与方共同寻求问题的解决之道。

第六，建立防止在城市出现零价值区和负价值区的机制，使有限的城市土地利用效益(包括社会效益、文化效益和经济效益）最大化，以应对土地资源危机。

第七，市政部门和经济部门如处于历史遗址和文物古迹所在地，包括位于100年以上的城市文化区位，都应该搬迁，把这些地方重归历史文化遗址用地。

第八，将非合理占有的土地由零价值区/负价值区转变为正价值区，通过经济—文化—政策机制是可以做到的。如以前的政府招待所或迎宾馆大都已改造成了对外服务的酒

---

① 笔者认为，低价值区指城市某地块的使用价值、商品价值或文化价值的其中一项或全部的开发利用程度较低的城市区域。如对古建筑的利用可以有政治功能、经济功能或文化功能，但如果只是作为普通的民居利用而不是作为旅游业使用或文化遗产保留，则其使用功能、商品功能和文化功能都较低，其价值也较低；叠加价值区指城市某地块因其特殊的区位，其使用价值、商品价值或文化价值的其中一项或全部的开发利用程度都极高的城市区域。如在城市火车站附近的区域，是各种交通系统的聚集地、客货运集聚地、商业流通集聚地和人流集聚地，这里的城市区域功能种类多、利用度很高，价值也高。

店。在理想情况下，城市中的土地都可以由零价值区、负价值区转变为正常的正价值区甚至理性的叠加价值区，使高度城市化下的土地利用最大化和最合理化，让城市充满可持续的活力和动力。

有两种巨大的城市失用地是城市中闲置的工业建筑和商业建筑，它们是城市中重要但长期被忽视的微观空间。

第二节　闲置工业建筑：DL 柴油机厂

一、研究背景和意义

“城市无非就是一个容纳各种容器的一个巨型容器。”① 闲置的建筑既然失去了容器的功能，就只能拆除或改造利用成为有价值的新的容器——拆除成为绿地，改造为社会性建筑空间。城市的每个微观空间作为容器，都永远是具有价值意义的。

本节研究我国大型城市中长期被废置、闲置和半闲置的工业园区中的工业建筑如厂房、仓库、办公楼，城市中的工厂区，以及被废置、闲置、半闲置的商业建筑等的现状，了解这些工商业建筑周边 3 公里范围内居民对这类弃置建筑的感知情况，包括居民们对这类弃置建筑的了解度、对其改造的意愿、希望改造成什么社会公共服务设施、改造后可能的社会效益的认知等。即分析将城市中闲置工商业建筑改造为社会功能设施的可行性和社会价值，从而为城市闲置工商业建筑的社会性改造、活用、创新提供科学依据。

经过新中国成立初期到“文革”前的新中国工业化、20 世纪 80 年代改革开放后轻重工业振兴、90 年代第二轮改革浪潮下的大发展和 21 世纪以来的高速增长，我国国民经济、城市化和城市建设几经改革、发展、挫折、调整，经历了 20 世纪 80 年代的企业和城市体制改革、1998 年的亚洲金融危机、2001 年加入世界贸易组织对企业的冲击和 2008 年的世界金融危机。2012 年起，我国经济发展速度放缓，从原来的两位数增长下降到个位数增长，经济进入新常态。同时，受国际政治、地缘政治尤其与美欧国家经贸摩擦的影响，我国经济尤其是工业制造业进入“后世界工厂时代”，制造业和出口外向型经济相对衰退。在推动数字化经济的同时，实体经济遭到冲击，影响到商业经营模式的变革如实体店萎缩等。这一切直接导致城市中工业园里工业建筑的闲置、传统工厂区被弃置，还有大量商业建筑和商务办公建筑的废弃。并导致失业人口和不完全就业人群的增加。这些被长期闲置的工商业建筑难以再有经济价值和再利用价值。再以文化产业园模式进行改造已是死胡同。

但住房难、上学难、就医难、养老难、出行难、环境差等“城市病”依然存在。实质上是社会功能缺失，具体的是各类社会公共服务设施缺乏，如经适房、小托班、幼儿园、中小学、养老院、休闲场所、运动场、停车场、生态绿地不足。而闲置的、缺乏经济再生能力和经济再利用价值的工商业建筑，是可以在政府、企业、社会的共同努力下，被改造为社区急需的社会公共服务设施的。笔者认为，这是继哈维的城市资本三阶段循环论

① 刘易斯·芒福德：《城市发展史：起源、演变和前景》，第 16 页。

后的第四个资本循环：工商业资本以固定资产即闲置建筑物的形式被转换为社会性的功能设施，即社会公共服务设施，从而在社会福祉领域再活用，既解决社会问题，也可成为新的经济增长点。这是旧产城中的沉淀资本在社会福祉供给领域的活化利用，是城市资本的社会性再生利用，是新的城市资本论，是对哈维城市资本三阶段循环理论的补充发展。

研究发现，全国 9 个大城市的 2700 多位被访者中的大部分已经质疑文化产业园的改造模式，赞同对闲置工商业建筑进行社会性导向的改造，主要希望改造为运动休闲设施、生态绿地、养老机构、经适房、体育场馆和教育设施等。本节和下节分别以大连的一个闲置工厂区和武汉的一个闲置单体建筑作为研究个案，将城市中的闲置工商业建筑视为特殊的城市微观空间进行研究。

二、调研过程

在大连的田野调研于 2017 年 9 月 11—13 日进行。我们发现并确认了位于大连港不远的一片老工业区中的 DL 柴油机厂作为研究对象。调研组在该闲置工厂周边 3 公里范围，深入龙畔锦城、长春花园、远洋风景、颐和香榭、万达华府、银辰花园等 15 个住区调研，获得 306 份有效问卷。DL 柴油机厂旧厂位于沙河口区，东起长生街，西至东北路辅路，南到长江路，北临鞍山路。区间还有 DL 机床厂、DL 龙泵油泵油嘴有限公司等。DL 机床厂也是被废置的老企业。

三、闲置建筑和相关住区现状

DL 柴油机厂已被彻底废置，其建于 20 世纪 50 年代和 80 年代的砖石建筑仍耸立于闹市。它由挑高的厂房和仓库组成，车间硕大的采光玻璃窗甚是耀眼（图 5. 1 ～图 5. 11）。

红石砖外墙，内部挑高

底层是内部挑高的生产空间

图 5. 1　被废弃的 DL 柴油机厂主体厂房一角

（图 5. 1 ～图 5. 11 为笔者摄于 2017 年 9 月 12 日）

图 5.2　在 DL 柴油机厂附近已被闲置的 DL 机床厂三层办公楼的前门

图 5.3　被闲置的 DL 机床厂办公楼内景

图 5.4　被闲置的 DL 机床厂建筑物内的一台机器

图 5.5　从被闲置的 DL 机床厂办公楼看到的荒废的 DL 柴油机厂厂房

图 5.6　DL 机床厂旁一处巨大的空置建筑物，建设年代并不久远

图 5.7　工业区内鞍山路的另一处闲置厂房区

图 5. 8　图 5. 7 中闲置厂房建筑的内院

图 5. 9　区内一座较为现代化的闲置大型商业展销建筑，原名金佳商业广场

图 5. 10　被选取进行问卷访谈的高档住宅区颐和香榭，在长生街东侧，长生街西侧就是 DL 柴油机厂等闲置工厂建筑群

图 5. 11　一处被选取进行问卷访谈的中档住宅小区——沈铁龙畔锦城小区

因此，进行访谈的住宅区主要是中高档的商品房区，楼层较高，被访者以中等收入的市民阶层为主。

四、闲置原因

1951 年，LD 机械五金总厂（DL 柴油机厂的前身）成立，是我国最早研制生产柴油机的厂家之一。1956 年更名为 DL 柴油机厂。1986 年，DL 柴油机厂与第一汽车制造厂联营，更名为“解放汽车工业企业联营公司 DL 柴油机厂”。1992 年，更名为“中国第一汽车集团 DL 柴油机厂”。1996 年，DL 柴油机厂加入一汽集团，成为后者的全资子公司。2001 年，更名为“中国第一汽车集团公司 DL 柴油机厂”。2004 年，柴油机销量突破 10 万台。2017 年，加入一汽解放事业本部发动机事业部。2018 年 10 月，因股权变更，更名为“一汽解放 DL 柴油机有限公司”。

由以上一汽解放 DL 柴油机有限公司的官网内容可见，DL 柴油机厂自 1951 年建厂以来，经历了 70 年发展，从国营企业发展为以德国资本和技术为主的股份制企业，因发展迅速，已搬迁到大连经济技术开发区。因此，位于大连市沙河口区即调研目标区的原厂址就被完全闲置并保留下来。这是因企业转型升级和扩容发展，企业整体外迁——城市功能性建筑和相应社会群体发生城市空间位移，从而造成城内原厂区被放弃、形成闲置厂区的典型案例。

五、被访者对社会公共服务设施和闲置建筑的感知

本部分将先简述大连市306位被访者的基本信息，包括性别、年龄、税前月收入、月均支出、受教育程度、职业、住房状况、家庭结构、家中同住人口数量；然后了解被访者认为的最不健全的社会公共服务设施；再探知社会公共服务设施不健全的原因；最后是获取被访者对住区周边闲置工商业建筑的感知。其中，基本信息属于统计分析中的自变量，后三项属于因变量。下文对这四项进行频数和百分比分析，以对大连市被访者对社会公共服务设施和闲置建筑的感知有基本的结论。

（一）被访者基本信息

（1）性别。被访者中，男性占56.5%，女性占43.5%，男性比女性多出40人。大连被访者的男女比例是调研涉及的全国9个城市中偏差较大的，但依然在可接受和“容忍”的范围。

（2）年龄。将被访者按年龄分为青少年组（0～24岁）、青壮年组（25～39岁）、中年组（40～59岁）和老年组（60岁及以上）。统计显示，有高达45.8%的被访者属于青壮年，这和闲置旧工厂周边的住区属于较现代化的刚需商品房有关；中年组的被访者也占一定比例，但不到1/3。

（3）收入与支出。被访者的税前月收入处于中等偏下水平。有27.6%的收入在较高位的5001～10000元，只有8.3%的人收入在10000元以上。2017年大连市居民的人均月收入为6144元，45.2%的被访者的收入在2001～5000元的中低位，而5000元及以下的被访者共计64.1%。

月均支出在1001～3000元的中等支出者占53.7%；3001～10000元的中高支出者共计34.1%，超过总样本的1/3。因此，虽然收入不高，但被访者的消费支出却相对较高，这可能与被访者因居住在中高档住区而需还房贷有关。

（4）受教育程度。大连被访者的受教育程度较高，大专和本科学历者占49.2%，加上3.6%的硕士以上被访者，高学历者的比例高达52.8%；中专学历者也有12.5%，中专以下比例为47.3%。和南京相比，南京被访者普遍的高学历和高专业性，使他们对社会公共服务设施有较高和较积极的诉求。大连被访者的受教育程度划分较为平均，我们就应照顾到不同受教育程度群体的利益。

（5）职业。相应的学历结构，使大连被访者的职业结构也相应白领化。办事员比例最高，也是9个城市中办事员比例最高的，达19.1%，这也许与东北人追求在体制内单位工作有关。其次是服务人员，占12.2%，再次是10.2%的个体户和8.2%的教师/医生/科研/技术/工程人员。退休人员比例较低，为17.1%，这与武汉较高的老人比例可做对比：被调研的大连住区是以青壮年为主的现代商品房区，武汉住区是以老人和退休职工为主的老旧小区。

（6）家庭住房状况。68.6%的被访者住在自有房，租房者只占22.9%，无房者共计31.1%。这与被调研住区主要是长期自住型的商品房住宅区有关。

（7）家庭结构。大部分被访者是核心家庭结构，高达81.3%。即被访者主要是新家建立不久的三口之家的小型家庭。

（8）家中人口结构。被访者中，与配偶同住的占多数，达61.4%；不与配偶同住的也有38.6%，估计是尚未结婚的年轻人和独居者。

由于大连被访者中年轻人较多，还未结婚生子的人也相应较多，加上一些空巢家庭的老人，不与孩子同住的被访者达52.6%；但有一个以上孩子的家庭共计47.5%，也达到了近半数的比例。

绝大部分被访者不与自己的父母同住，高达83.7%；与祖父母和其他亲属同住的也在少数。

无保姆者的比例很高，显示大部分人必须自己做家务。

（二）最不健全的社会公共服务设施

（1）最不健全的社会公共服务功能（第一选项）。大连被访者中，认为最不健全的社会公共服务设施首选是生态功能，占19.2%，这是生活在钢筋水泥高楼林立的大城市里的民众普遍的感觉和需求。据观察也可见，所调研小区周边缺乏大面积景观水体、绿地。其次是休闲功能的不足（占17.9%）和基础功能的不足（占16.6%）。这说明大连较为年轻、白领化程度较高的被访者对生态、休闲和基础设施的需求。

（2）最不健全的社会公共服务功能（第二选项）。第二选项中，居于首位的依然是生态功能，占20.0%，其次仍是占17.9%的休闲功能，再次是14.1%的体育功能。这些都是和被访者中大量年龄较轻、受教育程度较高、从事管理和服务行业的白领阶层的日常生活有密切关系的社会功能。

（3）最不健全的社会公共服务功能（第三选项）。第三选项中，依然是休闲功能、生态功能和体育功能占据着前三的位置，说明被访者的诉求始终没有发生大的变化。这也是城市中新一代居民对社会公共服务的相关需求方向和重点关注领域。这与其他城市的情况近似。

（三）社会公共服务设施不健全的原因

与其他8个城市一样，关于社会公共服务设施不健全的原因，评价人次最多的是政府规划不周和政府不作为，共计220人次；企业不能谋利排第三位，有61人次。所以，在大连，就此问题，政府和企业对市政建设缺乏社会责任感是主因。

（四）被访者对住区周边闲置工商业建筑的感知

大部分大连被访者（82.6%）是感知不到其周边有闲置工商业建筑的存在；知道的仅为17.4%，即使许多建筑近在咫尺，且较为显著。这显示公众对这一问题和现象是缺乏日常感知的。

对于具体的闲置工商业建筑，大连的大部分被访者也是表示不知道的，占67.3%；知道的为32.7%。的确，DL柴油机厂的废旧厂房隐藏在高墙后，并被其周边密集、高大的商品房区遮蔽、掩盖，因此并不明显。

关于相关闲置废旧厂房存在的问题，认为浪费土地资源和浪费建筑资源的人次最多，各达到171人次和119人次；其次是较为显性化的问题，如视觉污染和环境污染，各有70人次和65人次。

六、社会再造意愿

在分析了被访者对DL柴油机厂这一闲置工业建筑群的感知后，本部分将在此基础上，分析被访者对该闲置工业建筑群的社会性改造意愿。包括五个具体问题：是否有改造的必要？应改造为什么社会公共服务设施或文化产业经济设施（两者的隐含比较）？将其改造为文化产业园是否有意义？应改造为哪些具体的社会公共服务设施（了解被访者具体直观的功能改造意愿）？改造后是否可以改善目前社会公共服务设施不足的状况？

大部分的被访者（83.7%）认为是有改造的必要的，和其他城市相当；认为没有改造必要的只占16.3%。

近一半的被访者（44.9%）主张改造为运动休闲场地，这在其他城市的同类选项中相对较高。这很符合被访者群体中青年知识分子白领们的选择取向；希望改造为养老机构的有13.5%；认为可以改造为传统的文化产业园的有12.9%；还有11.2%觉得应改造为经适房，这可能与被访者中共计31.1%的无房者有关。

觉得改造为文化产业园意义不太大的有22.2%，表示一般的有32.4%，没意义的有9.5%。因此，共计64.1%的被访者表示意义不大。这说明在大连，对将闲置工商业建筑改造为文化产业园的这种老套路、老办法、老模式，已经不被公众接受。这与其他城市的结果一样。文化产业园改造模式应被反思甚至放弃了。

关于改造后具体的社会公共服务设施，首选最多的是公共绿地，共41人次；其次是体育馆和老人活动场所，各33人次，选择老人活动场所加上社区养老机构及养老设施的共计45人次；再次是电影院和经适房。由此，选择最多的五项中，体育馆、电影院和经适房是与年轻人直接相关的，这是与被访者的人口社会结构相吻合的。

有63.6%的被访者认为改造该闲置工厂为社会公共服务设施后，可改变目前社会公共服务设施不足的状况。设想中的社会再造是具有社会意义和实践价值的。

七、总结与讨论

大连306位被访者的男女比例是所有9个城市中偏差较大的，但在可接受和容忍的范围。大连被访者的税前月收入处于中等偏下水平；受教育程度较高，高学历者比例达52.8%，被访者的学历结构使其职业结构相应白领化。办事员比例最高，其次是服务人员，再次是个体户和教师/医生/科研/技术/工程人员。

大部分被访者住在自有房里，租房的只占22.9%。绝大部分被访者是核心家庭结构，属于小家庭规模。

不与孩子同住的被访者达52.6%，有一个以上孩子的家庭达47.5%。

认为最不健全的社会公共服务设施首选是生态功能，其次是休闲功能，再次是基础功能。第二、三选项也集中在生态功能、休闲功能和体育功能。

关于造成相关社会公共服务设施不健全的原因，评价人次最多的是政府规划不周和政府不作为。关于相关闲置废旧厂房存在的问题，认为是浪费土地资源和浪费建筑资源的人次最多。

绝大部分被访者认为有改造必要。近半被访者主张改造为运动休闲场地，其次是改造为养老机构。11.2%的被访者觉得应改造为经适房，这可能与共计31.1%的无自有房者有关。

64.1%的被访者表示改造为文化产业园意义已经不大。

关于改造后具体的社会公共服务设施，首选最多的是公共绿地，其次是体育馆和老人活动场所，再次是电影院和经适房。

63.6%的被访者认为改造闲置工厂后可改变社会公共服务设施不足的状况。

第三节　闲置商业建筑：武汉JM大厦

一、研究背景和意义

研究背景和意义同“第二节　闲置工业建筑：DL柴油机厂”。

二、调研过程

作为研究个案的JM大厦的行政辖区属于武汉市硚口区。该建筑位于武胜路高架桥东边，地处城市闹市区。

在JM大厦周围3公里范围内有长寿社区、荣西社区、学堂社区、荣华社区、荣华苑、集贤社区等20多个新老住区，可进行大规模问卷访谈。最终，调研组获得有效问卷306份。

三、闲置建筑和相关住区现状

JM大厦属单体建筑，截至开展调研的2017年11月，已闲置近20年之久。建筑物占地面积约500平方米，高约100米，29层高，是钢筋混凝土结构高楼。大楼楼体已完工，但仅完成主体框架部分，无玻璃窗户，无外墙，内部墙壁未建，大楼四周被2米高的院墙包围，是典型的“烂尾楼”；但建筑结构较为稳定，基础扎实（图5.12～图5.20）。正是由于高度的稳定性、大体量和坚实构建，将其彻底拆毁的成本会非常高昂。加上建筑物周围是紧挨着的高密度的居民区，使得定向爆破拆除已经不可能。如要定向爆破拆除，意味着其周边约500米直径范围内人住率极高的居民区都会被波及，动迁成本更高。这种不可逆的高密度的经济动因，诚如芒福德所揭露的：“房地产的价值是从大都市不断繁荣和发展中‘获得’的。为了保护他们的投资，这些机构必须对任何减缓大都市拥挤状况的企图进行战斗；因为这将降低靠城市拥挤而产生的价值……”① 这也是JM大厦与紧挨着的住宅区楼房间的楼间距如此狭窄的根本原因。

---

① 刘易斯·芒福德：《城市发展史：起源、演变和前景》，第549页。

图 5.12　武汉“烂尾楼”JM 大厦远眺，其位于繁华的武汉市中心区域，极为突兀

图 5.13　JM 大厦较为扎实的底层基础

（图 5.12 ～图 5.29 为笔者摄于 2017 年 11 月 4 日）

图 5.14　JM 大厦底层侧面，显示其较扎实的基层建筑构筑，内部只有个别看场人员

图 5.15　从老小区内仰望 JM 大厦，高约 30 层紧靠着的是小高层老居民楼

图 5.16　大厦背街一面与后方居民楼形成“握手楼”。定向爆破需要大搬迁，成本极高

图 5.17　小区内有一个渔具街市，集聚经营渔具的商铺约有 50 家

图 5.18　市井生活一景，老旧小区里有各种私营食杂店，但使小区的环境卫生堪忧

图 5.19　大厦另一侧也紧贴老破小住宅，可见简陋的养老院（有铁栅栏窗户的建筑）

图 5.20　JM 大厦前道路上的公交站，背后是小高层的老旧小区社区六角亭街道

位于学堂社区的硚口区六角亭街道政务服务中心（西区）设置有：一楼是服务厅、警务室、居家养老活动室、慈善超市，二楼是党员活动室、谈心说事室、卫生学校，三楼是科普学校、道德讲堂、科普活动室、科普益民服务站，四楼是阳光家园、四点半学校、科普图书室、数字化教学基地，五楼是文体活动室、健身室；还有学雷锋志愿服务工作站，隶属市精神文明建设指导委员会和市民政局。

在 JM 大厦的东面、北面和南面，是人口密度较高的老旧小区，以中低层无电梯住宅为主，其西面武胜路对面既有更密集的老旧小区，也有近期新建的高层住宅（图 5.21 ～图 5.29）。居民主要是中下层市民群体。

图 5. 21　JM 大厦侧后方的中低档居民小区——
六角亭街道荣东社区的一个入口

图 5. 22　荣东社区内的荣东父母村养老院

图 5. 23　便民服务点，有家电维修、缝纫加工

图 5. 24　JM 大厦对面一街（武胜路）之隔的
大面积的中低档居民小区——硚口区荣华街道
各社区（图中右侧住宅楼群）

图 5. 25　JM 大厦对面一街（武胜路）
之隔的中低档居民小区街景，图中
街道尽头可见 JM 大厦

图 5. 26　武胜社区市民学校

图 5. 27　设置在小区旧楼房里的敬老楼看似非常简陋

图 5. 28　小区内居民楼排列错综杂乱，街道狭窄不规则，鲜有树木、绿地和水景。缺停车位

图 5. 29　住区内的高压电线塔座、随意放置的垃圾桶和车辆。老人们只能坐在轮椅上聊天

四、闲置原因

JM 大厦是武汉著名的烂尾楼。后续接盘者的兴趣不大，该楼就一直闲置荒废着。

五、被访者对社会公共服务设施和闲置建筑的感知

本部分将简述武汉市 306 位被访者的基本信息，包括性别、年龄、税前月收入、月均支出、受教育程度、职业、住房状况、家庭结构、家中同住人口数量；然后了解被访者认为的最不健全的社会公共服务设施；再探知社会公共服务设施不健全的原因；最后是获取被访者对住区周边闲置工商业建筑的感知。其中，基本信息属于统计分析中的自变量，后三项属于因变量。下文对这四项进行频数和百分比分析，以对武汉市被访者对社会公共服务设施和闲置建筑的感知有基本的结论。

（一）被访者基本信息

（1）性别。被访者中，男性占 54. 6%，女性占 45. 4%，男性比女性多出 28 人，但男

女性别的偏差不大。

（2）年龄。将被访者按年龄分为青少年组（0 ～ 24 岁）、青壮年组（25 ～ 39 岁）、中年组（40 ～ 59 岁）和老年组（60 岁及以上）。被访者中中年组和老年组比例较大，共占 62.1%。这和所调研的小区主要是两个老旧小区有关。这类住区里的中老年人普遍较多，他们对社会公共服务设施有自己的特别需求。青少年组和青壮年组共计 37.9%，占总体超过 1/3，也具有统计分析意义和代表性。

（3）收入与支出。被访者的税前月收入较多地集中在 2001 ～ 5000 元之间，占 54.3%，这是中等偏下的收入水平。2017 年武汉市居民的月均收入是 6331 元，明显低于北上广三个一线大城市。而本研究中有一半以上被访者的收入低于当年武汉市居民的人均收入，可见被访者的整体收入水平是较低的。中等收入（5001 ～ 10000 元）人群比例是 23.7%。10001 元以上高收入者仅占 6.2%（19 人）。被访者们较低的收入水平会影响到他们对城市社会公共服务设施的需求。

月均支出在中等水平（2001 ～ 5000 元）的共占 48.7%，不到一半；2000 元以下的低消费能力群体共占 40.7%，远超过了 1/3。相比北上广三个城市的被访者，武汉被访者的消费能力相对较低。

（4）受教育程度。被访者中，大专以上较高学历的仅占 36.9%，中专以下中低受教育程度的高达 63.1%，这与调研小区中多为以城市普通职工为主的中老年人（如退休老工人）、外来经营者和劳务人员有关。所以，武汉被访者的学历学位普遍较低。

（5）职业。被访者中，除 22.7% 为退休人员外，比例较高的职业群体是：个体经营者占 16.1%，服务人员占 12.8%，办事人员占 12.5%。这三个比例较高的职业群体的职业阶层都相对较低，共占 41.4%。这也对应了前述被访者受教育程度较低的情况。有 7.9% 比例的失业者，估计很多是中老年下岗工人。

（6）家庭住房状况。有 65.0% 的被访者拥有自有房，但也有近 1/3（27.1%）的被访者是租房客。这再次说明，所调研的小区既有中老年的原住民，也有外来经营者和劳务人员，后者是“居无定所”的临时落脚者。

（7）家庭结构。总计 290 份有效问卷显示，有 74.8% 的被访者是核心家庭结构，甚至有 25.2% 的被访者来自扩大家庭。

（8）家中人口结构。被访者中，与配偶同住者和不与配偶同住者分别占 2/3 和 1/3。两者不同的社会利益和公共社会服务需求应被兼顾。

家中没有孩子的被访者或独居的老人占 50.0%；有一个孩子的占 39.1%，有两个孩子的占 9.9%。

大部分被访者没有与父母同住，占 82.0%；有 18.0% 的被访者表示家中有父母老人同住，这意味着多代同堂的家庭对住区附近社会公共服务设施会有相应的需求，如就近的养老机构、社区养老体系和医院等。

大部分被访者家中无祖辈同住。

绝大多数被访者家中无其他亲属同住。

家中有保姆同住的仅有一位被访者，和北上广三个城市情况类似。这同样说明，武汉被访者中大部分人是缺乏雇佣全日保姆的能力的，这间接使得被访者尤其是有家室的被访者的家务负担较重，其对相应社会公共服务的需求会较多。

（二）最不健全的社会公共服务设施

有 27.3% 的被访者认为最缺的是生态功能。的确，调研个案（老旧小区）的周边是武汉城市中心区之一，楼宇密集，交通繁忙，缺少必要的空旷绿地和亲水水体等生态功能空间。其次是基础功能占 17.1%，福利功能占 12.8%，体育功能占 11.2%，这些都是中老年人和青壮年人急需的社会功能。

第二选项中排在首位的还是生态功能，占比上升至 34.7%；其次是体育功能和休闲功能，分别占 15.9% 和 13.0%。如上述，被访的居民区不少是老旧小区，由于先期规划失误，存在着缺少绿地树木和体育设施等结构性老问题。

第三选项中排首位的仍是生态功能（占 22.8%），其次是体育功能（上升到 20.6%）和休闲功能（上升至 18.4%）。所以，老旧小区相应社会功能的缺乏和中老年人社会功能需求间出现了较大矛盾。

（三）社会公共服务设施不健全的原因

政府规划不周和政府投资不足仍是造成社会公共服务设施不健全的主因，各有 166 人次和 78 人次；也有 88 人次表示是城区本身的衰败。的确，调研时涉及的至少两个社区属于老旧小区，缺乏早期城区规划和当下的社区服务，楼房老旧，设施落后，杂乱无序，缺乏绿植，卫生堪忧，管理失范。

（四）被访者对住区周边闲置工商业建筑的感知

64.6% 的被访者知道周边有闲置工商业建筑，具体的就是本个案的闲置建筑。金马大厦高大突兀，闲置时间已近 20 年，且有各种传闻，早已“家喻户晓”，这与其他城市被访者对其周边情况的不熟悉有显著不同。不知道的占 35.4%。

80.0% 的被访者知道这个闻名全城的闲置建筑 JM 大厦，不知道的占 20.0%。

有 238 人次表示闲置 20 年的建筑浪费了土地资源。有 186 人次表示浪费了建筑资源。由于该单体建筑的体量很大，高度很高，是灰黑色的水泥钢筋预制构件的庞大建筑废墟，周边没有比它高的建筑物遮挡，因此有 112 人次表示这是个视觉污染源，是 9 个城市个案里比例最高的。

六、社会再造意愿

在分析了被访者对 JM 大厦这一闲置商业建筑的感知后，本部分将在此基础上，分析被访者对该闲置和半闲置商业建筑群的社会性改造意愿。包括五个具体问题：是否有改造的必要？应改造为什么社会公共服务设施或文化产业经济设施（两者的隐含比较）？将其改造为文化产业园是否有意义？应改造为哪些具体的社会公共服务设施（了解被访者最具体直观的功能改造意愿）？改造后是否可以改善目前社会公共服务设施不足的状况？

由于该巨大单体建筑的突兀丑陋，且长时间闲置，与当前武汉的现代化发展格格不入，因此高达 91.8% 的被访者表示有改造的必要。表示没必要的仅为 8.2%。

有 31.9% 的被访者表示希望把 JM 大厦改造为运动休闲场地。虽然就高层单体建筑来说，其内部狭小切割的空间和楼高并不适宜改造为需要许多整体平面和挑高空间的运动休闲场地，但仍有近 1/3 的被访者希望将其改造为就近的运动休闲场所，这反映了当地居民群众的强烈需求，证明大面积运动休闲场地的缺乏。

有 20.1% 的被访者表示最好改造为经适房，说明在这些老旧小区有许多无自主产权房者和住房困难户及租户，他们希望自己的住房条件能得到改善。毕竟有 27.1% 的被访者是“居无定所”的临时落脚者——租户。而 JM 大厦也的确适合改造为较小户型的经适房或城市公寓。

有 17.3% 的被访者表示最好改造为养老机构，这与周边老旧小区有许多老人有关。在被访者职业一栏里，退休人员的比例比较高。

虽然赞成改成文化产业园的也有 16.6%，但明显少于其他城市的相应比例。因此，武汉研究个案中被访者对实际性的社会公共服务设施如运动休闲产地、经适房和养老机构的需求非常现实和明确。有共达 60.2% 的被访者表示改造为文化产业园的意义一般或不大乃至没有意义，说明很多普通民众并不认同文化产业园的社会意义。

关于改造 JM 大厦的具体建议，有 59 人次认为应改为老人活动区，同时有 38 人次希望改为社区养老设施。该区域作为老旧社区，老人多，但相应的养老机构较少或设施质量和服务品质堪忧。各有 56 人次觉得应改造为绿地和体育馆，由于老旧小区的原因，其早期的设计缺少诸如绿地和体育场馆之类的运动休闲场所。有 42 人次希望改造为电影院，38 人次希望改造为书店，也有 31 人次希望改造为经适房。

大部分人对设想中的改造结果报以希望，有 72.9% 的被访者认为改造后可以解决目前社会公共服务设施不足的问题。

七、总结与讨论

武汉被访者中的中年组人数和老年组人数比例较大，共占 62.1%。这和所调研的小区是两个老旧小区有关，这类住区中老年人较多，他们对社会公共服务设施有特别需求。青少年组和青壮年组共计 37.9%，也具有统计分析意义和代表性。

被访者的整体收入水平是较低的。

被访者的学历普遍较低。这与所调研小区中多为以普通职工为主的中老年人如退休老工人和外来经营者、劳务人员有关。

65.0% 的被访者是拥有自有房者。但也有近 1/3 的被访者是租房者。老旧小区成为外来经营者和劳务人员这些“居无定所”者的临时落脚地。

74.8% 的被访者是核心家庭结构，甚至有 25.2% 的被访者来自扩大家庭。

家中没有孩子的被访者或独居老人占 50.0%，有一个或两个孩子的占 49.0%。

被访者认为社会公共服务设施最缺的是生态功能、基础功能、福利功能和体育功能。第二和第三选项也集中在生态、休闲和体育三方面的社会功能。

被访者表示政府规划不周和政府投资不足是造成目前社会公共服务设施不健全的主因；但有 88 人次表示是城区本身的衰败，调研时涉及至少两个居民社区是较破败的“老破小”住区。

本个案的 JM 大厦在该城区高大突兀，闲置时间已近 20 年，所以有 80.0% 的被访者表示知道这个闻名于武汉的巨大闲置建筑。被访者认为闲置建筑的主要问题是浪费了土地资源和建筑资源。

有高达 91.8% 的被访者表示有改造必要。

有 1/3 的被访者希望改造为就近的运动休闲场所，这反映了当地居民的强烈需求，证明运动休闲场地严重缺乏。有 20. 1% 的被访者希望改造为经适房，说明在老旧小区有许多无自主产权房者和住房困难户及租户，他们希望住房条件能得到改善，毕竟有 27. 1% 的被访者是“居无定所”者。17. 3% 的被访者期待改造为养老机构，这与老旧小区有许多老人有关。赞成改成文化产业园的有 16. 6%，明显少于其他城市的相应比例；多达 60. 2% 的被访者表示改造为文化产业园缺乏意义，基层民众并不认同文化产业园的社会价值。

关于对 JM 大厦改造后的具体用途建议，59 人次认为应改造为老人活动区，有 38 人希望改造为社区养老设施。该区域作为老旧社区，老人多，但相应的养老机构较少或设施质量和服务品质堪忧。各有 56 人次觉得应改造为绿地和体育场馆，老旧小区缺少绿地和体育场馆之类的运动休闲场所。有 31 人次希望是改造为经适房，以解决住房难问题。

72. 9% 的被访者认为改造后可解决目前社会公共服务设施不足的问题。因此，在经济社会发展相对滞后的武汉，普通百姓更希望将闲置建筑改造为可以解决实际民生问题的社会公共服务设施。

第六章　旅游空间的“公”与“私”

第一节　公园隐私空间

一、研究背景和意义

“公园为城市居民提供了多元化的游憩场所。……公园与广场具有相似的功能，供人们休息、活动；与之不同的是，公园的大部分空间是绿地，因此能够作为城市中的一个‘绿色港湾’，营造宜居的空间氛围，促进居民的身心健康。”①

大部分城市公园是作为公共空间而存在的。对于“公共空间”的定义在学术上其实并不明晰，可以从两个方面理解。一个是“公共”，一个是“空间”。“公共”在辞海中解释：一是从所有权来说是属于社会的，如公共财产，其主体特指国家；二是从使用权与功能用途说，是公有公用的，如公用设施，其主体指代不特定的社会大众。“空间”的解释为物质存在的一种客观形式，由长度、宽度、高度表现出来。② 但对大多数人来说，公共的就是大家的，不需要隐私，几乎所有一切都可以暴露在大家眼前。但即使在公共空间，也需要个人或小群体独自存在的“领地”，如可以在公园充分享受属于自己的“临时空间”，这是现代城市人在快节奏的工作生活中所需要的宁静环境和精神慰藉。在公园的个体私密空间，每个人或团体只属于他们自己，而具有主观意愿上的排他性。

对于私密性的理解，很多人的回答聚焦于“独自存在”“不被别人打扰”。当问到城市公园是否存在私密空间时，多数人的回答是很少或不存在，因为多数人认为城市公园属于公共空间，而不属于个人或小群体。

但公共空间真不需要私密空间吗？私密空间并不是某个封闭的角落，它可能是开放的，甚至是开阔的，但它为人们提供了一个独自存在和进行私人活动的空间，在这个空间，只有你自己或相关的他人或人群。只是不同于在自己家里，这样的独处或个体性行为依然受到公共伦理道德和秩序的限制，属于非工作和非家庭的“第三场所”。城市公园承担了部分户外娱乐运动休闲的功能，成为城市人短距离短时间放松休闲的首选处，在这里，人们寻找一处可以独处的空间是重要和必要的。人总会有烦心事，尤其是在快节奏的城市中。而城市公园作为心理调适的非工作和非家庭空间是应该具有精神慰藉作用的，精神慰藉的功能所必需的条件就是在公共空间中私密空间的塑造。“如果一个地方令人感到

---

① 亚历山大·加文:《如何造就一座伟大的城市》，第22页。

② 《现代汉语词典》(第七版)，商务印书馆2018年版，第744页。

舒适，人的潜意识就会认为这个地方属于自己，从而找到一种归属感。相反地，那些令人不明方向、不辨其所、无趣且危险的地方，很容易被人抛弃。”①

二、城市公园与隐私概念

城市公园指位于城市范围内，经规划建设的绿地、水体等，供居民观赏、休息、健身和娱乐并有美化景观、改善环境、调节空气质量、涵养水体等作用，也为居民提供防灾避难场所。按2002年我国颁布的《城市绿地分类标准》，公园绿地定义为：向公众开放、以游憩为主要功能，兼具生态、美化、防灾等作用的绿地。②

景观设计和城市公园规划的鼻祖弗雷德里克·劳·奥姆斯特德（Frederick Law Olmsted）指出：“巨大的空间（指城市公园的空间——笔者注）是一个优势，因为一部分来公园休憩的人，在参加某一类锻炼活动时，为了避免与不同的人群发生冲突，需要非常宽敞的场地。而还有另一部分人喜欢观察其他人的活动，大的空间可以给他们提供一个舒适和安全的距离去看第一类参加各种活动的人。第三类人，他们对参加活动不感兴趣，对观察其他人也不感兴趣，他们需要完全与前面两种人隔离，在公园的其他地方漫步，从事和前两类人完全不同的休憩活动。巨大空间的另一个优势是，可以完全不用牺牲第一类活动，而又增加有吸引力的元素，并且，如果自然景观不构成什么阻碍的话，这个公园在整体上还拥有更宽敞、更简单、更安静的景观特征。”③ 要实现空间区隔和公园空间的隐私性，空间就要足够大。

私密性属于心理学范畴，指主体（个体或者群体）对于客体（主体之外的他人及人群）接触自身时的选择性与控制性。私密性使主体获得与之相对程度上的安全感。私密性是人的本能属性，可以有选择性地支配环境，与人交流时保留、隐匿或是充分展现自己的情感。④ 据此可知，获得私密性最重要的因素一是安全感的获得，二是不被外界窥视或干扰，三是对周围环境和人及人群的掌控。“一个区域的某些地方是被隔离的，但在另一些地方，特别是中心地区则具有很高的可及性。景观的安排是用休憩和运动、私密和公共相互交替的。”⑤

在城市园林景观规划的理解中，隐私空间或私密空间要满足以下功能要求。首先，它被认为是一个需要独处的空间，不仅满足一个人观看周围事物的要求，还可以在城市公共空间园林景观中安静地从事个体化的行为，如独自读书、看报，享受片刻安宁。其次，它是具有亲密性和隐私性的空间，个人或小群体可以在这个空间里自由交谈或休息玩耍，但可以和其他人或人群保持一定的空间距离和视觉距离，不会被太过打扰，但也不会也不可能完全孤立于整个公共空间。最后，它是一个匿名空间，指个人或小群体活动时，不会受到周围干扰。匿名空间又指空间通过其位置（如面向空旷的湖面或山峦）、设施（如树丛

---

① 亚历山大·加文：《如何造就一座伟大的城市》，第62页。

② 林瑞主编：《中国园林艺术欣赏》，西南师范大学出版社2016年版，第124页。

③ F. L. 奥姆斯特德：《美国城市的文明化》，第124～125页。

④ 于贞贞：《公共空间的私密性营造——以荷兰乌得勒支大学图书馆为例》，《美与时代（城市版）》2018年第10期，第97～98页。

⑤ 凯文·林奇：《城市形态》，第213页。

或土丘、栅栏）等的排列组合，有效表达出匿名性特征，尤其是在独自相处的过程中给人私密且静怡的体验。[①] 这三大功能要求将在后续的场景案例介绍中显现出来。

有人认为，为什么要探讨城市公园的私密性，想要有私密空间可以不去公园，如把自己一个人关在家里也是私密空间。但城市公园作为钢筋水泥所构造出来的城市中为数不多的绿色和水体，其所承担的功能远不止休闲娱乐、绿化环境，它同时承载着身心放松、精神修补、沟通对话、亲朋聚会、社群和谐等许多衍生性的社会性功能。基于这种需求，城市公园这一微观空间的私密性塑造是必要的。

三、个案分析

笔者对 NJ 市 JN 区的 JL 湖公园进行了一次调研。调研范围覆盖 JL 湖公园的 JN 大草坪和湖滨天地亲水区。实际上 JL 湖公园远不止这个范围，但由于客观条件限制和代表性的选取，调研范围仅限于此，只能对部分问题作出阐释。

（一）JL 湖公园隐私空间

JL 湖公园存在隐私空间，这种隐私空间不只是用物理材料和封闭区隔构造出来的。它是通过植物的栽培、聚集、造型，或是对绿化空间的利用进行私密性空间塑造。在 JL 湖公园可以发现几种主要的隐私空间的营造方式。

图 6.1　树丛所形成的隐蔽效果

（图 6.1 ～6.5 为调研组组员摄）

图 6.2　过于开放的绿地空间

（建筑物为公厕）

图 6.1、图 6.2 是 JL 湖公园大草坪上两个不同地方。在这两个地方，各有小群体扎下帐篷进行休闲。图 6.1 中帐篷扎在树丛下，图 6.2 中帐篷扎在没有遮挡物的大草坪上。从视觉看，图 6.1 的隐私性远高于图 6.2。树丛在这里起到遮蔽阳光、隔离和遮蔽外界目光的作用。从两个小群体搭建帐篷可推断他们都在追求隐私空间的临时塑造，但效果显然图 6.1 的更胜一筹。大草坪的树丛是人为设计还是自然生长，不得而知，但高大乔木林确实为小群体的休闲提供了较私密的空间。据观察，树丛下的群体不会长时间待在帐篷这个自己塑造的隐私空间中，他们会在树丛下搭设吊床、架烧烤架等，进行帐篷外活动。而空旷

① 姜博宇：《城市公共空间园林景观规划私密性思考》，《现代园艺》2018 年第 9 期，第 96 页。

草坪上的群体基本上一直待在帐篷里没有出来，即使当时没有烈日或下雨。所以树丛是一个很好的由自然界构建的隐私空间。

这片树丛符合上文对隐私空间的三个功能要求。但对这类通过植物排列组合塑造的隐私空间是有一定要求的，没人选择在杂乱甚至不安全、没有舒适草坪的地方进行隐私性活动。园林植物对隐私空间的塑造对自然环境的要求是较苛刻的。

如何才是舒适、安全、可达但有足够隐私的公共空间？或许可以用情人谈情说爱所选择的公共空间位置作为参考乃至标准。谈恋爱是一种介乎理性的感情和冲动的性爱之间复杂的人类心理和生理活动。它既是人之常情的个体化的社会性活动，但具有极高的隐私性、隐秘感、羞涩感和排他性。除非是个人素养问题，否则没人会在飞机、高铁或地铁上“明目张胆地”进行热恋中的“准性行为”如搂抱、接吻、抚摸等，因为这些是公共、透明、共享的公共服务设施和开放空间。反之，热恋的情人除在房间幽会外，也会在公园绿地等公共场所约会，一般选择在傍晚和晚间，就是所称的“花前月下”。公园既可以为情人营造大自然所赋予的美好环境和氛围，又可以在灌木、草丛、树荫、土丘、花丛、假山、水体、雕塑乃至靠背椅的“半遮半掩”下获取一定的、必要的隐私空间，创造出个体化的两人世界——即使有其他游客经过，也会自觉地“退避三舍”或佯装不知地绕行；而情人们则在这本属全体民众的公园中，非常自然且“合法”地在一小块被塑造的私密空间中，营造自己的私人活动，固守自己的隐私边界。

以获取个体临时性隐私空间的恋人为例，在城市公园中理想化的隐私空间是有遮挡、有隔断、有边界，安静、免干扰和排他性的。要达到的效果是：“我”或“我们”可以观察外界，但外界难以直接观察到“我”或“我们”；“我”或“我们”的谈话信息不被他人所知；“我”或“我们”的身体及行为也难以被外界、外人直接、公开窥视到，尤其是热恋中的搂抱、接吻、抚摸等。这些行为合法并符合公共道德，这些“边际性”的非规范行为可以部分被遮挡和阻隔，仅限于私密空间，也仅存在于隐私范围。这是仅属于两位恋人的微观空间。

JL 湖公园通过植物、树丛塑造的一些类似隐私空间离马路和停车场很近，但并未看到游客的休闲活动。游客倾向于远离马路和停车场的较僻静的地方。

以下的这组照片（图 6.3）拍摄于 QST 西路的另一侧，与上文所提到的 JN 大草坪隔路相对。这部分区域的旁边是 JL 湖国际企业总部产业园，是商业办公区，内部有一个小型商业综合体——湖滨天地。产业园大部分在 JL 湖湖滨一侧。这里不存在大型广场或草地，以湖滨亲水区为主，在湖滨建设了绿化带、木质人行道、观景台等。其整体规划较 JN 大草坪好，但陆上地段相对大草坪狭窄，现代感较强，以水域风光为主，还有水上栈桥、背湖而设的座椅以及伸入湖中的观景台。隐私空间基本上依靠湖面和水域共同构建。左图中的栈桥不仅承担着联结湖两岸的功能，同样也适合独自一人凭栏，也适合两人或小群体如家庭散步看风景，被外部环境打扰的可能性很小。中图中的座位背靠水域，坐在长椅上的人可面对人行道，对自己周围空间的把控比较好，不管是独自坐着还是一对情侣或其他人群在此交流都会有安全感。右图中的观景台高于附近人行道并深入湖面，人们在此处观景时也是一个比较独立和私密的空间。这三张图反映了水域对构建私密空间的重要作用，这也是公园设施人性化的一种体现。

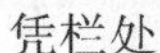

凭栏处　　湖边座椅　　树荫下

图 6.3　湖畔独处空间

但公园中也存在不足。湖中独立的小岛风景很美，空间较私密，但公园并未将其利用起来，小岛只能成为孤岛，隔绝于公园体系之外，游玩的人们不可以登岛实为憾事。由于周围的商业综合体和产业园主打湖滨概念，整片建筑群距湖边非常近（约 30 米）。同时因为周围建筑大量采用大面积玻璃幕墙，楼宇里的人能清楚地看见岸边亲水区场景，湖边游玩的人的隐私可能会受到侵犯（尤其是手机拍照功能愈加强大的今天），这也是湖边亲水区规划中较为不人性的体现。

（二）背后空旷的安全感

以下这两张照片（图 6.4、图 6.5）拍摄于湖边滨水区。图 6.4 中休闲步道的左方是湖面，右边是绿化用的草坪；图 6.5 中长椅的前方是湖面，后面是隔离开建筑群的草坪。湖面和绿化草坪具有共同的特征：人都不能合理通行。这也就为长椅上的人营造了多方位安全感，这也是塑造隐私空间的一种手段，无论这是人们有意还是无意为之的。尽管我们认为这样的空间是具有隐私性特征的，但笔者观察时还是发现有一对看似是工作伙伴关系的男士，坐在长椅上高谈阔论，嗓音洪亮，看上去并不介意周围的人听到他们在交谈什么，并不注重私密和公序的维护。

图 6.4　有安全感的位置

图 6.5　远离建筑，背后空阔，面湖的座椅

三、总结与讨论

有人认为公共空间是大家的，不需要私密性，也不需要照顾他人的隐私；也有人即使身处较好的隐私空间，也不会有意识地保护自己的隐私。这种情况不止存在于 JL 湖公园个案中，还普遍存在于不少的城市公园。为什么很多年轻人愿意宅在家里，也不愿意去公园逛逛？原因不止出在个体感知上，可能还源于公园不能提供良好的服务，尤其是在当代中国人尤其是有知识的年轻人愈加注重个人隐私，注重个体利益和重要性的情况下。走进公园，发现很多地方被高亢的音乐、嘈杂的人群、广场舞风暴、小摊贩，遛狗者乃至流浪者所侵扰，不能寻找到一个适宜的静谧的空间，人们还会再去公园吗？很多人可能不会了。

这也是为什么要注重公园隐私空间塑造的原因。公园的隐私空间不是指完全封闭的空间，就像前文对隐私空间概念的论述一样。首先，它可以提供独处的空间，它不仅满足一个人观看风景、街景的要求，又可以在城市公共空间园林景观中安静地读书、看报、思考、小憩，享受独处和宁静。其次，它可以是小范围小群体的亲密性和隐私性的，个人或小群体在这个空间自由交谈或休闲玩耍，和他人保持一定空间距离和视觉遮断，不受干扰，但不完全孤立于公共空间。它是一个匿名空间，个人或小群体在进行户外公共活动时，无人知道您或你们是谁。

城市公园的隐私空间可以确保居民在公共园林景观中能充分享受属于自己的临时公共空间，同时可以打破城市的封闭性和距离感，让更多的人走出家门，走出办公室。它可以为生活、工作中劳累了的市民提供一个私密且安静的休息环境和生态环境，满足城市居民在绿色空间里放松自我、获得心理慰藉的需要。基于此，可将塑造城市公园微观隐私空间的意义归结为以下几点：①城市公园隐私空间保证了个体隐私，提供了放心交流的场所，促进了人与人之间的自由交往；②城市公园隐私空间推动城市居民走出家门、走出办公室，走进公共空间、走进大自然、走进属于全体的城市——是遏阻宅男、食草男、抑郁症的通幽小径；③城市公园隐私空间是心灵放假的秘境。其隐私空间的塑造满足了不同人群的休闲放松需要。

公共与隐私的关系值得探析。公共与隐私在字面上看是两个相对概念，但不能将其割裂。在空间设计上，它们相互需要、相互共存。随着科学技术的发展，高清信息时代的到来，各种偷拍门、监控门事件层出不穷，无论明星还是普通人，人们的隐私权受到前所未有的侵犯。正是在这种情况下，人们对隐私的需求更加强烈，即使是在公共空间中也希望能够拥有较为隐私的可能——因为公共空间是最让人暴露的场景，也是被他人观看的合法境地，更是被别有用心的偷窥者可以利用的场域。当然，并不是说城市公园的所有空间都要求隐私性，这也违背了公园作为公共空间的存在意义。所以，对城市公园公共空间隐私性的把控要掌握度，太多不利于公园里交流沟通活动的进行和公共性、通达性，太少不利于营造较为安静私密的环境和隐私性。这要求在规划设计之初就充分考虑公共和隐私的关系，做到公共和隐私有机结合。赫曼·赫茨伯格（Herman Hertzberger）曾对空间的“公共”和“私密”关系做了较合理的阐释。他认为“公共”和“私密”之间如同“全集”与“子集”相辅相成，主张公共空间中应有适度的隐私性设计，一定程度的隐私让人在公共空间中有自主选择社交的权力，是人性化的设计。①

---

① 赫曼·赫茨伯格：《建筑学教程：设计原理》，仲德崑译，天津大学出版社 2003 年版，第 14 ～ 21 页。

在对城市公园隐私空间设计的探究中，公园规划的合理程度和规划投入有着相应的关系。在中国基础设施建设飞速发展，城市快速扩张的背景下，城市公园在某些时候是作为城市建设的预留地存在的，既然注定了会消失，所以相关部门在前期投入自然就会较少，规划质量随之下降。所以，对城市公园里有没有隐私空间，如何设计隐私空间这一问题很可能就被忽略了。

此外，国人对隐私问题仍是普遍忽视的，即缺乏保护个人隐私的意识。就像在 JL 湖公园所遇到的情况一样，坐在长椅上高谈阔论绝对不是个案；它也不仅存在于公园中，可能在地铁上、公交车上等一些公共空间，人们都会遇上这样的情况。但这种情况目前正在改变。城市公园作为社会化的行为场所，需要根据不同功能属性满足不同层次人们的实际使用和心理需求。在城市公园的设计上要注重群体性和社会性。公园私密空间的塑造，不仅是对城市规划或城市公园设计的要求，更是城市公园人性化的重要体现。

第二节　被设限的旅游资源

一、研究背景和意义

我国城市旅游业发展迅速，公共旅游资源的开发和相关服务产业的发展也进入了成熟阶段。但发展过程中出现的问题也不断凸显：政府、开发商、公众等多个主体责权不明确；旅游区域和旅游行为的公众权益受到限制；门票价格过高或随意定价；旅游质量不高，交通不通达、服务不周到、卫生环境不良导致游客体验差。这些问题都使旅游景区的教育效果、文化价值、历史意义等不能有效体现。

城市旅游竞争力是提升城市发展新动能的一个重要指标，由旅游现状竞争力、旅游环境竞争力、旅游潜力竞争力等指标构成。旅游资源中很大一部分是公共旅游资源。随着我国旅游产业快速发展、旅游人次增多、人数规模扩大，对城市公共旅游服务体系提出了挑战，但一些领域仍不完善，未能满足游客对公共服务的需要。在公共旅游资源进一步开发，特别是智慧旅游、品质旅游等模式兴起的大环境下，公共旅游的政策制定和服务体系建设面临诸多的机遇和挑战。因此，从各方利益相关者诉求、权责主体分离、旅游整体感等角度出发，探索公平合理的利益分配机制的构建和品质旅游的开创及完善，对旅游政策体系的完善，提高城市旅游竞争力和开发潜力都有重要意义。当前一个重要问题是公共旅游资源被设限。

二、案例分析

被设限的旅游资源指游客在旅游城市或旅游区旅游时，会被禁止进入某些本属公共区域的旅游空间，或即使进入了也被迫在有限的空间里进行旅游行为，从而被限制获取应得的公共旅游资源。这是城市微观空间在旅游领域的非人性化。而一些旅游景点是不适合以商业模式管理的，不应因其属于特殊稀缺资源而将其商业化和市场化。这些特殊稀缺资源涉及国家历史、民族荣辱、革命传统、社会道义、家国情怀、逝者尊严等。但在现实中，主管单位因受利益驱使，往往是不愿意放弃这些有利可图的特殊稀缺资源的。

如 NJ 玄武湖公园长期以来是收费的。直至 2009 年，玄武湖公园的门票是 25 元，但很少有市民购票入园，主要是觉得贵，不值得。仅靠这些门票收入，公园也难以持续经营，导致玄武湖公园长期门可罗雀，处于半关闭、半闲置状态。自从 2010 年国庆期间开启免票开园后，玄武湖公园游人如织，尤其在周末和节假日。通过园区内的游艇、餐饮、礼品等商业服务，反而大幅增加了公园收入，增进了就业，公园也获得了必要的管理和修缮经费。但是，玄武湖中的一个小岛——LZ 的一半空间长期被作为某些部门的会议设施而对外封闭。这是某些经济实体滥用权力，占有城市中有文化—经济价值或生态价值的区位及其上的珍稀资源，使这类土地成为无经济功能的"零价值区"。

对管理者来说，这也许不是人性问题，也不是道德问题，而是缺乏对城市微观空间中稀缺空间及其所承载的历史、文化和传统价值的理解和尊重。但对于民众和游客来说，这些被赋予了历史、文化、革命、民族、国家内涵和情怀的城市微观空间和建筑体，是无价之宝，是不能用金钱衡量的。它们不是物件，而是一些人乃至所有人感情、文化、历史观、价值观的寄托和集体记忆。

同时，旅游景点作为特殊的空间"容器"，其对游客的承载量是有限的。一旦超出了"容器"的载荷量，旅游体验感就会下降。景点管理当局和旅行社总会通过广告宣传景区，展示美丽的风景、别致的文化、舒适的酒店、完备的设施、殷勤的服务、便利的交通，这些画面完美地勾画了景区的大环境印象，从而吸引大量游客，其目的都是盈利。游客的目的则是旅游体验，尤其在花费后要求高质量的旅游体验。这是旅游景区商业价值和使用价值间的内在矛盾。

当游客被吸引到景点后，其所处的可能是不尽人意的旅游微观空间。现实可能是这样的：风景一般甚至是人造的，毫无文化和民间特色，酒店既贵又不够干净，设施陈旧失修，服务傲慢、不专业，缺乏公交系统，等等。这一个个微观旅游空间会使直觉性很强的短期游客对整体旅游空间留下不好的印象。就像如果一位游客在大理被一个导游坑骗了后，他所谴责的是整个"云南的导游太坑了"。更严重的是，如果一味滥用高价值景观点，还可能酿成人间悲剧，如摩天轮悬空停转、索道车厢坠落、吊桥垮塌、过山车脱落。

从 2001—2022 年发生的 21 世纪九大旅游区踩踏事件①看，所有惨剧都与城市中游客和市民的大型体育赛事、宗教朝圣、节庆活动、文艺演出等休闲娱乐活动有关。其中五个事件的发生地点是在城市中的旅游公共空间——上海外滩、柬埔寨金边洞里萨河和钻石岛、美国罗德岛车站夜总会、日本明石市大藏海岸、韩国首尔梨泰院。这些微观旅游公共空间在空间形态、空间结构、内外空间、交通体系、人流管控、公民素养等方面的任何差错失误，都可能酿成巨大灾难，成为最不人性化乃至最可怕的城市微观杀人空间。

因此，城市公共旅游资源开发要秉持公共资源管理基本理念，突出公益性质，逐步建立完善具有事业性、公益服务性、非营利性的旅游景区管理制度，构建以全民公益性为导向、以公共财政为保障的公共景区消费体制，更好地发挥景区的教育价值、文化鉴赏价值、历史纪念意义等，保护民众享受公共旅游资源的权利，更要保护游客和市民在其中使用时的生命安全。

---

① 《21 世纪九大踩踏事件都发生在哪里?》，https://baijiahao.baidu.com/s?id=1748282743198909399&wfr=spider&for=pc。

三、总结与讨论

城市公共旅游资源开发对城市发展至关重要，不同城市的地理、历史、文化差异性使各城市都有发展公共旅游的潜力和提升旅游竞争力的空间。基于我国丰富的公共自然资源和历史文化资源，城市公共旅游业的发展前景广阔。但由于缺乏合理的利益分配机制和管理制度，公共旅游资源在开发过程中存在诸多问题。因此，旅游资源的非公共化是问题的核心，包括以下三个方面。

（一）公共旅游资源责权不明确

我国城市中的公共旅游资源由各级相关部门管理，管理过程复杂。公共旅游资源涉及的核心利益攸关方有政府、景区开发者（企业）、旅游者和当地居民，相关利益者之间的关系相互作用、相互影响。理想状态下各利益方会形成相对平衡、互相促进、协调发展的良性循环，但大多数情况下利益各方会出现矛盾。

之所以产生矛盾，是因为利益者攸关方诉求不同。作为旅游活动主体，旅游者通过时间、精力和经济成本付出，希望获得其他利益相关方提供的最佳服务。另一主体——周边居民在享受城市公共旅游资源开发带来的经济利益的同时，也要承担开发资源带来的风险，即自然环境和社会环境的部分破坏，社区居民的利益诉求包含自然环境、人文环境的保护和社会环境的安定。而公共旅游资源的所有权属于国家，国家旅游利益诉求带有一定的公益性，政府的目的是促进产业消费、拉动经济增长、增加税收、创造就业岗位、宣传地域文化和价值观。但从实际情况看，由于在旅游资源管理和开发方面存在资金和职能限制问题，很多地方政府采取了公共旅游资源经营管理权转让的形式，将景区的开发和管理权交给企业。而企业的利益诉求是通过对景区的投资获得经济效益，加之城市旅游市场管理体系不完善，缺乏合理利益分配机制，地方政府和开发商片面注重经济利益，弱化公众利益，一定程度上损坏当地的自然资源，给居民带来不利影响，导致利益分配失衡，主体间利益矛盾突出。

商业化经营是导致公共旅游景区属性错位的经济动因，责权不清的分权管理是景区公益性弱化的原因之一。责权不清导致对旅游资源开发不足、方向难以确定，没有整体规划，不利于城市公共旅游资源开发，阻碍资源合理利用和可持续发展。

以上分析看出，公共旅游资源的经营权、行政管理权、监督权等必须清晰，不可责权不明。要发展城市公共旅游业，就要规范城市公共旅游资源的经营权，使其纳入法制化、规范化轨道，同时利用市场和企业主体解决资源开发融资问题；政府相关部门要正视已存在的问题，监督公共旅游资源市场经营，确保行政权力边界清晰，公共权力不越界；尊重并了解居民和游客的感受，增强旅游资源开发和管理的系统性和科学性。

（二）公共旅游景区门票昂贵

基于社会公益性视角，比对旅游景区门票价格，可见城市部分公共旅游资源门票价格偏高，偏离公益性。一些地方在景区运营和门票价格制定上采取权力下放机制，间接导致为追求经济效益依赖“门票经济”，门票频繁调高，一些景区通过增加另行付费项目、捆绑销售等方式变相涨价。

门票价格过高，会造成城市公共旅游资源国民教育功能的弱化。这些自然名胜景区和文化遗产资源最终体现的是国家的精神文化、民族意志，门票经济则物化了国民精神。公共旅游资源景点高价收费阻碍了众多游客接触自然和文化公益资源，限制了游客接受历史文化熏陶和传统教育的权益。非理性涨价导致客源流失，影响旅游消费链。旅游景点门票涨价的理由是“控制门票销售数量以控制客流”，具有一定说服力；但调控客流更关键的在于管理。如景点在参观前先在网上申请，以便合理安排参观日期、科学调控客流。

在旅游业发展初期，“门票经济”对旅游业发展起到拉动作用，对缓解旅游开发资金不足和维护旅游资源起到一定作用；随着资源开发的深入，景区门票价格过高会导致景区吸引力下降，对旅游目的地造成不良影响。景区摆脱“门票经济”的必要性在全域旅游和品质旅游快速发展背景下更加凸显。一方面，景区要实现长远可持续发展，必须摆脱以“门票经济”为主的单一收入结构，促进旅游产业链中食、住、行、购、娱等综合发展，丰富旅游产品，使旅游产业结构发展平衡，打造全域旅游优质景区；另一方面，游客的消费需求日益个性化和多元化，以景点为主的单一旅游产品已不能满足游客需求，要求旅游景区必须紧跟旅游消费趋势，丰富产品类型，以满足游客多样化和个性化的旅游需求。

但城市公共旅游资源全免门票也不现实。门票是调节游客量的重要杠杆，一定程度上游客数量与门票价格成反比。适当的门票价格可使旅游资源得到合理配置，旅游环境得到保护，减轻环境压力和相关人员工作负担。

（三）旅游体验质量较差

城市公共旅游体验质量差表现在以下方面：①交通方面，运输工具老旧，游览线路设计不精巧；②整体服务方面，旅游设施不齐全、功能不完善，咨询人员不充足，引导标识不丰富且特色不足，信息资料不准确，宣传资料不足；③景区卫生方面，环境脏乱差，垃圾桶数量不足、布局不合理，卫生间不够卫生；④购物方面，旅游商品价格虚高、地域特点不鲜明，从业人员素质和服务能力差；⑤吸引力方面，因开发不当或缺乏有效挖掘，没有保护好景观，修缮工作未与时俱进，导致旅游质量差，完好度低，历史、文化、科学价值不足；⑥旺季人满为患、旅游资源被破坏等。旅游质量体验下降导致旅游期望和旅游感知有较大差异，会使游客产生被欺骗和失望等感觉，对口碑宣传有不利影响。如何构建城市公共旅游景区发展的基本框架，制定城市公共旅游资源发展的长远目标，是有待解决的问题。

品质旅游是游客对旅游品质的综合表达。“全景、全时、全业、全面”也是对目前城市公共旅游景点提出的新要求。对旅游质量进行评价时，需要回归到起决定性作用的个体旅游品质感知，即游客对各环节的满意情况。游客对于目的地旅游价格、交通服务、餐饮服务、住宿服务、购物服务、娱乐服务、公共服务等环节的质量感知，以及对目的地居民友好程度感知、对旅游营销的评价、对投诉处理满意程度等指标，都应纳入品质旅游考察范畴，并获得优先的权重配比。因此，不仅要提高城市公共旅游景点的硬件水平，也要不断增添其所表达的价值内涵，提升服务水平和文化软实力，以提升游客的旅游体验。

综上所述，在所有的这些评价指标和因素中，其实都离不开微观旅游空间的人性化建设。这是实现高质量旅游目标的物理空间载体，是所有旅游行为和旅游服务的基础。

第七章　城市空间的隔离与歧视

第一节　住房建设制度的历史安排与社会隔离

一、研究背景和意义

一个不容争辩的历史事实是：食物和营养的充足使人类的性欲和性能力加强，这也使人类群体规模扩大，使人类更需要安居的生活。因此，多生多育是城市繁荣的人口前提，如以刚需房为主的对居住空间的需求促使建设更多更好的居住空间。定居使人类可以进行最早的种植和农业。性生活和养育孩子的前提是稳定的定居生活，而合适的住房可以减少婚姻成本和生育成本。

“就形式而言，村庄也是女人的创造，因为不论村庄有什么其他功能，它首先是养育幼儿的一个集体性巢穴。女人利用村庄这一形式延长了对幼儿的照料时间和玩耍消遣的时间，在此基础上，人类许多更高级的发展才成为可能。稳定的村庄形式较之一些由小型人口群落结成的松散的、游动性的联合形式有一个很大的优点：它能为人类的繁衍、营养和防卫提供最大的方便条件。”① 城市为育龄的妇女营造适合其工作、生活、生育、家务的居住空间，是提高人口出生率、保持城市繁荣的一个要素。对女性来说，住房是对稳定的需求，汽车是对便利的需求。所以，现代女性要求的有房有车并不是炫耀，而是家庭刚需。

住房是城市中每位市民、每个家庭“最微小”、最隐私，但也是最重要的微观空间。住房是社会最小组织细胞——家庭的港湾和锚地。能否实现“居者有其屋”关系到每位公民的社会福祉乃至社会稳定，住房质量是衡量城市对待其居民是否人性化的重要指标之一。安居乐业——先安居，后乐业，安居才能乐业。

本节基于城市发展、住房建设制度和住房及社区结构的历史延续性和继承性，以城市住房建设制度的四种意识形态为分析框架，从城市住房建设的历史变迁，就住房的设计—投资、建筑技术—建筑风格、住房—居住社区结构三方面进行分析，拟将中国城市住房建设（以下简称“城市住建”）制度历史分为五个阶段：第一阶段：1950—1980 年，计划分配住房；第二阶段：1981—1990 年，住房改革初期；第三阶段：1991—2000 年，集资房改革和部分住房商品化；第四阶段：2001—2010 年，住房全面商品化；第五阶段：2011 年至今，商品房和经适房兼顾。

---

① 刘易斯·芒福德：《城市发展史：起源、演变和前景》，第 11 ～12 页。

二、城市住建制度中的四种意识形态

参照社会政策学的社会福利意识形态理论①，笔者将国家对城市住建的经济政策作为横轴，横轴右边的是福利主义，左边是自由主义。福利主义指把城市住建作为公民的社会福利和生活必需品；自由主义指把城市住建作为可置于市场自由竞争的商品和生产资料及生产力。将国家对住房的社会政策作为竖轴，上方为平等主义，下方为保守主义。平等主义指住房制度是基于社会公平正义，提倡住房分配中的社会权力和公民权力；保守主义指住房制度是基于自由经济竞争，追求住房分配中的财产权利、消费权力和个人能力（图7.1）。

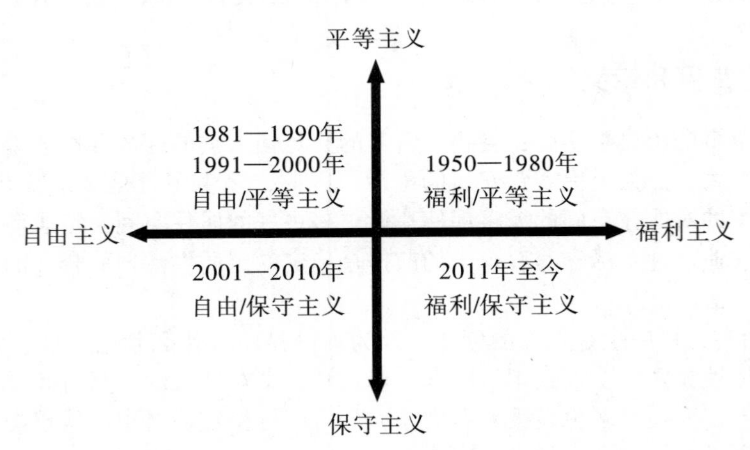

图 7.1　城市住建制度安排的四种意识形态

图 7.1 有四个象限，代表了城市住建制度的四种意识形态。这是城市住建制度历史安排及其社会公平问题的基本研究框架。

第一象限是福利/平等主义。这是计划经济时代的“国家社会主义”，是通过全民所有制强制化了的集体主义。1950—1980 年的福利分配住房阶段就是基于这种意识形态。福利/平等主义是为防止个体间出现不可接受的不平等，国家扮演统筹和绝对的角色，城市住建是集体供给的非商品化的社会福利，以保证全体公民住房权在理论上的社会平等。

第二象限是自由/平等主义。这是后计划经济时代“自由平等主义”的意识形态，既维持集体主义平等体制，又介入有限的市场机制和商业竞争，是国家调控、多元经济参与的受限的城市住建市场化和商品化。1981—1990 年住房改革初期阶段和 1991—2000 年集资房改革和部分住房商品化阶段属该意识形态范畴。自由/平等的意识形态是在保证基本社会公平的前提下，通过有限的市场机制部分改善住房条件。但住建工作已不是单纯的社会福利，住房权的分配也出现了早期的“差序格局”，即体制内居民享有比体制外居民更多的集体物品供给优势。

第三象限是自由/保守主义。这是市场经济时代，城市住建推行自由竞争机制，把城

① 哈特利·迪恩：《社会政策学十讲》，岳经纶等译，格致出版社 2009 年版，第 25 ～29 页。

市住建作为生产力，视之为资本积累和获取利润的“经济永动机”。在城市住建的社会层面主张公民凭个人能力和资本积蓄获取商品房，住房成为商品化的自由贸易品。在一些人住房权极度膨胀的同时，另一些人却丧失了住房权。2001—2010 年的住房全面商品化阶段属于这样的意识形态期，社会公平正义的天平就此失衡，并走向分化。

第四象限是福利/保守主义。这是一种自相矛盾的意识形态。它在保持国家宏观调控和公共计划即城市住建经济的有限福利主义的同时，主张个体获取住房的主观能动性和财富能力。其重视的更多是社会整合而非社会平等。它把经济自由主义与道德权威意识融合在一起，以国家意志提倡道德价值并塑造集体和个人行为。2011 年后的第五阶段，遏制房地产和房价，商品房、公租房和经适房兼顾正是这一意识形态的实践开始。“房子不是拿来炒的，是拿来住的”的理念将房地产业与社会福利相结合，使人民的财产权同时也是社会权和公民权，承认住房权是基本人权。

下文将对中国城市住建历史的五个阶段展开阐释，以分析这个最具个人意义的城市微观空间——居民住房的人性化问题。

三、城市住建制度的历史安排与社会隔离

“由社会阶层而形成的人的居住纹理，也就是一个城市中各社会阶层隔开的程度。……假如人能够选择其居住地的话，他们常常会选择靠近其同类人的地方，之所以作出这种选择，是为了避免行为上的冲突（尤其是在抚养孩子上），……是作为社会地位的一个象征、作为住房投资的一种保护手段，是出于人们为自己或为孩子获取更好的服务的强烈愿望，或只是因为人们能够很容易地找到志趣相投的朋友。”①

（一）第一阶段（1950—1980 年）：计划分配住房

中国的住宅分配主要表现为住宅数量、质量与费用等三方面。② 不同分配方式产生的结果迥然有异，从而产生社会公平问题。在计划经济时期，城市住建既未作为社会福利更未作为生产力得到过重视，却作为资本主义奢侈消费被唾弃，更无“居者有其屋”的公民权理念，城市居民主要居住在战后遗留的旧房子和体制内单位的简易宿舍。这是福利/平等主义下计划经济和集体主义保障中强制性、低水平的“大锅饭”平等。体制内的市民仅拥有面积小、质量差的基本住房。在低工资制基础上，政府或单位出资建设公房分配给职工。该制度被称为“实物福利分房制度”。但城市其他集体所有制和非公所有制的市民被排斥在该制度外。

1. 设计—投资

该阶段城市住建设计由体制内单位后勤部门建筑师承担，只负责单位内的房屋设计和社区布局。设计深受西欧乃至苏联、民主德国的板块式、连排格栅结构影响，反映出社会主义阶级平等的集体性和单位制居住空间的同质性。

城市住建的资本投入主要靠各级政府预算，无需交土地税，无需买卖土地，建设成本

---

① 凯文·林奇：《城市形态》，第 188 页。

② 向德平主编：《城市社会学》，高等教育出版社 2005 年版，第 199 ～202 页。

低。但住户没有住房所有权，只有使用权和租赁权，租金很低，属于社会主义集体单位的个人福利部分。房屋只有使用价值，没有商品价值和剩余价值，即只有使用权，没有财产权、所有权和买卖权、交换权。住房分配隶属于行政管理部门，没有市场机制。

2. **建筑技术—建筑风格**

建筑技术是以砖石水泥为主的非预制件结构，住房的防渗、防漏、防风、防湿、防尘和抗震性差，建筑寿命短，建筑风格统一呆板，多为6层以下双开间住宅楼，没有电梯，不少为“筒子楼”，形同“赫鲁晓夫楼房”，是计划经济时代集体主义消费和财政技术条件限制的结果。居民“保有”着质量低端但最廉价、最基本、最平均的住房质量和建筑技术。

3. **住房—居住社区结构**

基于计划生育控制下以核心家庭为主和对住房面积的最低配额标准，体制内职工的住房结构多为60～80平方米的两室一厅或三室一厅。均等化的低标准住房分配不考虑家庭人口结构，如人口数量、性别和年龄层以及是否两三代同堂等，狭小简单的住房间隔造成了各种家居问题。单位分配住房的标准主要看家庭户主（主要是丈夫、父亲等男性）在单位中的职位、职称、岗位、工龄等工作经历、社会地位和社会声望因素；女性“寄托”于男性而没有独立的住房权（仅核算工龄），使女性在家庭住房所有权中处于从属的社会地位。

居住社区是人性的产物，城市发展主要植根于居民的风俗习惯。[①] 该时期，同住区的住房在同一工作单位有着直接、间接的工作关系，互为同事，互为上下级，又互为邻居，形成所谓的单位家属大院。家属大院里部分连排成片的密集住宅平房使同质性较强的住户之间容易产生较密切的横向交流，人情关系浓厚。干群间的等级观念、等级秩序、等级制度变得相对扁平化和虚无化，使在同质性的家属大院中的人们更易达成平等、温情、互助的共同体般的邻里关系。但“筒子楼”里高密度的集体混居造成的对有限公共空间的争夺，亦引发心理焦虑，频发邻里冲突。

城市空间成为政治体系的代表，而在这种体系中公共领域扮演着重要的角色。[②] 单位办社会下，单位家属大院配以低成本的幼儿园、中小学、医院、理发店、澡堂、粮油杂货店、煤店、集体食堂、体育设施甚至小农场等生活设施，形成自给自足的封闭、排外但低水平的社区服务体系；这一服务体系由单位内（如后勤处）和街道办事处等正式社会组织进行非营利管理。公共消费的集体分享加强了单位内的社会均平化和去等级化。

该时期住房普遍匮乏，是整体落后、共同贫困。大部分市民的住房质量较低，部分工薪阶层和社会边缘群体世代住在缺乏基础设施和厨卫设备的棚户区。但由于贫困的均等化、普遍化，以及对政府的信赖，加之反消费主义、反享乐主义、物质虚无化的思想教育，并未凸显严重的社会冲突，但这种愤懑民情是隐性的、压抑的、内化的。

家属大院形似城市住建福利/平等主义的范例，但实则存在社会区隔，亦有下述社会

---

① R. E. 帕克、E. N. 伯吉斯、D. 麦肯齐：《城市社会学》，第4页。

② 根特城市研究小组：《城市状态：当代大都市的空间、社区和本质》，敬东，谢倩译，中国水利水电出版社知识产权出版社2005年版，第95页。

公平问题。

第一，保证体制内尤其是国营企业、事业单位、集体单位的职工有廉价住房，满足了最低社会保障，但单位的社会负担加重。住房分配是以职工的工作地位（职位、职称、岗位等指标）为标准，编制类型（如固定工、临时工）及工龄也有很大作用，这也是对职工对社会、单位忠诚度，对职工资质和地位认可和奖励的衡量指标，这是个体间的微观社会区隔。宏观社会区隔表现为不同单位之间的差异，以及有单位的社会群体与无单位的社会群体间的差异。

第二，夫妻二人只能获取一套住房（一般由丈夫所在单位分房，妻子工龄算入分房积分）。这虽减少了住房资源浪费、强化了家庭稳定，但妻子和子女对男性即丈夫和父亲的依赖加大，形成家庭内部不平等。

第三，家属大院有利于维系工作单位基础上的邻里关系，富有工作机缘的亲情。但同样会因同事间对有限住房资源的争夺，造成邻里关系紧张和干群关系不和，影响工作和组织团结。

第四，作为刚需和社会福利，住房只有使用价值，没有商品价值和利润收入。虽然存在着资源匮乏和分配不均，但在同一所有制单位内达到了相对的“均贫平等”，而不同所有制单位居住社区之间形成社会区隔。

第五，住房权在这一时期发生了较广泛深刻的变异，即住房使用权和社会区隔的转移。第一类转移是在单位内部的住房使用权转移。第二类转移是城市中不同职能的土地使用单位相互间的介入甚至入侵。表现为不同的社会组织相互侵入、占有对方的土地空间和建筑空间，即单位间土地使用权的转移。第三类转移是不同类型的人口出现强制性、权宜性、复合性的嵌入内融性组合，这是第一、第二类转移的结果。如居住社区内不同社会地位的人杂居混居，出现“大杂院”。第四类转移是个体按工作单位、职业类型，以集体组织形式形成的集体居住单位，即集体户。各集体户形成各种排他的、封闭的、自供给的可持续的低水平生产生活体系。如“五七干校”“知青集体户”“中学农村分校”等。住房成为强制性均贫共有的公共物品，如拆散家庭、按性别和集体组织重组的集体宿舍。第五类转移是下层市民对原有“大户人家”住房的“入侵”。因政治、经济等原因，许多“大宅”随时间推移逐步被膨胀的人口占用，使用权发生代际性的变异。第六类转移是当时几近非法的地下房屋租赁和房屋使用权的自愿交换，如“文革”后期出现的“换房市场”。这是新中国城市最早的住房商品化萌芽。

这一阶段，住房社会区隔和社会公平问题的形成是基于个体所属的社会组织在城市中的体制地位，而个体的“城市住房阶级”划分是基于其以“阶级地位”为基础的单位所有制划分。“用武力可以获得对空间的控制权，而控制空间也会被用来展示和增强权力。……仰角、距离、阻碍、通路、庄严、风格、整齐、等级甚至地名和植栽都用来证明当权者的权力。现代社会也同样通过不同阶层对不同空间的控制权来显示出不平等的特征。”① 如“文革”时广州许多离乡背井的华侨的祖屋曾被侵占，落实政策后得到归还。

计划经济体制下的绝对公平和物质缺乏从社会体制到生产力水平上决定了大部分居民住房的普遍贫困化，住房所有权和使用权都归化为公有制下的单位所有。这决定了人们隶

---

① 凯文·林奇：《城市形态》，第153页。

属于不同的单位制度，就隶属于不同的住房体制和住房福利，即职业编制所属决定了住房的性质和权限。所出现的住房社会区隔和住房阶级冲突是隶属不同社会组织的市民之间在体制上的矛盾和对住房权的争夺。

（二）第二阶段（1981—1990 年）：住房改革初期

该时期是以计划经济为主导的社会主义市场经济阶段。城市仍以工作单位为基本住房分配单位，仍强调按职称、职位、岗位、工龄等工作经历、社会地位和社会威望作为分房标准，但相比第一阶段，强调合理化的差别性和特殊性。尤其对在“文革”期间住房条件与社会地位和工作绩效成反比差的社会群体优先重配住房，属于基于工作性质和社会地位的住房权的再平衡。

1. 设计—投资

设计—投资仍以各单位的住房管理部门负责统筹、统建、统分，仍由单位和国家投资。住房仍属单位固定资产，个人只有租用的使用权，租金较低，无所有权和个人财产权，仍属于单位集体福利的一部分。住建用地主要是挖掘利用单位内的存量土地，住房建设是内敛式的扩张，不存在大规模圈占城市土地和城市外延的情况。

2. 建筑技术—建筑风格

该时期的建筑技术有所提升，新建住房以中低层建筑为主，内部多为“非”字式住房楼，即从单元门一个公共楼梯上去，每层两边是住户。该阶段是新中国成立后为偿还住房历史欠账，第一波大规模建设城市住房的时期，使用了包括电梯在内的较先进的建筑技术；但建材较廉价，如外立面多采用马赛克、瓷砖和石米，使用墙纸、金属窗框和预制件等，一些建筑会做夸张的设计外形，隐现出一种暴发户心态，这是在技术层面上对以往社会区隔和平均主义的反动。

3. 住房—居住社区结构

楼层化的住房结构有了较人性化的改进，如增大每户建筑面积、强调南北通透、大开窗、两厅格局、多为三个房间——强调住房的内部功能分割等。但立体式楼房却从此造成了邻里间社会交往阻隔；在分配新的有限房屋资源时，也因住房面积的大小之争在单位同事间产生了矛盾。该时期住房结构的区隔化和单位内部的分房矛盾影响了单位内的社会平等关系。

但家属大院的居住社区结构未被打破，单位住房的社会封闭性、排他性仍较强。在国企和城市体制改革中，在职职工和失去单位庇护的下岗职工的住房未获根本改善，很多工人仍住在年久失修的计划经济时代的宿舍楼。大量进入城市的农村流动人口则形成了城中村。因此，单位内部的“住房阶级”和城市不同社会群体间在居住空间的新社会区隔正悄然形成。“职业壁障可以从不同住宅类型当中表现出来。这种实例至今仍见于某些职业的自发性集结中，它们即使在没有市政府方面的强制措施时也集结到一起。”① 职业在城市分工的空间后果可能就是住区的社会阶层聚集区的形成。

---

① 刘易斯 · 芒福德：《城市发展史：起源、演变和前景》，第 111 页。

该时期是通过低廉住房的建设和住房重新分配，从物质和体制上改变住房长期匮乏的历史问题，体制内单位的住房取得了平衡。但由于改革开放和市场经济的引入，非体制内或脱离体制的社会群体大量出现，而这类缺乏个体先赋性或后天性制度竞争力的社会群体缺乏相应的住房供给和住房获取机制，城市出现基于住房资源分配体制性阻隔的社会阶层分化。如失业职工蜗居于旧宿舍区，外来移民集聚于城中村，亚文化少数民族聚居区也在城市边缘形成。自由竞争使部分改革的“失败者”丧失了作为基本人权的住房权甚至居住权，且因缺乏改变的机制而出现代际性的住房贫困。这一阶段是住房权的再分配，还未涉及财产权和私有化，仍属于福利/平等主义时期。

（三）第三阶段（1991—2000年）：集资房改革和部分住房商品化阶段

这是经济制度深刻市场化、自由化和私有化时期。城市住建分配和管理制度也进行了改革。国家和单位不再完全负责住房安排，个人必须承担经济义务，住房分配开始商品化和市场化。

1．设计—投资

出现了单位和外部公司共同设计和建设的格局，住建工程市场化。此阶段的住房面积增大，有了内部装修概念，注重舒适度。

投资方发生变化。不仅靠单位补贴投入，也采取单位集体集资方式，如国家、单位和个人各出资1/3。经20年的改革开放、经济发展和收入提高及多元化储蓄，个人已有能力出资购买集资房。集资房使个人拥有房产权，即拥有不动产的私有财产，激发了单位职工的集资热情。此外，基于追求质量的建筑行业和住房保障体系的市场化使建房成本大幅提升，也迫使个人出资成为必然。

2．建筑技术—建筑风格

由于预制件、新型建材和高速电梯等技术的普及，使住房摩天楼化，土地利用率更高。住房内部结构日趋复杂多元。建筑物外墙由原来的石米、马赛克瓷砖改进为釉面瓷砖、艺术石和大面积的玻璃幕墙、钢架结构、大窗户和落地飘窗。外形更具现代性、艺术性和实用性。

3．住房—居住社区结构

住房面积增至100平方米以上，出现两厅多房的大中户型。出现大厨房、双卫生间、套间、儿童房、保姆房、双阳台、储物间和跃层、复式等结构，提高了居住质量，出现多功能化。对住房的要求已经提高到舒适、美观和实用层面。出现了别墅等奢侈性的高消费户型。

此时的住房结构既要满足居民对舒适度的要求，也要面对城市人口膨胀和土地稀缺问题。城市出现了缺乏控制的外延发展，许多单位突破原有界限，在城内、郊区甚至其他城市建立“飞地”，如分校区、分厂区等。因此，准商品化的单位集资房一部分建在单位圈有的原地块内，如拆除原有低矮平房改建高层住宅；一部分则在家属大院外的其他城区购置土地异地建房，住房成本提高。前一类集资房打破了计划经济时期住房分配按单位中各部门的建制进行配置，即同部门的人分配在同一住区的习惯，而是不同部门的人交错居住，瓦解了以工作单位如共同职业、共同工作方式和共同价值观为纽带的人际关系。第二类的异地建房居住不但打破了原有居住空间上的工作情感和共同体纽带，甚而疏远了对单位的归属感。

集资房房主大部分是单位的老职工，其第二、三代因工作、学习、婚姻、迁移等原因并不完全与他们同住。部分集资房的产权作为遗产转到子女名下，而子女与原单位少有工作关系和社会关系；随着父母离世，子女对房屋的故土情感淡漠，终将把住房变卖或出租。家属大院住房部分地被原房主或后代出售、出租、置换，异质性“外来人口”进入。单位内基于共同职业、共同价值、共同惯习、共同历史、共同体制、共同人脉的家属大院式的单位情感和社会网络也部分解体。

M. 卡斯泰尔（Manuel Castells）的城市消费冲突理论（urban consumption conflicts）认为：一些公共资源（公共物品）和服务性设施和政策，本来是客观存在的。一些城市问题是由于经济和城市自身的发展而无可避免的。但一旦政府政策干预，这样的公共资源就被当作政府需承担的义务和责任。这使政府的功能负担（政策上、经济上和道义上）自我加重。市民作为社会政治分层上的弱势群体，会逐渐形成小群体、组织，向政府提出更多的公共资源要求。这就出现矛盾：政府提供的公共资源越多，受到的公众批评越多，一旦不能满足市民要求，就会发生社会冲突。① 因此，政府开始把公共责任通过公共物品私有化或准私有化的转移为自己减负，即把部分责任转移给个人。

所以，为在短期内改善住房条件，仅靠国家和单位的财力是不够的，却可利用民间储蓄，从而出现了国家、集体和个人在单位主导下联合集资建房的模式。这是国家主导和公共福利向个人主导和商品市场转变的过渡期，是住房的准私有化阶段。体制内人员和初步富裕的市民成为获取新住房的优势阶层。其中管理佳、经营顺、效益好、有国家补贴的单位集资顺利，住户从此成为有产阶层。

集资房的出现及其形成的社会区隔和社会不平等是基于以下社会背景：由于长期住房短缺，对高质量住房的刚需极高，要求扩大城市住建。市民有了积蓄，可以出资，有了参与城市住建的能力。集资房的所有权属于购房者，这提高了市民买房的主动性和积极性，使物权和私有财产成为可能；但仍需要政府和单位的“守护”。这也是由居民收入水平决定的，还不可能全面商品化，还需福利政策的保护。而不在“守护”范围的社会群体，则感觉到被相对剥夺了相关权利。

M. 卡斯泰尔提出，在长期城市社会生活中，百姓逐步产生了一种新的人与城市之间的互动关系和相应的社会利益、价值观念，即人对自己社区的看法。他们将社区与自身的经济利益和社会生活各个方面联系起来，认识到为了城市规划而搬出长期居住的社区，不仅意味着离开一个地理环境，更重要的是意味着与在社区长期建立起来的社会关系断绝，放弃了融汇在原社区中的社会文化价值。② 在讨论住房分配时必须考虑地方居民的社区生活，在长期社区生活中他们形成了自己的居住文化。但这一时期，这种居住文化对市民所起的保护作用逐渐被制度性安排吞噬。这一时期，集体向个体、福利向私立转化，人情向

---

① 顾朝林：《城市社会学》，第163 ～164 页。

② Manuel Castells, *The City and the Grassroots: A Cross-cultural Theory of Urban Social Movements*, University of California Press, 1985, pp. 258 – 264.

法理转化，在家属大院外异地建房的新居住社区更凸显出社会转化。

该阶段也是住房部分商品化阶段。在拆迁后土地上建起的城市商品房开始出现。单位办社会的理念被废除，住房不再是国家福利的必要供给，而是完全商品化的可交易品。改革开放的10年积累，在市场经济推动下，在生产力发展、经济积累和居民收入储蓄增长到一定水平时，住房的商品化、市场化有了基本物质基础，部分社会阶层有了购买商品房的财力和欲望。雷斯和摩尔的“住房阶级”（housing class）真实出现。[①] 公民的住房权出现了早期的“差序格局”。国家也开始把房地产作为经济发展的支柱之一。

综上所述，集资房成为最具财富积累潜力的早期房地产，这为造就第二代“有房阶级”打下了物质和文化基础。而非体制内的居民则已直接参与到住房市场中。因此，集资房和商品房成为中国最早的一批产权房，也造就了第一代“有房阶级”，他们成为引发以后的住房商品化的巨大海啸的第一波涟漪。这一时期，虽然房主有住房所有权和使用权，但住房还没彻底商品化和成为生产资料，住房社会区隔所造成的社会不平等和社会震荡还不大。

这一阶段属后计划经济时代的自由/平等主义时期，既推动住房商品化，又仍然保障住房权的公平分配。

（四）第四阶段（2001—2010年）：住房全面商品化阶段

这是国家主导下的有限市场经济时期，房地产业成为国家支柱产业之一，是城市化迅速发展和住房完全商品化、私有化、资本化的时期。房地产公司强势控制着经济发展和城市用地分配，城市地价、房价飙升，出现巨大泡沫化。

1. 设计—投资

住房作为不动产，是个人毕生拥有的财富，是在金融危机时期具保值升值功能的私产，个人对住房的选择更具长远性和代际性。因此，购房者对房屋外观、结构和内部的设计需求更趋个性化，要求更高，衍生出大量设计公司，在技术上为住房的社会区隔和社会不平等形成提供了社会性可能。

这一时期由于中央财政紧缩，进行了税制改革，将税收分为中央财税和地方财税两类。地方政府在税收下降的同时要承担的事权并未减少。在政绩考核以经济增长为主要指标的情况下，地方政府寻求新收入来源，以提升经济指标。最好的办法就是“土地财政”，主要包括四个方面：地方政府通过出让土地获得土地出让金；通过低价出让工业用地招商引资，以带动经济发展；进行城市扩张，大拆大建，以促进建筑业和房地产业发展，增加地方税收；以土地为抵押作为融资工具获得银行贷款，以进行基础设施投资和城市建设。[②] 由于住房商品化、私有化、资本化和快速城市化下居民对商品房的需求大增，房价随地价在“土地财政”推手下水涨船高，促使购房者投资房产当作终生不动产，关注房产的升值潜力和长期使用价值。

住房投资脱离了单位分房和集资模式，归结为两种基本融资模式：私人投资和住房公

---

① 顾朝林：《城市社会学》，第169～170页。

② 《分税制、土地财政与土地新政》，http://theory.people.com.cn/GB/49154/49155/4989630.html，2006年11月2日，访问日期：2014年11月29日。

积金—私人投资，银行房贷成最重要的融资手段。私人投资者主要是体制外的社会群体，如私企职工和个体经营者等，以个人所得购买高价商品房。住房公积金—私人投资者主要是仍然在体制内的社会群体，多为国企和事业单位的从业者，他们虽为购房付出个人所得，但得到单位房补和住房公积金。融资方式继续形塑和固化着社会区隔和新的“住房阶级”不平等。

2. **建筑技术—建筑风格**

住房建筑多为高层和超高层，强调立式玻璃窗的使用和更精致的外观和内饰——有地中海式、巴洛克式、包豪斯式、古希腊罗马式、简约式，而中式风格相对遇冷。这一定程度上反映了迅速发展的物欲社会和人们精神适应力间的断裂扭曲。建筑技术和风格的外观和符号性差异亦在强化住房的社会区隔和社会不平等。

3. **住房—居住社区结构**

居民对住房的功能需求多元化，尤其是对面积和结构的舒适性和闲暇性有较大要求。这使住房向大型化发展，厨房、厕所和阳台等附属空间显著扩展。厨房面积的加大和公共化体现了对妇女家务劳动的尊重，厕卫分属主卧厕卫和公共厕卫，强调主卧房的私密性和舒适性。双阳台结构使较大的朝南阳台成为休闲空间的一部分。四房结构的大型住房强调了客房、祖辈房、子女房、书房等功能。住房结构的深刻变化和伴随的高房价证明，市场化下因住房消费不平等造成的社会区隔和社会分化被强化。

居住社区结构在这一时期也发生了变化，强调住房所属开发商、所在城区、所在学区等，形成了新的社会区隔。在城市公共管理方面，住宅的隔离效应所产生的问题已不容忽视，尤其是居住社区的分化，导致群体效应，危及社会稳定。① 新的社会区隔反映的是制度缺陷及住房社会公平问题，表现在以下方面。

（1）因职业、收入和户籍等因素形成不同类型的居住社会隔离，有六类：

第一，以被拆迁农民和原住民等为主的安置房。是政府统建的五至六层的小户型无产权的居民区，容积率普遍较高，区内环境差，绿地少，各类车辆、小贩占道占地。区内多为自行再就业和创业的失地农民和外来租客。

第二，以外来务工者和贫困职工等为主的城中村、棚户区。主要是搭建的农村住房、原集体所有制时期破败的单位宿舍、自建—搭建房甚至一些被占用的文物宗教古迹建筑等。区内除外来流动劳工者外，还有子代际居住的下岗职工。

第三，以各类企业中未婚青年职工为主的职工集体宿舍。主要是建在产业园附近由企业建设的职工宿舍区，配置有相应的食堂、商店等服务设施，相对独立封闭、密度高、同质性高，但服务质量水平较低。

第四，以中低收入的未婚大学毕业生和初涉职场者等为主的公寓式居住社区。主要是针对在城市中落户的青年知识分子的住房需求而建设的小户型商品房区、被住户出租的产权房和政府筹建的经适房。

---

① 陈钊、陆铭、陈静敏：《户籍与居住区分割：城市公共管理的新挑战》，《社会学研究》2012 年第 5 期，第 77 ～86 页。

第五，由城市中产阶级如公务员、中层管理者、专业人员、学校教师、事业单位职工、自由职业者、个体业主、炒房者、富裕的回迁农民和功能性购房者（如因小孩上学）等为主的中高档居住社区。这是在城市中最普遍存在和最具争议的居住社区类型。以中高层住宅为主，区内配有简易的儿童游乐场、绿地水景，加上安保、门禁、围栏和监控，使之成为较为独立、封闭的居住社区。

第六，以高收入人士等为主的高档居住区，他们是“住房阶级”中的“贵族”。主要为小高层和别墅区，密度低，绿化水体占比高，配置会所、泳池、儿童游乐场、网球场、篮球场和购物街等。安保措施严格，俨然私人领地，对外形成极高的隔离和排斥。

（2）以上六类居住社区在城市中均形成了以围墙、护卫河或栅栏为界的不同类型的居民区，形成不同的碎片化的社会类型区，是社会不平等的空间体现。第一、第二和第三类居住社区里人口的社会异质性较高，第四、第五类居住社区里人口的社会同质性较高，第六类居住社区人口的社会结构要视具体的居住社区而定。“财富发生了转移，不是进一步向排斥穷人、下层人和边缘人的城市远郊转移，就是把它自己封闭在高墙后，在郊区的‘私托邦（privatiopias）’和城市的‘门控社区’内。富人构成了富人居住区（他们的‘资产阶级乌托邦’）并削弱了公民权、社会归属和相互支持这些概念。……如果社区不是门控的，他们就会在红线范围内很快构筑一个……”①

（3）城市由此形成了六类相互排斥、相互对立、相互平行的居住社区类型。使居民按工作职业、财富收入、社会地位和文化惯习“购买”相应的住房类型，形成按空间区隔的“住房阶级”。人们可能属于同一单位、从事同一行业、拥有平等的公民权、享受同类娱乐甚至具有同等的受教育程度，但可能居住于有较大社会地位差异的不同的住房和居住社区中，最终影响了他们在城市中的生活质量和社会质量，并影响其价值观。

（4）在此基础上的两个极端是：社会进一步被分化为拥有过量商品化、生产性房产的不动产和生产资本持有者——城市中的新“地主”、新产业主和新投资者，以及没有房产，以租赁、寄宿、暂住甚至露宿为主的无房者和“流浪”群体，成为社会不稳定因素。

（5）具有多房产的社会群体则继续其对房产的追求，将住房权这一基本的人权资源异化为生产资料。他们推高房地产价格，使房地产泡沫化，泡沫化的部分就是住房产业的剩余价值。

（6）因此，H. 列斐伏尔关于城市空间的社会性和政治性论断在中国有了新的诠释，也丰富了“住房阶级”提出者雷斯和摩尔通过对住房资源占有进行的社会阶级划分体系，即“住房阶级”在中国的六种新类型。

在制度变迁和经济发展迅速的社会，住房隔离造成的社会区隔乃至社会不平等更为显著和激烈。其原因是：住房安排的体制变化——由单位分配转变为个人购置，单位制瓦解造成部分市民被边缘化，人口大量无序进入城市，原住民住房权力异化，房地产业缺乏社会责任的逐利行为，使房地产业蜕化为主要的经济增长动力，各种异质性住房社区的边界区隔化，企业和个人的盈余投资环境和渠道被钳制于房地产投资，等等。其可能的不良后效如下：

第一，不少大中型企业因急功近利和投入门槛低而热衷于房地产投资，自废了作为经

① D. 哈维：《希望的空间》，胡大平译，南京大学出版社 2006 年版，第 145 页。

济社会骨干的主要职能，间接削弱了国力，威胁到经济稳定和国防安全。

第二，上述企业在可通过房地产业流通资本、谋取暴利的情况下，以科研创新和提高质量发展工业制造业等实业的内在动力不足，企业的科技水平和国际竞争力下降。

第三，这类企业拥有巨大的融资和投资能力，在与地方政府合谋的情况下，不断圈地囤地，抬高地价房价，造成房产泡沫，衍生暴发户、贪官和无房者，制造社会区隔和新“住房阶级”，危及社会稳定和道德价值。

第四，国民经济尤其是城市经济严重依赖房地产业，忽略、挤压了其他城市功能和产业业态。一些中小城市从生产性城市蜕变为以房地产为主的高消费城市，房地产成为主要生产力。这种以侵吞土地资源、纯消费为本、危害公民基本住房权的产业在经济上、社会上和政治上都是不可持续的。

第五，住房社会区隔造成的最大恶果是基于住房分配不平等的社会不平等，在城市住建和消费各阶段制造出各类鸿沟巨大的新“住房阶级”：征地暴富群体、住房投资群体、炫耀消费群体、房贷偿还群体、临时租住群体、苟且蜗居群体……这种隐性但巨大的社会矛盾张力威胁着社会公平正义，是社会冲突的燃点。

第六，作为商品的住房注重的是商品价值而不是使用价值。因此，住房的质量难以在建房者的制度和内需上得到制约性保障，从而出现从烂尾楼、“楼歪歪”到“楼塌塌”这些信誉和质量上的问题。

该阶段末期，虽然先后出台了《廉租住房保障办法》（2007 年 11 月）、《廉租住房保障资金管理办法》（2007 年 10 月）、《2009—2011 年廉租住房保障规划》（2009 年 5 月）和《关于加快发展公共租赁住房的指导意见》（2010 年 6 月）等相关政策，但国家对住房作为基本社会权力的“守夜人”式的管控基本缺失，住房不再是社会福利，而是可产生剩余价值的商品、生产力。

基于此，这一阶段的住建制度属于在经济政策上放任自由、在社会政策上强调个人竞争的自由/保守主义时期。

（五）第五阶段（2011 年至今）：商品房和经适房兼顾

该阶段城市住建的设计—投资—管理、建筑技术及建筑风格和住房及居住社区结构与第四阶段相比没有根本性变化，新现象是小户型租住房、经适房的出现，因此着重于新时代城市住建新制度安排及其相应意识形态的分析。

雷斯认为，城市中质量不同住宅的取得，不仅是由经济因素决定的，也是市场机制和科层官僚制运作过程的产物。[①] 通过政府保障和政策支持解决基本住房问题是国际通行做法。在中国城市住建问题上，国家始终占主导地位，从福利分房到商品房再到社会保障房都在国家政策调控下。在发达国家，住房保障覆盖面通常在 25% ～ 40% 甚至更高。截至 2011 年，中国住房保障覆盖面尚不到城镇住房的 7%，到“十二五”末将提高到 20% 左右。[②]

① 夏建中：《新城市社会学的主要理论》，《社会学研究》1998 年第 4 期，第 49 ～ 55 页。

② 《“十二五”末我国城镇保障房覆盖率将达 20% 以上》，https://www.gov.cn/jrzg/2011 - 02/28/content_ 1813114.htm。

国家在推进商品房建设的同时，并未忽视社会保障房建设。2008 年四季度至 2010 年末，建设社会保障房和棚户区改造住房 1300 万套，竣工 800 万套。保障性安居工程完成总投资超过 1.3 万亿元。① 这是“十一五”期间的福利房建设成果。2010 年后，住房商品化带来的负面经济社会影响仍威胁着国家土地安全、经济安全和社会安全，国家必须干预调控；但基于经济结构已对房地产及其产业链形成路径依赖，宏观调控不能矫枉过正。

“十二五”伊始，提出保障性安居工程。该工程是“十二五”期间改善民生的标志性工程，也是经济工作硬任务。规划在五年建设社会保障房、棚户区改造住房 3600 万套。此外，公租房、廉租房等社会保障房建设并举，主要受益群体是新就业职工、新毕业大学生及外来务工人员等新市民，可谓“精准供房”。其目的是通过建设保障性安居工程，增加住房有效供应，分流商品房市场需求，稳定人民住房消费预期，降温“炒房热”“购房热”，管控通胀。这实质上是通过加强公共服务，对中低收入住房困难家庭“托底”，纾缓群众困难，调节收入分配关系，使人民共享发展成果，体现公平正义，促进社会和谐稳定。

该时期的主导意识形态是部分回归福利/平等主义原则。在该过程中有两次反复。

2013 年 12 月，央视发布了 WK 房地产偷漏土地增值税的暗访视频，首次发出了对暴利的房地产“开刀”的信号。随着农村土地买卖体系改革、提高对炒房者的惩罚性税收、发布“限购令”，去库存，对土地税、房贷政策、公积金、房地产市场、物业税等进行管控。房地产业迎来不稳定和不确定期，房价持稳下降。

但 2014 年以来，经济面临下行压力，经济结构的不合理性难以迅速调整，房地产业又成为经济中难以割舍的毒瘤。住房意识形态又微弱地修正到福利/保守主义形态。2014 年 7 月，呼和浩特市首先解除住房限购令。之后，全国多个城市相继取消限购政策。地方政府对土地财政的依赖越来越重。《中国经济周刊》记者查阅财政部国有土地使用权出让收入数据发现，该数据在 2013 年为 41250 亿元，2012 年为 28517 亿元，2008 年则为 10375 亿元；同期全国公共财政收入在 2013 年为 129143 亿元，2012 年为 117210 亿元，2008 年仅为 61330.35 亿元。即从 2008 年到 2013 年，公共财政收入 6 年间翻了一番，而同期土地收入翻了两番，土地收入增速更快，土地收入与公共财政收入的比值从 1∶6 增长为 1∶3。在土地出让金作为地方政府主要收入来源的前提下，地方政府很难坐视房价跌幅扩大，楼市趋冷，救楼市的动机依然存在，自然会加快救市政策出台。②

为此，2016 年底，中央经济工作会议提出“房子是用来住的、不是用来炒的”的基本定位。之后，一系列抑制房价、去房产存量、遏制炒房热、遏制买房热、增建租赁房等措施已见成效。2017 年 9 月，北京、上海、南京、杭州、厦门、武汉、合肥、郑州、广州、佛山、肇庆、沈阳、成都 13 个城市（它们是新一轮房价上涨较快的城市）试点集体土地建设公租住房，增加城市租住房供给。这些城市作为人口净流入城市，租住房需求较大，约 1.6 亿人的城镇租房居住人口占城镇常住人口的 21%，其中以新市民为主。

---

① 国务院新闻办公室：《〈国家人权行动计划（2009—2010 年）〉评估报告》，https://www.gov.cn/jrzg/2011-07/14/content_1906151.htm。

② 刘德炳：《地方为何更积极救楼市：土地收入已占全国财政 1/3》，http://news.xinhuanet.com/fortune/2014-07/22/c_126780073.htm，访问日期：2014 年 7 月 22 日。

这一时期，在秉持福利/平等主义原则的城市住建政策执行过程中，兼具四个象限中的合理元素，是一种看似矛盾、实则融合互动的复合化的意识形态。

如第二象限自由/平等主义中的以下理念：反对个人之间出现不可接受的不平等。国家要扮演有限的角色，以保证全体公民理论上的平等。但不试图保证完全的社会平等，只确保为每位公民提供全国最低标准，每个人可以在最低标准的基础上自由发展自己。2017年12月8日，住房和城乡建设部、财政部发布《关于做好城镇住房保障家庭租赁补贴工作的指导意见》，提出："原则上住房保障家庭应租住中小户型住房，户均租赁补贴面积不超过60平方米，超出部分由住房保障家庭自行承担。""分类保障，差别补贴。根据住房保障家庭的住房困难程度和支付能力，各地可分类别、分层次对在市场租房居住的住房保障家庭予以差别化的租赁补贴，保障其基本居住需求。""建立退出机制。各地要按户建立租赁补贴档案，定期进行复核，及时掌握补贴发放家庭的人口、收入、住房等信息的变动状况。"要把保障性安居工程住房这一公共资源分配好管理好，必须从准入标准、审核程序、动态管理、退出执行等方面制定完备的政策制度。这是一种有严格个人资产审核和福利准入的经适房供给政策。

如第一象限福利/平等主义中的理念。无需赘述，这个象限的意识形态本身就是这一时期住建制度的目标——更加平等。

如第四象限福利/保守主义中的以下理念：重视社会团结而非社会平等，倡导同情弱势群体，但决策由权势利益集团操纵，并维持相对慷慨的社会政策以保护社会。如这一时期权势利益集团博弈的焦点是遏制和抬升房价，其演变路径如下：政府调控遏制房价→房价因房地产的经济垄断地位反弹并升至高位→政府在不遏制商品房建设的同时，投资建设经适房和租住房→但因使用率低而效果不佳→以强制性政策如限购遏制房价→房地产企业的伺机抬升和改弦易张（如同时开建公寓房）→政府以市场调节 + 政策手段遏制被哄抬的房价。

如第三象限自由/保守主义中的以下理念：追求自由经济和强势国家，把经济自由与道德权威融合在一起，利用国家权力灌输道德价值和塑造个人行为。对应国家的政策导向是：引导合理消费。大规模实施保障性安居工程，既要大力增加住房供给，也要合理引导住房消费。实现住有所居，并非所有住房都由居民拥有产权，而是租房与购房并举，能租则租、能购才购。现阶段之所以大力发展公租住房，其重要目的是：在帮助中低收入家庭实现安居的同时，引导形成先租后买、梯度消费的住房模式。部分群体如新就业职工、新毕业大学生，收入水平可能并不低，但工作时间短、积蓄较少，面临的是阶段性住房困难，发展公租住房可以较好地解决他们的现实困难。

也只有这样，才能在以市场经济为动力持续推动住房商品化建设的同时，以社会主义的社会政策平衡住房分配的均等化和公平正义，以达成"房子是用来住的、不是用来炒的"的基本定位，践行住房这一基本人权。

该时期仍是一个复杂甚至矛盾的过渡阶段。这是由国内经济增长极的相对有限、人口压力下的住房刚需和房地产业所创造的就业市场等多因素决定的。这是在经历了约30年的普遍贫困的"原始"社会主义计划性的福利分房均贫化和另30年的贫富级差化的"极端"自由主义个体性的住房阶层化后，形成了一种"现代"福利主义集体性的租购公平化的历程。

这种所谓的住房“集体性”是一个相对化的比喻，即在个体性的当下社会，有三个层面的意义：一是国家重新以“守夜人”的角色托底，使每位公民融入“住有所居”的社会主义集体；二是一种相对化的隐喻，即仍有部分集体体制外的公民愿意或能够凭个人能力购房；三是在较高住房质量的基础上，实现新的社会主义的住房均等化。这是在城市住建上国家角色的回归和主导地位的再确立。

城镇住房市场化改革极大调动了各方面投资建房的积极性，极大改善了群众住房条件，主要依靠市场满足群众多层次的住房需求是正确的，是符合发展社会主义市场经济要求的。应继续发挥市场配置资源的基础性作用，使多数居民能够通过购买住房或市场租房满足住房需求。但商品住房市场不可能解决所有群众的基本居住问题。住房是价值量很大的消费品，低收入家庭甚至一些中等偏下收入家庭经济能力弱，不具备在市场上购房或租房的条件，需要政府履行公共服务职能，保障这些家庭的基本住房。应当坚持“两条腿”走路，形成政府保障和市场机制结合的住房供应体系。“十四五”规划纲要提出，扩大保障性租赁住房供给，着力解决困难群体和新市民住房问题。党的二十届三中全会也提出，要加大保障性住房建设和供给。

四、总结与讨论

马克思主义学者认为，拥有私房只是拥有了商品即消费品。住房不是生产资料，不能再生产，不能创造新的财富和价值。因此，拥有住房不应改变人们的阶层和阶级划分。对房产的占有和追求反而会加大社会贫富分化。①

韦伯学派的 R. 帕尔（Raymond E. Pahl）认为：城市资源的分配不完全取决于自由市场，部分资源是通过政府的科层制度，如住房署、福利署分配的。在这个分配过程中，城市官员（urban gatekeeper）或城市经理（urban manager），如住房事务经理、城市设计师、建筑师、地产从业员、开发商、社区工作者、教育工作者等成为影响资源分配的因素。这些经理人有价值倾向和意识形态，各自推出自己的计划，追求自己的目标，对城市资源分配造成一定影响，会强化或减弱社会不平等。② 这种情况在全球住房分配中都是一样的，和政治制度、文化没有直接关系，最终指标是国家的经济发展水平、住建制度和居民的社会分层及其收入状况。

在计划经济时期，城市住房是单位分配，城市经理和住房管理者是工作单位（机关、工厂、学校）。住房分配与个人社会政治地位和体制归属有关。20 世纪 90 年代到 21 世纪初，住房是单位、集体、个人集资，个人责任和负担加大，但住房质量提高。市场房贷使国家、单位的意义不重要，主要是房地产商和购买者间的关系，即由个人的经济地位决定。城市经理和住房管理者是房地产商和政府有关部门。

1950 年至今 70 多年，中国住房建设制度改革引发了住房社会区隔和社会分化。城市住建房由原来的政府和单位补贴渐变为多元投资渠道：政府、单位、集体、个人、银行和房地产企业。住房权由福利化、分配化转向商品化和市场化，形成以银行贷款为轴心的资

① 顾朝林：《城市社会学》，第 171 页。

② 顾朝林：《城市社会学》，第 167 页。

本资金的积累循环。政府和集体摆脱了单位办社会体制下所承受的财政和行政负担，并转嫁到个人。从理论上讲，改革使更多隶属不同阶层和社会群体的居民拥有了在城市购买住房的权力。因为住房的拥有已不是依据个人社会地位和社会声望，更不是依据职业范畴和体制类型，而主要是依据个人的经济能力，即收入高低，使非体制内的社会群体也拥有了获取住房的可能。正是由于在城市拥有住房和更好生活质量的可能，刺激了人口向城市的集聚，进一步推动了房地产业的发展。这是产生住房社会区隔和社会分化的制度条件。

建筑技术、建筑材料、建筑艺术等技术领域的进步和投资，使城市住建水平提高，提升了住建土地使用率；住房结构摆脱了温饱型的标准配置两室一厅，扩展为三室两厅或多室住房，以及更大面积的复式房、别墅等，住房单位使用面积由原来的 50 ～60 平方米扩大到 90 平方米、120 平方米、140 平方米到 250 平方米及以上；住房内部设置出现了双重性设施，如两个厅、两个厕所、两个阳台等。住房的面积、质量和舒适度大幅改善。这是产生住房社会区隔和社会分化的技术条件。

住房结构和居住社区结构从原来均贫的单位家属大院逐步解体、分化演变为以小区为单位的居住空间区隔。R. 麦肯齐（R. Mckenzie）在《邻里》指出：在大都市，不同民族、不同文化、不同经济收入的人，往往居住在不同地区。随着时间推移，他们将经历竞争、淘汰、分配、顺应的过程。竞争力、顺应力强的向富裕地区迁移，竞争力、顺应力弱的则被淘汰。在这个竞争过程中，会出现犯罪、暴动、自杀等社会问题。牟健时提出了生态过程论，揭示城市社会变迁的各种过程。人类社会群体和建筑群按生态学原理分布于城市的不同区位，而这些区位不是一成不变的。地理、经济、文化和技术、政治、政策等因素会促使人类社会群体和建筑群的区位移动。这种社会群体和建筑群在城市位置的转变称为空间移动。① 居住空间移动的结果就是居住社区结构的多元化、网格化和区隔化，每个居民都不断以自己的“能力”和“资本”镶嵌在这些网格化的居住社区中，从而对自己的社会地位和经济地位进行不断再定位。这是产生住房社会区隔和社会分化的社会条件。

住房既具有商品属性和经济功能，更具有民生属性和社会功能。现阶段在我国发展住房，必须平衡好住房的经济功能和社会功能，更加突出民生属性，把满足群众的基本居住需求放在首要位置。要通过完善保障性安居工程体系，促进住房市场平稳健康发展，形成符合社会主义市场经济要求的住房体系和住房制度。

在未来中国，要在有限的土地和资源下，在人口基数大、总数持续增长的压力下，如何实现高住房质量的“住有所居”的住房公平正义，仍是一个伟大的社会实践和理论课题，也是居民住房这一城市基本微观生活空间的重要议题。

---

① 顾朝林：《城市社会学》，第 154 页。

第二节　社会保障房的社会区隔

一、研究背景和意义

承接上一节，我国为维护居民住房这一城市基本微观空间的公平正义和人性化，推进社会保障房建设并取得巨大成就。但廉租廉价的社会保障房是否会在城市中形成新的社会区隔，出现新的住房不平等，甚至成为某种新的继“城中村”、棚户区、安置房后的新的隐性贫民窟？这是本节要关注的问题。本节选取了NJ市的DJZ社会保障房作为研究个案。

二、案例分析

（一）NJ市社会保障房社区建设简述

1994年以来，不同阶段中央的政策导向、地方政策影响了社会保障房的保障对象、建设质量及空间选择。NJ市社会保障房空间格局演变经历了以下三个阶段：

（1）1995—2000年，起步阶段。1992年，《NJ市住房制度改革实施方案》出台，NJ市社会保障房建设进入起步阶段。这一阶段，社会保障房类型以中低价商品房和安置房为主，征收安置补偿标准较低。由于当时地方政府对于土地财政依赖度并不高，因此社会保障房选址不太受限制，呈小规模点状分散布局在主城内。此后，在主城的快速建设中，这些住区完全融入城市发展中，区位条件得到大幅度改善。至2001年，NJ市社会保障房总建筑面积达80万平方米。

（2）2000—2010年，提速阶段。2002年起社会保障房建设纳入政府规划，社会保障房建设提速。社会保障房类型增加了经适房和廉租房，中低价商品房大幅减少，拆迁补偿标准在2005年后大幅提高。地方政府对土地财政依赖加重。社会保障房建设无法带来土地收益，选址多位于低地价地段。社会保障房项目分布由分散转向集中，显现出沿高速路、公路、铁路（没有地铁）发展的集聚趋势，这些靠近污染嘈杂的交通线路的地段地价较低。在城市更新和危旧房改造工程驱动下，2002—2009年，开工社会保障房项目53项，总建筑面积1894万平方米，大部分为安置房和经济适用房，旨在改善失地农民和旧城居民的居住条件。

（3）2010年以来，大规模集聚阶段。在中央政府严厉敦促下，地方政府为保证建设进度和管控建设质量，成立了市级社会保障房集中统建平台，采取大规模的新城集中建设模式，大型社会保障房在主城边缘的集聚态势进一步加剧。2010—2012年，NJ市规划建设27个社会保障房项目，总建筑面积1567万平方米；社会保障房项目虽然减少，但规模远超以往，其中包括5个建筑面积超过140万平方米的大型社会保障房社区。同时，公共租赁住房的惠及人口扩展，除最低收入家庭，还将新就业人口、工作稳定的流动人口纳入申请范围。总体来说，NJ市社会保障房呈现选址上的边缘化趋势、建设上的集中化趋势和惠及对象上的扩展趋势。

（二）DJZ 社会保障房个案描述

本研究关注社区的公共服务设施类型（如幼儿园、中小学、医院、地铁、公交、公园等）、数量与使用情况，商业服务设施情况（如菜市场、超市、影院、药店、餐馆、小托班、放学后的托管班等），社区周边有无劳动密集型就业机会，居民交通通勤情况，片区与周边最近的商业服务中心的空间区位关系及小区内部的公共设施情况（如绿化维护、停车位、门禁安全、清洁卫生等）。并对社区居民进行访谈，了解其生活工作便利度和社区归属感等。

本研究范围属 DJZ 社会保障房一期工程，位于 QX 区 MGQ 创业园内，南至 JS 南路，东抵 YX 路，西到 YC 路，北至 YC 路。基层社区对应的街区数与占地面积与住房类型非均质，可能导致各基层社区发展中的差异性。DJZ 社会保障房社区分为四个住区——JHY 住区、HHY 住区、CXY 住区、SSY 住区，用地面积分别为 13. 1、6. 7、6. 6、10. 0 公顷。

1. 社区形成

DJZ 社会保障房社区建设于 2010 年，是 NJ 四大社会保障房项目之一。项目规划总用地面积 85 公顷，总建筑面积 168 万平方米，规划人口约 6. 7 万人。社区位于主城区的东北部，隶属 QX 区西部 MGQ 街道，临近 XW 区。

DJZ 社会保障房社区由政府选址，由产业用地转化为居住用地。居民来源多样，DJZ 社会保障房社区安置居民来自周边地区、下关滨江区及鼓楼、玄武、栖霞等多个城区；社会保障房类型丰富，除安置房还有公租房、廉租房、经适房等。

2. 社区总体区位

DJZ 社会保障房社区位于城市边缘，周边地块发展零散，功能性薄弱，地块联系单一，处于相对单一和隔绝的地域，和周边社区公共设施的共享性差。从就业区位来说，这里远离主城区就业中心，周边新港制造业园区被高速公路隔离，南部毗邻物流园区，社区内和社区附近仅有有限的就业岗位，总体就业环境不成熟。

3. 社区住房建设

DJZ 社会保障房属统一开发、集中建设的社区，楼层高，楼间距窄，居民隐私权和阳光权受影响。楼栋外立面色彩明快、施工完整，与商品房社区无差异。但内部空间在使用和维护中显现问题：设备质量及装修质量不高。早期电梯故障频发，居民上下楼不便；一些廉租户、公租户抱怨装修粗劣、设备污损严重；楼道、走廊墙体油漆脱落、渗水、发霉，装修粗糙简陋（图 7. 2）。

图 7.2　混乱失修的小区微观公共空间（图 7.2 ～图 7.5 为调研组组员摄）

4. 社区交通系统

DJZ 依靠东西向的华银路和南北向的宁洛高速支撑外部交通，公共交通不发达，通勤成本高。DJZ 二期项目北部轨道交通 7 号线 DJZ 站于 2022 年 12 月使用。公共出行仍以公交车为主，公交站点设置在社区中部华银路沿线，公交线路较短，到市中心需换乘。另一地铁站是 3 号线新庄站，距离社区约 6 公里。

社区停车方式主要采用地下和地上相结合方式。机动车停车位设在组团南北出入口的地下停车库及地块内机动车道沿线，非机动停车位设在地下停车库。商业空间停车采用地面停车。停车位基本满足需要，但存在非机动车乱停放现象（图 7.3）。

图 7.3　小区管理无序的微观公共空间

5. 公共空间和绿地

小区绿地和公共空间状态良好，结合健身器械和花坛座椅的小广场提供了活动交往空间。社区绿地较好，但灌木丛中仍可见丢弃的包装袋、烟头和宠物粪便。一些公共区域缺乏维护，电梯、楼道无人清扫，杂物堆积，影响公共环境及消防通道畅通。高层的通风井和底层、二层平台等难清理，成为高层居民的“垃圾站”（图 7.4）。

图 7.4　小区内的垃圾堆

6. 公共服务与配套设施

由于 DJZ 社区被区域交通和铁路线包围，形成相对独立封闭的区位，难以共享周边社区的公共设施。因此，提供自给自足的社区公共设施对 DJZ 社区尤为重要。

（1）教育设施。DJZ 社区级教育设施配备中学、小学，位于社区东部公共设施地块。除 CXY 外的三个基层住区周边均配备有幼儿园。DJZ 教育设施的设置情况、空间布局、环境及运营情况良好，但幼儿园和中小学的教学质量未知。

（2）医疗设施。DJZ 社区卫生服务中心位于社区东部公共设施地块，但建筑面积略小。JHY 和 SSY 住区有独立的卫生服务站，设施环境和运营情况良好；CXY 和 HHY 住区既缺少卫生服务站，又与社区卫生服务中心有一定距离。

（3）社区管理服务设施。DJZ 社区服务中心、JHY 和 SSY 住区办公设施结合社区活动中心设置，CXY、HHY 住区使用底层门面设置。但派出所和警务室选址不便于警戒和出警，有碍功能发挥，路口警务亭处于废置状态，治安存在隐患。

（4）社区商业设施。DJZ 社区的菜市场设置在东部公共设施地块，超市和餐饮设置在社区中部街角。其余商业设施沿路网设置在底层商铺。入住时间长的 JHY 住区业态种类集聚、经营状况好，入住时间短的住区商铺入住率较低。居民对住区商业设施数量和业态种类较满意，对业态品质有更高需求，但没有大型综合商场。

综上所述，DJZ 社会保障房社区在建筑规划上考虑较周全，公共设施、商业设施、教育设施等便民设施一应俱全。但在实际使用中仍却存在一些问题（图 7.5），有限的资源并不能够满足居民的高标准需要，这意味着人和其所居住的微观空间之间是存在矛盾的。“这种上层阶级的规划，肯定对城市里其他市民是毫无帮助的，他们的经济水平较低，我们将会看到，他们另有一种居住标准，这种居住标准，既不考虑人们的健康，也不考虑人们的家庭生活，更谈不上考虑人们的兴趣爱好。”① 面对低端规划，这里的百姓却能随遇

① 刘易斯 · 芒福德：《城市发展史：起源、演变和前景》，第 416 页。

而安，完全是一种社会心态。因为“实体空间形态在满足重要的人类价值观上并没有起到举足轻重的作用，而却与我们同他人的关系息息相关。人既能在乐园岛中悲惨度日，又能在贫民窟中其乐融融。”①

图 7.5 失序无用的公共设施

（三）DJZ 社会保障房微空间中的人和社会

1. 调研对象与方法

微观空间中人与社会的研究基于实证调研，实证调研涉及街道与社区机构访谈、实地勘察、对居民和商户深度访谈等常用方法。通过对街道社区机构访谈，了解社区现状、居民入住基本数据和机构管理维护方式；通过实地勘察，调研社区物质空间特征和维护运营情况；通过对居民访谈，了解居民对社区状况的感知度和满意度；通过对商户访谈，了解功能设施状况。

调研组共访谈了五位被访者。三位是 DJZ 社会保障房居民，两位男性，一位女性，均为 40 ～50 岁的中年人；两人来自 JHY 住区，一人来自 HHY 住区。其他两人为在 DJZ 社会保障房区门面房做生意的商贩。

2. 访谈内容

根据调研目的和内容，针对居民的访谈提纲（表 7.2）从居民基本情况和主观感受两个方面展开。居民基本情况包括居民社会属性、收入、就业等。主观感受包括居民满意度、居住意愿、社区归属感三项，反映社区居民从原居住地搬迁到社区的变化。其中，居民满意度涉及居住满意度（包括对住房的满意度和对社区的满意度）、搬迁后居住满意度变化（本社区住房与原住房相比满意度变化、本社区与原来社区相比满意度变化），以及对社区及周边空间效用评价（包括交通、户外环境、医疗卫生、社区教育、社会福利、文化娱乐、商业服务、基层社区服务、社区治安服务、社区物业服务等）；居住意愿涉及

① 凯文·林奇：《城市形态》，第 71 页。

搬来现住宅的原因、能否在社区内找到心仪的住房或搬迁后的居住状况是否符合预期、两年内是否有搬迁计划等；社区归属感涉及对本社区和一般商品房社区的形象比较、参加社区活动的意愿和参加社区管理的意愿等。

表 7.2　DJZ 社会保障房居民访谈提纲

项目	具体内容
基本信息	您的年龄
	社会属性
	收入情况
	就业情况
居民满意度	对于现在居住的房屋和所处社区是否满意
	现住房与原住房，现社区与原社区相比对哪个更满意
	对于社区及周边空间效用评价
居住意愿	搬来本住宅的原因
	搬迁后居住状况是否符合预期
	两年内是否有搬迁计划
社区归属感	对本社区和一般商品房社区的形象比较
	参加社区活动的意愿
	参加社区管理的意愿

根据调研目的与内容，针对商户的访谈提纲（表 7.3）从商户基本情况和商户发展情况两方面展开。其中，商户基本情况包括商户社会属性、经营属性、收入与社会资本三项，商户发展情况包括商户满意度、社会关系、未来规划三项。

表 7.3　DJZ 社会保障房周边商户访谈提纲

项目	具体内容
基本信息	您的年龄
	您何时来到这里经营
	可以介绍一下您的生意是怎么进行的吗
	您家到工作地的距离有多远，需要多长时间
	您的生意怎么样，收入情况如何
商户满意度	对于商铺所处位置是否满意
	与原工作地点相比是否满意

续上表

项目	具体内容
社会关系	您与顾客关系怎样？
	顾客都是些什么样的人，他们对你的生意是否有很大的促进作用
	与负责本地区经营的管理者关系如何
	与周边商户关系如何
未来规划	未来经营战略是怎样的
	是否会选择继续在此地做生意，近两年是否有搬迁意愿

3. 调研结果分析

（1）对社区机构的访谈。通过对街道与社区机构访谈，了解到社区现状、居民入住基本数据和机构管理维护方式，结果如下。

DJZ 社会保障房社区住房类型构成丰富，包括集体土地征收安置房、国有土地产权置换房、经济适用房、廉租房和公租房等五类。其中以国有土地产权置换房为主。从基层社区差异看，各基层社区内社会保障房初始类型构成有所不同，JHY 和 SSY 住区住房类型均为国有土地产权置换房，CXY 住区包括集体土地征收安置房和经济适用房两类，HHY 住区包括国有土地产权置换房、经济适用房、廉租房和公租房四类。

据 DJZ 社会保障房社会服务中心工作人员反映，2016 年 12 月底，DJZ 社区拿到钥匙的户数达 14234 户，实际入住 9901 户。居民拿钥匙的积极性较高，但有居民处于观望状态或将住房转租转售，实际入住率不高。从各住区入住情况看，实际入住率都超过 65%。但比较居民拿钥匙比例与实际入住率发现，住区居民入住积极性存在差异。HHY 住区居民拿钥匙比例与实际入住率最接近，SSY 住区和 CXY 住区居民拿钥匙比例与实际入住率相差较大。这可能与社区分配给居民的先后顺序有关，说明 SSY 住区和 CXY 住区居民的观望情绪比其他住区高。

对一些居民而言，DJZ 社区住房并非首选。各住区的入住情况差异也证实了这点：以公租房、廉租房和经适房为主要类型的 HHY 住区的入住率与拿钥匙比例最为接近，即受保对象确为住房困难家庭；而以产权置换房和征收安置房为主要类型的其他住区入住率与拿钥匙比例相差大，说明这些家庭可能在住房市场上有更多选择，也可能获得不止一套住房，因此实际入住率较低。

（2）对社会保障房居民的访谈。通过对居民的访谈，了解了居民社会属性、收入、就业，居民满意度、居住意愿、社区归属感，结果如下。

居民社会属性。DJZ 社区主要是社会中低层群体。“为了达到社会平等、融洽和稳定等目的，提倡不同社会阶层的居民在同一社区能混合居住的政策。”① 否则，保障房、安置房、经适房、人才公寓等很可能颓败为新的城市贫民区。

家庭收入情况。被访者均为中低收入家庭。据他们反映，社区内居民收入较均等，既

① 凯文·林奇：《城市形态》，第 37 页。

未出现明显的贫困集聚，也未出现明显的高收入人群。据 HHY 住区被访者讲，除 HHY 住区外，其他住区具有相似的收入构成。HHY 有数量最多的低收入者，这可能与 HHY 住区公租房、廉租房和经适房的保障对象主要为经济困难家庭有关。

就业状况。三位被访者分别为工人、普通勤杂人员、服务人员。结合他们对周围人的印象和对社区负责人的访谈，发现各住区中主要的就业类型基本相似，主导类型略有不同，就业质量差异不大。其中，JHY 住区多为个体经营者，CXY 住区企业普通员工占比高，HHY 住区和 SSY 住区以工人、普通勤杂人员、售货员、服务人员等为主。这可能与各住区内居民原来的职业和身份相关。DJZ 社区居民总体就业质量不高，居民对目前岗位的依赖性较大。这可能是居民普遍收入不高、住房负担较重的原因。

居民满意度。从访谈结果看，居民对于住区周边的配套设施基本满意，表示能满足其基本生活需求，如购物方面有苏果社区超市，餐饮方面有水云方美食广场，医疗方面有不少药店，也有若干所幼儿园。但同时他们也反映配套设施等级较低，如欠缺大型商业服务中心，没有综合医院，到最近的大医院乘公共交通工具要半小时，没有好的初高中，等等。

目前社区公共出行方式仍以公交车和地铁 7 号线 DJZ 站为主，公交站点设置在社区中部华银路沿线，公交线路较短，到市中心需要换乘。有桩式和无桩式公共自行车在社区内都有布点。

访谈结果显示，社会保障房居民的工作单位基本位于离居住地较远的工厂或市中心的商铺企业等，基本靠公交、地铁往返，需要换乘才能达到，需时普遍在 1 小时及以上。居民迫切需要改善现有交通状况，如延长公交线路、完善地铁网络等。

居住意愿。DJZ 社区被区域交通和铁路线包围形成相对独立和封闭的区位，难以共享周边社区的公共设施。因此，提供自给自足的居住社区级和基层社区级公共设施配套是 DJZ 社区建设的思路。

社区附近没有大型的能提供大量劳动密集型就业机会的经济部门。一位被访者说，DJZ 社区的很多居民的工作基本属于较简单的同类型工作，如果社区附近能建成一个提供大量就业机会的劳动密集型产业园，将有助于提高 DJZ 居民的就业质量。

社区归属感。DJZ 社区居民在社区交往中表现出内向性特征。居民与社区关系的密切度和依赖度均一般，保持着对家庭更高的依赖度。社区居民参与社区活动的积极性不高。总体上 DJZ 社区居民的社区认同感不强，这可能是由于入住社区时间较短、社会关系尚未建立、社区工作开展不足等造成的。

（3）对社会保障房社区商户的访谈。

通过对商户深度访谈，了解到周边功能设施的状况。周边商户大部分为 DJZ 居民，因距离较近，且商铺租金较低，选择来此做生意。附近商户类型较相似，涵盖饮食、便利店、小型服装店、五金店等，生意不算好，限于附近居民消费能力，难有很大发展，甚至很多店铺选择关门。经调研组观察，很多店铺已经倒闭或贴出转让告示。商户经营者对此感到无奈，坦言区位限制和顾客构成无法使生意有很好发展，有过改变商铺位置的想法，但因目前店铺离家近，还没有实行。

三、总结与讨论

（一）DJZ 社会保障房社区特点

通过对社区服务人员、社会保障房居民以及商户的访谈，初步分析了 DJZ 社会保障房社区的社会特点。受访的三个主体均不同程度地反映了 DJZ 社会保障房社区存在的问题，社区对生活于其中的各类人群仍存在非人性化的方面。

受访主体所反映出的问题存在着一定的相关性，彼此互相影响导致了现状，即存在某种“社区衰败”现象。社区衰败是指社区呈现向不良方向变迁的状态和过程。在此状态和过程中，社区发生物质资产贬值、人口结构老化或演替、社区经济地位降低等变迁，引发居民对社区的预期和归属感下降。芝加哥学派的帕克认为社区衰败既可能表现为设计和技术不良带来的物质空间衰败，也可能表现为缺乏维护资金、导致空置率上升和管理品质下降带来的经济衰败，甚至可能是居民演替带来的贫困集聚、失业率、犯罪率、行为失范等社会衰败。衰败严重的地区可能因社会排斥、污名化等形成社会隔离态势，甚至成为“衰败的种子”，影响周边社区发展。

随着社区衰败理论和社区实践发展，社区衰败的理论解释呈现两大特征：一是多因子推动。产生社区衰败的因子众多，包括来自社区内部的物质空间退化、居民阶层演替、地区经济衰落等内因和来自社区外部的城市居住空间分异、地区政策、社会边缘化和社会污名化等外因。这些因子相互作用、共同推动形成社区衰败的过程。二是因子互动循环机制。社区衰败一旦开启，因子间便形成循环作用的社区衰败自反馈机制，社区衰败程度加深。

回到本研究涉及的 DJZ 社区。通过对三方被访者访谈的反思，可以感受到正是因为社会保障房社区居民的收入普遍较低，普遍从事廉价劳动，消费能力较低，因而无法带动社区发展，导致周边商户经营发展较差，大型商业中心无法在此生存。这又反过来使居民对于此地更加不满，居民满意度和居住满意度低迷，社区归属感愈发降低。如此恶行循环，导致 DJZ 社区愈显颓废。

（二）社会保障房微观空间非人性化的一般表现

在项目选址方面，大型社会保障房区一般选址于远离城市核心区的城郊或边缘，又不能形成“卫星城”或“新城”，给居民就业、生活带来不便。在后续使用中，城郊边缘社区与市中心、主要通勤区交通联系不便；周边地区发展不足，难以拉动地区升级；与社区关联的城市资源缺乏，社区活力不足。

在市场属性方面，符合一定居住期限的安置房、经适房及共有产权住房都可能流入市场。以其他社会保障房的经验看，社会保障房的吸引力不及新建商品房，导致社区入住率下滑、空置率上升、住房贬值。社会保障房社区缺乏生活吸引力。

社会保障房的受众类型多、范围大，受众主体存在差异性，住房标准复杂或难以达到要求。公租房、廉租房和经适房等住房类型的流动性更高，居民成为社区声誉的传播者。这些居民的住房评价低于安置房的居民，社区名声被污名化。

社区形态方面，高密度、高容积率的社区空间造成人均住房面积、人均公共空间和公共设施不足，缺乏公共绿地、景观水体、停车位、广场和休闲空间等。

社会公共服务设施方面，社会保障房社区虽然具备，但标准水平低，缺乏标志性的高端服务设施。因社区人口数量多，社会异质性高，如果缺乏“显性”的警力配置，社区住民既没有安全感，也容易诱发越轨行为和犯罪。

在管理机制方面，商业化运营的物业公司常有管理积极性和管理效率不高的问题。街道办事处和居委会有关部门缺乏制约物业公司的有效机制，社区空间品质和居住质量难以维持。社区居民的自我管理意识、与物业共管的意识和社会参与意识都会由于住区大部分居民较低的受教育程度而受限。

在公共设施运营方面，社会保障房社区的公共设施运营常出现社区划分不合理和公共设施建设滞后的问题，导致住区间公共服务设施质量差异较大，部分社区存在设施缺口。城市微观空间最终出现有“城”无“市”的问题。

（三）社会保障房空间非人性化的成因

导致社会保障房社区这一城市微观空间非人性化最主要的是政策原因。NJ 市政府在社会保障房的规划上，就区位决策而言，其选址在城郊接合部或远郊、用地成本较低的闲置土地上，与主城区的关系较为疏离。DJZ 大型社会保障房社区建于 2010 年，是南京四大社会保障房项目之一，属于城郊结合型。从低价也就是经济角度考虑，带来的问题是社会公共服务设施水平与主城区差距极大，就业机会少，商业服务设施不足且层次等级较低。

此外，政策制定者还想通过建设大型社会保障房区带动内部和周边经济发展。这一考虑无疑是忽视了社会保障房社区内部居民的社会经济结构。就 DJZ 社会保障房社区而言，居民主要为原栖霞农村的拆迁户、NJ 偏远地区低收入打工者和 NJ 周边外来低收入务工者，这些人群收入不高，消费能力弱。政策初衷并没有得到落实，反而走向反面，带来的问题是，店铺多为小吃摊、网吧等面向低消费群体的商户，商户倒闭率高；除 JHY 住区外的三个住区，商铺出租率极低，多数一楼商铺闲置着。这更无从带动周边经济。调研组从 NJ 林业大学到调研地，一直观察沿路状况，20 多分钟的车程，路旁基本是荒草丛生和小土坡。DJZ 社会保障房社区与附近区域相比，甚至可算作“小型商圈”，可见周边的萧条。

与主城区相比，政府可提供的资源匮乏。例如交通基础设施，主城区地铁线环绕，而 DJZ 社会保障房社区于 2022 年底通地铁，区内公交站只有一个，位于 JHY 住区，其他三个住区到公交站时间较长，十分不便。又如安全保障，JHY 住区有一处警务亭，但没有值班民警，警务亭落满灰尘，空无一物，闲置已久。各住区都有一条同样的标语：“群防群治，齐抓共管，警钟长鸣”，但“显性”的警察不存在。

在政策制定过程抛开了最重要的“人”，不充分考虑居住其中的“人”，政策就不能人性化，居民就没有幸福感和归属感。DJZ 社会保障房区作为总建筑面积 168 万平方米的大型社区，一旦按规划建设完，投入使用，居民入住，问题就逐渐显现，再进行整改则十分棘手。就建设地铁而言，封路绕路使原本出行就不便利的居民更加困难。要避免或解决这些问题，应站在人的角度考虑，而人的角度就是城市中的各种微观空间。

第三节　城市文化产业园的空间困境

一、研究背景和意义

从2000年到2015年，中国城市文化产业园的发展已经历了15年，有必要对其现状和问题进行分析总结。

依据笔者2010年立项的教育部项目“中国城市文化产业园的社会经济功能研究”，涉及范围是中国北方、长江三角洲、珠江三角洲和西部四个地域，分别对北京、南京、苏州、杭州、广州、成都六个城市28个城市文化产业园进行了长达四年的实地调研。在获取网络文献资料的同时，现场拍摄照片和获取园区资料，并在北京、南京、杭州和广州四个城市的城市文化产业园进行了中型问卷调查。下面分别从城市文化产业园在全国的宏观空间分布、在城市的三种中观空间分布形式、城市文化产业园的三种类型及其微观区位空间形态、其区位空间形态的封闭特征、封闭特征后的“墙文化”五个部分，分析城市文化产业园的空间困境，阐述了城市文化产业园空间形态的形成机理。最后指出：城市文化产业园是城市内生性的新历史文化空间。

二、城市文化产业园在全国的空间分布特点（宏观）

调研显示，从中国东西部地区比较看，城市文化产业园在东部地区尤其是长江三角洲和珠江三角洲两个经济、文化、社会发展最快的区域发展较广、较快也较好。两个区域的城市文化产业园类别较多、面积规模较大、文化产品质量较好、吸纳的就业人数较广、管理水平也较高，文化产业已成为较稳定的业态，城市文化产业园已完成了立足阶段而扎根发展；但西部地区的城市文化产业园发展滞后，除成都外，基本还未出现成规模体系的城市文化产业园。稍感意外的是东部地区的北方和南方的城市文化产业园的发展差异。调研结论是：以北京为代表的北方内陆型的城市文化产业园发展乏力，日渐萧条；以宁、苏、杭、穗为标志的江南和沿海城市文化产业园增长迅速，日臻成熟。

北方内陆型的城市文化产业园以北京城市文化产业园为例，调研组调研了北京九个主要文化产业园中的五个。其中，真正还在运营的仅剩798文化产业园；在朝阳区城中村落户的七棵树城市文化产业园仅集中了摄影创作艺术业态，其中最活跃的仅一两家婚纱摄影公司，其他企业均惨淡经营，有活力的不多；环铁艺术城主打动漫游戏产品研发，但除一家自称有约500名员工的动漫游戏公司外，其他企业基本关门迁移；北京尚8文化创意产业园已基本关门倒闭。这些集中于市中心朝阳区的文化产业园经过几年惨淡经营，基本以失败告终。值得一提的是北京通州区宋庄的画家村。这个顽强生存的松散的以村落空间形态表现的城市文化产业园也许可以反映北京城市文化产业园发展的路径。如果说北京上述的文化产业园都最终难逃萧条倒闭厄运的话，宋庄画家村的现状就是以往挣扎生存过程的活例子。

最具发展实力和增长势头的是长江三角洲和珠江三角洲的城市文化产业园，这里的文化产业既有持续发展的能力，也有继续存在的需要。这是基于以下的存续基础和条件：

①这两个区域是改革开放最早的地区，在经济上已完成了巨大的财富积累，提供了厚实的物质保证。这是文化产业和文化产业园建设所必备的物质基础。②作为相对自主开放、首开风气之先的两个区域，当地艺术家和工匠乃至文化消费群体的思想较为开拓活跃，社会文化氛围较为宽松包容，这为文化企业发展中的文化创意和特立独行提供了文化环境和政策条件。③这两个区域属于中国老工业文明最早的发源地，也是新中国成立后现代工业生产的集中地，这为老工业区和老厂房的改造创造了历史性机遇，为城市文化产业园的建立提供了廉价、优良的城市区位、土地空间和建筑储备。④这两个区域已形成城市集群和都市带，人口高度密集，人口素质高，消费能力强，构建了规模化和高标准的文化消费群体和文化消费市场。这是文化产业和文化产业园得以继续生产和发展的市场需求条件。⑤这两个区域尤其是长江三角洲有着丰富的人文历史和文化传统，人杰地灵的地域文化环境是孕育文化、塑造文化产业、构建文化创意空间的重要历史文化基础，是其他地区不可替代的唯一性的历史文明资源。⑥这两个区域教育繁荣、高校集中，相关专业和知识集聚，人杰地灵，为文化产业发展和文化产业园的生产、管理、运作提供了宝贵智慧支持和人才资本。

因此，长江三角洲和珠江三角洲的城市文化产业园和文化产业获得了持续性的发展和扩大。它们的存在已经深刻地渗透在城市的各个城区空间和建筑中。

三、城市文化产业园在城市中的三种空间分布形式（中观）

调研发现，城市文化产业园在城市中的空间分布形式有三种：第一种是在老城市中心区，主要是改造自旧厂房、旧仓库等；第二种是位于城市边缘或非中心城区，如在新城区、经济技术开发区或工业园中；第三种是在城郊农村地区。

如苏州的城市文化产业园同时分布在老城区与新城区。以传承历史文化为主的传统城市文化产业园集中在老城区（沧浪区、平江区、吴江区），如桃花坞文化创意园、989文化创意园和容·创意园；以新兴文化产业业态为主的新型城市文化产业园在新城区，如在苏州工业园区的Idea创意泵站和独墅湖科教创新区。这种空间分布形式在南京和台中等城市都有类似情形。

传统城市文化产业园的基础以旧城改造为主，新型城市文化产业园以在新城区的更新、扩建为主，后者的面积、规模和层次大于、高于前者。

传统城市文化产业园由于地处老城区，园内的业态复杂，异质性高，已发生因异质性增强而出现的异化，园内有许多与文化产业无关的业态。新型城市文化产业园远离传统老城区，业态单一、同质性高。

传统城市文化产业园以传统文化、市场导向、平民化、旅游、服务性及与传统城市市民生活（如民间手工艺、室内装饰设计）相关的业态为主。新型城市文化产业园以现代生活、趋势导向、高端化、创新、思想性及与后工业化的高端城市文化体验（如视屏游戏、动漫产品）相关的业态为主，是在不同的层次和层面实现对城市传统文化的传承或对未来城市文明的开拓。

传统城市文化产业园中多是中小企业或小微企业构成的产业集群，是积累和演化的过程，有不同时期的历史渊源，如桃花坞园区周边的家庭经营的苏州扇子作坊。在新城区的新型城市文化产业园基本上是一两个单一的大中型文化企业直接主导，对其他异质性的文化产业有排斥性，如 Idea 创意泵站中，拥有 3000 人的蜗牛动漫公司主宰着园区。

传统城市文化产业园从业人员的人口结构较复杂，年龄段跨越老中青，受教育程度高低不一。新型城市文化产业园的从业者除业主外，多以青年为主，从业者的受教育程度为大学生和中专生，从业人员中中小学以下和硕士以上学位的不多，即大部分从业者是 18 ～35 岁的中级教育学历的年轻人。

四、城市文化产业园类型及区位—空间形态（微观）

通过对北京、南京、苏州、杭州、广州和成都的城市文化产业园的 4 年实地调研，以微观角度，从城市文化产业园的类型及其区位—空间形态看，主要有六种类型，即旧厂区改造型、楼宇改造型、旧事业单位改造型、游乐场改造型、农村村落改造型、新区创建型。本节重点研究前三类城市文化产业园的区位—空间形态和形成机理，因为这三类研究客体具有本节研究对象所需的三个特征：在城市中，有边界分明的区位—空间，内部空间对外封闭。

（一）旧厂区改造型

这是大部分城市文化产业园的基本区位—空间表现形态。如北京 798、南京晨光 1865、广州 T. I. T、广州红砖厂、杭州桃花坞和创意泵站、成都红星路 35 号等。其成因是源自新中国成立后中国工业制造业的工厂选址定位和历史演变。

新中国成立后，中国城市的工业化经历了三次浪潮：第一次浪潮在 20 世纪 50 年代。为实现国家独立工业体系的建立，大量轻重工业企业如钢铁厂、机械厂、拖拉机厂、汽车厂、化工厂、医药厂、纺织厂、自行车厂、机床厂、电缆厂、电机厂、造纸厂、重机厂、军工厂等直接在城市中心区建成。这类国营和集体企业在 20 世纪 80 年代后，部分因市场淘汰、技术落后和体制改革等原因衰落，工厂关闭，厂房库区闲置。第二次浪潮在 20 世纪 80 年代。以民生为主的家电、轻纺、食品等中外企业大量建成，如洗衣机厂、摩托车厂、电视机厂、缝纫机厂、塑料厂、家具厂、重汽厂、轿车厂、服装厂、制革厂、食品加工厂等在城市中心和边缘建立。第三次浪潮是 20 世纪 90 年代后。该时期主要是中高端的外向型制造业，产业业态覆盖所有领域，主要集聚在市郊和远郊的来料出口加工区、工业园区、科技园区等。企业体制多元化、企业来源国丰富，把集聚着信息、人才、资本、技术、劳工、原料，且基础设施完善、通讯便利、交通畅顺、提供优惠政策的大中城市作为中国这一“世界工厂的”的“制造车间”。

在这三次浪潮里，大量的厂房、仓库、铁路、场站、码头、行政楼、职工宿舍、服务部门和配套设施建成使用。它们占据了最优的城市区位，获取了大面积的城市土地空间，拥有庞大的建筑群，提供了大量的就业岗位。进入 21 世纪后，因竞争淘汰、技术落后、管理滞后、市场萎缩等原因，中国的“世界工厂”总体萎缩，作为“制造车间”的各大中城市，面临着相应的经济社会危机。国营和集体轻重工业企业部分倒闭或转制，一些民营企业和外资企业关闭或迁移，遗留下大量成片的废置厂房、仓库、码头、行政楼、宿舍等不动产。这些老工业建筑废墟一时成为城市的失用地。①

---

① 何志宁：《“城市失用地”的概念、类型及其社会阻隔效应》。

为此，在“退二进三”“腾笼换鸟”政策引导下，初始资本投入少、工艺性强、技术含量低、规模有限、职工人数少、轻装灵活的文化产业开始进驻这些被改造后活化利用的老工业建筑。其在城市空间的区位—空间形态形成机理如下所述：

第一，文化产业首选改造后的闲置老工业建筑是基于以下背景原因：转型或衰败后的老工业企业希望利用其现有的地产、建筑、设施进行结构性改造，以维续其存在，乐于变卖出售其“家产”。这为文化产业提供了就近便宜的生存空间。

第二，闲置老工业建筑因其破败萧条的环境条件和复杂的所有权关系，不可能被高新企业青睐；其在城市中的地价地租较低，却又不可能改造成新厂区或居民区；同时，市政当局也无钱无力对庞大的老工业废墟进行成片的投资改造。“无人问津”的城市老工业区和旧厂房为文化产业的低成本进驻提供了现实可能。

第三，老工业建筑的区位多在市中心和市郊区，而文化产业作为一种都市型设计—生产业态和城市消费模式，只适合在城市寻租和寻找其合理合适的区位—空间。闲置的老工业建筑是较适合的选择。

第四，老工业建筑的地价和地租租金较低，而资本薄弱、投资有限、规模有限、难以获得银行初期贷款的文化企业只能在廉价、低成本的老工业建筑落脚。

第五，老工业废墟多是20世纪五六十年代建成的老工厂，面积较大，建筑基本保留完整，建筑质量较高。厂区建筑呈较规则的块状排列分布，为原来大工业的生产车间、仓库、控制间和设备间等。其中有宽敞笔直的通勤运输道路。这使规模多为中小微型的文化企业可以集聚性地入驻，平衡均匀而相对独立地“镶嵌”其中。

第六，由于要安置大型工业机器设备，旧厂房室内空间大、净空高、采光好，多采用较结实厚重的砖石钢筋混凝土建材。结实、宽大、挑空的大空间使文化企业可以对新使用空间进行富有想象力和开创性的再设计。在原有的高大厂房车间，文化企业甚至可以改造成跃层式或复合式工作区（即LOFT）。

第七，为此，文化企业无需租用昂贵的甲级办公楼，也无需迁往远郊区，更不用自建新办公区，只要对旧厂房进行加固处理、实用性改造和艺术性装饰，就可成为价廉物美的设计创意空间。

第八，将老工业区改造为城市文化产业园已是英国、美国、德国等国家较成功的老工业设施转型复兴的路径。中国文化产业和老工业企业采取这样的“嫁接”转让方式（“退二进三”“腾笼换鸟”政策）已有国外成功先例和经验可借鉴。

第九，大中城市的市政当局多重视文化产业，对老工业区和旧厂区的改造在政策和资金上给予支持。这对促成文化产业的区位选择和旧厂区的改造都起到了政策导向的作用。

第十，文化产业的从业者已把入驻老厂房并在里面工作作为时尚和文化。老厂房都是具有工业时代历史烙印和集体记忆的文化遗址，它们对于以50后、60后和70后为主的文化产业的艺术家、企业家们来说，是富有历史意义和价值内涵的。这些有敏感怀旧情怀的艺术家、创意人、企业家可以在这些不可复制的历史文化空间遗址中重拾某种人生安全感和归属感，并焕发艺术创作的激情。

（二）楼宇改造型

许多冠名为城市文化产业园的单位实际上是集中于城市中的一两栋建筑物内，并不构成园区，占地面积狭小，但立体空间大。这样的城市文化产业园名为园，实为一个当年的企业机关大院甚或一座独栋工厂大楼。这些高约50米的砖石水泥结构的大楼多建于20世纪70年代或80年代，完全不同于现代化的以玻璃、钢铁、铝合金为建材的摩天大楼，而是带有改革开放时代独有的粗放、厚实、实用特点的板式建筑，作为工业制造业用房，其内部也有较高的挑高层。

如苏州989文化创意园这类城市文化产业园原是某企业办公大楼或仓库大院。由于改制或解体，原企业把空置的办公用地和楼房出租或出卖，由文化产业企业租赁或买下后改造为文化产业园。

（三）旧事业单位改造型

这类城市文化产业园的前身是城市某事业单位院落，有一些平房或楼房，由护墙合围。这样的事业单位一般是旧机关大院、院校单位和文化事业部门等。因单位自身的原因，在搬迁、并转、解散后把留存的土地用地和办公用房出卖或出租。这类城市空间大多位处市区甚至市中心，但由于房屋建筑结构和环保政策等因素限制，难以改建为厂房等其他功能用途，只有中小微的文化企业适合使用。如南京“世界之窗”和杭州的西湖“创意谷·开元198”就是由原学校旧址改造而成。但这样类型的改造数量不多。

三类城市文化产业园具有共同的区位—空间特点：①位于城市中心，一般被封闭限制在范围较小的城市区位—空间，边际界限明显，社会经济功能辐射较为间接和内敛；②园内的文化产业业态较为同质，对异质业态有一定排斥性；③社会交往空间较为封闭狭窄，除在园内工作的业内专业人员和定向客户外，外来消费群体主要为城市中有较高受教育程度和中等经济收入的社会阶层，园区与城市日常生活的互动与结合度较低。

因此，城市文化产业园具有文化产业社区的内涵。即在城市中心区位，拥有有限、边际分明的地理空间，汇聚着同质或异质的文化企业，集聚了一批文化产业的从业者并构成相似的经济社会目标、有类似的文化价值观、行业规范和行为规范，形成较密切的业态内社会关系，具有清晰的排他性边界，具有历史时代感。

五、园区空间形态的封闭性及对周边社区的影响

调研组在南京、杭州、广州和北京的文化产业园分别进行中型问卷调查。在南京获取有效问卷194份，杭州获取有效问卷190份，广州获取有效问卷300份，北京获取有效问卷202份。累计获取有效问卷886份，达到社会学中型调查规模。

在研究园区和企业与周边街道和城区的社会关系方面，被访者认为自己所在的文化产业园或企业与周边街道或人群有密切联系的占33.6%，认为没有密切联系的也占了33.1%，加上表示“不知道”的33.3%，说明被访者对文化产业园和文化产业对周边社区的影响和关系持保守态度，即认为影响和关系不大。这也说明，从被访者主观角度看，文化产业园和文化产业对所在城区的影响不是太大。

我们以南京、杭州、广州、北京四城市文化产业园为代表的长江三角洲、珠江三角洲和北京的城市文化产业园文化产业企业职工对所在产业园和企业与周边街道和人群关系的感知度再做比较。

在北京，园区职工认为城市文化产业园或企业与周边街道或人群有密切联系的情况所

占例明显高于长三角和珠三角地区的被访者，达43.4%；后两者的被访者认为园区和企业与周围街道或人群没有密切联系的情况占比较高（表7.4）。笔者认为：第一，这可能与北京城市文化产业园发展时间长、成熟度高等有关。第二，798城市文化产业园区位于闹市区，门户开放，市民和游客可以随意进出参观游览，入园参观休闲的市民和游客也较多，较为热闹，这就给平时在园内工作的被访者这样的直观印象。第三，知名度颇高的798城市文化产业园已经成为北京市城市文化生活的一个组成部分，在国际上也崭露头角。

表7.4　您觉得您所在的城市文化产业园或您的企业与园区周边的街道或人群有密切的联系吗？

回答	长江三角洲		珠江三角洲		北京	
	频数	有效百分比/%	频数	有效百分比/%	频数	有效百分比/%
有	112	31.3	87	29.8	85	43.4
没有	124	34.6	107	36.6	49	25.0
不知道	122	34.1	98	33.6	62	31.6
合计	358	100.0	292	100.0	196	100.0

从长三角地区、珠三角地区和北京三地区城市文化产业园职工对所在产业园和企业与周边不同服务部门关系的感知度比较看，三地并没有较大的差别。当然，其中联系度最高的都是周边的餐饮业、公共交通系统和超市小卖部（表7.5）。

表7.5　与园区周边街道下述哪些服务部门有联系？（多选题）

服务部门	长江三角洲		珠江三角洲		北京	
	频数	个案百分比/%	频数	个案百分比/%	频数	个案百分比/%
周边的餐饮业	200	71.9	182	69.2	101	73.7
旅馆业	78	28.1	80	30.4	44	32.1
公共交通	147	52.9	112	42.6	75	54.7
超市小卖部	113	40.6	85	32.3	46	33.6
中小学幼儿园	28	10.1	17	6.5	17	12.4
合计	566	203.6	476	181.0	283	206.6

造成大部分城市文化产业园自限封闭的区位—空间特点的原因是：城市文化产业园以原工厂的围墙为界，封闭性高，和周边社区相互隔绝，园区周边街区的产业和行业和产业园内的业态没有直接相关性。产业园内企业基本不会对周边城区形成产业链上的辐射作用。文化产业园空间本身就是微观的，不能因此更微缩。

我国城市文化产业园的建筑群都有一个共性：只有一两个狭窄入口，企业隐藏在深深庭院中，俨然是原来厂区的布局，使城市文化产业园与当地社区的联系割裂，自成“文化绿洲”。城市文化产业园的封闭空间形态表现在以下六个方面：

第一，城市文化产业园是基于原有厂区的面积和范围，或就是在原来的围墙范围内改造而来的，改造时难以突破原有格局。

第二，城市文化产业园大多被围墙环绕封闭，只有几个较狭窄入口。因此，一般人在不了解和没有目的性的情况下，是不会轻易“自然”地进入园区的。

第三，城市文化产业园一般在内城呈块状散布，孤立地、单独地、如马赛克图案一样地镶嵌在城市里。笔者没有发现两个以上的城市文化产业园是相连成为一个整体的，即便它们相互间近在咫尺。

第四，城市文化产业园在中国被形塑成内敛型的经营方式，如同独立的社区，内部有自成一体的基本管理和服务体系，和周边社区不发生过密的联系。

第五，城市文化产业园与原来的工厂一样，内部基本没有居住功能，使城市文化产业园的企业在下班和进入晚间后，基本处于“静止”和“休眠”的状态。也就是“产”和“城”两大社区之间在功能上的截然分离。

第六，除以上器物上和静态上的与周边社区之间的相互封闭的状态外，城市文化产业园在动态的层面上也是较为被动和内敛的。城市文化产业园内很少举行诸如开放日之类的与城市、城市居民和外地游客互动的活动，其对周围的经济、文化和消费供给是有限的，也缺少主动的公益活动。

不可否认，城市文化产业园对所在城市的文化消费影响是显著的，影响力甚至超越了所在城市乃至成为国家的文化产业标杆。在有大型开放式城市文化产业园的城市，可以吸引包括大学生、知识分子、中产阶级白领在内的文化消费者对城市文化产业园的关注和互动；但对于城市的其他普通市民，城市文化产业园只是与之无关的一个特异文化社区。

园区有限的空间规模对旧城改造影响有限。城市文化产业园一般位处我国大中城市，而大中城市的人口规模都在500万人以上，且城区面积仍在不断扩张。而城市文化产业园相对狭小的空间面积对旧城区的改造不可能起到显著作用。

从城市文化产业园空间管理的对外开放程度看，主要有三种类型：①大部分城市文化产业园虽有围墙和门禁，但对来访者都较为开放，欢迎市民和游客参观消费，如南京晨光1865创意产业园、广州T. I. T文化产业园、杭州丝联166创意园等。园中一些企业甚至允许来访者直接进入工作区参观。②部分城市文化产业园对非专业来访者有一定限制，如广州的羊城城市文化产业园和成都的红星路35号文化创意产业园。③个别城市文化产业园甚至将原属公用地和公共物品的产业园区当成了私产，禁止除园区所谓“业主”和工作人员外的参观者进入，采取严格的对外防范手段，如杭州西溪城市文化产业园。城市文化产业园的对外开放度取决于园区管理者和园内企业的社会感知和管理理念。

从城市规划层面看，造成城市文化产业园封闭限制这一区位—空间特点的是：城市文化产业园的规划缺乏全面体系化，缺乏与周边城区的有机整合。所以，中国文化产业园的文化硬件建设已完成，需要的是冲破利益分割的整合与管理理念的提升，要形成城市文化产业链和文化生态区位的观念。以此观念，城市文化产业园应通过城市区位规划，遵循相邻原则，使文化公共物品、文化产品、城市文化产业园等形成某种程度上的区位整合。如苏州的城市文化产业园容·创意园可以与拙政园、平江路步行街、耦园、昆曲博物馆和苏州博物馆通过通达性原则和便捷性原则——如通过旅游专线和步行区——有机地整合成六位一体的文化产业集聚区，这对不了解苏州的外来游客来说尤其重要。但中国的城市文化产业园独立封闭的存在形态是与这一观念相悖的，这不单是城市文化产业园的自我孤立，也使其难以与相关街道、城区乃至整个城市融为一体。造成这一普遍空间困境的，也是一种中国文化中根深蒂固的“墙文化”。

六、城市文化产业园的“墙文化”

如何解释中国城市文化产业园这一城市微观空间的对外封闭状态？围墙圈地现象在国内长期以来并不明显，直至2016年国家提出“拆围墙，疏血管”后这一问题才受到重视。其原因已如本书第五章所述。

城市文化产业园围墙封闭的后果是：①产业园“自绝”于周边社区和城市，形成空间隔离，难与城区形成整体；②高墙环绕和门禁不易为民众发现和感悟文化产业园的存在，不利民众进入，“文”不能“化”于民；③罔顾整体规划的围墙阻隔了城市中行人和车辆的通达性和便利性，违反了道路通达性原则；④深藏自闭的生产消费空间也不利于文化企业的产品展现和市场开拓；⑤这种受限于原厂区范围的“壁龛”形态不利于园区拓展；⑥城市空间的阻隔显性转化为在政治、社会、经济和文化上的阻隔，甚至割裂社会群体，强化社会分层和冲突。

简·雅各布斯是这样谴责城市中的墙的：“在一个文明的城市里，看到一个街区像这样用墙围起来，真是让人觉得难以理解。从更深的意义上说，不仅是看起来很丑陋，而且有点‘超现实’的感觉。……此地区是如何难与邻近街区和睦相处。”①

因此，在空间上独立封闭的文化产业园甚或对城市发展起到社会阻隔效应，这是城市文化产业园“墙文化”的社会后效，即通达阻隔、社会阻隔、文化阻隔、经济阻隔、政治阻隔、生态阻隔、价值观阻隔和城市规划阻隔（如本书第五章所述）。社会阻隔效应是指在一定的城市空间内，形态、功能、性质完全不同的城市社会功能区在相互毫无相容关系与整合潜力的情况下，将城市功能布局碎片化、私有化、私用化和对立化，造成城市各子空间、子系统、子功能的区隔性、排他性和利己性。②

与古典人类生态学派的帕克、伯吉斯和文化生态学派的W. 费雷（Walter Firey）等体系化的城市功能观不同的是，笔者认为，城市功能区虽然在宏观总体规划看是整体性的，但因为权力、文化、利益、理念等制度化和固化的作用，在城市实际发展中却是碎片化、封闭阻隔和社会对立的，其根源是城市中各种权力场和权力欲作用使然。社会阻隔表象的背后是权力间的阻隔，是权力文化生态和权力文化意识的表现。表现在城市文化产业园上，则是一种与城市大众文化和生活方式格格不入的文化霸权主义。因此，城市文化产业园这一微观空间不应设围墙，应让市民和游客从各个方向在视觉上直接感到、找到，并有舒适的通达性。这既便于文化产业园提高知名度和吸引力，也便于文化产业的社会辐射。城市文化产业园应是开放式的，融为城市社区的一部分，不是权力垄断，而是权力分享。

---

① 简·雅各布斯：《美国大城市的死与生（纪念版）》，第41页。

② 何志宁：《“城市失用地”的概念、类型及其社会阻隔效应》。

七、总结与讨论

本节要总结讨论的是城市文化产业园的区位理论和定性。可以从以下两点做基本总结和讨论。

（一）城市文化产业园的区位观

城市文化产业园是城市由传统工业文明向后现代工业文明转变的一种空间区位机制。马克斯·韦伯（Max Weber）的胞弟阿尔弗雷德·韦伯（Alfred Weber）的工业区位理论解决了工业制造业中工厂的区位选择问题，是工厂如何选址的数学规律，即在两种以上生产原料和成品数量重量确定、每单位重量运费确定、产品销售利润或售价确定的情况下，可推算出运输两种以上生产原料和一种产品的路程半径，以两个生产原料产地和一个产品市场为圆点划出的三条最佳路程半径的交汇点，就是工厂企业的区位选址点。

由于城市文化产业园许多是在原来工业制造业的旧工厂企业的旧址上改造而来，因此它在先天上与工业区位有着密切关联。但由于文化产业基本不依赖生产原料提供，因此其主要关注的是产品的市场流向。

文化产业的产品主要是图纸、模型、软件等为表征的人类思维形态，不存在重量、质量等物理问题，即不存在很重要的运输距离和运输成本问题。且利用互联网系统和快递公司，思维意念产品可通过图像、3D 打印、AI 及快件方式传输到地球任何地方。因此，文化产品的区位选址可以是全方位的。这也决定了城市文化产业园并不是文化产业企业最终和唯一的区位选址。这也不难理解城市文化产业园中的企业会出现较频繁的进出流动现象。从理论上说，文化产业企业可以在任何地方以自己为圆心，确定自己的区位选址，而不受过多的地理空间的干扰。

从空间组织理论角度看，约翰·屠能（Johann Heinrich von Thünen）的“屠能圈”发明了农业区位理论，A. 韦伯的工业区位理论发现了工业制造业企业的区位布局规律，瓦尔特·克里斯塔特（Walter Christaller）的“中心地理论”揭示了商业服务网点的分布原则。即三位德国学者在不同的时代分别解决了农业生产、工业生产和商品市场的空间分布规律和本质，但对于建立于原有工业区位基础上的城市文化产业园的空间分布规律是缺乏认识分析的。

（二）城市文化产业园是城市内生性的新历史文化空间

城市文化产业园是现代城市中继历史文化遗址、景观广场公园和步行街后，第四个具有城市地标性意义的新型旅游目的地。城市文化产业园具有创新性、时尚性、知识性、趣味性、群众性等特点，它是代表城市传统与现代、古典与新颖、历史与现状的较完美的结合体。在此可以看到城市的过去、历史的记忆和传统的价值，也可以体验到城市的未来、社会的时尚和现代的趋势。中国的城市文化产业园基于原来的国营企业的旧址，承载着从20 世纪 50 年代到 21 世纪初期的整段集体历史记忆，跨越了新中国建立初期重工业创业、中苏社会主义盟国友好互助、“大跃进”、“文化大革命”、改革开放初期和体制改革大潮等重要历史时期，蕴含着中国从计划经济到社会主义市场经济的变迁史。其中也饱含了中国企业、中国工人、中国现代城市、中国工业和中国经济乃至中华人民共和国的发展成长历史，其中体现着诸如“大庆精神”“铁人王进喜精神”“自力更生，艰苦奋斗”等至今都具有正面影响意义的精神意念和价值观。

这些具有中华人民共和国乃至民国、清朝时期文化历史遗迹的文化产业园存在于高度城市化的都市，是其他城市功能都不可替代的历史空间和文化空间。

城市文化产业园已经不是一个简单的产业问题或城市土地空间利用问题，而是关系到一个现代化城市或后工业社会城市的微观文化生产空间如何发展和延续的问题。对城市文化产业园的研究，就是对城市未来发展的探索，就是对人类文明的终结点和伊甸园——都市的关注。

第八章　被忽视的女性

从城市社会学和城市规划学研究女性权利的既有成果，主要涉及以下领域：女性因工作和生活环境造成的对男性的依赖，对居家女性或家庭主妇不便利不友好的城市空间和社区环境，住房分配体系中对女性的歧视和排斥，住房建筑和结构中对女性的不和谐，城市潜在犯罪空间对女性的威胁，等等。这些是在传统研究范畴里，在对女性角色偏执化和符号化的基础上，针对居家女性或职业女性在城市社区和家庭住房等所遭遇的不公正对待，这些问题自然一直存在着。但笔者试图探索新视角下城市中某些被忽视的，对女性歧视、侵害和带来不便的微观空间。

随着城市化发展和女性在城市中工作、生活、出行的日益活跃，城市现代女性与城市中部分相关微观空间的各种矛盾冲突却日益涌现。这些矛盾冲突要么是显性的、激烈的乃至致命的，更多的是隐性的和不为女性群体所注意到的。但这些都是一位真正对包括妇女在内的所有市民尊重和爱护的城市规划者和管理者所应该想到的，也是现代文明社会应当意识到的。

第一节　暗黑之城

一、研究背景和意义

“一个成功的城市地区的基本原则是人们在街上身处陌生人之间时必须能感到人身安全，必须不会潜意识感觉受到陌生人的威胁。”① 在一些社会治安不稳定的城市，对女性人身财产安全而言，黑夜中的城市本身就是一种危险，而对于图谋不轨的潜在犯罪分子来说，暗黑之城就是他们作案的最好空间工具。许多对女性的性犯罪、财产犯罪和人身伤害犯罪，就是发生在夜幕降临后的城市街角。许多街区和街角缺少路灯或路灯昏暗，或如犯罪空间研究里常提到的、布满便于实施犯罪的“犄角旮旯”，这对夜行的女性是极大的安全隐患，但对潜在的犯罪分子则是最好的屏障掩护。

公共空间作为城市空间的重要组成部分，理论上应当满足所有人的基本社会需求。然而，由于对性别差异的遗忘，在许多城市的公共空间设计中往往忽视了女性群体的基本需求。城市公共空间设计中的性别不平等体现在许多方面，其中较突出的是在安全性体验上。女性在公共区域受侵害的新闻报道经常出现，但男性遭遇这类情况的次数明显较少，可见女性在城市公共空间面临显著的安全问题。

女性在公共空间的安全问题不仅来自女性生理、心理上的弱势，更来自不合理的城市

---

① 简·雅各布斯：《美国大城市的死与生（纪念版）》，第26页。

公共空间设计。笔者希望通过对某些社区的实地调查，结合过往研究成果，发现城市空间微观设计中威胁女性安全的问题。

城市女性安全已成为家庭、社会与学界共同关注的问题，也成为城市公共空间设计中需要特别考虑的环节。伴随城市化进程，城市空间的“男性化”程度越来越高，女性群体的需求始终被边缘化或被遗忘，女性在城市中的安全问题正是在这一背景下被强化的。笔者对一个基层城市社区和一个类城市社区进行了实地调研，发现在城市空间设计中有诸多影响女性安全的问题，如夜间照明。

二、案例分析

（一）NJ 市 YX 社区

NJ 市 YX 社区位于南京市 JN 区，社区总面积 5.1 平方公里，总户数 1652 户，是一个位于城市外围的基层城市社区。笔者两次在 21 点之后对 YX 社区进行调研，调研内容包括社区总体规划、建筑道路设计和社区成员活动等。以下笔者将从女性安全的四个主要影响因素报告调研情况。

1. 照明状况

首先关注的是人行道照明条件。从实地调研看，YX 社区的道路照明非常有限，不仅路灯分布不密集，而且路灯亮度也非常低，存在损坏的路灯（图 8.1）。很多通行道只能依靠街边店铺的灯光辅助照明。在 22 点或 23 点后，整个社区变得昏暗。

图 8.1 YX 主干道的照明情况和损坏的路灯

图 8.2 诚信大道地铁 3b 出口外黑暗的环境

（本章照片均为调研组组员摄）

除主干道外，一些特殊场所的照明也堪忧。首先是 YX 社区诚信大道地铁站，地铁站 3b 出口外完全是黑暗的树林（图 8.2），笔者认为这是容易发生侵犯事件的位置。笔者还进入了住宅区“YX 新寓”观察照明设施，发现住宅区内部是完全黑暗的状态（图 8.3），道路上没有路灯，楼道中也没有有效的照明，给人带来了很大的心理恐惧感。最后，笔者观察到了一个地下停车场，然而由于无法进入，只进行了简单的外部观察。显然，在停车场出口处照明是昏暗的（图 8.4），内部光线也很有限，作为一个隐蔽的公共空间，这里给女性带来的威胁和心理压力是巨大的。

图 8.3　“YX 新寓”内部情况

图 8.4　YX 某地下停车场入口

2. 隔离效应

YX 社区的隔离效应包括停放的大型车辆、绿化带和建筑三种。道路两旁停放的大量大型货车或商务车形成了隔离视线的“长墙”（图 8.5），把人行道和人员较多的区域隔离开。绿化带和小型建筑隔离出黑暗地带。还有施工临时围栏也形成隔离（图 8.6）。

图 8.5　YX 社区内停放的货车

图 8.6　YX 社区因为道路施工形成的三面隔离

3. 女性在公共空间的出行时空

社区中有很多深夜经营的饭店、商店、足疗店、按摩店、药店、夜市摊等，它们往往在后半夜才关门歇业。这时女员工安全返回住处也成为问题。公共交通在后半夜不再运行，下班女性被迫步行或依靠简单的非机动车代步，实际上是较长时间地独自暴露在公共空间中、暴露在夜色下，她们的安全得不到可靠保障。

4. 监控和求助设施

YX 社区的监控设施是时有时无，笔者在调研中一共发现了八个监控摄像头，它们分布得没有规律且覆盖面积非常有限，死角很多。其中还有属于交通部门管理的道路摄像头，监控系统基本处在失效无能状态。当监控设施不足时，女性在遇险时被监控部门发现的可能性会大大降低，女性感到不安全的心理也会增强。这也不利于越轨或犯罪事件发生后的事后取证，不利于追踪犯罪嫌疑人和获取法律证据。

在 YX 社区较有效的治安措施是协警巡逻。笔者一共两次遇到驾驶非机动车巡逻的协警小队，还有一次观察到戴有“平安志愿者”袖标的人员在街头巡查，他们的存在对于保护女性不被侵害和提高女性的心理安全感是有意义的。但据一位“平安志愿者”说：他们只巡逻到 23 点，巡逻的频率和地点也不是固定的。巡逻制度的不完善制约着女性公共安全的改善。

（二）DN 大学 JL 湖校区

DN 大学 JL 湖校区总面积超过 3700 亩，生活设施完善，从现代化的校区设计层面上看，可以被认为是一个缩小的类城市社区。笔者两次在 22 点前后对校区进行了调研，主要关注的是校区公共空间的设计和女性群体在夜晚的行动特征。笔者从影响女性安全的四个因素角度报告调研情况。

1. 照明状况

校区主干道照明路灯的配备比较完善，两个路灯间的距离为 15 ～20 米，但路灯的亮度有限，被照亮的面积不大，路边的绿化带成为阴暗角落。除主干道，经常有人经过的小路并没有配备完善的照明系统，这些地方只能依靠较远路灯的辐射照明或完全处于黑暗中，如桃园三至四宿舍的西侧道路、图书馆南门外的道路和梅园体育场附近都是路灯照明严重不足的地点（图 8.7 ～图 8.10）。这些照明不足的地点却是女生必经之路，它们实际威胁着女生安全，同时也带给女生更多心理上的不安全感。

校区路灯颜色多为黄色，不利于缓解女生夜晚在心理上的恐惧。经研究证明，对于提高女性的安全感，白色照明优于黄色照明。① 校区总体上昏暗的黄色照明可能对女生的安全感知有不良影响。

图 8.7　JL 湖校区主干道的照明情况

图 8.8　JL 湖校区非主干道的照明情况

---

① 何浩：《基于女性视角的城市公共空间规划设计研究》，华中科技大学硕士学位论文，2007 年，第 38、55 ～56 页。

图 8.9　JL 湖校区没有任何照明的梅园体育场

图 8.10　校区中心的体育馆黑暗的上层建筑

2. 隔离效应

校区因为空间较大，总体设计比较宽敞，隔离效应并不是非常明显，但依然还有个别的例子。首先，在校区最接近校园边界的位置，如桃园七至八宿舍的后门，那里被高大的宿舍楼“隔离”；校门向两边延伸的小路上有成排成片的树林存在，小路分布在树林之中，完全被“隔离”开。这些地点无论是白天还是晚上都很少有人经过，这对女性实际威胁或心理不安全感都较显著。还有部分建筑物形成隔离效应也值得关注，如体育馆上层建筑是完全没有照明的“隔离空间”。

3. 监控与求助设施

校区的监控设施以主干道上的监控摄像头为主。笔者观察了一条约 150 米长的主干道，共发现了三个监控摄像头。摄像头的观察范围比较有限，树木的枝干影响了监控视角和录像质量，总体看只覆盖了整条路不到一半的面积。除主干道，其他通行道路和公共空间内基本没有监控设施。监控设施的作用不仅是尽早预警和发现对女性的侵犯事件，从而及时出警、干预，还有对不法分子的心理震慑力和行为约束力——预防犯罪。

监控设施的不足无疑降低了女性在公共空间的安全性和安全感。求助设施也是影响公共空间里女性安全的重要因素。求助设施与监控设施是密切相关的，在监控设施有限的情况下，求助速度也受到很大制约。校区内设计了“紧急报警点”，但分布分散和稀少，笔者还观察到一个“系统维护中”的报警点（图 8.12）。

保安巡逻是监控与求助结合的保护方式。在笔者的两次调研中（总时间约 1.5 小时），都遇到了进行夜间巡逻的保安小分队，虽然没有具体了解到巡逻的频率和范围，但笔者感觉效果较好。其主要制约因素是人员数量配备有限，时长不保证。

图 8.12　“系统维护中”的紧急报警点

三、总结与讨论

通过对调研结果的分析，笔者尝试提出两个调研地点中女性安全问题的异同，并提出概念性的解决对策。

作为一个基层的开放居住社区，YX 社区的社会环境因素较为复杂，女性受到的实际威胁远远大于大学校园，女性的安全感受也更差。从空间感知上，笔者认为最主要的是公共设施设计不合理。如地铁站的出口位置较偏僻、朝向无人区，地下停车场位置隐蔽、照明不足，住区内部照明设施效果差等。这些女性常用的公共空间中不合理的问题势必增大女性受到的威胁和她们心理上的不安全感。

对于 YX 社区，笔者认为重点在于解决不合理的空间设计问题。概念性措施包括：合理规划地铁站和地下停车场的位置，在这两处的出口设置足够的照明设施，并且不能被其他建筑实体或植被灌木隔离；地下通道如地铁通道、通行地道等要尽量宽敞明亮，距离要尽可能短；城市建筑或绿化设计要尽可能避免产生“隔离”效应的死角；设计明确的指示牌，防止女性误入偏僻地点、灌木丛或绕远路；完善街道监控、照明设施，放置在明显可见位置，使其效用最大化，防止设备老化。此外，设置靠近有人岗亭和监控头的女性专属停车位，路面便于高跟鞋通行。

在相对封闭的 JL 湖社区，女性公共安全的问题主要体现在心理层面。由于校区内成员的个人素养较高，人员结构简单且倾向于“共同体”关系，所以实际上侵犯女性的行为是很少发生的。但在校区中的一些问题反映了即使在校园中的女性也可能会遇到威胁。如照明和监控设施分布不平衡，主干道上的照明和监控明显比小路完善；保安巡逻也只沿着主干道进行。但女性在实际生活中又不免要经过一些小路，如从图书馆返回宿舍的捷径，阴暗、不受监控保护且无法及时求救的情况造成了女性安全感的下降。

对于 JL 湖校区，笔者认为应把重心放在提高女性心理安全感受上。概念性措施包括：设置指引标识，建议女性在夜晚选择明亮的主干道通行；完善照明监控设施，在女性群体的必经之路提升安全感，如使用白色照明和保证绿化带不形成隔离等；在主干道增加报警点，报警点明显可视，提升女性安全感和自救能力及机会。引导女性形成更安全的行动方式，使各种手段能发挥作用。

简·雅各布斯用社会学的方法研究街道空间的“安全感”，提出“街道眼”概念，由此作为阐述街坊“自我防卫”机制的理论基础。① 有后续研究者称之为“街道警察”，即在城市公共街道旁的商户、人行道上的路人等成为实际上以“眼睛”监控、压制潜在犯罪者、保护市民彼此安全的街道上的隐性警员。但在黑暗的夜色中，这样的保护力会被淡化，即使最感安全的同质性人群集中的校园，也会有变态者的出没，意外总难以避免。

虽然我国的社会安全程度较高，但作为财产犯罪和人身侵害犯罪的主要对象，女性群体在城市公共空间中确实存在安全隐患，心理安全感也不高，这与城市公共空间设计中存在不合理之处是分不开的。

早在远古时代，人类就知道夜间照明的社会性和经济性意义。古代叙利亚的安条克城完全不同于罗马的夜幕黑暗。“罗马城即使在帝国的鼎盛时期其街道每临夜晚也总是黑暗的，人们夜间行路要冒生命危险，会遭遇下层阶级的暴徒和上层阶级的恶少，完全同 18 世纪的伦敦一样。而在 5 世纪的以弗斯城，阿卡迪乌斯大街有 50 盏灯照明，……甚至在 4 世纪中期‘夜间路灯的亮度也常常如同白昼。’里巴尼乌斯则使这一证言更圆满，他夸称安条克的市民们‘已经摆脱了睡眠的限制；在这里，太阳这盏灯过后还有别的灯照明，埃及人也没有如此明亮的街灯；对我们来说，黑夜和白昼的区别仅在于照明方法的不同。街市贸易继续如前，有人在干手工活，还有人纵情欢乐唱歌。”② 在这种氛围下，女性还有什么可惧怕的？纽约的城市“十字路口”——“光天化日”的时代广场对此给出了定量化的说明：市政府要求“新建筑物至少提供一个照明设施，临街建筑纵向每 15 米至少预留 93 平方米的照明面积。这些照明设施散发着光亮，震慑着各种违法犯罪行为。据统计，该地区刑事犯罪案件减少了 75%，远低于纽约其他区域。”③

“一个好的聚居地是一个没有各种危险、毒害和疾病或者是能够控制的地方，同时人们对这些危害的恐惧程度也很低，这便是一个安全的物质环境。要达到这种安全的目标，要注意空气和水的污染问题；食物的污染问题；对有毒物质的管理；对疾病和传染的控制；对意外事故的预防；对暴力的防范，防洪、防水、防震；以及对受害人有相应的措施。”④

第二节　无处安置的母爱

一、研究背景和意义

本研究的背景是基于这样的假设：随着中国经济的发展和城市化水平的提升，城市的

① 简·雅各布斯：《美国大城市的死与生（纪念版）》，第 36 ～ 37 页。
② 刘易斯·芒福德：《城市发展史：起源、演变和前景》，第 227 ～ 228 页。
③ 亚历山大·加文：《如何造就一座伟大的城市》，第 231 页。
④ 凯文·林奇：《城市形态》，第 89 页。

功能不断完善，城市公共场所的规划设计不仅需要惠及大众的普遍需求，也需要考虑到少数群体的特殊需要。这些少数群体往往由于先天的生理缺陷或社会性因素，与社会主体之间存在差异而受到歧视。以往的城市规划很少会将这类少数群体纳入空间规划中，尤其是不注重相关微观空间，城市的普遍性功能无法满足少数群体需求，少数群体被边缘化，甚至游离于公共空间之外。

国家二胎乃至三胎政策实行后，母婴这一综合性社会群体得到了越来越多的关注。生育和母爱是女性独有的功能和情感，一名母亲需要在面对生活工作压力的同时承担起养育子女的主要责任，在身体和心理上本来就是巨大的考验。同时，母亲在公共领域照顾孩子又会面临种种不便，如母乳喂奶、换尿布之类的行为无法或不便在公共空间进行，所以这个综合性社会群体需要获得特殊的公共服务。这不仅关系到母婴的健康成长和合法权益，也关系到生育政策能否顺利推行。但目前，相关匹配设施和社会支持却没有给母婴提供足够的帮助。

母婴的公共服务主要是母婴室的供给。母婴室作为一个公共场所中的微观空间，可以有效满足女性在养育孩子时生理卫生和哺乳等方面的需要。以往城市建设中的母婴室几乎都是以政府为主体提供的，但仅仅依靠政府的公共服务已不能满足日益增长的群体需求。公共场所设立母婴室这一公共服务涉及政府、企业、非营利组织等多个供给主体。但不同供给主体之间所提供的母婴室的服务质量有何差异，各个供给主体对母婴室的规划和管理是否合理，这些后续问题是值得关注的。本研究以南京市公共空间中的母婴室为案例进行实地调研。

二、案例分析

本个案调研主要采用了观察法、访谈法和实验法，对不同公共场所内母婴室的设置以及位置、配备设施、人员管理等情况进行详细观察和记录。在观察母婴室的同时，对母婴室的管理者和使用者进行了非结构式访谈。由于情况特殊，访谈时间简短，但也足以从中了解到相关群体对母婴室的看法和使用体验。此外，通过实验法来记录从进入某一公共场所到最终找到母婴室的时间，这一方法能直观地体现母婴室位置设置的合理与否以及标志指引是否到位。

调研地点的选取采用了判断抽样。母婴室一般会设置在人流量大的公共场所，所以调研从商业系统、景区系统、交通系统和医院系统四个方向选取调研地点。①商业系统。根据具体功能将商业系统分为综合商业娱乐中心、单一功能商业体和百货超市型商业体，分别选取 NJ 市最具典型性的新街口商圈中的大型商场、宜家家具店和 JN 区 YX 的苏果超市为调研对象。②景区系统。选取游客众多的夫子庙景区和相对清静的老门东景区作为调研对象。③交通系统。根据新闻报道发现 NJ 市地铁部分站点设置了母婴室，所以选取了地铁站点作为调研对象。④医院系统。选取一个二级甲等的民办医院 TR 医院和 YX 的社区医院进行调研，了解不同层级医院对母婴室的设置是否有差异。

调研组共调研两次。第一次是在 2019 年 12 月 1 日，对商业系统、景区系统和交通系统中母婴室的情况进行调研；第二次是在 12 月 9 日，对医院系统的母婴室进行调研。

在首次实地调研中，首先在新街口商圈对德基大厦、新百广场、中央商场、金鹰商场、东方福莱德等商场逐层进行详细调研，发现不同商场对母婴室的重视程度不同：部分商场没有设置母婴室；部分商场不仅做到母婴室在每层楼的全覆盖，内部的装修也很全面。之后沿着地铁线对从新街口到夫子庙沿线的地铁站点逐一调研，向地铁站的工作人员询问了母婴室的相关情况并请工作人员引领观察了母婴室内部的设施，发现地铁站点母婴室的设置和管理存在不少问题。在夫子庙站下车后，对夫子庙景区和老门东景区的母婴室进行调查。由于夫子庙景区面积大，人流量众多，但没有景区地图及详细的功能区分布图，只在景区厕所旁发现设有第三卫生间，勉强顾及孕妇的需求。最后乘地铁前往宜家，对宜家各楼层的母婴室进行了调研，发现宜家母婴室虽然面积小、装饰简陋，但是设置在每层楼的进出口处，便于寻找。

第二次调研中，对 TR 医院和 YX 社区医院做了调研。由于是周末，TR 医院人流量较大，小组成员试图根据医院门口的地图寻找母婴室，但未果；在 TR 医院及附属儿童医院逐层进行寻找，仍然没有找到母婴室。YX 社区医院相较于 TR 医院规模更小，同样没有设置母婴室。

母婴室是针对母婴这类有特殊需求的人群与家庭建立的公共空间支持系统，其核心价值是：通过建立母婴室及相关设施，营造有利于母婴出行、方便随时哺乳、更换尿不湿、替换衣物、鼓励父亲参与育儿行为的公共环境，体现公共空间对女性的尊重和对婴幼儿的关怀，促进家庭和谐，提高人口素质，助力生育政策。作为公共空间支持系统，母婴室主要分布在医院、女职工较多的单位、部分行政空间、交通系统、商业场所、旅游景点、其他公共场所（如公园等）。

（一）在公共场所的空间位置

在调研中，我们了解了母婴室在商业场所、旅游景点、交通站点、医院建筑的位置分布。我们将位置分布定义为实际空间分布（如距建筑物入口的距离、楼层分布、相对位置）、是否有明显标识指引；同时选取一些场所模拟实验了母婴在紧急情况下，从建筑物入口到找到母婴室所需的时间。

（1）大型购物中心。母婴室主要和卫生间共区，大部分和女卫生间共区，部分配置在女卫生间中。但如果是父亲单独带孩子，怎么办？其楼层分布有所差异。在综合商场中，在婴幼儿商品售卖层均有设置。但普遍缺乏明显的标识指引，大部分只有在母婴室的门牌上有明显标识，在建筑入口处与楼层的交通口则无法找到。在个案调研的六家大型商场中：德基广场二期建筑共八层，母婴室分布在六至八层，和女卫生间相邻，为男性止步区域，外部标识指示不明显，只有在母婴室门牌上才有明显的标识；新百商场母婴室仅在二楼设置，和残疾人卫生间公用，门牌上既有残疾人卫生间标志也有母婴室标识，但在入口处和楼层交通口均无明显指引；中央商场母婴室在二至六楼均有布置，和女性卫生间相邻，在每个楼层的指示牌上均有明显的母婴室标识，六楼有员工专用母婴室；金鹰商场只有最高层六楼有母婴室，只有在母婴室门牌上有明显标识；东方弗莱德母婴室设置在三至五楼，入口处、楼层交通口和母婴室门牌上均有标识指引；宜家家居店只有两层，母婴室在两层均有分布，入口处、楼层交通口和母婴室门牌上均有明确的指示标识，这是最为人性化的母婴微观空间设置。

调研组做了实验。以德基广场为例，从进入商场入口开始计时，凭借生活经验，我们直接从一楼的卫生间找起，在没有询问任何工作人员的情况下，找到母婴室一共用了 23

分钟。其主要原因是，德基广场每层楼的面积较大，没有明确的母婴室标识指引，并且母婴室分布的楼层靠近顶楼，因而花费了较长时间。可以想象，如果在非常紧急要使用母婴室的情况下，如孩子尿湿衣裤、孩子要大小便、需要马上喂奶等，寻找设施所要花费的时间是非常不合理的，会让家长狼狈不堪。

（2）大型旅游景点。部分母婴室设置在游客中心，部分以第三卫生间的形式设置在公共卫生间旁边，但没有明确标识指引，寻找母婴室需要耗费较多时间。在夫子庙景区，我们只在入口附近的一个公共卫生间旁发现了门牌上写有“第三卫生间”字样的场所。工作人员告诉我们那就是母婴室，不过暂时不开放。在老门东景区，在入口处我们开始计时，一路上并没有母婴室标识的出现，只能凭经验直接去公共卫生间，并没有发现母婴室。在这样的情况下，我们准备向工作人员询问，但寻找游客中心又花费了一定时间，游客中心并没有明确的标识。直到我们求助工作人员，找到母婴室，共花费了近 40 分钟。一方面，公共卫生间设置在离入口非常远的地方，凭借在商场的经验寻找母婴室可能会耗费大量时间；另一方面，当天景点客流量较多，却没有遇见工作人员，游客中心的标识也不明显，因而耗费了大量时间。相比于大型商场，旅游景点在母婴支持系统方面是匮乏的。

（3）公共交通系统。以地铁为例，地铁的母婴室一般设置在地铁的地下出口附近，没有明确的母婴室标识，需要在地铁工作人员的带领下，用其工作证刷卡才能进入。在珠江路地铁站，我们尝试从寻找工作人员求助开始计时，工作人员需要先向上级报备，获得允许后带我们出站（这是让人匪夷所思的流程），刷卡进入母婴室，一共花费了 15 分钟。为此，也不能总抱怨有的母亲或老人让婴儿直接在地铁或站台上大小便了。

（4）重要医院。两个不同等级的医院 TR 医院与 YX 社区医院均没有设置母婴室。

综上所述，母婴室在公共场所中一般与卫生间共区，特别是女卫生间，由于空间相对位置设置不合理，加之无明显的标识指引，需要耗费一定时间才能找到。从这个角度来看，并没有达到利于母婴出行、方便随时哺乳、排便、更衣和鼓励父亲参与育儿行为等功能目的。

（二）母婴室内部空间特征

我们将这一攸关母婴福祉的城市微观空间从内部进行考察。笔者将母婴室内部的空间特征主要分为两个部分：一是空间能不能正常使用，有无被占用；二是母婴室的面积、设施配置、隐私保护程度、卫生安全程度及人性化程度等，即是否符合空间使用者的行为、生理、心理需求。

（1）空间使用情况。2015 年 6 月《江苏省实施〈母婴保健法〉办法》正式施行，其中规定：“在女职工比较多的用人单位应当根据女职工的需要设立哺乳室；在机场、火车站、大型商场等公共场所应当设置母婴室，并配备相应的设施，为妇女哺乳提供便利条件。”在我们调研的六个商业场所、两个旅游景点、两个地铁站及两家不同等级的医院中，两家医院没有设置母婴室，夫子庙景区的第三卫生间不对外开放，同时地铁站的母婴室存在被违规占用的情况，其余场所的母婴室均可正常使用。地铁站的母婴室需要工作人员用工作证刷卡才能进入，工作人员一再提醒我们不能拍照。在她带我们进去后，一开灯，发现有工作人员正在母婴室里睡觉，她就马上带我们离开了。由此可见，母婴室空间固然存在，但对于母婴室这一微观空间的使用、管理与监督同等重要。

（2）面积与设施配置。2013 年 5 月 14 日，联合国儿童基金会驻中国办事处为其经过改进的母乳喂养室挂牌，命名为“母爱十平方”，用于支持产假结束后重返工作岗位的女性。随后，联合国儿童基金会与中国疾病预防控制中心妇幼保健中心联合发起了“母爱十平方”活动，倡议更多机构和企业及公共场所设立母乳喂养室，为选择母乳喂养的母亲提供支持。10 平方米是一个建议值，面积可以更小，只要能提供一个舒适的母乳喂养环境即可。

综上所述，公共场所母婴室面积约有 10 平方米，设备较为安全，卫生情况良好，可基本满足母乳哺育与换尿布的功能。已投入使用的母婴室大部分都可以满足母婴基本需求。存在的问题是：只满足基本需求，但大多设置为男性禁入区域，无法对应父亲带孩子的情况，同时满足母婴如厕、亲子如厕功能的母婴室很少；环境干净整洁，但几乎没有看见消毒设备；拥有隔离哺乳区域的母婴室很少，尤其是共用时，开门关门存在隐私被侵犯的问题；大部分缺乏专人管理，存在被占用的可能性；对空间使用者的范围定位过窄，理所当然地假设为只有女性照顾婴幼儿，体现了男权思想；无法同时和不同空间使用者的行动、生理、心理需求完全匹配。

（三）对母婴室的进一步探讨

上文主要涉及母婴室的空间构成及其空间特征。归根结底，空间是人使用的，满足使用者对于空间的使用需求才是社会需要实现的目标。关于母婴室这一城市微观空间中的人和社会，笔者通过对相关人群的访谈做进一步探讨。笔者在调研过程中共采访了三方的空间使用者，分析如下。

（1）独自带孩子购物的母亲。在德基广场，调研小组遇见了一位独自抱着孩子购物的母亲，30 多岁，小孩不到 1 岁。在说明来意之后，我们问到她之前是否使用过母婴室，她说：“之前使用过，母婴室总是不好找，商场老是放在特别高的楼层。现在（下午三点多）还好，周末、中午、晚上总是很多人，好多人排队。有时候为了方便我就直接抱（孩子）到卫生间去换尿布了。而且小孩还小，谁知道那个母婴室干不干净。”我们问到还有没有觉得什么不方便的，她提到一个人带小孩出来太麻烦了，换尿布、喂奶等，还要提很多东西，太麻烦了，所以基本上不一个人出门了。今天是丈夫去另一边买东西了，一会就回来，她先自己逛一逛。她还提到，商场除了设置母婴室外，还应设置一个家属休息区。“经常是我进去给孩子喂奶，我老公就站在外面等，有时候排队的人很多，都没有休息的地方。如果要坐下的话，就要绕一大圈去找商场同一楼层的其他地方，太麻烦了。而且母婴室太小了，有时候共用的话，婴儿车都推不进去。”

结合上一部分对空间的分析，现有的母婴室相对位置及内部空间设置并没有完全满足母婴使用的生理、心理需求；同时，空间的设置不应该仅考虑到具体的使用者，还应考虑到行动相关者的体验，如家属休息区的设置和婴儿车摆放等。

（2）商场保洁阿姨。在中央商场，我们注意到母婴室使用的管理实际由保洁人员承担。我们一开始在没有说明来意的情况下，准备直接打开母婴室的门看看，一位保洁阿姨直接制止了我们，说这个是给母婴用的，不能随便进去，女卫生间在旁边。在跟她说明来意后，她对我们说：“每天总是有人不想排队，不去女卫生间直接进母婴室，导致一部分真正要用的人没法用，只能在门口等着。领导也和我们说了，我们也是没办法，只能一边打扫卫生，一边看着。”此外，她说这个母婴室空间有限，特别是到了中午和晚上的饭点，抱着小孩排队的人特别多。有的人等不及就直接把小孩抱到女卫生间了。这个母婴室得一直打扫，要不然会特别乱，打扫挺麻烦。他们就在门口等，人出来差不多了，他们就进去打扫卫生。

（3）地铁站工作人员。我们在珠江路地铁站寻找母婴室的过程中直接求助了工作人员，工作人员在向上级报备后，带我们过去的途中和我们说：“我也是刚刚生完孩子回来上班的，我对这个问题也很关注。我们珠江路地铁站是NJ地铁站最早建母婴室的。经常有人急匆匆地跑过来问我们母婴室在哪，但其实一大部分人还没有这个意识。都不知道我们这里有母婴室，一般问我们了我们就会给她用。”她还和我们提到，年轻人大部分知道有母婴室；但是，一些上年纪的奶奶带着孩子出来要换尿布，就直接去卫生间了，她们都不知道是母婴室是什么。

从相关工作人员的讲述可知，普通人对设置母婴室的意义和必要性的认识还有待提高。从管理者的角度来看，设置母婴室要耗费大量的管理成本，无论是卫生管理还是人力管理。母婴室涉及的并不仅是具体的空间使用体验层面，还包括社会、管理者对于母婴室这一空间的认识程度及意义理解程度。即空间功能的发挥是需要与和空间相关的人相互配合达成的。

三、总结与讨论

“现在功利主义者设计的关于人类命运的新概念中，甚至声色之乐都没有，它的理论是全力生产，无情的贪婪和否定人的生理要求，它完全贬低生活上的享受，像战争时期被围困的时候一样。”① 但现在没有战争，只是涉及母子两个生命的本能生理需要。造成母婴室目前各种非人性化问题的原因，笔者分析如下。

（1）母婴室本身的脆弱性。城市公共物品的存在现状不仅与其所处的外部环境相关联，更重要的是，公共物品系统自身具有的复杂性、关联性、差异性等脆弱性特征极易引发城市公共物品供给的缺失和遭受破坏。以往在公共场合，母亲只能寻找厕所或其他相对封闭的环境解决问题，难免面临卫生、隐私等问题。相较而言，母婴室是一个专门面向母婴群体的场所，更加便利和安全。但作为城市公共物品系统中的一部分，母婴室具有很强的脆弱性。所谓脆弱性，在笔者看来是与母婴室本身的性质密切关联的，相较于其他公共物品，如公共厕所和公共垃圾桶，母婴室并不是“非有不可”的。公共厕所和公共垃圾桶这类公共物品的受众是绝大多数的社会群体，城市的供给主体一旦忽视了这部分需求，不仅会给居民和消费者带来极大不便，加上不同类型、不同领域公共物品系统间的关联性、蔓延性，会造成更大破坏及更广泛影响的公共安全事故，进而可能波及社会秩序。而母婴室仅仅针对母婴群体，本身所涉及的群体数量在社会中占比较小，并且作为一个功能化的空间具有很强的替代性，人们往往认为随便找个地方都可以完成哺乳和换尿布的行为。这样的脆弱性使城市公共物品的供给者不愿意牺牲宝贵的空间资源修建母婴室，也不

① 刘易斯·芒福德：《城市发展史：起源、演变和前景》，第462页。

愿意花费成本对母婴室进行合理化管理。但是，母婴是高敏群体，需要清洁宁静的空间。

（2）公众缺乏社会道德观念。玛丽·道格拉斯（Mary Douglas）认为纯洁与污染的观念在文化生活中是至关重要的。她认为所谓不洁就是不在原有位置上的事物。事物如果不符合正统的分类系统或违反或跨越了象征性的边界，往往被视为受到了污染。给婴儿换尿布或哺乳的行为暴露了婴儿和母亲的生殖系统器官，是极其私密的行为，本应发生在私人空间，一旦暴露在社会公众的视野下就是违背了大家潜在认同的社会道德规范。然而，很多人认为在公共场合下哺乳和换尿布的行为是理所应当的，这体现了社会道德观念的缺失。城市空间设计者认为母婴室的存在可有可无，管理者认为母婴室不值得投入大量资本和精力管理。这一方面体现了公众隐私意识的缺乏，另一方面折射出公众对少数群体权益的漠视。城市空间设计者没有设置母婴室以及已有母婴室存在被任意占用的行为都体现了社会对于母婴这类少数群体缺乏社会认同，公众对于母婴这一群体在公众场所中所面临的困境和需求没有清醒的认识，以至于偏见的产生。

（3）母婴室供给主体管理职能的缺失。现代城市生活中，城市公共物品的管理不仅与其所处社会情境有关，而且与城市中各参与安全管理活动主体的道德素质、社会责任感及职业素养等非物质因素有着不容忽视的关系。母婴室是政府、企业、社会组织等多元社会主体提供的公共物品，但是母婴室在修建后往往会因为管理的缺失无法发挥应有的作用。我们发现，除了少数母婴室有专门清洁工负责管理，大部分母婴室处于无人管理的状态。因此母婴室的现状堪忧：违规占用、设施损坏、长期无人打扫卫生……在公共物品有效管理的范畴中，参与公共物品供给和运营服务的各类主体对公共物品管理的重要性认识不足。很多地方仍然是依靠自身的“一元化管理”，公众广泛参与服务的尝试未及成型，致使公共物品安全服务供需平衡依然难以实现。供给主体对于社会政策的理解肤浅，公共物品供给主体对社会政策的执行及后续管理缺乏相应的监督机制。

第九章　城市空间连续性的断裂

第一节　距离地铁站的最后1公里

一、研究背景和意义

“如果技术专家和管理人员精通他们的业务，他们会采取特别措施保证更有效的公共交通，既为了维持城市的生存，也为了维持使用最不浪费时间的其他交通方式。为了使整个城市结构能充分发挥其功能，还必须为每一种交通方式找出适当的通行渠道：把步行人、公共交通、街道、大道、快速路和飞机场仔细安排好、衔接好，才能照顾好一个现代社会的需要。只要一个环节没有衔接好就不行。”① 本节讨论的这个环节就是“距离地铁站的最后1公里”这一城市出行微观空间。

大城市以轨道交通为主、其他交通方式为辅的交通体系已形成，通过城市轨道交通快捷、大运力、长途等优势解决交通拥堵问题，轨道交通成为沿线居民主要出行方式。但由于轨道交通网辐射范围限制、地铁站出入口设置不合理及地铁与其他交通方式衔接不顺畅，导致“最后1公里”问题的存在，即城市轨道交通站点与出行目的地间的接驳问题，主要有通达性、时效性、标识清晰度等方面的欠缺，对老弱病残孕等弱势群体的出行友好度也是“最后1公里”的重要议题。

对“最后1公里”这一城市微观空间的改进可最大程度方便市民尤其是弱势群体出行，节省通勤时间，提高出行效率；地铁站的设计是否合理也关乎人性化，关乎地铁站如何更好地服务周边经济、社会、民生。本研究采行质性访谈方法和参与式观察法等，对地铁站设点现状中的不合理导致的通达性、时效性和标识清晰度等问题进行田野调研，研究人们对此类微观空间的意识感知和社会行为。

“舟楫发明后，这些河流本身便成了最早的交通要道：……这些水道组成了一种主干道式交通运输系统，……久之形成了系统完整的堤坝工程和灌溉、运河网络。建造这些设施要求有一定的社会交流、合作和长远的规划，这些都是旧式的自给自足、安于现状的村庄文化所不需要，也不提倡的。”② 中东城市的形成是基于防治洪水的巨大而复杂的社会组织结构。古代城市的水利、水网和水上交通形成了交通动脉和城市骨架。而现代城市，是以城际铁路（高铁）这巨大如脊椎骨架和形似人体小骨架的地铁构成的现代交通动脉

---

① 刘易斯·芒福德：《城市发展史：起源、演变和前景》，第521页。

② 刘易斯·芒福德：《城市发展史：起源、演变和前景》，第62页。

和骨架。所以，地铁这一微观城市动态空间具有重大意义，更要求有一定的社会交流、合作和长远规划。

二、案例分析

案例分析对象选取了NJ市的三个地铁站及其周边交通环境，简析使用人群对于地铁站出行“最后1公里”的感受。三个站点分别是下马坊站、软件大道站和鼓楼站，分别位于城市中的居民区、办公区和商业区。

（一）居民区—下马坊地铁站

下马坊站使用人群复杂。周边有众多居民区，包括君临紫金、东郊美树苑、东元山庄等，有不同年龄段的人群居住在此，老龄化程度较高，可以了解老年人使用地铁出行时遇到的问题及对无障碍设施的需求；有游客，下马坊站北侧为钟山风景区，站点2号口北侧不到100米即为钟山风景区售票处；还有学生，下马坊3号口就在NJ农业大学北大门外，4号口距离东南方的NJ理工大学仅700米。下马坊站周边地形复杂，有许多坡地，可更好了解地形对市民“最后1公里”的出行的影响及市民需求。

1. 被访者信息

调研组在站点现场采取随机抽样方式选取被访者。下马坊站的被访者共9人。其中，男性3人，女性6人；18～25岁3人，26～35岁2人，36～45岁4人；附近学生3人，公司职员1人，自由职业者3人，公务员2人。被访者均表示自己身体“非常健康”。有4位被访者一周乘坐一次地铁，有3人一周乘坐两次，有2人不定期乘坐地铁。被访者中有5人家中有汽车且会开车，但由于地铁没有堵车风险，他们一般是乘地铁出行。

2. 公共交通方式

站点附近可换乘公共交通。以下马坊站为圆心，500米内可到达的公交站有小卫街公交站、下马坊公交站等4个公交站点、18条途经线路，选择多样，也可作为中转站到达其他方向，旅游观光、日常通行的需求皆可满足。部分乘客出站后直奔公交车站，以公交车作为地铁站到目的地的首选，原因多为其直达性和廉价。地铁站周边有三个共享单车停放点，多为18～35岁的人使用。

3. 非公共交通方式

（1）步行。下马坊站1号口（图9.1）主要服务君临紫金等住宅区以及周边配套商业、餐饮。该站点主要服务人群的需求以通达性为主，主要使用时间段为工作日早晚高峰。地铁口设置在君临紫金住宅区南门的东南侧30米，开口朝向东南方，与周边的商业区只间隔了10米的绿化带和人行道。地铁口南侧设置有非机动车停放区，停放车辆较多，但未影响步行。但地铁口正对一个变电箱房，距离不足5米，影响了出站后的视线，对不熟悉此地的人来说影响了对周边设施的辨识度。

图 9.1　**下马坊 1 号口，图右侧为正对出口变电箱房**（本章照片除注明外，均为调研组组员摄）

图 9.2　**下马坊 2 号口的下沉广场和台阶，无垂直电梯**

2 号口与钟山风景区关系最为密切，主要服务于游客，主要需求是通达性及标识清晰度，主要使用时间为节假日和周末。从 2 号口出站后需要通过较多台阶才能到达地面，且在附近未发现无障碍设施，通达性较差。下沉式出站区和多个方向的台阶（图 9.2）对于步行者来说方向辨认更复杂，西侧台阶正对禁约碑，爬上东侧台阶后左转才是钟山风景区方向，对于游客尤其是外地游客不友好。类似的无电梯的火车站出站口等如图 9.3 ～图 9.5 所示。

图 9.3　**某火车站出站口，无垂直梯，对带行李和孩子的旅客极不便。这是火车站的通病**（笔者摄）

图 9.4　**某古城火车站外高大的进出站台阶难倒了很多带大件行李的游客（无电梯）**（笔者摄）

图 9.5　**城市中许多公共场所的滚动电梯早已破损失修，处于废置状态**（笔者摄）

3 号口（图 9.6）位于 NJ 农业大学北门东侧约 100 米，主要使用人群为 NJ 农业大学的学生和东郊美树苑等住宅区的居民，主要需求是时效性及通达性，主要使用时间段为工作日早晚高峰、节假日中午及夜晚。四个进出站口唯一的一部电梯也在这里，且能在出站后很快找到。但是这里的地形相对平坦，对于相对年轻、相对健康的使用人群如大学生，却不是最需要电梯的。所以，如果只能有一部电梯的话，目前设置的空间位置对步行者不是最合理的。

4 号口（图 9.7）位于东元山庄北门口，主要服务于下马坊东南侧的居民，主要使用时间段为工作日早晚高峰。这个出站口的高差只有三级台阶，但也没有无障碍设施，同时地铁站口停放的大量非机动车已经延伸至地铁口台阶处，且超出了划定的停车区域，对步行有不利影响。

图 9.6　下马坊 3 号口

图 9.7　下马坊 4 号口

（2）非机动车。自下马坊地铁站沿中山门大街往西有一段 485 米的长坡，平均坡度 6.2%，最大坡度 10%（图 9.8、图 9.9）。非机动车道宽度不足 2 米，对“最后 1 公里”的非机动车通行产生了较大的影响——共享单车较难攀爬，电动车只能依次通过。

图 9.8　下马坊西侧狭窄的非机动车道坡道

图 9.9　下马坊西侧坡道平均坡度

（3）机动车。下马坊附近机动车流向分进出北侧钟山景区或途经中山门大街（图 9.10），车流量大，有利于“最后 1 公里”使用私家车的人。由于没有停靠点，地铁站离路口不到 20 米，接送地铁站人群的机动车的停靠（图 9.11）对中山门大街交通有一定影响。

图 9.10　下马坊附近机动车交通

图 9.11　下马坊路边停靠的机动车

（4）特殊乘客的舒适度。通过对携带婴幼儿出行和前来钟山风景区游玩的外地游客的访谈及观察，发现下马坊地铁站对于“最后 1 公里”出行的不友好之处。一位推着婴儿车在下马坊地铁站附近公园的被访者表示：“平时带小孩来这边游玩很少使用地铁，因为推着婴儿车进出地铁站的体验非常不好。”虽然有无障碍电梯，但距离地铁站主要出入口较远，被访者甚至不知道有无障碍电梯存在。

下马坊站无障碍电梯数量不足，四个出站口只有一部无障碍电梯。无障碍电梯设置在 NJ 农业大学北门 3 号口，就其人流量、人群需求而言不是最合适的位置。人流量最大、人群类型最多的 2 号口不仅没有无障碍电梯，出站口外甚至有多方向的高台阶，未配备无障碍坡道。这都是该地铁站“最后 1 公里”的问题。

图 9.12　下马坊地铁站“隐藏的”2 号口

对于不太熟悉周边环境的游客而言，“最后 1 公里”最需要解决的问题是出地铁站后到景区的便捷程度，包括出站便捷度、与景区距离、景区标识的可视度。

距离钟山风景区最近的出口是 1 号口和 2 号口，1 号口出口方向与景区方向相反，主要服务周边居民；出站口正对变电箱房，对游客来说视线不友好，出口方向与目的地相反。2 号口位于地下一层，与地面通过楼梯连接，楼梯有两个方向，地下一层的“隐身”地铁口和多向台阶不利于游客“最后 1 公里”的方向辨识。

3、4 号口与钟山风景区隔了 40 米宽的中山门大街（图 9.13），由于通行方向是东西向，如果选错出站口，需要横跨中山门大街。红绿灯时间设置是优先中山门大街的车流，未考虑到大量人群穿越中山门大街的需求。南北向过街红灯等待时间长，绿灯通行时间短，仅 20 秒。非机动车道及人行道过于狭窄，最窄处不足 2 米。

图 9. 13　宽阔的中山门大街与车流

下马坊站的乘客人群复杂。不同人群主要使用时间段不同：住宅区的上班族及老年人使用地铁的主要时间段为工作日早晚高峰及中小学校上下学时间。南京农业大学及南京理工大学的学生使用地铁的主要时间段为节假日中午和夜晚。目前地铁站都开放至 23 点，未考虑站点周边人群差异及不同时间段差异。前往钟山风景区的游客使用地铁的主要时间段为节假日和周末。不同人群需求也不同：住宅区人群更需要通达性和时效性，学生更需要通达性及特殊时段的开放，游客则需要通达性及方向标识清晰度。

（二）办公区—软件大道地铁站

软件大道地铁站位于 NJ 软件谷，周边是以科技创新企业构成的科技园区，软件大道站周边大量公司、企业集聚，工作日和早晚高峰人流量大，日客流量可达 24000 人次，主要乘客是上班族，他们更注重出行的快捷性和时效性。软件大道站设置在有四个方向出入口的环岛处，但仅在环岛北部道路的东西面各设置了一个进出站口，而在科技园区集聚的环岛南部却没有安排进出站口，许多在环岛南部工作的上班族在出站后要等候通过环岛的红绿灯，才能经过路口。这与上班族追求的快捷性和时效性相矛盾，说明该站点出站口的设置不够合理，影响了上班族和市民的出行体验。

1. 被访者信息

调研组采取随机抽样的方式选取被访者。软件大道站的被访者共 13 人。其中，男性 6 人，女性 7 人；18 岁以下 1 人，18 ～25 岁 2 人，26 ～35 岁 4 人，36 ～45 岁 5 人，60 岁及以上 1 人。被访者的职业主要为附近公司的职员，有 8 人，另外有 2 位学生、1 位自由职业者、1 位公务员和 1 位退休人员。被访者中有 10 人表示自己身体“非常健康”，2 人表示比较健康，1 人由于腿部骨折状况一般。有 7 位被访者每个工作日都会乘坐地铁，分别有 2 人每周乘坐 1 次和 6 次地铁，分别有 1 人每周乘坐 4 次和 7 次地铁。被访者中有 6 人家中有汽车且自己会开车，但由于地铁没有堵车风险，还是选择乘坐地铁出行。

2. 公共交通方式

访谈中发现，有 5 位被访者选择通过公共交通换乘方式从地铁站出站口前往目的地或从目的地前往地铁站进站口。

（1）公交车。软件大道站位于雨花台区，在NJ软件谷的主干道上，周边分布着知名软件公司和科技园区。软件大道站站域内有8个公交站点，14条公交线路。有4位被访者选择换乘公交车从地铁站回家，他们主要是居住在距离软件大道地铁站1公里附近的居民。

（2）共享单车。软件大道站站域内共享单车的聚集点主要在周边科技园区进入方向和地铁站进出站口的附近。有3位被访者选择骑共享单车从地铁站到目的地，这部分被访者与上文中乘坐公交车的被访者有重合，其中有两人平时会选择这两种公共交通方式来完成“最后1公里”的行程。

（3）公共自行车。距离软件大道站2号出站口135米处有公共自行车停放点，调研中遇到两位市民使用，观察得知他们是居住在周边小区的老年人。在上水庭院小区南门、华为NJ研究所南门也有公共自行车停放点。

软件大道站站域内道路交通系统较完善，公交换乘点较多，但距离地铁站出入口有一定距离，换用各种公共交通从地铁站到达目的地的方式较为多样。

3. 非公共交通方式

（1）步行。软件大道站仅有两个出站口，均位于软件大道北侧，而在软件大道南侧有多个科技园区。由于软件大道站是交通环岛的设计方式，行人过街需要通过70米长的人行道，但过街信号灯的绿灯时间较短，仅20秒，一般需要在道路中间的等候区再等一个时间较长的红灯。这对于要过马路的行人很不友好，尤其是无法满足上班族对于时效性的需求。站点周边人行道较宽敞，步行空间连续，在站点西北侧还有健康步道，可以将周边有锻炼需求的人群和通勤过路的人群分隔开来。根据访谈结果，由于各公司大门距离软件大道站出站口均在500米以内，被访者中所有8位公司职员均选择步行从地铁站到公司。

（2）私人非机动车。站点周边停放了少量私人非机动车，主要是市民自用的自行车和电动车，一般只有居住在附近的居民会通过私人非机动车解决“最后1公里”问题。一位腿部骨折的被访者说：“我是住在中兴人才公寓的，离地铁站也就1公里多一点，平时要坐地铁的时候就骑电动车过去，停在人行道上面划定的车位里面，等回家的时候再骑回来。但是现在腿受伤了，也就不出门了，不太会去向地铁站的工作人员寻求帮助。”调研发现软件大道站的垂直电梯位于2号口，无障碍设施完善，无需求助地铁工作人员。但该被访者并不清楚电梯的位置，可见软件大道站的标识清晰度不够，不能保证发挥作用。

（3）私家车。访谈中没有发现被访者通过开私家车进行与地铁站的换乘，且站点周边既没有机动车停车场，也没有可供临时上下车的场地，这不利于这种换乘方式的存在。仅两位受访者提到会在恶劣天气乘坐出租车从地铁站到目的地。

4. 特殊情况舒适度

访谈中，有一位附近公司的职员反映：“雨雪天一般也只会选择步行通往目的地，因为距离不远，而且其他方式更加不便，比如说开车的话会堵车、要收停车费，骑车的话就更不可能了。”可见恶劣天气对于在站点附近工作生活的乘客并没有选择的不同；但在路程中没有遮蔽性的空间和走道，仍是不方便的。

（三）商业区—鼓楼地铁站

鼓楼地铁站位于中心城区，站点周边是NJ重要的生活、商业中心之一，人流量大。鼓楼站作为地铁1号线和4号线的换乘站，承载乘车、换乘多种出行需求，日均换乘客流约10万人次。乘客对于周边地区的可达性有较高的需求。

1. 被访者信息

调研组采取随机抽样的方式选取被访者。鼓楼站被访者包括3位男性和5位女性，主要是到附近购物消费、休闲娱乐的青年人。其中18～25岁3人，26～35岁2人，36～45岁两人，46～60岁1人。包括两位学生、1名科教人员、3位公司职员、1位公务员和1位自由职业者；所有被访者身体健康。4位被访者拥有私家车，大部分被访者在周末乘坐地铁到鼓楼站附近游憩。

2. 公共交通方式

访谈中发现，有5位被访者选择通过公共交通换乘方式从地铁站前往目的地或从目的地前往地铁站，公共交通系统对于最后1公里的通达性有重要作用。以鼓楼站为圆心，500米为步行可达半径距离划定的圆形作为研究站域范围。

（1）公交车。鼓楼地铁站位于中心城区，五条城市主干道交汇，站域内城市道路层级多样，体系完整。站域内有11处公交站点、29条公交线路。这些站点是去往远端目的地的，使用公交车换乘走完“最后1公里”的乘客并不少见。

（2）共享单车。鼓楼站站域内的共享单车停放点达25个，共享单车聚集点与公交站点相近。共享单车为“最后1公里”出行提供了便利，只要会使用智能手机进行扫码，就能方便地使用，且共享单车没有固定停放点。现场观察发现，鼓楼站出入的主要人群为青年人，大部分有骑行需要的人都会选择共享单车。

（3）公共自行车。鼓楼站站域内的公共自行车停放点共有三个。一位年龄稍长的被访者出站后直接使用固定停放点的公共自行车，他说：“我平时智能手机用不惯，所以不用共享单车，公共自行车刷卡就行了。”

调研发现，NJ公共自行车的使用有三种方式：一是办卡，市民携带身份证等有效证件到南京政务服务中心，交纳250元押金、充值50元办理；二是下载“畅行NJ”手机App，需要交纳押金使用；三是在支付宝上搜索“NJ公共自行车”小程序，完成登录注册与实名认证，在车桩上扫码使用。前两种方式都是骑行两个小时内免费。免费骑行和支付宝扫码付费骑行，面向的不是同一个群体。免费骑行针对的是日常使用量较多的老年用户和一些上下班的通勤用户，他们多持卡两小时内免费骑行；支付宝免押金针对的是难得骑一次的使用者或是外地来宁的游客，他们用支付宝扫码使用比较方便。

由此可见，对于老年用户，尤其是不会使用共享单车的人群，城市公共自行车更加经济方便，为他们“最后1公里”提供便利。但公共自行车停放点较为固定，停放数量也有限，可能会带来不便。

3. 非公共交通方式

（1）步行。访谈中发现，有两位被访者选择步行从地铁站前往目的地或从目的地前往地铁站。在步行可达性相对友好的情况下，有部分人群愿意选择步行方式。

对鼓楼站外步行友好程度的研究是以鼓楼站为圆心，500 米为步行可达半径划定的圆形作为研究站域范围。鼓楼站域内主要的步行空间为机动车道路两侧的人行道。道路交叉口处的人行道常被电动车、自行车等非机动车侵占。由于最初进行城市道路规划时并没有为共享单车等后来出现的交通工具预留空间，再加上市民个人的非机动车停放行为，就不可避免地导致这些交通工具对人行道的侵占（图 9. 14、图 9. 15）。因此，站域内的步行空间被频繁阻断，道路交叉口与非机动车占道在一定程度上削弱了鼓楼站域范围的步行可达性和舒适性。

图 9. 14　公共自行车与共享单车占据人行道

图 9. 15　非机动车与共享单车停放混乱

（2）私人非机动车。有一位被访者平时都是骑自己的电瓶车往返地铁站，他反映："电瓶车很难找到合适的停车位置，而且人多的时候共享单车停放很乱，有时候甚至很难取出自己的电瓶车。"非机动车停放与共享单车停放需要有序管理。

（3）私家车。访谈中没有被访者选择乘坐私家车解决"最后 1 公里"问题。调研中也发现，鼓楼站站域内地下及地上停车场数量多，但大部分乘客不会选择以私家车的方式往返地铁站。

鼓楼站站域内并非没有长时间停放机动车的条件，但由于地铁站没有与任何一个停车场做有效的联通，将车停放在周边地下停车场的乘客需要经过从地上到地下停车、再到地上步行前往地铁站、再到地下站台的过程，费时费力，自然就会放弃。在市中心早晚高峰时段堵车严重，私家车往返反而影响了出行效率；并且停车场收费不低，如大钟亭地下停车场，白天小车的收费标准为 2 元/15 分钟，其他地下停车场停车时间超过 2 小时后平均每小时收费 4 元，对出行者尤其是每日通勤者来说成本很高。地铁公交系统和私家车系统没能有效衔接，如果有免费的私家车停车区，情况或许会改善，使用地铁接驳出行的人会更多。

（4）出租车。部分乘客在出地铁站后会选择到就近的公交站台打网约车，鼓楼站附近的公交站台提供了很好的打车点和临时休息点。但从出站口到公交站台需要横穿非机动车道（图 9. 16），早晚高峰时非机动车辆密集、行驶速度快，十分危险。

图 9.16　公交车站与非机动车道

4. 特殊情况舒适度

（1）特殊人群。访谈中，有一位被访者反映：如果带了行李坐地铁，一般情况下工作人员也不会来主动帮忙的。但这里直升电梯很方便，出来之后直接打车就行了。可见，对于提重物乘坐地铁到鼓楼站的乘客来说，在站内的舒适度也是“最后 1 公里”舒适度的一部分。

另外，无障碍电梯的指示和分布方式成为影响出站体验的重要因素。从被访者角度来说，鼓楼站无障碍电梯的设置十分到位，位置较明显，站内站外都有充分指示。站内有标识说明垂直电梯的位置（图 9.17），但缺少箭头等方向指示，标牌也很小，不够显眼。

鼓楼站分别在 4A 号口和 5 号口设置了两个无障碍电梯。其中由于 4A 号口的电梯负一层通往地铁站操控室，进出电梯需要进入操控室。在站厅层，有需要的乘客可以向工作人员表达诉求，由工作人员带领进入电梯；在地面层的乘客按“下”键电梯是没反应的，需要按下面的呼叫按钮，和地铁站工作人员通话，他们会操控电梯上来接乘客下去。但这样既增加了工作人员工作量，也使乘客感到很不方便，最终导致 4A 号口的无障碍电梯（图 9.18）使用率很低。

图 9.17　无障碍服务信息

图 9.18　鼓楼站 4A 出口无障碍电梯

（2）特殊天气。有一位被访者反映：“特殊天气的影响很大，电瓶车都被雨雪淋湿了，而且雨雪天气骑电瓶车风险也大，步行的话也很麻烦，等公交车的话可以在站台躲躲。”鼓楼站的地下—地上联系只能通过地铁站出入口实现，当出现雨雪天或高温寒冷天气时，不能为乘客提供一段从地下到室内取车、再到地上的路程；鼓楼站地上空间除了公交站台，很少有地方给乘客提供遮蔽性的空间和走道，在特殊天气进出站都给乘客增加了麻烦。另外，鼓楼站周边商场较多，但乘客必须离开地铁站至地面才能前往商场，而不能从站内直达商场，在特殊天气下影响出行效率，增加了安全隐患。

（3）夜间。有一位被访者反映：“到了晚上，早上停在这里的电瓶车被共享单车围住了，很难取出来。”共享单车由于停放的自由度较高，在夜间共享单车聚集程度较高时，常会影响到取用电瓶车的人群。而鼓楼站站域内共享单车聚集点较多，混杂停放非机动车的情况常见，影响了乘客出行效率。

（4）不熟悉路的人。访谈中，有一位被访者是从上海来 NJ 荔枝广场参加雅思考试。她说：“出站后我骑共享单车去考点，不熟悉路，前后绕了大楼几圈也没看见指示牌，导航也没用，最后还是问保安才知道具体地方。”可见，对于第一次到鼓楼站的人来说，由于缺乏有效和明显的路标，虽然共享单车提供了较便捷的出行方式，但仍然难以准确定位到具体目的地。另一位被访者是从 NJ 溧水区来市中心休闲游玩，从鼓楼站下地铁。他说：“两个出站口距离很近，而且只标了 1、2 号出口，却没有标明不同的出站口能到什么位置，挺不方便的。而且出站口地面台阶的卫生水平很低，地面又油又黑，影响心情。”可见，虽然鼓楼站出站口多，本意是为丰富进出站选择，但由于指示不明确，给乘客带来了选择的困惑。

三、总结与讨论

“地下铁路网……它们建成以后，每年还必须加上运送乘客所消耗的电和煤的费用，尤其是，还得加上人们生理上损耗这笔无形的费用，人们每天穿梭往返于家门与工作场所之间，身心上受到的厌烦、折磨和沮丧，在上、下班的交通高峰时间内，人们在车上花掉几十分钟以至几个小时，甚至想阅读报纸从中得到些麻醉也不可能。路途劳顿，使人筋疲力尽，在极为拥挤的车厢里，还容易感染各种传染病，此外，心中老担忧不能准时到事务所或工厂上班。精神非常紧张，引起肠胃功能混乱。肯定说，任何改善大都市地区生活质量的计划，都必须减少其日常交通上所花的时间，缩短其距离，这是最起码的。”① 所以，每个通勤者都有这个感觉，在经历了乘坐地铁这样的颠簸和紧张（尤其是全程基本没有座位的乘客），走出地铁站后，他们将面临走完离目的地“最后 1 公里”的更艰辛无助的路程。

（一）国内解决策略讨论

通过查阅国内关于解决“最后 1 公里”问题的文献进行总结，将现有的解决策略分为三方面，分别对应居民区、办公区和商业区。

（1）对居民区来说，居民从家到地铁站这段路程距离在 1 公里以内时，最集中的解

---

① 刘易斯·芒福德：《城市发展史：起源、演变和前景》，第 562 页。

决方式为步行或骑共享单车。共享单车作为提供极大便利的存在，相应最大的问题是早晚高峰出行时段小区门口、地铁站口共享单车的数量不足，位置相对偏远的小区和地铁站更甚。遇到这种情况时，没有其他便捷的公共交通方式，且这段路程不值得打车，大部分人会选择步行前往，或先步行去其他地方找到一辆共享单车，再骑行去地铁站。而路程超过1公里或更远时，居民会选择更加经济的公交车；但公交车由于发车间隔和时长等问题，往往不能兼顾到早晚高峰的客流量，会造成居民等待时间过长或过于拥挤；在公交车运营时间之外的时段只能打车解决。解决策略主要体现在地面公共交通方式的丰富，如增加居住区和地铁站之间的社区接驳车，或增加共享单车投放数量。

（2）对办公区来说，交通出行最不利的时间为早晚高峰。可通过调整特定时间段的发车频率以适应高峰时的需求；通过合理调动其他交通工具，缓解地铁压力过大的问题。人们的出行方式以“地铁 + 公交”为主体，可以加强公交、地铁之间的延续性，部分公交线路延伸至地铁站地下部分，减少换乘距离和复杂性。

（3）对商业区来说，该区域人流量大，人行流线复杂，商业集聚中心受到地铁站点选址影响。地铁站点四通八达，通向各个商业中心群，出站口一般衔接步行街或直通建筑内，“最后1公里”的问题主要体现在复杂的路线选择以及设施的不完善。出行高峰时段可能是周末和假日，人们大都不会选择公交或网约车，步行外最多的是共享单车。解决策略主要体现在“最后1公里”的沿途设施和指示完善。

（二）国外解决策略讨论

1. 慕尼黑地铁

慕尼黑是德国第三大城市，部分城区发展出 P + R（Park + Ride，驻车换乘）模式的交通换乘方式，即居民家住在郊区，开私家车到城郊接合部的交通枢纽附近，转乘轨道交通到达市中心。在慕尼黑奥林匹克公园地铁站口，设置了 P + R 停车场和自行车停车点等交通接驳设施。P + R 停车场地上地下共两层，距离地铁站仅十几米远。地铁站口直接设有自行车停车场，并配有公租自行车。地铁站口的接驳设施设计得精致巧妙，与当地人口规模及该站的出行人流量比较匹配。德国换乘枢纽不仅实现了公共交通中轨道交通与公共汽车等的一站式换乘，还可以实现公共交通与自行车、公共交通与私家车的便捷换乘。①

德国公交系统解决“最后1公里”的措施如下：①轨道交通允许乘客携带自行车上车；②政府通过制定法律和政策保障公交优先发展，不断加大基础设施建设投入，公交服务范围不断扩大而且注重不同公共交通方式之间的衔接，在发展数量的基础上注重质量和效率；③支持公交优先，同时通过征收高额停车费和汽油税等手段抑制私家车过快发展，避免与公交车争抢道路资源；④铁路、有轨电车、地铁的轨道及配套系统采用统一标准，从而可以共用轨道，提高线路利用效率，且不同交通方式共用站台，节约土地资源的同时实现零距离换乘；⑤P + R 项目保障私家车与公共交通有效衔接②；⑥统一时刻表、车票、票价、运行模式，司乘人员严格按行车时间运行地铁、公交车等公共交通工具——司机驾

---

① 石蕊：《天津市市民公共出行最后一公里衔接的对策研究》，天津大学硕士学位论文，2015年，20页。

② 崔旭川：《德国慕尼黑市公共交通体系营建》，《北京规划建设》2018年第1期，第25～30页。

驶台前的行程时间表和地铁、公交站台上的行程时间表完全一致，并被严格执行，行车时速保持在安全舒适的标准；⑦周末三天的地铁一般运行到约半夜一点，方便周末出行游玩的大学生等需要公交系统的年轻人，有通宵服务的公共汽车线路和远途公交车，行驶周期约半小时一趟；⑧地铁和公共汽车站采取全国统一的设施标志，从站台设计到时刻表等都达到了高度的一致性、可视性和可读性。

慕尼黑公共交通取得成功的一个重要原因是公共交通和城市土地管理机构间的高度协调。慕尼黑实施“推拉政策”，促使民众转换交通方式：严格的停车政策确实把人们“推”出了自己的小汽车；精心设计的自行车道、步行区及机动车低速行驶街道等出现，又将人们“拉”进公交模式中。通过打造“四级公共交通网络”，成功有效地解决了人们出行的“最后 1 公里”问题。[①]

2. 莫斯科地铁

莫斯科地铁以其宏大的建筑规模和华美的地铁风貌闻名于世。莫斯科作为欧洲人数最多的大都市之一，居民出行量巨大。但莫斯科建立了以地铁为框架，并合理发展无轨电车、公共汽车、有轨电车和定线出租车等协调搭配的交通方式，各种交通工具互相补充，使莫斯科的交通整体上体现出了安全、舒适、快捷、方便等特点。[②]

莫斯科地铁的扩张阶段经历了近半个世纪，地铁已成为主要的交通工具，使地面交通形式发生了根本变化，地面公交的作用就是把乘客送到地铁站和火车站，成为地铁这一强大交通工具的补充和外延，也是莫斯科地铁解决乘客“最后 1 公里”出行问题的主要手段。[③] 莫斯科已形成了以地铁为主、公交为辅的稳定体系，地铁的运营管理以及与之配套的公共交通设施较为完善。

（三）最后 1 公里解决策略

“大都市的工人每天早晚要拥挤的地铁中度过紧张沮丧的 20 分钟、40 分钟、60 分钟，甚至更多的时间，即使这些设施是高效率的，是很豪华的，像伦敦和巴黎的地铁，或像莫斯科的地铁那样，对于这些工人，谁说不需要给他们补偿？相比之下，步行上班，每天走上 1 英里，在大多数季节中是一剂滋补药，特别是对那些经常坐着的职工，……在大都市地区范围内建立以步行交通为主的次中心，可以解决相当大一部分的城市交通困难。……为了使大城市内必要的交通路程变得方便迅速，不必要的路程以及不必要路程的长度必须

---

① 蔡中为：《“公交都市”建设的国际比较及启示》，《城市》2015 年第 8 期，第 63 ～ 68 页；Gu Yuanyuan，“The Inspiration of the Public Transportation System of Munich，” *Planners*，2012，Vol. 28，No. S2.

② 俞展猷、李照星：《纽约、伦敦、巴黎、莫斯科、东京五大城市轨道交通的网络化建设》，《现代城市轨道交通》2009 年第 1 期，第 55 ～ 59 页；夏正浩、初立平、周永涛：《莫斯科地铁现状及经验借鉴》，《城市轨道交通研究》2010 年第 8 期，第 91 ～ 93 页。

③ 罗芳媛、任利剑、运迎霞：《莫斯科与北京地铁网络发展特征比较与评价》，《现代城市研究》2020 年第 1 期，第 97 ～ 103 页；Annie Gerin，“Stories from Mayakovskaya Metro Station：The production/consumption of Stalinist monumental space，1938” *Macromolecular Chemistry& Physics*，2000，No. 6，pp. 694 – 698.

减少。只有把住家与工作场所之间的距离安排得近一些，才能做到这一点。"① 为方便地铁站与目的地之间"最后 1 公里"的出行，避免不必要的尴尬，形成对这段重要但常被忽视的城市微观空间的人性化设计和管理，应注意以下问题：

（1）适当增加无障碍电梯并进行合理的位置选择，原则上每个出口都应设置垂直电梯。并根据不同出口的主要使用人群设置导向标识，避免乘客出站后走冤枉路。

（2）根据我国电动车、摩托车、自行车等非机动车多的国情，对地铁出站口的非机动车停放应有序管理，在建设地铁站的同时在出口处增建足够的非机动车停放场。尽可能做到非机动车有序停放，同时不影响乘客出入地铁站。

（3）在适当位置设置机动车临时停放处。机动车尤其是私家车成为很多市民重要的"最后 1 公里"的换乘工具。设置机动车临时停放处可以有效缓解地铁乘客对"最后 1 公里"的交通接驳。最理想的是在地铁站旁的地下空间设置停车场，有针对性地管理需要因接驳停放的机动车或非机动车，不仅可以减缓地上停车的压力，若将停车场与地铁站出入口联通，在实现无缝换乘的同时可以避免恶劣天气对民众的影响，更可以促进乘客使用更环保、安全和舒适的地铁 + 私家车的接驳。

（4）地铁站开放时间考虑人群差异。如针对大学生，周末可适当延长地铁开放时间。对上班族来讲，时效性非常重要，地铁出站口应很好地导向大部分企业园区所在的区位，人行流线不应被道路交叉口打断，以提高最后 1 公里出行效率。在站域内，人行道沿线沿街可进行商业服务店面设置，以方便上班族和其他乘客能及时购买到一些急需或顺带的常用物品，甚至可以为突发恶劣天气提供遮蔽空间。

（5）位处商业中心的地铁站，应将地铁站出入口与商场进行连通，这样可以缩短乘客进入商场的时间，方便携带所购物品的顾客乘坐地铁，也缓解了地面交通的人流压力。由于市中心的道路交叉口较多，500 米内大多会有两个红绿灯交叉口，地上步行连续性较差，因此地下空间的利用非常重要。同时，在地下空间做好导向标识，指引乘客到达最终的目的地。

（6）管理好非机动车与共享单车的停放。在指定位置设置停车点，将非机动车与共享单车分类停放，尽量避免因混放而导致的杂乱、占道问题。公共自行车由于有固定的停车桩，不会造成太大的混乱。需要注意非机动车与共享单车不能占用公共自行车停车桩。非机动车不能占据人行道。

（7）如果公共交通能够做到快捷、准时、舒适，在"最后 1 公里"这一交通微观空间上处理得更人性化，加上公共交通便宜，能助力环保，人们就会更多地选择地铁出行。

关注城市公共空间非人性化的问题，其实是关注一些矛盾关系：城市空间泛化、统一化、标准化与公民个人身体、生理条件、职业行为和出行需求的个性化之间的矛盾。地铁作为城市公共空间，在设计时必须考虑其周边使用者的社会特点、人口特点和特殊群体。由于城市的交通设计主要是物理空间的设计，对于人性化的空间适应性并无特殊考量，这造成了"最后 1 公里"问题的复杂，需具体问题具体分析。较合理的解决思路是："解决城市交通拥挤唯一最有效的办法是把工业区、商业区跟居住区联系起来，妥善安排，以使大部分人能步行或骑自行车上、下班，或乘公共汽车或火车上班。如果我们把各种交通工

---

① 刘易斯 · 芒福德：《城市发展史：起源、演变和前景》，第 562 页。

具都驱往高速度的汽车路上去，就会使汽车路负担过重，使高峰时间的车速减到像爬行那样慢；另一方面，如果我们想加快行车速度而多建一些汽车路，那我们就会把城市的各部分拉得更远，形成一团无定形的半城市化结构，结果只是增加了城市残骸。”①

第二节　地铁站台的缝隙

一、研究背景和意义

本节研究一个比地铁进出站后“最后 1 公里”更加微观的地铁交通空间——地铁站台的缝隙。

随着城市人口增加和城市空间扩张，地铁出行成为城市最重要的公共出行方式，在城市交通中担负着更多的乘客运输任务。相较于其他交通工具，地铁出行的优势一方面体现在充分利用地下空间，避免城市路面交通拥堵；另一方面体现在运输载量大、运输速度快，可缓解交通运输压力。但地铁并非全无隐患。经实地调研和查阅资料发现，地铁站台缝隙的设计缺乏人文关怀，主要表现为缝隙过大且缺乏防护措施，对人身和财产安全都有不同程度的威胁。本节旨在研究地铁站台缝隙的不人性化设计带来的潜在隐患。

1965 年，北京建设我国第一条地铁——北京地铁一号线。受制于经济、技术等因素，当时的地铁建设没有得到持续发展。在北京地铁一号线竣工后的 20 年里，我国地铁建设停滞不前。直到 20 世纪 90 年代初期，北上广等大城市才重启地铁规划和建设项目，但由于地铁项目造价高昂，当时的地铁建设标准存在很大的盲目性，相关部门于 1995 年暂停审批地铁项目。1999 年后，国家鼓励大中型城市发展轨道交通运输，各大城市重新申报地铁项目，地铁建设进入高潮。至 2023 年底，我国内地共有 41 个城市建成并运营了地铁项目。

地铁运输的优势与合理性在于：①地铁运输有别于其他交通运输系统的最根本的一点是它的地下交通运输方式。城市空间日益不足，地铁运输充分利用了地下空间，缓解了地面交通拥堵问题；其地下行驶路线不与其他运输系统重叠，受到的行车干扰极少，极大缩减了通勤时间，同时减少了地面交通的污染和噪声。②地铁运输具有较大的运载力。轨道交通由于其列车行车时间间隔短、行车速度高、列车编组辆数多而具有较高速度和较大容量，运量远超公共汽车，能在短时间内输送较大客流。据统计，地铁的运输能力大约为公共汽车的 7 ～ 10 倍，每小时运输能力可达 3 万～ 6 万人次，最高可达 8 万人次。对客流量较大的城市或某个区段、时段而言，地铁运输能发挥极其重要的作用。③地铁运输用时短且准时性高。相较于传统的公共交通方式，地铁运输有专门的行驶路线，不与其他运输系统交叉重叠，不受天气条件影响。列车到站停靠时间短，换乘方便。这些因素都在尽可能地保证行车速度稳定、缩短通勤时间，使乘客更快更准时地到达目的地。④地铁运输使用电能作为动能，不产生废气污染，对环境友好。

地铁运输的普遍性、广泛性与合理性都在驱使人们去关注它背后的人性化这一隐性问

---

①　刘易斯 · 芒福德：《城市发展史：起源、演变和前景》，第 521 页。

题。自 20 世纪 60 年代我国开始筹备地铁建设至今，城市轨道交通建设已经历了近 60 年的发展历程。随着城市发展中面临的道路拥堵、流动性差、环境污染和出行安全等问题的凸显，大众对轨道交通环保性及便捷性的认可度逐渐提高。但正是由于地铁建设的普遍性和广泛性，安全问题才被放大而尤显重要。

二、地铁站台缝隙实地测评

2019 年初，上海市人大代表与记者曾走访上海地铁线，实地测评地铁站台缝隙问题。故以上海为例，借用其测评资料，对地铁站台缝隙问题做简要报告。

实地测评选取了上海市 9 条地铁线，每条地铁线两个站台，共 18 个客流量较大的地铁站，测量了站台缝隙宽度及安装橡皮条的情况（表 9.1）。

表 9.1　上海市地铁站台缝隙统计

地铁线	地铁站及对应站台缝隙宽度	
1 号线	上海火车站（富锦路→莘庄），7 厘米（有橡皮条）	人民广场（莘庄→富锦路），8.5 厘米（有橡皮条）
2 号线	人民广场（徐泾东→浦东国际机场），5.5 厘米（有橡皮条）	陆家嘴（徐泾东→浦东国际机场），6 厘米（有橡皮条）
5 号线	莘庄（莘庄→闵行开发区），10 厘米（无橡皮条）	颛桥（闵行开发区→莘庄），5 厘米（无橡皮条）
8 号线	西藏南路（市光路→沈杜公路），3 厘米（有橡皮条）	老西门（沈杜公路→市光路），4.5 厘米（有橡皮条）
9 号线	世纪大道（曹路→松江南站），8.5 厘米（有橡皮条）	陆家浜路（曹路→松江南站），9 厘米（有橡皮条）
10 号线	陕西南路（虹桥火车站→新江湾城），8.5 厘米（有橡皮条）	新天地（虹桥火车站→新江湾城），6 厘米（有橡皮条）
11 号线	江苏路（嘉定北→迪士尼），7 厘米（有橡皮条）	交通大学（迪士尼→嘉定北），15.5 厘米（无橡皮条）
12 号线	曲阜路（七莘路→金海路），10 厘米（无橡皮条）	汉中路（七莘路→金海路），15 厘米（无橡皮条）
13 号线	自然博物馆（张江路→金运路），12 厘米（有橡皮条）	长寿路（张江路→金运路），8 厘米（无橡皮条）

从测量数据可以概括出两个问题：①地铁站台缝隙宽度不一。地铁站台缝隙宽度随意性主要表现在同一地铁线上不同站台的缝隙宽度不同，同一站台不同地铁线的缝隙宽度不同，同一地铁线上同一站台不同方向的缝隙宽度也有不同。测量过程中，记者还用 5 岁儿童的鞋子与之比对，安全隐患显而易见。②橡皮条的使用未普及。部分站台已安装了防踏空橡皮条，但仍有站台未安装，共 6 处，其中甚至包括缝隙宽度达 10 厘米、15 厘米的站台。表格中没有体现的是，部分站台虽安装了防踏空橡皮条，但橡皮条过窄过软，难以发

挥作用。

笔者只搜集到了上海市地铁站台缝隙的测量结果。但上海市作为一个经济水平和文明程度较高的城市，交通运输水平至少是处于全国中上游；即便如此，仍然暴露出相关问题。这是否可以预想到其他城市的地铁站台缝隙也存在隐患？

三、地铁站台缝隙的潜在隐患

在阅读相关文献和新闻后，笔者将地铁站台缝隙的潜在隐患主要归为三类。

（一）出行便利性考虑

在考虑地铁出行便利性时，主要关注的是儿童、残疾人、坐婴儿车的幼童、移步迟缓的老人、临产孕妇及携带拉杆箱的乘客等，地铁站台缝隙会直接影响到这 6 类人。

以日本为例，为方便残疾人上车，地铁工作人员会准备一块专用塑料板，以连接列车与站台，让残疾乘客顺畅地踏上列车而不用担心轮椅会被缝隙卡住，工作人员还会全程帮助乘客推车。为了完成这些特殊照顾，列车一般会多停几十秒钟。尽管只是一个细节，但可以感受到其中透露出来的人性关怀。

以瑞典为例，是在列车上加装了电动伸缩踏板，可以适应不同高度的地铁站台和不同大小的间隙，灵活可变，也同时保证列车在特殊情况下高速穿越地铁站台时不发生剐蹭。这样对列车改造耗费的成本也不高，而且可以有效规避出行的不便。

类似的情况也发生在德国。德国的公交车有一个功能，即在停靠路边站台时，司机最大限度地让车缘精准地接近站台所处的人行道停站区，并采用液压系统，使靠近站台一侧的车体向站台方向缓缓倾斜一定角度，使得公交车门处的地板与路边站台的台面几乎在一个水平面上紧密衔接，乘客可以“闭着眼睛”平缓地上下车，轮椅使用者可以自行平稳地从站台进入（或离开）公交车。

（二）人身安全隐患

人身安全隐患一方面是由于地铁站台缝隙过大，容易发生一脚踩空的情况，进而演变成意外事故；另一方面是由于地铁人流量大，拥挤之中也可能发生跌落卡脚危险。

（三）财产安全隐患

财产安全隐患主要体现在随身物品容易掉落进地铁站台缝隙，尤其是现在很多人手机不离手，手机从站台与列车间缝隙掉入路轨是常有的事情。对个人可能是经济损失，对集体则是延误地铁运行时间。

四、总结与讨论

（一）地铁站台缝隙存在的意义

地铁站台缝隙有其存在的意义：列车在行驶时，车身会有小幅的左右摆动，在列车和站台间留出空隙是为了列车的运行安全。尤其当运行线路有一定弧度时，站台最外一侧与直线轨道列车之间的缝隙宽度还要留得更大一些。如表 9.1 所示，上海 11 号线交通大学站的缝隙宽度宽达 15.5 厘米，正是因为此处运行线路有一定弧度，为曲线站台。

在地铁建设过程中，地铁站台缝隙的大小其实反映的是安全系数的大小，在尽量保证足够的安全系数的情况下，站台缝隙就会越大。想要缩小缝隙宽度，在建设期间就要提高各方面的精度。这几乎是城市中最微观的生命空间。

2017年7月1日施行的《城市轨道交通设计规范》中对于城市轨道交通的“限界”有明确要求，站台屏蔽门与静态车体最宽处的间隙不应大于13厘米。虽然并没有关于地铁站台缝隙宽度的规定，但通过对“限界”的规定可以计算出地铁站台缝隙宽度不应大于10厘米。

（二）应对之道

（1）改进防踏空橡皮条的安装。尽管一些地铁站台已安装了防踏空橡皮条，但部分地铁站台还没有普及橡皮条的使用。所以首先要加快防踏空橡皮条的安装，争取普及到所有的地铁站台。此外，几乎所有已装橡皮条的宽度都是固定的，但站台缝隙的宽度并不是固定的，对于一些缝隙过大的站台来说，统一宽度的橡皮条显得窄小了。应根据各个地铁站台的实际情况，调整橡皮条的宽度。

（2）加装伸缩踏板。在地铁屏蔽门底安装踏板，当屏蔽门到站开启后，踏板自动伸出，盖住站台缝隙；当屏蔽门关闭时，踏板自动缩回。

（3）提高乘客安全意识。在围绕站台缝隙发生的意外事故里，不排除有因为低头看手机等行为而忽视站台缝隙的情况。最好的解决方法是提高乘客安全意识，在上下地铁时集中注意力，避免因走神、拥挤而失足落入缝隙的情况发生。

地铁给现代城市社会带来了便利，但也存在不够人性化的设计，站台缝隙问题就是一个例子。在城市建设的过程中，一定要注重人性化设计，让城市多一点人情味。

如何吸引市民喜欢使用城市公共交通系统，不只是地铁站台缝隙这样的“小问题”，它涉及的是城市公交系统这一移动的公共空间是否人性化的问题。“用以下的效能指标就能说明需要那些设计的元素。一个八岁的孩子怎样才能在城区里四处游逛而没有任何危险？骑自行车或摩托车的人也能坐地铁吗？公交车辆能否具有汽车的细微的控制能力？一个带着包和两个小孩的购物者怎样搭乘公交汽车？在什么情况下人们能喜欢乘车时的人际关系或从车窗外移动的景观中感到愉悦？地区的街道怎样能没有交通堵塞、再次成为安全和安静的？等等。”① 在我国，公交车出行最大的问题可能包括：车厢内因零件老化而噪声大，司机行驶速度过快造成车体剧烈摇晃，车内座椅设计不舒适（如过小过窄），停站操作不规范（如离站台远），车厢地板肮脏潮湿，离站时起步过快过猛，吊环式扶手设计过高，不允许带折叠自行车上车，轮椅使用者和残疾人难以上车，前门上车和后门下车的阶梯过高，司机服务态度不好，等等。坐地铁的问题少一点：报站声音震耳欲聋且冗长，行驶中的机械噪声刺耳，吊环式扶手设计过高，不允许带折叠自行车上车，轮椅使用者难以上车，车厢地板肮脏潮湿，坐着的乘客和站着的乘客的身体位置朝向（对向）的距离近，有一定尴尬感，等等。这些易被忽视的细节都会造成乘客的不适感受，从而使部分有条件的乘客远离了公交系统。

---

① 凯文·林奇：《城市形态》，第193页。

第三节　城市高架桥的碎片化

一、研究背景和意义

城市人口的聚集同时带来了经济、文化、政治、交通等各方面需求的提高，城市的空间规划也在不断地调整以适应这种需求的增长。为缓解人口增长带来的交通压力，大量高架桥在城市应运而生，成为重要的交通枢纽。

高架桥为缓解交通压力而生，承担着一定的交通功能。20 世纪 80 年代初，中国第一座高架桥在广州落成时曾轰动一时，几十万人在其上步行庆祝。但高架桥的过度建设和使用却可能会带来意想不到的负面影响，如高架桥空间利用的不充分可能造成城市空间资源浪费，高架桥下昏暗的环境场所会诱发犯罪，高架桥位置的不合理会给临近居民带来噪声污染和视觉污染，等等。这一系列潜在问题或已经产生的问题却往往被忽视，高架桥下的空间也成为城市规划建设的盲点，并造成日后管理上的难题。

国内现有研究主要将高架桥下部空间作为功能性空间来研究，很少将其作为有待开发的城市公共空间。随着城市化的发展和外来人口的集聚，城市空间承载力和人口的高度需求存在矛盾。在城市可用空间紧缺的背景下，提高空间利用率能在一定程度上缓解空间与需求的冲突，高架桥下部空间是提高利用率的一个突破口。通过对城市高架桥下部空间再利用问题的探讨，尝试提出改造再利用建议。高架桥不应再是冷冰冰的建筑，而是拥有人性的微观空间。

二、主要概念

先对灰色空间等相关概念做解释。

（1）灰色空间。灰色空间是处于建筑内部空间和外部空间之间的一种过渡状态，同时也是内外空间的一个连接通道，使建筑内外之间的界限被模糊，融为一个有机整体，如商场周围的广场。高架桥下部空间也是灰色空间，是位于公共道路与封闭建筑之间的过渡空间。

（2）高架桥。高架桥包括高架快速路、轻轨高架线和高架铁路，是一种为了改善现代城市交通而架设在空中的交通设施，是城市立体交通体系的重要组成部分。高架桥可以缓解交通压力，利用有限的道路用地降低不同交通流的相互干扰，提高空间利用率和交通效率。高架桥一般建设在高支撑的支柱上，桥墩高度较高，一般用钢筋混凝土排架或单柱、双柱式钢筋混凝土桥墩。

（3）高架桥下部空间。这是本研究所关注的。高架桥下部空间狭义指高架桥下桥面到地面的一段垂直空间。从广义上看，它还包括一部分被高架桥所辐射到的公共空间。本研究的高架桥下部空间除了狭义的垂直空间外，还包括被高架桥辐射到的周边道路空间。

（4）城市空缺。指城市中没有被清晰限定、当前未被使用、在公众认知中难以被识别的区域。它们通常造成城市肌理的断裂和缺失，但它们仍然是可用的区域，也是城市的重要组成。[①] 在城市的发展和扩建中，存在着未被人们注意到的没有得到充分利用的空间，它们同样具有很大的潜在价值。这些未被妥善设计的空缺被称为城市空缺。城市空缺的再利用可以为城市改造带来巨大活力与价值。

依照城市空缺观念，高架桥下部空间是没有被清晰限定功能属性的具有开发价值和可塑性的空间。这些空缺之所以缺少公众认知，正是因为其功能定位的缺失。高架桥桥面本身具有交通功能，同时掩盖了桥梁下部空间的功能定位。因此，要改造再利用高架桥下部空间，势必要为其找到功能定位。

（5）场所理论。场所理论是以人的角度理解人与空间之间的关系，带有人本主义色彩。场所理论认为场所因蕴含着场所精神而与单纯的空间区别开来。所谓的场所精神是带有积极含义的，在此意义上场所是积极的、健康的、有活力的空间，能够满足使用者需要和理想的环境要求。空间则没有属性方向，既可以是积极的，也可以是消极的。因此，场所是在空间的基础上产生的，具有“突生属性”——场所精神。而这种场所精神是通过人与空间的互动才产生，也就是说场所的产生是以人为条件的，只有当人在某个具体的空间范围与环境发生积极联系后，空间才能变为有意义的场所。城市空间被赋予了社会、历史、文化的含义，与人的心理及感情有着特定的联结。[②]

场所精神作为场所的关键属性，能使特定群体在一段时间内对场所具有认同感和方向感。诺伯尔·舒尔茨（Christian Norberg-Schulz）认为建筑意味着场所精神的形象化。因此，一个拥有场所精神的建筑能够让人产生舒适感和认同感，即人以空间为友，通过认知把握自己在其中生存的文化而获得归属感。[③]

场所精神的建立要求消除人们对场所的恐惧感，增加场所的安全感和社区感，从时空整合视角去满足人的各种欲望和需求。[④] 活力和围合性是影响场所精神的重要因素。活力的建立需要场所能够容纳多样化的功能，提供给使用者多样化的选择，从而满足人的各种欲望和需求。围合性则是体现了恐惧感的消除和安全感的加强，要求空间能够给人提供视觉信息。

本小节以场所理论为指导，抓住活力与围合性这两个关键因素，试图从人的角度出发对空间加以改造，考察周边居民的首要需求，探索周围基础设施的完备情况，并结合使用者的需求寻找供求断裂点或缺失域，提出对空间的改造建议以弥补供求断裂点或缺失域，并在改造时注重围合性，减少人们对高架桥下无灯光照射的昏暗空间的恐惧感。

三、案例分析

（一）个案概述

调研小组选取了周边人口较为密集的 NJ 市油坊桥高架桥（位于雨花台区）、赛虹桥

---

① 《里斯本建筑三年展——关于城市和城市空缺问题的讨论》，http://www.landscape.cn/article/62208.html。

② 张中华、张沛、朱菁：《场所理论应用于城市空间设计研究探讨》，《现代城市研究》2010 年第 4 期，第 29～39 页。

③ 张中华、张沛、朱菁：《场所理论应用于城市空间设计研究探讨》。

④ 张中华、张沛、朱菁：《场所理论应用于城市空间设计研究探讨》。

高架桥（位于雨花台区）、应天大街高架桥（位于建邺区）、双桥门高架桥（位于秦淮区）四座高架桥作为实地调研个案，对这四座桥下部空间的利用形式、存在潜在利用价值的灰色空间进行研究，并结合高架桥周围的生态环境及社会环境（包括基础设施、功能区分布、人口密度等），探寻四座桥下部空间的再利用问题。基于城市空缺理论及场所理论，我们从调研案例的空间现状、周边居民的行为特征及高架桥对周围环境的影响三个方面展开分析：通过对高架桥下空间现状的勘察分析，总结其空间特点及可利用条件；通过对周边居民的行为特征分析及基础设施配考察，估测高架桥下灰色空间所能满足的居民的经济社会需求；通过分析高架桥对周边环境的影响，揭示南京城市规划中这一微观空间里的不合理现象。

1. 油坊桥高架桥

油坊桥高架桥位于NJ主城西南部，莲花新城附近，是国家高速公路G42（NJ绕城高速）与南京跨江快速路环线（绕城公路、长江五桥）和快速内环线（凤台南路）以及龙翔大道、126省道交叉的交通枢纽。该高架桥北面和南面都有居民小区（莲花新城等），高架桥下有一条小河与南北小区相连。有油坊桥地铁站，人流量和车流量都较大。附近有商业街，主要是围绕油坊桥地铁站建立的配套商业服务和围绕小区的沿街店铺，市场需求较大。

桥下环境以荒地为主，有灌木丛。桥洞中有车辆通行，但旁边两个通道只有狭窄的泥地，供行人穿行。受自然环境限制，油坊桥高架桥下的生态环境处于自然生长状态，缺少城市绿化和环保规划，也没有其他经济社会功能的开发和利用。

2. 赛虹桥高架桥

赛虹桥高架桥是NJ“两环八射”道路主框架的咽喉要冲，是“井”字形快速内环的重要节点。赛虹桥位于NJ集庆门西南，赛虹桥立交以北，跨秦淮河支流。赛虹桥立交不仅是NJ城建史上也是目前中国最大的城市全互通双向立交，桥路全长10公里，为39米宽双向6车道柏油路，仅桥桩就有486个。立交从顶层到地面分四层，高23米，有8层楼高。其附近有居民区和公交站，市场店铺多分布在小区附近，有商业街。

赛虹桥高架桥下空间巨大，靠近赛虹桥广场，在耦合整体城市规划的风格下，桥下呈现出相对美观的绿化覆盖。但从空间利用以发挥社会功能的角度看，仅限于环保生态，缺乏对其空间的多维度利用。调研中发现赛虹桥桥墩后的灌木里有几张破旧的席子和棉被，一位流浪者靠在桥墩上休息，手中捧着一本书。高架桥下的空间为无家可归者提供了寄居环境。但此类问题缺乏监管和关注。

赛虹桥高架桥沿线交通十分拥堵，高层的高架桥利于交通的分流。高架桥下的通道方便南北小区居民便捷穿越，而不用绕远路。桥下种植有树木，多为常绿的高大树木，灌木草地分布较多，生态功能明显。

3. 应天大街高架桥

应天大街位于NJ主城南部，横跨秦淮区、雨花台区、建邺区，此路因应天府（南京古称）而得名，是东西走向的长街，且为重要的交通枢纽，车流量较大，1号地铁线贯穿其中，狭长的道路与巨大的车流量使该路段交通十分拥堵。应天大街高架桥正位于应天大街之上，起承上启下的“城市动脉”作用，贯穿了NJ的城东和河西等重要地块。高架桥南北两面都有居民区，商品房林立，沿街店铺多，市场需求较大。

应天大街高架桥成东西向狭长分布，占地面积较大，在高架桥接近居民区和商业区的路段设置了噪声隔离带。桥下设置有停车场，一方面有利于车辆停放，另一方面化解了商铺停车位紧张的问题，使桥下空间的社会经济功能得以发挥。

4. 双桥门高架桥

双桥门高架桥是NJ交通咽喉。它北连城东快速通道、玄武大道；南连机场高速、双龙大街高架桥；西连绕城南路、长江隧道。双桥门高架桥比赛虹桥高架桥规模更大，高度更高，跨径更长，上下五层，净高32米，桥路全长15公里。其桥下空间较大，地表为灌木。

（二）城市高架路桥的正负功能

高架桥对城市有积极的一面：①可拓展有限空间，提高空间利用率。高架桥诞生之初伴随着经济快速发展、人口密度上升和空间利用紧张状况。它利用了有限的平面空间，将交通拓展至三维立体空间，在不占用有限面积的同时增加了道路选择，使空间承担的交通功能拓展为原有的数倍，提高了空间利用率。②缓解交通压力，提高通勤效率。城市人口集聚带来了运输压力，高架桥通过多层“空中道路”，提供多样的道路选择，使交通流能互不干扰地畅通行驶。同时提高了居民的通勤效率，缩短了上班通勤时间，降低了交通拥堵风险。③带动周围经济发展。高架桥降低了运输时间成本，为生产功能、服务功能提供了更多时间资本，促进经济社会发展。高架桥使附近地区的交通功能显著提高，人流量和车流量增大，由此产生更多消费需求，带动服务业的丰富与发展。

图9.19　某高架路紧贴着居民楼，虽装了隔音挡板，但效果不佳（笔者摄）

高架桥也有消极的一面：①安全隐患。高架桥下部空间被桥面遮挡，缺少阳光照射，昏暗隐蔽。几乎没人会通过桥面下的空间（这指非道路空间），也不会有人在经过时刻意观察。因此，高架桥下是一个无人问津、人迹稀少的隐蔽空间，有序间隔的立柱也有遮挡功能，空间的昏暗氛围则容易诱发人的犯罪心理，加上管理不到位，这里容易成为犯罪行为的发生场所。②高架桥下虽属公共空间，却很少受到监管，又正处于交通便利地方，加上周围往往有居民区，因此也会吸引个体经营者（主要是小摊贩）进行商业活动。一些流浪者也因为找不到地方栖身而寄居在高架桥下。③噪声污染。四座高架桥附近都有居民区，桥上车来车往，川流不息，对周围住宅楼造成了持续不断的噪声污染（图 9. 19）。④生态恶化。高架桥的支撑柱往往会对原生植被带来一定程度的破坏。建成后桥梁下闲置空间虽然会有野生植被长出，但同时会有部分人群将垃圾随意扔在隐蔽角落，造成环境污染。环卫工人通常较少注意到这类地方，垃圾越堆越多。

笔者试图分析高架桥下人的社会行为。公共场所的场所精神包含认同感和舒适感等诸多感受，与周围居住者产生了经济、历史、文化、社会等多方面的联系，通过场所内活动的发生来实现对于居住者心理需求的满足。因此，公共场所内的活动可分为必要性活动、自发性活动、社会性活动三种①，通过这三种活动可探寻居住者对于多样化公共空间的需求。①必要性活动，指人们日常生活中必须有的不可避免的活动，如上班、上学、购物等。这些活动的发生与外在环境的联系不那么紧密，很少受到周围环境的影响。无论在哪里生活，人们都需要进行这些活动。而这些活动发生在高架桥下空间则往往以步行的方式出现，高架桥下空间的通道是他们进行必要性活动的必经之处。因此，高架桥下空间最常见的人为活动是步行，是进行其他必要性活动如上班、上学等的前提或中间阶段。这四座高架桥下部同样是以步行活动为主。高架桥两边道路距离较远，桥下的人行道较长，因此会有行人停在高架桥下的人行道中间等待红绿灯。②自发性活动，指在人们参与意愿基础上自动产生的活动。这也是考察一个空间是否具有吸引力和舒适感的重要指标。这类活动包括休息观望、散步等。由于该活动要求人们具有一定的参与意愿，因此对环境的要求较高。四座高架桥下空间很少有自发性活动的出现，仅应天大街高架桥下部分空间被改造成停车场，很多车辆在此停放。赛虹桥下部分地面空间被绿化，成为开阔的可供休息的场所；但观察期间只有一位流浪汉在此蛰居，没有其他人进行休闲活动。其他两座高架桥下地面大多被植物覆盖，光线昏暗，人迹稀少。③社会性活动，指在公共空间与其他人或群体共同参与的活动。如一系列集体休闲活动、体育活动、商业活动等，还包括日常的交谈、打招呼等社会交往行为。这类活动往往要求公共设施的配套。这四座高架桥下部空间接受不到光线的照射，处于昏暗状态，处在此空间的人又彼此陌生，因此大多处于防备状态，不可能有社会交往行为。四座高架桥下也没有小足球场、篮球筐等设施，因此也没有休闲活动的发生。

关于高架桥周边的功能类型。①居住功能。距离这四座高架桥不远处都分布着居民区。②文化功能。四座高架桥附近文化设施较少，只有一座高架桥附近有一处古玩市场。③商业功能。沿高架桥路线的两边街道通常会有门面店营业，如一些与机械器材相关的小

---

① 扬·盖尔：《交往与空间》，何人可译，中国建筑工业出版社 2002 年，第 13 页。

门面店，或有中小型商场。④休闲娱乐功能。这四座高架桥附近没有公园、体育场等公共休闲设施。

四、总结与讨论

关于城市内部快速路的非人性化问题，林奇曾有过很贴切的描述："高速公路穿过城市时，情况就发生变化了。道路被遮挡起来，司机根本无法看到经过的城市景色。没有遮挡的部分会高高凌驾于城市道路之上。这样司机的视野开阔了，但是汽车的噪声会严重影响路两旁居民的生活和工作。高速公路就像古代的护城河一样把城市分割成几块，而且高高架起的高速公路下面的阴暗空间很难被利用。虽然高速公路在郊外是现代工程技术的杰出成就，但是它对市区所造成的负面影响一直没有得到完善的解决。有人建议把高速公路与路两侧的城市建设作为整体来规划设计，但这一直没有得到实施。地下隧道虽然可以解决噪声带来的困扰，可是造价过于昂贵，而且司机长时间在隧道中驾驶很容易疲劳并产生不良情绪。"①

基于对应天大街的调研，发现主要交通线路的两侧聚集了大量商铺，商铺中的从业人员生活与工作均在同一环境中。走访过程中可以闻到从店铺发出的刺鼻气息。根据广告牌可知，这些商铺主要从事防水材料等化学材料的加工与出售，防水材料的加工环境并不适宜人类生活居住。据了解，其地理位置较具中心性，地价较高，环境较拥挤，土地资源较紧张。因此，同质化的商户工作生活一体化的现象普遍存在，并很难得到改善。对高架桥下空间进行合理规划，能够在一定程度上缓解当地土地资源匮乏现状，改善商铺从业人员的生活条件。

高架桥下空间基于其固有特点，具备很大的利用潜力。应天大街高架桥的特点是连贯、集中，桥体与地面相对距离较大，内部空间较高，整体体量大，延伸范围广。应天大街是建邺区的一条主干道，道路两侧附近有大量居民区。其交通意义、商业意义、环境意义不容忽视。因此，对高架桥的利用既要考虑当地居民的实际需求，又要考虑对当地交通和商业布局的影响，以及对居民区的影响。

应天大街高架桥的具体改造思路为：将高架下的开阔空间做栅格化处理，形成独立个体空间。就防水材料来说，材料加工过程可能因其造成的环境污染影响交易的有效性。因此，在面向防水材料加工商户的单个空间规划中可选择Loft的空间设计，即将空间分割成具有连通性兼备隔断性的上下空间，上层为加工间，下层为会客间，实现加工过程与交易行为的分离。

油坊桥高架桥环境较复杂，周边聚集了大量居民区，但又十分缺乏公共休闲场所及设施。因此，从空间需求方着眼，对可能产生需求的人群先进行类型划分。可将需求主体划分为退休老年群体、学龄前儿童群体及照看孩子的父母群体，同时涵盖非主流需求群体。可将油坊桥高架下空间改造成供周边居民休闲娱乐的场所，解决公共休闲问题，同时满足三类人群不同的休闲需求，其中以老年群体为重点。

---

① 凯文·林奇：《城市形态》，第293页。

基于鼓励生育政策引发的儿童需求，改造也要侧重学龄前儿童群体的娱乐需求。当老人带着孙子孙女走在城市道路上时，城市能提供可供选择的公共的、安全的、便捷的游玩场所。考虑到儿童的玩耍需求，在此公共空间可设计滑梯、秋千等设施。同时伴有监护人群体的休闲需求，可加设成人运动休闲设施，如乒乓球桌（此高架桥层高较低）等。

整体内部设计及区域划分要注意油坊桥高架桥空间两侧现有的环境条件。调研发现，空间一侧为河道，另一侧为公共交通道路。因此，在合理规划基础设施的基础上，可在空间两侧加装防护设施，防止儿童可能发生的意外伤害。

一个理想化的城市内部快速通道应该是如下所述。纽约“长岛州立公园委员会创建了仅限私家车通行的景观公路。这条公路给了驾车前往琼斯海滩的居民非同平常的空间体验。梅多布鲁克州立公园大道是美国第一个限制进入并进行景观美化的景观公路，沿全线进行交通分流。此外，路面两旁宽阔的景观美化廊道上植物繁茂，带给司机们不一样的驾驶体验。……在长岛，特别是树木、草坪和灌木丛组合在一起的直线形公园非常宽广，以免附近的居民看到汽车或听到交通噪声，野生动物在宽大的廊道上可以从一个栖息地移动到另一个栖息地。道路两侧的密林足够宽，可以过滤车辆废气，并且在秋季飓风来临时消纳多余的雨水。因此，这些景观公路在增强区域弹性恢复力方面发挥了重要作用”①。“现在城市中的高架路，也许将很快地成为更大的障碍，也同样难以拆除。”②

第四节 人行道的断裂感

一、研究背景和意义

“城市的人行道，孤立来看，并不重要，其意义很抽象。只有在与建筑物以及它旁边的其他东西，或者附近的其他人行道联系起来时，它的意义才能表现出来。……在城市里文明与野蛮行为的斗争中，人行道和其周边的地方以及它们的使用者都是积极的参与者。维护城市安全是城市街道和人行道的根本任务。”③

步行在城市居民出行中有重要意义，无论人们是否愿意或承认，步行是城市居民生活的重要方面。这里的步行还不包括乘坐公共交通起始地点两端“最后 1 公里”的步行问题。我国一些南方大城市如广州、香港、深圳、厦门、桂林、南京、上海、苏州、杭州、合肥等处于亚热带季风气候区，夏天炎热和暴雨、梅雨季节多阴雨暴雨，夏秋有台风。其中一些城市冬季严寒下雪，且天气骤变常常发生。一些城市因地处的周边地形地貌，风向错乱的怪风也让人措手不及。

针对公共交通出行“最后 1 公里”问题，共享单车、电动车提供了方便，成为解决最后 1 公里路程舒适度问题的重要工具。但一旦遇到暴雨、阴雨、大风、大雪等恶劣天气，步行出行便受到很大影响。当步行在出行方式中占据较高比例，且随着气候变暖及厄

---

① 亚历山大·加文：《如何造就一座伟大的城市》，第 187 页。

② 凯文·林奇：《城市形态》，第 118 页。

③ 简·雅各布斯：《美国大城市的死与生（纪念版）》，第 25 ～26 页。

尔尼诺天气逐渐严重和常态化的情况下，如何为城市居民和游客提供一个人性化、舒适和安全、便捷的步行环境日趋重要。为解决这个城市微观空间问题，一些城市提出了解决方案——建设“有盖走廊”。

二、有盖走廊的发展历史与现状

“有盖走廊”指的是建在室外的、带有顶棚的过道和走道（图 9.20）。在欧洲，“公元前 4 世纪以后，产生了有顶盖的柱廊建筑——回廊或有顶走廊——有时是为给店铺遮太阳，有时是为方便行人。走廊一侧大约是由墙壁构成，这就为壁画提供了方便场地，……在希腊化时代的城市中，柱廊形式已十分普遍，这对增进城市的舒适和便利颇具贡献。希提厄姆的杰诺和其他一些斯多噶派的哲学家们便是在柱廊的阴凉里讲学的。……可以在早至公元前 3 世纪和前 2 世纪的都灵和博洛尼亚等城市找到这样的拱廊；而且它一直是地中海城市中的重要审美享受之一，就连都灵城的现代拱廊群——更不用说热那亚的文艺复兴后期的那些拱廊了——都算作城市规划的杰作之一，这不仅是由于它的实用价值，还由于它宏伟的规模。”①

图 9.20 庞贝遗址的廊柱。意大利、葡萄牙等地中海国家古城随处可见此类遮阳挡雨的长廊（笔者摄于 2007 年 11 月）

“安德烈·帕拉第奥（1508—1580 年），另一位从古罗马的城市规划与建设中汲取灵感的意大利建筑师，设想出一种理想的城市街道。……为了保护行人免受太阳直晒和雨淋，帕拉第奥建议在街道两边修建有圆柱的门廊：‘我欣赏那些经过划分的街道，在一边和另一边都建有门廊，穿行其中的居民可以专注于他们想做的事情，免受日晒雨林与风雪的干扰。’为确保排水通畅，街道中央凸起，向两边倾斜。”②

“中世纪的城镇还有另一种令人愉快的特点也许是古代城市传下的：街道两边各有连拱廊，商店沿拱廊开设。这比狭小的上面毫无遮掩的街道更能抵御日晒雨淋，所以人们不

① 刘易斯·芒福德：《城市发展史：起源、演变和前景》，第 206 ～207 页。

② 迈克尔·索斯沃斯，伊万·本—约瑟夫：《街道与城镇的形成》，第 22 ～23 页。

但可以在法国和意大利看到这样的街道（那里也许采取古代有圆柱的门廊形式），而且也可以在奥地利因斯布鲁克城那条通往金顶城堡的街道上看到。我们必须记住，防晒防雨的措施是多么重要，因为商人和手艺人摆的售货摊，直到 17 世纪时才移到玻璃橱内；事实上，生活中大部分买卖行动，甚至烹调餐事，或多或少都是在户外进行的。封闭性的狭小街道和连拱廊与露天商店，事实上两者是互为补充的。”①

“有盖走廊”的亚洲原型是新加坡的“店屋”或“五角基”。19 世纪初，新加坡总督莱佛士在城市设计中，规定所有建筑物前都必须有一道宽约 5 尺、有顶盖的人行道或走廊，向外籍人提供做生意的场所。从此，新加坡出现了连接外廊结构的建筑，称为“店屋”或“五角基”。新加坡进而将组屋②与各种公共设施连接在一起。这种欧式建筑与东南亚地域气候特点相结合的建筑形式可以挡避风雨和炎阳，营造清凉舒适的街道环境，因而风靡东南亚。从南洋返乡的华人，也在我国广东、福建、海南、广西等华南地区建起这种南洋风情建筑——“骑楼”。③ 但这种顺应自然和城市工作、生活的传统建筑形式却随时代发展逐渐消失了。

沿街建筑临街面底层部分架空，提供连续的步行环境，这是新加坡城市环境的一个特色。其工业园区也有规定与严格控制——有盖走廊的宽度面对主道路为 3.6 米，区内为 3 米。一楼内部平台高度与有盖走廊相同，有盖走廊和露天走廊高度相同，和步行街、行人广场等组成系统，提供便利、舒适、安全、开放的步行环境。新加坡地处赤道、长年如夏、光照强烈、降雨频繁，有盖走廊对行人的便利不言而喻。为让有盖走廊更好发挥作用，在设计时会将其和附近市政设施相连通，如利用有盖走廊将公交站与过街天桥、地铁站、购物中心、组屋等相衔接。在设计有盖走廊时，除考虑实用性外，也尽量避免外观单一化。“盖”的形状多种多样，有最简单的平顶，有小坡度的斜顶，有小弧度的圆顶，有大弧度的拱顶。最有代表性的是具有华族特色、带小尖顶的“琉璃瓦”样式的有盖走廊。除样式的不同，其色彩和材质的运用也是丰富多彩，走廊的高度和宽度视具体情况而定。

2013 年新加坡公布了“畅行乘车计划”（Walk to Ride）：在 5 ～7 年拨款 7 亿新加坡元，在学校和地铁站 400 米内的区域增建有盖走廊，共增建 200 公里有盖走廊。截至 2018 年底，新加坡已完成了全国有盖走廊总长度达 200 公里的目标。④ 有盖走廊已形成了规模化、标准化、系列化的建设和发展特征。部分有盖走廊由于建造前实地勘验不充分、对人流量的估计不准确等原因，利用率较低，造成了浪费。

马来西亚在其 2010 年的“大吉隆坡计划”中提出，在吉隆坡城中至武吉免登兴建 7 公里长的购物街，设置有盖走道、行人天桥和地下走道等步行设施；在大吉隆坡区兴建 45 公里长的有盖人行道，衔接城内各主要地标和景点，让大吉隆坡区成为四通八达的大都市。

古人早已有成功的先例。“乌尔城的考古发掘表明，在一些极为古老的城市中，街道

---

① 刘易斯·芒福德：《城市发展史：起源、演变和前景》，第 328 ～329 页。

② 组屋是由新加坡建屋发展局承担建筑的公共房屋，为大部分新加坡人的住所。

③ 另有一说：现代意义的骑楼最早起源于印度的贝尼亚普库尔，是英国殖民者建造的，称为“廊房”。

④ 新加坡国土总面积 714.3 平方公里。

作为一种开放的、连贯统一的流通设施手段，是很罕见的：狭窄曲折的小巷，遮阴很好不受日晒，便是常见的交通通道，它比宽广的大路更适应气候要求。”① 现代街道宽大、笔直、平整，在于强调流通性、高速度、流通量，还有权威性和财富欲；但常欠缺对舒适度的关注。

三、补天——人行道上的“水帘洞”

NJ 是个气候多变、夏季炎热、梅雨连绵、冬季雨雪寒冷且受到台风末梢袭扰的南方城市，其所处的盆地位置使其常遭受强劲“怪风”袭扰。NJ 常住人口已近 900 万人，通勤交通繁忙。但目前公交站台的设计却又不尽合理，“站台只是一个位置的象征或广告牌，遮不了风、挡不了雨，且站台与最近的建筑出口距离太远”。② 站台上方遮挡面既高又窄，不能遮风挡雨挡日晒，没有候车座椅；一些站台设计得很“文化”，甚至照顾到了树木生长空间，但唯独没有为使用者——候车的乘客提供舒适的遮蔽空间，使用效果和使用率极差（图 9.21 ～图 9.24）。这给居民、游客带来困扰。公交出行“最后 1 公里”的这个问题亟须解决。

针对恶劣多变天气，公交站台应尽可能方便居民候车、出行，才有助于鼓励人们使用公共交通工具，营造舒适、便利、环保和人性化的出行环境。

图 9.21　NJ 地铁三号线某大学附近的公交站。高而狭窄、不能挡雨的顶棚

图 9.22　NJ 地铁三号线某大学附近的公交站。狭窄的站台，狭小的遮挡棚，候车者站在街上（笔者摄于 2018 年 11 月 16 日）

① 刘易斯·芒福德：《城市发展史：起源、演变和前景》，第 79 ～ 80 页。

② 2018 年底，《扬子晚报》、荔枝网等媒体报道了南京部分地区公交站台“只挡广告牌不挡雨”的现象。雨棚仅有二三十厘米宽，晴天不能遮阳，雨天不能挡雨。

图 9.23　NJ 地铁三号线终点站秣周东路站近的公交站。很有江南文艺风、但高而狭窄的顶棚（笔者摄于 2018 年 8 月 18 日）

图 9.24　某大学在地铁站附近的接驳校车候车点设置的等候区，但狭窄的座椅只能把人"架着"，本坐不长久。现已经沦为自行车存放空间（笔者摄）

有盖走廊对解决人行系统的不人性化问题有积极作用。有盖走廊能将天气变化对出行的影响减至最低，尤其在多雨、雪、风的城市。可通过微观空间设计，对人流量较大的地段（如中央商务区、购物区、交通换乘点、居民住宅区）的行人通道设施做改进。有盖走廊还可为市民和游客提供明确的交通指示，有助于鼓励人们选择公共交通这一环保出行方式。过街天桥的有盖走廊可助益步行交通立体化，节约交通用地，缓解土地资源紧张，为行人提供更安全的步行环境。

香港中央商务区的立体有盖走廊也提供了示范。在中环城区，摩天楼林立，建筑密度大，地面交通繁忙，人流密度大。20 世纪 70 年代，在该城区建设用于步行的有盖天桥走廊，将建筑物、广场、车站、码头及其他重要节点相连通，成为独立于地面街道系统和地下空间的空中有盖走廊，可保证行人在雨天通行无阻，免遭台风困扰。走廊遍布中央商务区，成为纵横交错、紧密相连的无风雨步道系统，加之有路标、指示牌，行人感觉方便，出行效率高，舒适度良好。

我国南方老城市如广州、澳门、厦门、福州、泉州等通过骑楼式街道较好地解决了遮风避雨的问题。但现代城市建筑并不适合骑楼设计，完全翻新重建不现实。非骑楼式街道的改造，可借鉴日本经验，在建筑物临街一侧搭建防雨檐棚，将整条街改造为全天候街道。防雨檐棚形式有多样：一是两侧遮蔽，像骑楼式，遮蔽步行街道的两侧；二是跨街遮蔽，解决行人从街道一侧进入另一侧时的避雨问题；三是混合式遮蔽，既有街道两侧连续遮蔽，间隔一段距离又有跨街连通。

"拱形走廊是历史遗留下来的产物，但是至今仍然发挥着作用，使人们免受风吹雨打，避开行驶的车辆，还统一了街道两旁建筑物的风格和特点。拱廊可以与街边建筑物建成一个整体，也可以覆盖在人行便道的上方。为了更好地与建筑物连接，还可以直接修建在已有房屋的前面。有了拱廊的遮蔽，人行便道上可以进行多种社会活动。"① 这都是拱

---

①　凯文 · 林奇：《城市形态》，第 293 页。

廊显而易见的好处，无论是通行的还是社会交往的。

四、补地——人行道上的“水雷”

“水雷”——松动碎裂的人行道地砖下的积水。这些地砖平时不起眼，有的仅是美观问题；但一旦下雨，这些松动碎裂的地砖变为防不胜防的“水雷”。因为松动或碎裂的地砖有较大缝隙，雨天会有雨水积存其中，外观看来和旁边的地砖没有区别；但行人一旦无意间踩上去，就会将地砖下的积水挤压溅射出来，轻则溅湿鞋袜，重则弄脏半边衣裤，加上这些积水往往乌黑浑浊，很不干净，给“踩雷”的行人尤其是需要西装革履出行的城市男女白领们造成很大不便。

这是较普遍的问题。但当雄辩城市空间的不人性、细思生活的不快时，人们却往往不会立刻想到它。这是因为问题的时效性：它仅在“偶发性”的雨天出现，在晴朗的日子就被忽略了。雨天时就“颤颤惊惊”地回避松动碎裂的地砖，或干脆不走人行道，这会耗费额外的时间和精力，对有时间压力的人无疑是个麻烦；不走人行道改走机动车道，则与机动车同行，会有安全隐患，也挤压了机动车的行驶空间。

有六个原因导致人行道地砖松动、碎裂：一是持续降雨对地面的浸泡，造成地砖松动、碎裂；二是人行道被车辆碾压，无论是车辆乱停在人行道上还是违规开上人行道，都会造成人行道地砖的损坏；三是人行道旁栽种的浅根树，其主根不发达，侧根或不定根辐射生长，造成人行道地砖松动、碎裂；四是人行道地砖的选择，不同地区在人行道地砖选取上应根据当地气候和土壤情况有所不同；五是人行道地砖的生产质量问题；六是铺设人行道的企业及施工者的工作素养和职业道德所致。

“薄方砖”最容易松动、碎裂。这是一种呈正方形，长宽接近 20 厘米却只有几厘米厚的人行道地砖，不少人行道都铺这种地砖。工人先平铺一层沙子，甚至不夯实后就把方砖排列固定好，据说铺这种地砖一定要保持在一个水平线上，不然就会松动积水。但实际铺的时候即使再小心，几场雨水后，这种地砖还是容易松动积水。尤其是夯实沙土地基的过程可能不充分。有的街道铺的“厚长砖”则不容易松动、碎裂而积水，它们比前者更厚，多几厘米埋在地下，长砖还采取一排竖一排横的铺设方式，相互间用水泥浇灌，彼此间咬合得十分紧实，不容易松动。

单从这几点原因来看，就可以提出一些针对性的措施。一是雨水浸泡方面。就是要增加地砖和地砖下沙土地基的渗透性，如果雨水落下后直接渗透入地底，没有积水问题，也就没有了溅水问题。但从城市排水实际可以看出，从这方面突破可能相对困难。虽然有的人行道已直接铺设渗水材料，但毕竟还没有大范围铺设。二是车辆碾压方面。需要加强对机动车停放位置和行驶道路的监管，要在关键的和常用的人行道进出口设置阻车柱，阻止机动车驶上人行道。但同时要考虑为什么机动车不走机动车道而驶上人行道：可能是由于城市停车位不足，司机不得不违规停车于人行道上；也可能是因为道路狭窄拥堵，他们想从人行道“另辟蹊径”。三是人行道地砖方面。如上文所述，应选择“厚长砖”而不是“薄方砖”。有的城市各城区自行选择人行道地砖，造成各区地砖标准不一，而公共空间建设是需要进行统一规范的。当然，即使选择出最合适的人行道地砖种类，也仅仅是减少了地砖松动、碎裂的概率，相关部门仍需要加强人行道的排查和维修，让“即坏即修”的政策真正落实。四是市政部门要严把人行道地砖的质量关，严禁无资质或资质差的地砖生产企业，市建部门要杜绝违规违法。五是严格审核人行道建设企业的资质和诚信度，监督其铺设过程，结合国情严把质量审核关——暴雨天过后的检验、重型机动车碾压后的检测、暴晒和冰雪天气下的测试等。

说到底，这就是城建工程质量问题。就此问题的某种根源，芒福德曾有过较透彻的理解："老的建筑物沦为可以牺牲拆除的，新的建筑物几乎从一开始就设计成短暂的、临时的。流动资本是最富于冒险性的，它对把大量资金投入永久性的设备和建筑物是不赞成的，即使有了股份公司（这样更加方便地流动和转让资金）这类形式之后，它仍然倾向于建设功利主义的建筑物，就是：建起来非常快，一旦要拆除或改建成别的建筑物时，又非常容易。只有一种情况例外，就是，当一个单位需要显示它财力雄厚以赢得公众信任时，才愿意大量投资建设富丽堂皇的大厦，以此来炫耀它的财力。"① 那么，何况是作为公共福祉空间的、平实无华的人行道呢！

国外相关的生态解决办法如："人工过滤带的形式是洼地、水池或沟渠，用以过滤废水，取代传统的水泥路缘石和排水沟排水系统。行道树帮助过滤雨水，也帮助缓和热度、提高空气质量。废水排水系统和处理系统由此成为日常生活环境中一个看得见的部分，这样也能强化街道外观。……绿色街道……使用人工洼地、沟渠或水池自然过滤雨水，保护贮水池免受雨水径流污染。与人行道平行的自然排水的绿色洼地，丰富了科彻斯特费尔德的街景——位于德国波茨坦市的中转导向开发区。"② 来自国内的例子如图 9. 25 所示。

图 9. 25 人行道边自然生态的排水系统

（资料来源：新沂市诚信水泥制品厂：《我们新沂市海绵城市的建设，让雨水收放自如!》，https://www.xinyi.com/article/article_ 4137. htm。）

---

① 刘易斯·芒福德：《城市发展史：起源、演变和前景》，第 432 ～433 页。

② 迈克尔·索斯沃斯，伊万·本—约瑟夫：《街道与城镇的形成》，第 10 ～11 页。

五、总结与讨论

城市公交站台等交通换乘枢纽的人性化设计需要做到当行人从一种交通方式转驳到另一种交通方式的过程中，或从交通站点进入建筑时，尽量不受天气变化的影响。无论是大型综合换乘点，还是小型站点，都应有良好的遮蔽设施，让行人在候车或转乘时免受炎热日晒和风吹雨淋之苦。借鉴新加坡、香港经验，其综合交通换乘设施很多是与大型商业或住宅建筑整合兴建，通常位于建筑物底层，对换乘空间形成自然遮蔽。行人不受外界天气影响就可以方便地换乘不同交通工具。同时，建筑物内的电梯、自动扶梯等设施连接地面的公交车站和出租车站、地下的地铁及地上的商场、办公楼等功能节点，形成层次丰富的立体交通空间，行人"足不出户"就能方便地到达目的地。如南京新街口地铁站就达到了这一水平。

在行人廊道、步行街、公交站点等地方加建遮蔽设施，建设有盖走廊，不仅需要考虑实用性，还要注重品质，选用适当的建材，使这些设施不仅经久耐用，也可以成为提高城市形象的元素，达到实用与美观的目的。

添建有盖走廊会面临公共资源和政府财政不足的问题。需鼓励企业投资参与，促进公私合作。另外一个方式是公共部门投资兴建，在设施上设置广告位，通过招商收回建设成本。我国城市的公交站点多采用这种方式运作，站台的广告牌不仅可以为投资方收回资金，美化和丰富城市环境，还可以为候车者遮风挡雨。在招商广告投放中应有效避免公交站台只遮广告牌而完全不遮风挡雨的问题。

同时，人行道的铺设质量绝非小事，这不仅是个苦力活，更是技术活、良心活、责任活。笔者曾经在上课时问过不下 50 位大学生，假设要铺设一段长约 20 米、宽约 3 米的普通人行道，需要耗多少工时。得到的回答是：两天、一天、半天、一小时、半小时、十五分钟……笔者在德国科隆留学时，在住家附近看到两位工人修补约同样面积的人行道地砖，从精准度量微地貌、持续夯实地基，到工人一块一块地铺设地砖，共用了近 1 个月的时间。记得他们用夯实机打压夯实垫底的砂石就用了很长时间……可见，时间是长了，甚至"磨洋工"，但德国工匠的劳动质量就在那里。这种"磨洋工"在我国是不可想象的。但德国城市人行道的地砖都铺设得很结实、很稳固，也很科学，极少有"水雷"陷阱的发生。这是一种工作态度、一种职业荣誉、一种工匠精神。补充一点，科隆在春夏之际也是雨水充沛，也会发生短时间强暴雨。每当这时，在人行道尽头巧妙设计的有大面积泄水斜面的坡面既可以方便轮椅和行人通行，又可以把积水迅速引流排泄到机动车道上，并顺延排入下水道。城市中的一些微观空间，就是需要精细化、精准化的设计。

理想化的城市街道也许可以是这样的：美国丹佛市"第十六街为人们提供了诸多便利设施，比如免费巴士，供漫步的树荫廊道，可移动的椅子。椅子的周围有花盆，花盆里种植着五颜六色的花朵，人们坐在椅子上便可以闻到花朵的芳香，街边摆放着钢琴，钢琴爱好者可即兴弹奏一曲。……伟大的城市公共空间仅具有可识别性、可达性和便捷性是不够的，它必须对所有人开放。由此，人们在那里感到安全、舒适，找到归属感。”① 这就是城市公共空间某些人性化的特征。

再来看看赫尔辛基的滨海大道。“多年来，相关部门对滨海大道及其附属的开放空间实施不间断的管理和维护，并且在1998年对景观进行了修复。人们在这里互动、交流，整个社会也变得更加开放、包容。……滨海大道的人行漫步道上有一排排长凳，这里是人们驻足、休息的理想之地。平行的低矮树篱将人行漫步道围合起来。每道树篱的另一面铺设了草坪。夏季，每当夜幕降临，很多年轻人聚集在这里，欣赏赫尔辛基特有的极昼景象。他们在草坪上露营，说说笑笑，一直待到凌晨。因此，滨海大道被称为‘赫尔辛基的夏日客厅’。”② 巴塞罗那的格拉西亚大街更无断裂感可言，其“一大特色是丰富的街头活动，使其成为一个令人愉悦的观光、游览场所。这得益于宽61米的街道，为社交和商业活动提供了大量空间，从而增强了人们街头畅游的轻松感，而不干扰他人”③。

第五节 点对点的城市空间异化

一、研究背景和意义

选择交通出行方式是人们在城市生活中必须面临的问题，而汽车和地铁凭借其突出的速度感和舒适性成为人们出行时最受青睐的选择。但高效交通在带来更便捷出行的同时，潜藏着将城市空间异化成“点”对“点”形式的风险。

异化的含义是人类自己创造的力量作为外在的、异己的力量又反过来支配、束缚人类本身。④ 随着快速交通的发展，交通与城市空间面临着“异化”的威胁。这种异化主要表现在三个方面：一是人行道不断变窄，二是人们对快速交通的过度依赖，三是人们对生活环境的漠视。这三者之间也有着层层递进的逻辑关系，通过这三方面形塑，城市空间最终沦落成“点”对“点”的畸形状态。

二、“异化”的表现

（一）人行道“缩水”

科技力量造就了快捷的交通，但是一些交通道路的设置却反过来成为一种异化的力量，约束着行人的出行。其中一个主要表现就是人行道宽度不断“缩水”。

基于提高出行速度的考虑，以汽车为代表的快速交通出行是城市交通的主要选项。为避免交通阻塞，规划城市时尽量拓宽机动车道；但道路两旁既有的建筑物又有空间需求。因此，人行道只能在两者的夹击下“渐行渐窄”。在大城市，0.5米到1.5米不等的超窄

---

① 亚历山大·加文：《如何造就一座伟大的城市》，第56～57页。
② 亚历山大·加文：《如何造就一座伟大的城市》，第77页。
③ 亚历山大·加文：《如何造就一座伟大的城市》，第101页。
④ 周晓虹：《西方社会学历史与体系》，上海人民出版社2002年版，第97页。

人行道随处可见。更有甚者，还有被称作“史上最窄”的仅约 20 厘米的人行道。[①]《综合交通体系规划标准》第 10.2.3 条规定，人行道最小宽度不得小于 2 米。但由于城市快速交通的发展和规划不合理，人行道的宽度不断“缩水”，行人出行空间遭到极限挤压（图 9.26）。

图 9.26　这条双向四车道的省道靠近一个有 7000 住户的小区，却没有人行道。下公交车后的乘客直接走在临时机动车道上（左），甚至“走”出了一条前往公交站的小路（笔者摄）

汽车乘客与行人同样作为出行主体，仅仅由于交通方式选择不同，两者的“路权”不应如此千差万别。路权指交通参与者的权利，即交通参与者根据交通法规，在一定时空范围在道路上进行交通活动的权利。有学者将“行人优先于车辆”作为路权分配的原则[②]，但现实情况并非如此。管理者在进行道路规划时，有意“忽略”了行人，行人和车辆在进行交通活动时的话语权并不平等。行人作为弱势群体，不仅在过马路时可能面临车辆威胁，就连走在人行道上的权利也被侵犯。不断完善的机动车道等交通设施本来是为了给人们更好的出行体验，但却侵犯了行人在人行道上的权利，束缚着行人的出行活动，甚至威胁着行人的安全。

在一些中小城市，由于交通发展强度有限，人行道反而十分宽阔。如图 9.27 中的道路，两旁人行道的宽度加起来和中间的机动车道宽度相等，这给行人出行留下了充分空间，在这种条件下步行是较为安全、舒适的。

---

① 唐文哲：《“最窄人行道”存在的背后》，《法制博览（中旬刊）》2014 年第 12 期，第 262 ～ 263 页。

② 唐文哲：《“最窄人行道”存在的背后》。

图 9.27　家乡的“超宽人行道”

在大城市，可以感受到行人与车辆间地位的“不平等”。笔者刚到南京时，出于对步行的热衷，邀请朋友一起从江宁百家湖金鹰步行回 DN 大学 JL 湖校区，路程约 6 公里。当时天色已晚，大概走到一半时，笔者就开始后悔了。因为在这段路程中，人行道不仅窄，而且断头，其中有一段路程甚至不确定究竟是走在人行道上还是机动车道上，所走的道路和机动车道之间没有任何阻断，有几个瞬间甚至感觉到车辆贴着身体飞驰而过，十分危险。在大城市的一些路段，选择步行是需要面对危险的。很多时候，人们或许并不是因为“开车方便”才选择乘车出行，而是因为道路设计没有给行人留下“活路”，无奈之下“被迫”选择开车、乘车。

不能回避的问题是：确实是因为不同城市发展水平的差异造成了交通线路形态的不同。大城市确实在不断拓宽机动车道，给车辆创造更加方便的出行环境；但不能回避人行道不断“缩水”这一异化现实——人行道不应是路人的“微观空间”，而应是康庄大道。真正合理的道路设置应该是让车辆和行人都相安无事、平等出行，而不是让任何一方的权利妨碍到另一方。

（二）对快速交通的过度依赖

异化还体现在人们对快速交通的过度依赖上。很多时候，沉浸在快捷交通中的人们完全遗忘了最“原始”的出行方式，甚至在出行距离十分有限时，也不再将简单的步行或骑自行车纳入考虑范围——只想着快速、舒适、慵懒。

对 20 来岁的男子（调研组的一位大学生——笔者注）来说，正常天气下一个小时左右的步行路程都可以接受。但到南京后，该学生发现其同学们普遍不能接受 1 公里以上的步行距离。一般查了地图发现距离目的地超过 1 公里，就计划打车了。我的这位学生难以理解，一站地铁的距离为什么不选择步行。

除拒绝步行之外，自行车也逐渐成为被人们遗弃的代步工具。来到南京，我的这位学生受到的最令人惊讶的夸赞是“你竟然会骑自行车，好厉害，我是来了南京才学会骑的”。可能是由于城市范围的扩大，尤其是在大城市，居住地与目的地之间的距离远，骑自行车的交通方式逐渐被很多人遗弃，甚至再也不是孩子们必须学会的技能。

这种对快速交通的依赖是潜移默化的。很多时候，在人们未反应过来时，就已无意识地做出了选择。在距离 DN 大学 JL 湖校区不远的砂之船影院（约一个地铁站的距离）建成后，该学生和同伴去过几次，都是采用乘地铁或打车的方式。有一次在乘车的过程中，同伴无意提了一句“感觉距离还挺近的”，查地图后发现只有 2 公里。我的学生表示：上大学前，这个距离他肯定是选择走过去的，但是在同伴提醒之前完全没有想过“步行”这种方式。这也证明了生活在一个交通便捷的城市，确实会在悄无声息中影响着一个人出行方式的选择和惯性思维。

这位学生认为：在对便捷和所谓舒适的依赖下，出行失去了过程，只剩下出发地和目的地两个点。但是，这个过程却是增进出行主体之间感情的一个独特方式，这是个社会学或社会心理学的思考范畴。

在步行过程和同伴聊天，是一个增进双方感情的方式，是一种自然的社会交往行动。如果使用快速交通，无论是乘坐汽车还是地铁，第三方在场的空间环境不免会给隐私和排他心理产生影响，从而阻碍了双方之间的自由交流。与此同时，整个过程也十分短暂，用于交往的时间十分有限。相反，由于步行相对乘坐交通工具更不方便玩手机，时间也长，相对增加了双方互动的可能性。而且，到达目的地后的“在逛街的同时交流感情”不能替代“在过程中的交流”。到达目的地后，会有特定的任务目标：逛街需要讨论买什么、买哪个、这个怎么样那个怎么样，看电影需要讨论看什么、坐哪里、买什么零食，吃饭了又要商量去哪吃、吃什么菜系、点什么菜……这时候的聊天往往有针对性、零碎、无实质内容、不深入，和在路程中漫无目的的随便聊天甚至谈心有较大区别。散步是为了交流、谈心。在路上聊天，也不免会受到路边事物的一些影响，如这里之前有过什么建筑，或者在这里发生过什么趣事，这些交流内容也可以增进人们对所在城市的了解、对知识的拓展。这一点和下文讨论的“对生活环境的漠视”有一定关联。

（三）对生活环境的漠视

快捷的交通将人们生活的地方和他们的目的地密切地联系在了一起，而第三种异化就是由这种密切联系带来的人们对自己生活环境的漠视。

由于交通更加便捷，相比生活环境周围分散的、经营内容不确定且碎片化的路边店面来说，人们更加倾向于较远的、集多功能于一体的商业综合体、大商场。就像克里斯塔特的中心地理论所提出的，区域有中心，中心有等级。本来，当人们需求的商品、服务层次比较低时，会选择在附近的、等级较低的中心地（也就是中心地理论中的“小六边形”）消费。但是，快捷的交通将人们与距离更远的、等级更高的中心地（也就是多个“小六边形”组成的“大六边形”）紧密联系在了一起。因此，人们可能会减少在生活地周围的活动，无论需要的商品在周围是否可以买到，都更倾向于到更远的、更高级的中心地去购买、去消费、去驻留，这就不可避免地造成人们对其住区周边生活环境的相对不熟悉。

印象中，这位学生住家附近道路两旁的门店是生活的重要组成部分。他甚至可以列举家门前主干道两旁的所有门店，虽然店名不太记得，但店的大致信息如卖什么的，老板的性别、性格都有印象。如马路正对面有着小时候最喜欢去的一家文具店，又或是一家“开了十年的凉皮店”，一家“卖的牛肉很好吃但是后来不幸倒闭了的卤肉店”，这些零碎的、店面“封印”着的童年回忆，也是其他社区邻里的集体记忆。当看到它们时，人们就能回忆起曾发生的点滴，感受到与这里千丝万缕的社会网络和情感联系。这些门店构造着生活环境，形成了我们关于这个城市的彩色印象，成为所拥有的城市归属感的载体，是它们让我们和所在的城市紧密地联系在了一起，有了归属感、有了记忆、有了乡愁。

这位学生感觉，来到南京 JL 湖校区后，地铁交通不仅可以快速通往城市各个地方，也造成了他对自己生活环境的漠视。其中一个重要体现就是全然不知周围有什么路边商业门店，生活中的整个周边环境在脑海中都变成了黑白的、没有印象的，即模糊的。整个社区，主要包括 JL 湖校区和周围的几条街，他到现在也没记住这些街叫什么名字，老师（指笔者——笔者注）上课提到的时候都很茫然，主要是因为去过的次数十分有限或者根本没去过。在他的印象中，只有三个地点是亮的：JL 湖校区，学习生活的地方；JL 湖地铁站，进城交通用的；荣哥土菜馆，就近聚餐用的。当然，由于地处郊区，校区附近还有疑似废弃工厂的地方，有些道路两侧并不适合建立门店。但最重要的还是由于交通四通八达，这位学生和其他形形色色的商业区凭借着地铁站建立起了密切联系，让他对周围仅存的店面也熟视无睹。便捷的地铁交通将住区与城市各大商业中心直接串联起来，且全程通过地下空间快速通过，无视了沿途的城区，这是纯粹的“两点一线”。相反，行驶相对缓慢的路面公交车、有轨电车等有助于市民在乘坐时“巡视”和了解自己沿途所经过的街道，逐渐记住那些熟悉的建筑、街角、广场、商店和住区。这既有助于避免乘客在闷罐车般的地铁中的拘束感和幽闭感，更利于乘客在行程中巡礼自己所在的城市，形成对城市的感情——城市中的双层公交车就具有这样的社会性功能。这位学生去过无数次新街口，无数次江宁金鹰，但是竟然没有完整地走过荣哥土菜馆所在的那条街。对于校区内部的熟悉并不能弥补对周边环境的空白，不清楚自己所在社区的周围有什么样的门店，它们又有着怎样的故事，因此很难建立对于 JL 湖社区的归属感，因为对周围的环境近乎一无所知。发达的交通让人们忽视了离自己最近的地方，忽视了所在的社区。

当然，对大学所处社区的熟悉程度不能和对自幼生活环境的熟悉程度相比；但是，已经在 JL 湖校区生活两年后依然对周围很多地方一无所知并不是正常情况。这种对周围生活环境的漠视所带来的社区归属感乃至城市归属感的缺失也是交通发展造成的一个负面社会心理影响。

三、“异化”的后果

人行道不断变窄、对快速交通的过度依赖和对生活环境的漠视，这些都反映了人们对快速出行的追求已达到了一种近乎病态的程度，“哆啦 A 梦的任意门”似乎成了人们心中出行的最理想方式，即出发地和目的地之间的距离感完全消失。这种追求带来的消极后果就是城市空间不再是“空间”，而是最终被异化成“点”对“点”的孤独形式。

城市空间本来是一个三维的、立体的存在，但快速交通的发展却在一定程度上使其畸形化，即人们不再是生活在城市中，而是生活在几个“关键点”上：工作地点、居住地点、休闲地点、旅游景点……只要踩到了关键点，中间的过程可以忽略不计。这无疑是对城市形态、城市存在和城市情感的一种无视和挑战。

此外，这种“点”对“点”的生活形式，也可能进一步演化成“只关注目的（目的地）是否达到，而所用的手段（交通方式）都不再重要”的价值追求。这让人不免联想到斐迪南·滕尼斯（Ferdinand Tönnies）关于“社区”和“社会”的定义。滕尼斯认为，在“社会”中，人们的行动出于“选择意志”，即以理性、思考为指导，只要“达到目的”，而不关注手段的性质。①

这些变化带来的后果可想而知：表现在城市空间中，是人们来回奔波在出发地和目的地之间，成为没有过程与感情的工作“机器”；表现在日常生活中，是人们只追求结果，不择手段、恶性竞争，加剧了人与人之间的矛盾和心理问题。

四、总结与讨论

问题的核心依然是对人性化的追求。基于这些“异化”的表象和后果，在没有极端天气和时间要求不迫切的条件下，其实没有必要过分强调让出行过程“完全消失”。在交通发展的过程中，需要通过一些人性化的设计来改变当前的窘境。以往的交通人性化研究往往从完善交通网、提供更加便捷的交通出行并快速到达目的地这个思路出发，而当下必须关注的是，交通出行中“路权”的分配以及城市路边门店背后隐含的城市回忆、社会关系和文化内涵。

车辆和行人应当享有相对平等的路权，快速交通的发展并不意味着应该完全抹杀人行道的存在。只要有人还有步行的出行需要，城市规划就必须将人行道的设置考虑在内，而不能总是出现“史上最窄”人行道甚至无人行道的可笑画面。即使在未来的某一天，人行道随着科技、交通的发展真的完全消失了，这种消失也应该是基于人们的主动选择，而不是因为机动车道和其他“未来”高速交通系统无限抢占、挤压人行道的存在空间，最终导致行人出于安全考虑被动放弃步行。与此同时，承载着一部分城市文化和记忆的人行道路边的门店和小品也应该受到重视，它们可以成为居民城市归属感的空间载体和文化内核。

只有在城市设计中体现“以人为本”，在考虑城市交通客观速度的同时，兼顾人们的主观感受，才能让人们在城市生活中体会到交通发展确实是人类科技文明带来的合理成果，体会到作为“人”的气息，而不是在钢筋水泥的包围之下，成为城市“大机器”运作时的一个零件，生活退化成“点”对“点”的形式。

本节的分析举例，主要是一位大学生在南京对城市生活、交通的感悟，可能不具备普遍意义上的代表性，更多反映的是个人的困惑。这种困惑主要是为什么来到南京这样一个大城市，享受着如此快捷的交通，却感觉自己的生活变得有点畸形、有点不适？一方面，这位学生理智地认识到快速交通是大势所趋，享受“任意门”的未来被普罗大众所向往；另一方面，又担忧这是否真的是正常的发展趋势：如果未来交通真的发展到“任意门”或者低一层次的“飞行器”层面，如“飞行汽车”（深圳已开通无人机载客服务），城市空间的概念将会出现多大程度上的改变？出发地和目的地之间的距离无限缩小，是否意味着人们只能活在一个个孤立的点上，而不是处在一个相互联系的空间里？面对这些问题，我们苦于没有足够的证据或有力的理论来论证这种趋势的缺陷或提出漂亮的解决方案。

综上所述，随着城市交通的不断发展，城市交通的微观空间面临被“异化”的危险。这种异化主要表现在人行道不断变窄、人们对快速交通的过度依赖和人们对生活环境的漠

① 参见周晓虹：《西方社会学历史与体系》，第 290 ～ 297 页。

视三个方面。而这种异化不仅让城市空间退化成“点”对“点”的形式，也在潜移默化中影响着人们的思维，可能在未来给人们造成意想不到的伤害，无论是社会的，还是心理的和情感的。快速交通确实是未来大城市的发展目标之一，但也应该区分不同情况下交通方式的选择。当出行仅仅是为了按时到达目的地（如工作、出差等）时，选取便捷的交通方式确实很有必要；但在日常生活中，尤其是在城市空间中进行休闲活动时，适当地步行、骑车，乘坐旅游公交车、路面有轨电车，既可以增进自己与出行同伴之间的感情，也可以提高自己对周围城市环境的熟悉程度，从而加深自身与所在城市之间的联系，增强城市归属感。我们需要居安思危，在享受快捷交通带来的便利时，谨防其对人性乃至人格的侵蚀，这同样也是城市规划中人性化的需求——可能是最微小的需求。

欧美国家许多城市非常关注城市人行道和支持人们的步行出行。“在过去 20 年里，最引人注目的设计革命是居住街区的共享街道理念或一体化理念。街道完全是居住环境的物质的和社会的组成部分，它同时也供汽车行驶、社会交往、市民活动使用，这些已被许多书的作者提出很久了，其中包括凯文·林奇、唐纳德·艾普里的亚德、简·雅各布斯、J. B. 杰克逊和威廉·怀特。……在共享街道或者乌勒夫（欧洲一种在城区里人车混用的街道空间形式——笔者注）中，行人和汽车共用同一个空间，这一空间被设计成迫使汽车缓慢行驶的格局，支持嬉戏和社交的用途。由于在其中会让司机产生一种是在侵入行人步行地带的感觉，因此司机将更加小心翼翼地驾驶，由此，交通事故发生率下降了。……让驾驶员在其中感觉是在‘花园’中行驶，迫使驾驶员去关注其他的道路使用者。……在一些低收入群体居住的社区中实施德·波尔的构想，因为那些社区急需更多的儿童玩耍场地，但却缺乏建造玩耍场地的空地。在居民的参与下，设计方案把人行道和公路统一到一个路面上，营造出一种庭院般的感觉。树木、椅子和小的屋前花园更强化了这种空间。”这种共享街道有以下特征：“它是一个居住性的公共空间。不鼓励交通畅行无阻。行人与汽车共享路面，行人在整条街上享有优先权。在每一处都可步行、娱乐。它可以是一条街道、一个广场（或其他形式），或者是一个空间的连接处。它的入口处被明确标出。没有老一套的带升高路缘石铺装的直道，路面（行车道）和人行道（慢车道）没有严格分界。车速和行车受自然状态的屏障、偏向、弯曲度和波浪形约束。居住住宅前有汽车通道。区域内设有广泛的景观美化带和街道设施。……共享街道创立了一种社区氛围，使街道成为一个混合用途的公共领域，凌驾于广大汽车车主之上。街道远非运输通道了，它们成为适宜行人互动的地方，人们选择在此停留、参与社交活动。它们特别支持儿童的活动，为其提供了一片安全的、以居家为本的领地中的更多嬉戏场地和社交交往场地。使用共享街道的居民倾向于把街道视为他们的私人空间的延伸地，常常自发地维护和美化他们家附近的绿化带。”① 这不是臆想的乌托邦，而是在德国、美国、荷兰等国城市中落地的现实，读者可以关注“共享街道”和“乌勒夫”这两个城市街道概念。

---

① 迈克尔·索斯沃斯，伊万·本—约瑟夫：《街道与城镇的形成》，第 112、116 页。

第十章　人工环境规模的区隔性

第一节　摩天楼之殇

一、研究背景和意义

摩天楼（skyscrapers），又称摩天大楼、超高层大楼。根据美国标准，将高度达152米（即500英尺），以办公、酒店用途为主的非住宅类建筑称为摩天楼。伴随着经济发展和城市扩张，摩天楼不断地出现在城市，成为城市社会的所谓现代性符号标志。提起“现代城市的印象”，许多人首先想到的就是鳞次栉比的高楼大厦，其中最突出的，就是作为超高层建筑的摩天楼。城市摩天楼已经以不可逆转的统治性强行进入人类生活，演变为突出的城市建筑—社会现象。如何看待这一复杂的城市现象，对于人类认识城市社区和城市生活至关重要。

人类兴建摩天楼首先得益于现代科学技术的发展，建筑、机械、自动控制等科技的发展为摩天楼的出现提供了技术支撑。其次，人口增长及随之而来的用地紧张导致了对高层建筑的需求。再次，这种大型工程需要大规模调动人力、物力、财力和统筹机制等资源，集约化的经济资本和权力资本也是其必要条件。最后，现代文化和精神因素也以一种潜在的价值意识形态刺激、推动、规范着人们建造摩天楼的实践活动。当以上条件和动力因素在现代城市社会出现叠加、张力、互动时，人类便出现了大规模兴建摩天楼的运动。

当前的中国仍处于这一运动的中心，众多城市竞相加入了兴建“第一高楼”的竞争。在摩天楼的规划和建造者看来，摩天楼意味着现代与进步，能拉动经济增长，改善城市形象，成为城市的品牌和名片，更能分散资本第一循环中的过剩资本，将资本转向第二循环，实现资本的城市化过程。[①] 然而，被寄予厚望的摩天楼能否完成这些使命？它们在城市中扮演什么样的实际角色？这些角色是否有社会意义？其对城市和市民意味着什么？其中的负面社会作用是什么？这些问题尚没有得到令人信服的答案。本节从社会学角度出发，选择南京紫峰大厦这一具体案例，从空间权力、社会区隔、文化形象、社会心理方面进行分析，批判性地探讨摩天楼在城市中的社会意义与文化价值。

二、摩天楼的发展和中国摩天楼运动

摩天楼象征着人类难以抗拒的通天诱惑。人类自诞生以来，就无时无刻不在渴望向上

---

① 蔡禾主编：《城市社会学：理论与视野》，中山大学出版社2003年版，第177～179页。

发展。蓝天，自古就代表着神圣与纯洁，代表着超脱物质形态的自由与解放，越是靠近上天便越有荣光。从古埃及高耸的金字塔、古印度层层如云的浮屠和玛雅的金字塔，到中世纪欧洲的哥特式教堂，乃至伊斯兰教高高的宣礼塔，人们都试图通过建筑来靠近天国，感受至上之神的气息和位高权重的快感。

进入近代工业文明，人们拥有了先进的科技和生产条件，为实现向上发展做好了准备。于是，当世界上第一幢摩天楼芝加哥家庭保险大楼（10 层，42 米）于 1885 年落成后，标志着现代城市文明的摩天楼接二连三地拔地而起，俯瞰大地，向世界宣誓一个新时代的到来。在一段时间里，世界各国纷纷加入摩天楼竞争。今天，新的世界高楼在迪拜、上海、纽约、首尔、台北、香港、吉隆坡、深圳、广州仍不断出现。但摩天楼的弊端早已日益暴露，如枯燥乏味、缺乏文化意义、热岛效应、安全性缺失等。学者首先从经济学方面反思这一现代性标志。

与大卫·哈维的理论相呼应的是，2000 年，经济学家安德鲁·劳伦斯（Andrew Lawrence）通过近百年世界摩天楼开工建设与经济波动的相关性研究，得出结论：摩天楼的竣工往往是经济盛极而衰的拐点，大厦建成之日，便是经济衰退之时。这就是“劳伦斯定律”，或“摩天楼之咒”。1873 年建成的纽约公平人寿大厦见证了美国经济长达 5 年的衰退；1930 年纽约克莱斯勒大厦和 1931 年的帝国大厦建成时伴随着全球经济大萧条；1973 年纽约世贸中心和 1974 年芝加哥希尔斯（后称威利斯）大夏建成后是全球石油危机和长期经济滞胀；1997 年，吉隆坡双子塔楼取代威利斯大厦成为世界第一高楼，亚洲随即爆发金融危机；2001 年台北 101 大楼建成后紧随着台湾地区高科技泡沫的破碎；2007 年上海环球金融中心建成后却迎来了世界经济危机和中国经济发展的停滞期；2010 年迪拜“哈利法塔”还未建成，迪拜即因 2008 年底爆发的债务危机险些破产。

芒福德早已对缘起于美国的摩天楼不无调侃：“早在 19 世纪 80 年代，在美国，找到了代表这个时代的一种新型的事务所大楼的形式，一种有些像垂直的装人的文件盒子，同一式样的建筑立面、同一式样的窗户、同一式样的房间和设备，一层一层往高空里建，为的是争取空气和光照，更重要的是超过别的摩天大厦以炫耀自己的经济实力与显赫威望。这些摩天大厦体现着巨额金融这个抽象概念所产生的物质，对官僚主义的各种服务一直在成倍增加……”① 这是否与 12 世纪博洛尼亚的两个富人为炫耀攀比和争夺城市统治权而建的斜塔一样可笑？

当超级大国美国从这疯狂竞赛中逐渐退出时，发展中国家却义无反顾地加入。最为活跃的当属中国。据《2012 中国摩天城市报告》，截至 2012 年 7 月 31 日，中国现有摩天楼 470 座，在建的有 332 座，规划中的有 516 座；到 2022 年，总数预计达到 1318 座，摩天楼投资总额约达 1.7 万亿元。中国的摩天楼运动正似美国 20 世纪 70 年代。然而，摩天楼对应的经济基础是第三产业。截至 2012 年，中国内地共有 54 个城市在兴建摩天楼，但 2011 年第三产业占 GDP 比重超过 50% 的城市仅有 11 个，第三产业比重下滑的城市却有 17 个。中国内地摩天楼数量已泡沫化。② 2012 年中美第一高楼（主体高度）对比情况如

① 刘易斯·芒福德：《城市发展史：起源、演变和前景》，第 548 页。

② 《2012 年中国摩天城市报告》，摩天城市网，http://www.motiancity.com，访问日期：2013 年 6 月 16 日。

表10.1所示。

表10.1　2012年中美第一高楼（主体高度）排行榜（截至2012年7月23日）

单位：米

排序	城市	现有第一高楼	主体高度	城市	在建第一高楼	主体高度
1	中国上海	环球金融中心	492	中国深圳	平安国际金融中心	646
2	中国香港	香港IFC	484	中国上海	上海中心	632
3	中国台北	台北101	448	中国天津	天津高银117	597
4	美国芝加哥	威利斯大厦	442	中国广州	周大福中心	539
5	中国深圳	京基100	441	中国天津	周大福滨海中心	530
6	中国广州	国际金融中心	436	中国重庆	嘉陵帆影	468
7	中国上海	金茂大厦	420	美国纽约	432公园大道	420
8	中国香港	国际金融中心	412	美国纽约	新世贸中心	417
9	中国南京	紫峰大厦	381	中国沈阳	恒隆市府广场东塔	384
10	美国纽约	帝国大厦	381	中国大连	大连中心·裕景	383

资料来源：《2012年中国摩天城市报告》。

“大都市的形状是它的无定型，正如大都市的目的是它无目的地膨胀扩展。那些在这个社会制度的意识形态范围内工作的人，唯有加大数量这一概念：他们力求使大楼盖得更高些，马路建得更宽一些，停车场更多一些，他们建造许多桥梁、公路、隧道，使进城和出城更加方便，但是他们限制城市内可以利用的土地作别的用途，只供交通设施之用。弗兰克·劳埃德·赖特建设一英里高摩天楼的方案就是这种整套城市发展荒谬理论的最终缩影。这样一个城市的最终形式将使1英亩土地的建筑物配上1平方英里的快速路和停车场。许多地区的城市建设正迅速地接近完成这个目标。”①

“人类改造大地正是后来形成城市的一个重要组成部分，而且是先于城市而进行的。城市与其周围环境的这种密切联系，不幸却被现代人类瓦解着：他们计划以种种受消费者欢迎的人工形式代替复杂的自然地形和生态联系，而置身于险境。”② 工厂、高楼、高架桥、隧道、大型超市、高速公路，这些实际上都违反了自然规律，并创造着危险。摩天楼也是反自然、反生态、反人性的，只是人类对高空技术滥用的恶果。

三、摩天楼的社会意义——以ZF大厦为例

NJ市ZF大厦正是发生在中国的摩天楼竞争中的产物，从它的兴建过程到社会作用，都体现了中国摩天楼的特殊存在逻辑。对其进行研究，有助于对中国摩天楼运动的理解。

ZF大厦以450米高号称是世界第七、中国第四、内地第二高楼。这座摩天楼位于NJ

---

① 刘易斯·芒福德：《城市发展史：起源、演变和前景》，第556～557页。

② 刘易斯·芒福德：《城市发展史：起源、演变和前景》，第16～17页。

市鼓楼区，地处市中心，周边环绕着玄武湖（六朝时期为皇家园林）、明城墙（14 世纪末明朝城墙）、鼓楼（明洪武十五年建）、北极阁（南北朝观天台）、鸡鸣寺（西晋的梵刹）和作为百年名校 NJ 大学的标志性文化建筑的北大楼（1919 年建）等历史文物古迹，是 NJ 城区的中心点和制高点。ZF 一词取自“紫金山之巅”，意为以 450 米的高度（加上 100 多米的天线部分），超越了 NJ 自然地理最高点紫金山（448.9 米），因而成为 NJ 离天空最近的地方。从这个名字，就能一窥其建造者的“野心”。而在其规划建设过程中，无处不存在着不同利益群体的权力博弈。

（一）摩天楼规划建设中的城市空间权力斗争

空间与社会之间存在相互交织和相互塑造的关系。社会学研究中的空间概念最早可追溯到埃米尔·杜尔凯姆（Émile Durkheim）对宗教仪式空间安排的研究、韦伯对科层制办公空间的研究，以及格奥尔格·齐美尔（Georg Simmel）关于城市空间和都市人格塑造的论述。近现代以来，以亨利·列斐伏尔、詹姆斯·斯科特（James Scott）、大卫·哈维、曼纽尔·卡斯特尔（Manuel Castells）为代表的学者推动了城市研究的空间转向。空间不是孤立的地理概念，而是社会权力关系。城市空间形态是各种权力斗争和表达的场所，隐藏其后的是社会权力的分配机制。①

ZF 大厦建设计划立项后，面对经济强权，在社会和文化领域的论战从未停止。NJ 作为六朝古都，一直是历史文化圣地。在这片土地上能否建这么高的楼，能否建在文化古迹密集的鼓楼区，是争议的中心。在讨论过程中，作为社会和文化代表的知识分子不断提出质疑。在 ZF 大厦项目上马前，DN 大学建筑学院一位院士分析过 NJ 的空间形态：从 NJ 城中偏西的清凉山到鼓楼的北极阁山再到城东的紫金山，恰恰构成了一条绵延的岗丘绿脉，在这条绿脉上是不适宜建高楼的。鼓楼广场正好在这条连线的中点，但 ZF 大厦所选的位置与这条连线略有偏移，因此该地“勉强可建”。他也提出对此地交通拥堵的担心。NJ 大学城市与资源学系的一位教师也认为，从国外经验看，摩天大楼适合建在新城，做好配套的交通建设便可释放能量。而鼓楼区人文环境得天独厚，高校云集，不该成为新的商圈，而其两头已经被两个商圈包围。

（二）摩天楼造成的社会隔离

空间研究将城市空间放在资本主义生产方式下探讨。列斐伏尔把城市看作特定资本主义生产方式的产物，大卫·哈维将城市空间看作资本运作的结果。刘易斯·芒福德指出：城市空间布局是与资本收益相关的。资本根据自身需要可以随时改变空间形态，因此都市空间被分割为旧城和新城、富人区和贫民窟。② 这种空间布局一旦形成，必然引发相应的社会后果，最突出的就是社会隔离与排斥。

拉考夫和约翰逊（G. Lakoff, M. Johnson）曾描述道：“上与下的空间关系成了各种

---

① 潘泽泉：《当代社会学理论的社会空间转向》，《江苏社会科学》2009 年第 1 期，第 27 ～33 页。

② 刘易斯·芒福德：《城市发展史：起源、演变和前景》，第 430 ～435 页；康晨：《城市空间形态演变的微观政治——对上海市卢湾区田子坊空间形态的研究》，《甘肃行政学院学报》2013 年第 1 期，第 43 ～55、127 页。

社会、道德、物质属性的形象隐喻。我们构想的阶级差异不是从左到右的水平差异，而是从高到低的垂直差异。"① 上是一种空间隐喻，它把不相关的价值观念凝聚到一个概念统一体中，并赋予其道德属性，从此以后，上就与美好、高尚、智慧、文明相连，下则意味着丑恶、低劣、愚蠢与野蛮。上层阶级与下层阶级的区分，也从经济、社会的隔离延伸到空间的隔离。

从宏观空间上看，ZF 大厦落成后，不仅改变了当地的自然地理空间，也改变了该区域的社会空间，造成了社会隔离。从微观空间上看，ZF 大厦不能随意进入，作为被隔离保护起来的财富、地位和权力的堡垒，它有着森严的关卡。门口贴着"衣冠不整者禁止入内"，门口站着保安，装有监控摄像头，上楼必须通过旋转式鹿寨状门禁，刷卡进入。若是找人，必须事先预约，被访者打电话给保安确认。楼内公司人员、酒店住客、来访者、游客和后勤服务人员必须分别使用不同的电梯，游客只能在限定的楼层活动。ZF 大厦从外在形象、空间区隔到社会功能，无一不体现着社会隔离。它已经俨然化身为现代城市里的中世纪欧洲古城堡：有护城河（道路隔离栏杆），有城门（电子门禁）、城墙（前台接待柜台）、瞭望塔（监控摄像头），有卫兵（保安），有王公贵族（楼内的财富和资本持有者）。它是南京的 ZF，却不是所有南京市民的 ZF。许多与 ZF 一街之隔的旧居民楼里的住户，见证了其建设的全过程，却从未进去过，一般市民也望而却步。在 ZF 周围有一条无形却又实实在在存在的社会边界，那些被隔离在外的人从来没有感受过 ZF 的辉煌壮丽、豪华典雅和高雅情趣。在他们的生活里，ZF 从来都不是他们价值世界的组成部分。拥有它的，只是进出其中的商贾富豪、公司职员、外地游客和为其服务的劳务人员——里面只有"新贵族"及其"佣人们"。

在全球化时代，借助科技，时间与空间被压缩，距离没有太大意义，空间不再是障碍物。然而，全球化对不同社群的意义是不同的，自然边界的无垠并不意味着空间上没有了隔离。社会上层为显示高雅品位、优越感和神秘感，主动为自己设立边界，将自己隔断在一定空间内，与世人隔离，如摩天楼、豪华别墅、私人会所。

（三）摩天楼对城市文化形象的视觉侵占

当 ZF 大厦作为全城新的制高点出现时，它对 NJ 的城市形象必然产生巨大影响。米歇尔·德·塞托（Michel de Certeau）认为，城市是一种话语，一种结构主义语言系统。② 任何向上的发展，都是一种试图围绕天顶扩展自身的控制和权威系统的努力。在人类文明初期，人类的建筑所表达的都是对自然的膜拜。竹、土、石、草等原料皆取于自然，最终融于自然。自然拥有至上的权威，控制了人类的全部生存状态。后来，各式各样的至上神和上帝从自然和社会中升腾而出，主宰了人类的精神世界。于是，高层建筑被用以接近神圣，在西方是教堂，在东方是宝塔、金字塔、宣礼塔。到了工业文明时代，城市建筑的最高点被代表资本财富的互相攀比的摩天楼取代，这正是经济力量取代宗教、军事和政治力量获得权威地位的标志。当 ZF 大厦成为 NJ 天际线的制高点时，在某种程度上意味着 NJ 的形象开始由历史古城走向一厢情愿的所谓"现代化国际大都市"。

---

① G. Lakoff, M. Johnson, *Metaphors We Live By*, University of Chicago Press, 2008, pp. 22－28.

② 参见米歇尔·德·塞托《日常生活实践》，方琳琳译，南京大学出版社 2009 年版，第 172 页。

“大厦吸引意义，正如避雷针吸引霹雳；在意义的所有层面上，它充当着一个富有魅力的角色，一个纯粹的能指，即一个人类不断向里投放意义的形式。”① ZF 大厦对于 NJ 而言，其意义还在于无可逃避的文化形象视觉侵占。自此之后，词语“南京”将不再是天际线上的紫金山和中山陵，而是这一线上最突兀的一点——ZF 大厦。正如埃菲尔铁塔意味着拒绝理性的轻逸骨架和自由的空洞，它是代表着封建君主皇权的凡尔赛宫的对立物；纽约帝国大厦、上海中心大厦带给城市繁华、庄严、规训和坚实，它是旧社会的对立物；ZF 大厦之于古都 NJ，更多地意味着现代性，是理性的意义和规约，它展示了经济政治权力的巨大成就，但冰冷的钢结构和银灰的身躯周围弥漫着冷漠、恐惧和怀疑。脱离了公共生活的 ZF 大厦，只是一个巨大的不可参透的物体。

摩天楼还可能有一种难以启齿的文化隐晦。“男性象征的各种表现形式，男性至尊的各种抽象概念，从此就越来越明显：见于一些刚直遒劲的直线、矩形、严密封闭的几何图形、阴茎状高塔，以及方尖碑……”② 城市中的摩天楼是强权——经济强权和政治强权的力量展示，与优雅毫无关系。这是否是各大开发商、冠名企业和入驻企业的一种潜意识的内心独白和外在象征？市民更喜欢聚集和活动于不高于五六层的大厦中的底层建筑空间，如一、二、三、四层楼的男士服饰区、女士服饰区、儿童用品区、金银首饰化妆品区、体育户外用品区和地下层的大众餐食区和最高层的高级餐饮区和电影院。万达、奥特莱斯、胖东来（它们建筑体量大而不高）都是这样的空间设计，这些容器都形同包容宽厚的子宫。

如果人们提起 NJ 时，是一座座无异于世界上任何一座大都市的摩天楼，是所谓的“国际大都市”，而不再是典雅艳丽的六朝金粉，不是明清的殷殷血火，不是民国的峥嵘岁月，文化古都的色彩将淡去，标志着现代工业社会符号对历史和传统象征的全面胜利，这真的好吗？

（四）城市民众的摩天楼社会心理体验

在社会学视角中，空间最终还是要回归于人，回归到人的本质和存在。对个人而言，空间同时表现为一种情感体验。人们在空间中寻找情感的归依和安全感，空间能给人带来温暖舒适，也能让人感到孤独冷漠。个人与空间的互动是一种自我认知和情感过程，并最终指向个体的身份认同。齐美尔笔下异质化城市的个体性失落，今天又以另一种形式上演。

对于不在 ZF 大厦工作和生活的普通民众而言，摩天楼所带来的仅是作为游客的一种特殊体验。站在 ZF 大厦 78 层的观景平台上，NJ 风光可尽收眼底：东眺紫金山，西望长江，南有雨花台，北有幕府山。作为 NJ 城区的中心点和制高点，ZF 大厦无疑能带来强烈的视觉冲击和审美体验。

四、总结与讨论

城市摩天楼是近代工业文明的产物，是科技进步和经济发展的宠物，但不应是人类社会发展的必然怪物。目前，在发展中国家兴建摩天楼的运动中，中国扮演着核心角色。摩

① 约翰·费斯克：《解读大众文化》，第 229 ～ 230 页。

② 刘易斯·芒福德：《城市发展史：起源、演变和前景》，第 28 ～ 29 页。

天楼的兴建过程，体现了资本和权力在与社会意义的博弈中的强大优势。摩天楼造成了新的社会隔离，是全球化社会中精英的新城堡，通过空间划分将普通民众压缩到城市边缘。同时，摩天楼改变了城市文化形象，意味着现代对于传统的胜利。对于民众而言，只有瞬时倒错的权力体验和无尽的压抑悲凉。

摩天楼是现代城市的标志，并且在当下和未来，必然会在中国城市化的过程中继续出现，改变甚至重构城市居民的社会生活。为此，应当对这种社会事实进行分析和反思。摩天楼所体现的社会问题，也正是现代城市的普遍问题，甚至是城市的某种社会符号象征：象征着新的社会不平等和社会矛盾。

美国建筑师亨利·考伯（Henry N. Cobb）为这些问题提供了一个可能的思考方向——市民化的摩天楼。他指出："当高层办公建筑不可避免地以一种统治性的姿态介入公众生活领域时，它本质上还是一个非常私人的建筑，除了地面层之外都不能被大众接近，内部也无任何人们期望的能与其形态和标志性相称的公共用途。……为解决这个问题可做的努力，就是人情化摩天楼，赋予其一个良好市民应有的风范。"① 法国布伊格电力总部大厦是摩天楼"市民化"的例证。由于这座大厦正对凯旋门，因此在设计时，通过建筑变形以适应都市文脉中的特殊环境。位于凯旋门中轴线的建筑的纵向体量的一角被切削处理，从而向前面的纪念雕像做了退让的姿态；一个直径 20 米的大圆雨棚创造出聚集空间，给游客提供了便利。

也许这是未来摩天楼适应城市发展的一个方向，也许能通过其他方式重建摩天楼与市民、与社会之间的联系。中国城市曾是为各类怪异摩天楼代言的舞台。如何改变摩天楼的贫乏功能和空洞意涵及其反社会性？如何使摩天楼不再只是一个无意义的纪念物、一个没有内涵的符号、一个巨大的不可参透的物体，不再是一个象征着权势、压迫、隔离、不平等、文化侵略、心理错乱的怪物，而是人类生活的美好家园？这些问题将缠绕在漫长的摩天楼实践中，并不断构建着人类城市和生活中的微观生活。摩天楼很巨大，但它反映了城市的一个微观的敏感点。

第二节　过街通道与行人的博弈

一、研究背景和意义

行人交通是城市交通的组成部分，在交通出行中占很高比例，② 理应是规划师的工作重点。但近年来，中国的城市规划、城市建设乃至城市发展理念将关注点聚焦在机动车交通上，忽视了行人交通。行人交通地位的边缘化可从两方面观察到：宽马路带来的人行道过窄和行人过街困难等，信号灯控制不合理等。不人性的行人交通设计不仅是对行人的忽视，还是造成交通秩序混乱、人车混流、道路堵塞的重要原因，严重的更会影响经济发

① 亨利·考伯：《市民摩天楼——私有建筑于公众生活的反思》，《世界建筑》2004 年第 6 期，第 20 ～ 27 页。

② 李克平、倪颖：《城市道路交叉口行人过街信号控制问题分析》，《城市交通》2018 年第 5 期，第 71 ～ 78 页。

展、民生改善，引发矛盾，带来安全隐患和社会问题。政府和城市规划师应重新重视行人交通的人性化设计。

考虑到技术限制，相比信号灯控制等问题，微观空间规划更便于深入研究。宽马路是其中最具代表性的问题，笔者选择研究宽马路对行人造成的影响。

二、个案分析

调研路段包括 NJ 市繁忙的、具历史性的新街口街区和近期发展的百家湖街区。

新街口和百家湖都是 NJ 的核心商圈，最大程度体现了巨大的过街通道与行人间的矛盾。新街口商圈位于主城区，是 NJ 最早的商业圈，于 1928 年建成，周边道路也于 1929 年运行。行人过马路方式经过数次规划调整。百家湖商圈位于江宁区，是城市亚中心，于 2010 年建成。2011 年，百家湖 1912 商业街开业，三大主要商业综合体（金鹰、景枫、太阳城）于 2015 年开业。这两个商业圈，一老一新，一个在主城、老城，一个在副城、新城，对行人交通的规划自然不一样：新街口采用地下通道，百家湖则采用地面人行横道。

（一）新街口街区

该街区北起中山路、中山东路、中山南路、汉中路交叉路口（新街口广场环岛），南至中山南路、淮海路、石鼓路交叉路口（淮海路地下过街通道），总长 430 米。中山路、中山南路为双向 10 车道，中山东路、汉中路、淮海路为双向 8 车道，石鼓路为单向 4 车道。整条路段没有地面人行横道，行人依赖地下通道（淮海路地下过街通道和新街口地铁站地下部分）过马路。

笔者从新街口地铁站 8 号出口出站，出来便是调研路段的起点，即新街口广场环岛（图 10.1），此处存在 A、B、C、D 四处安全隐患。

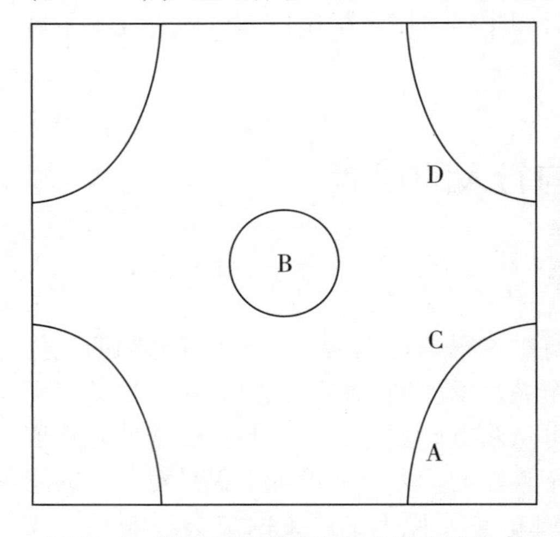

图 10.1　新街口广场环岛四处安全隐患点
（调研组组员绘制）

图 10.2　A 点安全隐患
（图 10.2 ～图 10.6 为调研组组员摄）

首先是 A 点，该路段没有地面人行横道，道路两侧设立了防护围栏，将人行道和机动车道、非机动车道分开。但路边防护围栏存在设计漏洞，行人可随意穿过，走进马路（图 10.2）。该路段的地下过街通道距离此交叉路口很远，行人不易找到，因此，行人会冒险横穿马路。在笔者观察的15分钟内，就有两位行人穿街而过（图10.3）。在这种没有人行横道且车流量大的路段，行人横穿马路很危险，会造成混乱和堵塞。该交叉路口发生事故的可能性很大，在B点，环岛设计加上孙中山铜像和植被，会遮断驾驶者的视线，很可能刚转弯就碰上横穿马路的行人，根本没反应时间，等反应过来急刹车时，悲剧可能已发生了（图10.4）。

图10.3　肆意穿行的行人

图10.4　中心环岛设计已经是世界性通病

C点和D点是非机动车交通规划的不人性之处，这是调研中的意外发现。这条路段行人可以从地下通道过马路，但非机动车仍需从地面过马路。以笔者所站的一侧为例，非机动车在C点等绿灯，道路上仅有简单的等待区划线，没有具体的过马路路径指示标线（图10.5）。在D点，绿化带突出的一角导致非机动车必须向左侧拐弯才能进入下一段非机动车道，此时会与同方向车辆靠得很近，发生碰擦（图10.5）。还有一个很多交叉路口都存在的普遍问题，非机动车专用红绿灯太矮，被隐藏在长高的茂密的行道树里，不方便非机动车驾车者观察（图10.6）。

图10.5　C点模棱两可的马路路径指示标线

图10.6　被掩映的交通灯病

笔者沿中山南路向南到调研路段终点，也就是中山南路与淮海路交叉路口。整条路段中，行人过街只有两个选择：新街口地铁站地下空间和地下过街通道。

新街口地铁站地下过街通道的不便之处有二：一是客流量大。新街口地铁站是地铁1、2号线换乘车站，号称亚洲最大地铁站，地处核心商圈，沟通多个大型商场、高层办公楼，任何时间段地铁站的来往行人都很多。二是出口多。这是最大的不便。该地铁站有24个出口，每个出口对应路面不同地方，一旦走错就要回到站内重绕，增加过马路时间。因年限较长，站内很多出口指示牌已褪色、出口信息滞后，容易造成行人迷路、走冤枉路。但地铁站地下通道也有其优势，相比较地下过街通道而言，它的出口多，意味着行人从很多地点都可以进出站点，通达性较好。

地下过街通道的不便之处也有二：一是进出口少。仅有一个淮海路地下过街通道，且只在大洋百货门前有一个进出口。这迫使行人选择地铁站地下空间过街，增加过街耗时。二是对应性差。不同于地铁站的出口指示牌标好对应的商场或办公楼名称，地下通道出口只有道路名称，具体通向哪些地点需自行记忆或查找。

地下通道尤其是地铁站地下空间是一种过马路方式。十几年前的新街口商业圈，行人主要通过天桥过马路。调研路段就曾有5座过街天桥——在新街口广场连成环形的四座天桥和淮海路天桥。

（二）百家湖街区

如图10.7，百家湖街区北起双龙大道、菲尼克斯路交叉路口（T型交叉路口），南至双龙大道、天元西路交叉路口（十字交叉路口），总长480米。双龙大道为双向8车道，菲尼克斯路为双向4车道，天元西路为双向10车道。整条路段只有起、终点两处有地面人行横道，行人完全依靠于此过马路。

不同于新街口的问题较为分散凌乱，百家湖行人交通的不人性之处集中表现在双龙大道和天元西路交叉路口上。这个交叉路口人流量大的原因：一是交叉路口周边分布着三大商业综合体（金鹰、景枫、太阳城）、一条商业街（百家湖1912）、一家企业（航天晨光）、一座办公楼（东恒国际大厦）和三个大型住宅区（怡湖华庭、凤凰台、21世纪国际公寓），及后方更大体量的百家湖小区，这些办公、商业、居住建筑群给路口带来庞大

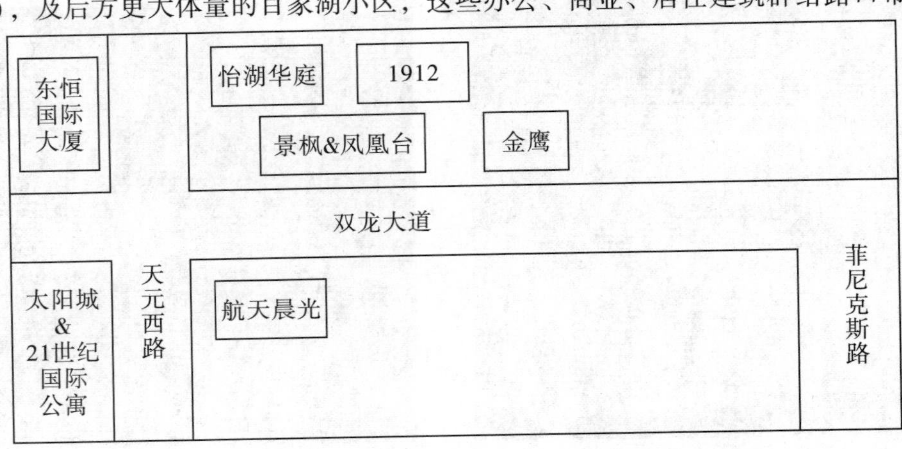

图10.7　巨大的交叉路口，但承载力有限（图10.7～图10.9为调研组组员绘制）

人流；二是长达480米的路段只有起、终点有人行横道供行人过马路，需要就近过马路的行人被积压到该路口。

下面分析双龙大道和天元西路交叉路口的不便利、不人性之处。路口人行横道如图10.8所示，虚线为人行道，弧形为四周建筑区域，三角形为行人等待区域。设立等待区是因为马路过宽，行人只能分两段二次过马路，这倒是较人性化的设计。

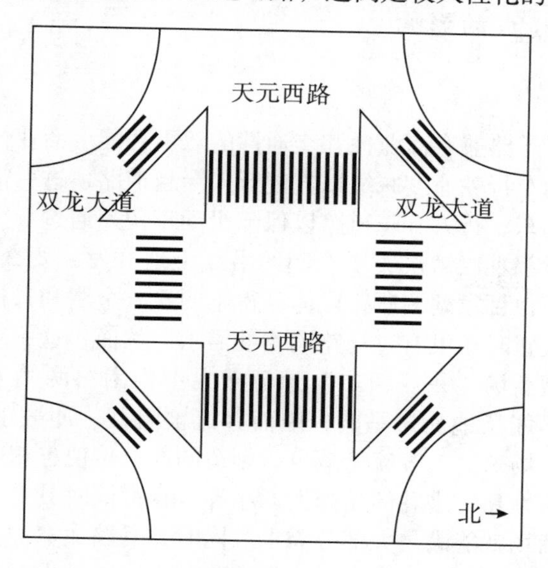

图10.8　人行横道步行通过

行人等待区与步行区和建筑区中间的短人行横道。这一段人行横道大约5米长，行人不受红绿灯控制自由通过，与行人前进方向垂直通过的是右转常绿车道的车辆。换句话说，在这一小段路上通过的行人和车辆都不受红绿灯控制，秩序完全靠行人和驾车者自觉维持。但相对于强势的车辆来说，行人这一弱势群体处于被动退让的地位。驾车者如果不礼让行人、主动停车，那么行人就必须等着，直到没有车辆再通过。根据笔者观察，行人等待时间往往达到45秒以上，相当于一个绿灯的时长，这样就延长了行人过马路的时间。另外，车辆"强势"通过会导致交通事故发生概率提高，行人人身安全没有保障，同时徒增双方矛盾。

过马路的长人行横道。由于车流量大和对机动车交通规划的偏重，这四段人行横道上，行人等待时间较长。垂直方向通过双龙大道的等待时间为90秒，水平方向通过天元西路的等待时间为102秒；供行人过马路的时间较短，垂直方向只有32秒，水平方向稍长，为41秒。笔者在两段人行横道上均测量了通过时间，垂直方向需要27秒，水平方向需要34秒。笔者走路速度较快，都需要这么长时间，那么老年人、孕妇、儿童、残疾人、盲人、带大件行李者等则需要更长时间。在笔者观察的15分钟内，半数以上的行人是踩着机动车道闪黄灯的时间才走到马路对面的；少数几人在机动车道已跳转为绿灯后还停留在马路上，而这个交叉路口又没有设置双向道路中间等待区，此时行人就陷入一个尴尬且危险的境地，进退两难，不安全感倍增。我国城市中的宽大马路的红绿灯转换时间，尤其是绿灯放行行人通过的时间，许多是非常仓促的，让行人倍感紧张。

三、深层影响分析

上文以两案例分析了宽马路、大十字路口对行人过马路方式的浅层次影响，即安全性和舒适性。下文分析宽马路和人行道这一微观空间的不合理设计及其影响。

（一）马路过宽造成的影响

1．商业发展

穿越核心商圈的主干路兼有商业性和交通性的双重功能。商业性功能要求道路两侧设有大量商业设施，机动车行驶速度减缓以方便行人穿越道路，进行消费活动；交通性功能要求限制或禁止非机动车、行人穿越道路以保障机动车快速通过。无论侧重满足哪一个功能，这两种功能的矛盾都难以解决，要么制约沿线土地开发，要么限制道路功能发挥。① 商业性和交通性的矛盾在百家湖调研路段体现得不明显。金鹰和景枫对面大部分路段调研时都正在开发中，行人暂时还没有过马路购物的需求。然而，这一矛盾在新街口调研路段则非常明显。五家大型商场“东三西二”地分布在中山南路两侧（图 10.9），为满足交通性的高要求，行人不能从地面过马路，因而客流被阻截、冲散了，分向道路两侧的商场。对于单边、单个商场来说，客流量减少，创造的商业价值也相应减少。当然也不排除是因为现在各商场同质性高，进驻的品牌大同小异，且都同时具备休闲、餐饮、娱乐等功能，人们只选择一家商场就能满足大部分需求。同时，马路太宽冲散客流、人气，不仅影响大型商场的客流量和商业价值，也会影响街边一些小店铺的生意。以大洋百货对面的小饭馆为例，笔者在晚饭时间段对其中一家进行了观察，对比大型商场负一层美食广场的火爆，小饭馆里仅有零零散散几桌客人，询问之下发现大部分都是小饭馆附近住宅区的居民，只有一桌是来新街口休闲的消费者。这些小店铺所面临的最大问题就是被淮海路这一宽马路切断了客源。虽说“酒香不怕巷子深”，但没有客源，再香的酒也会被埋没。

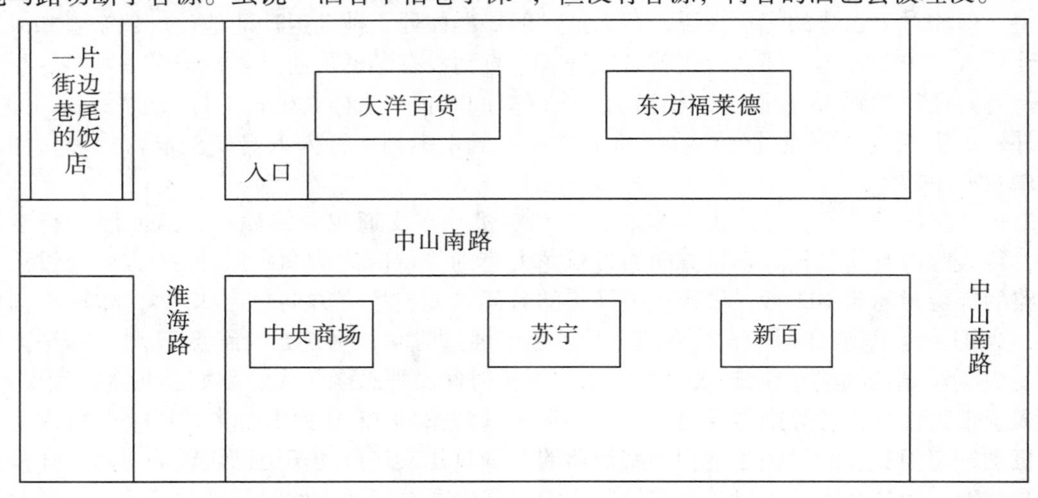

图 10.9　新街口马路与周边密集的商场

---

①　李朝阳、周溪召：《试论我国城市道路规划建设的可持续发展》，《城市规划汇刊》1999 年第 1 期，第 54 ～57、81 页。

城市道路规划侧重于满足交通功能，追求宽、快、长，这严重阻碍了城市核心商业圈商业功能的正常发挥，制约城市社会经济尤其小微个体经济的发展。

2. **城市风貌和文化遗产保护**

宽马路上的车辆与两侧建筑的使用功能无直接关系，只是快速通过，如同行驶在由连绵的建筑和高楼构成的山谷和隧道里，这是一种典型的高速公路模式或郊区模式。这种模式让城市失去了拥挤、繁荣的都市感。表面看，宽马路似乎让城市看起来更开阔、气派，但实际上“风干”了城市生活的乐趣。拿中山南路来说，道路两侧熙熙攘攘的人群消失了，核心商业圈的商业气息也随之淡化了。人们选择到新街口购物而不是网购，就是为了感受都市生活的快感和人群聚集在一起的热闹——一种社会性、一种群聚性、一种社交感、一种空间感、一种集体感、一种归属感。人们希望“看和被看”。而宽马路让这一切消逝了，这与开阔笔直的高速公路和宁静无人的村道或孤寂的山路甚至沙漠戈壁道路有何分别呢？

除了影响城市风貌，宽马路也一定程度上阻碍了文化遗产的保护。中山南路在民国时期就初具规模，随后几十年中经过数次调整、规划，道路两侧的民国建筑被拆除，建成高楼大厦，民国遗迹已所剩无几。而宽马路“吞噬”文化遗产的同时，也改变了城市风貌。老城、老建筑是城市的历史文化积淀，是不同于其他城市的个性、特性，把这些特色抹去只会让城市变得千城一面，失了独特风格。

建宽马路是有历史惯性的，是城市交通规划中一种不可遏制的惯性。芒福德讽刺道：“恰恰在土地不太紧张的城镇上——例如美国中部的许多小城镇上——广阔的街道或林荫大道被看作先进的象征，所以那里的街道也设计得非常非常宽阔，根本不考虑当前是否需要这样宽，或将来是否需要这样宽，但建造和铺装这样宽的街道，不但需要大量投资，而且平时要花大量的维修费，结果使沿道路两旁的房地产税大量增加。这类规划师笨拙地模仿巴洛克用扩大空间来耀武扬威，显示其高贵宏伟，这是过时了的东西，这种规划的价值多半是表面的，装饰性的：它是一种象征，说明将来车辆交通可能很繁忙，可能给商业带来许多机会，可能使今天的住房用地变为更能赚钱的商业用地。”①

（二）地下通道、人行横道的影响

1. **对特殊群体不友好**

地下通道和人行横道的设计有时会忽视了特定群体的需求，如老年人、残疾人（特指需要用轮椅的残疾人）及其家属以及婴幼儿家长这三个群体。

首先看地下通道对这三个群体的不友好设计。老年人腿脚不好，走路慢。在地下通道，尤其是在地铁站拥挤的人潮中，他们很容易被挤到、碰倒。另外，随着年龄的增长，老年人反应较为迟缓，磨损严重和指向不明确的指示牌很容易使他们迷路。对于残疾人及其家属和婴幼儿家长，因为他们出行时都需要随身携带额外器械，即轮椅和婴儿车，或有他人陪伴，地铁站和地下过街通道大部分的出入口只配备自动扶梯和楼梯，很少有垂直电梯。轮椅和婴儿车在进出地下通道、上下楼梯时的通行难度很高；如果残疾人和婴幼儿不

---

① 刘易斯·芒福德：《城市发展史：起源、演变和前景》，第443页。

能离开轮椅或婴儿车，将进一步提升这个难度。要解决这个问题，只能增设垂直电梯，增强楼梯和自动扶梯的防滑程度。

其次是人行横道。上文提到百家湖路段的人行横道太长，绿灯时间太短，老年人、残疾人及其家属和婴幼儿家长行走速度比普通行人要慢，很可能在绿灯期间过不去马路，而双向车道的中间也没有设置等待区域可供他们等下一个绿灯。对此，必须根据实际步行情况和特殊人群调整红绿灯时间；在双向车道中间增设行人等待区；或增设特殊人群交通灯转换按钮，在所需人群出现时自行使用，按钮设计为坐轮椅者或自行出门的儿童触手可及的高度。

2. 滋生城市社会问题

该问题是针对地下通道的。有些地下通道视觉环境差，照明设施缺乏或不完善，安全感低，有些甚至变成流浪汉的栖身之所和不法分子的作案现场。因而许多市民晚上根本不敢走地下通道，只好从路面上随意横穿，这在夜间对机动车行驶造成不小的安全隐患，容易引发交通事故。① 这是较严重的情况。对于所调研的淮海路地下过街通道，问题存在但情况稍好。地下通道有照明设施，但灯光偏黄偏暗，刚进入时眼睛会不适应，这种环境是发生抢劫、猥亵女性等犯罪行为的温室。而且，地下通道除了进出口外，是一个相对封闭的环境，没有紧急出口，地下通道并未配备安保人员，行人一旦遇到危险，不仅没法求救，还很难逃生。因此，地下通道需安排人员值守，尤其是夜间值班；需定期检修、更换通道内的照明设施。

3. 地下通道对比过街天桥

上文提及在新街口，过街天桥是比地下通道更早的过马路方式。但由于天桥建设质量较差，常常遭受超高车辆撞击，年代久远的天桥成为危桥被拆除，又恰逢地铁建设，于是地下通道取代了过街天桥。从成本、工程耗时和建设难度上看，天桥要优于地下通道，而地下通道也并未改进天桥的不友好设计（如特殊人群的需求），那么地下通道为何能取代天桥呢？原因在于随着城市的发展和经济水平的提高，市民对城市景观、形象以及人性化方面的要求越来越高，夏天积水、冬天结冰、节假日拥堵的天桥已不能为行人提供方便、舒适、安全的通行服务了。

四、总结与讨论

基于上述研究，应思考一个问题：宽马路真的有必要吗？人们会有一种直觉，似乎路越宽，车流越通畅。但现实是，路越宽，越像自由越野赛车场。应指出的是，对于完全封闭的公路，道路越宽，单位时间内通过的车辆越多，即道路的车流量与宽度成正比。但对于城市内不封闭的道路，即有许多道路纵横交叉的情形，这个推论就有问题了。依据公式 $\eta=\frac{1}{2}(\gamma-h/v'-h/v)/\gamma$ 可以得出结论：城市内道路宽，车辆通过效率反而低；道路

---

① 杨波：《行人过街系统规划研究》，西南交通大学硕士学位论文，2009 年，第 1 ～ 7 页。

窄，车辆通过效率却越高。① 所以，8 车道、10 车道的宽马路可能没有存在的必要，即使路宽了，也照样天天堵车——因为大家要么不知道自己要走哪条道，要么不知道怎么转弯，要么就是干脆把宽马路当成了可以不讲规则、不打灯就加塞、肆意妄为的赛车道。不仅如此，宽马路还影响城市精神风貌、商业发展和文化遗产保护。

芒福德曾揭露过城市“大体量、大跨度、大规模”这种“反人类”道路设计的社会弊端和历史文化渊源：“除了巴洛克的形式与现代化城市的目的和功能不协调外，还有一个弱点从未被后来的巴洛克规划的拥护者所理解。这类规划的宏伟外貌是建立在对城市实际需要的无知或轻视上的，它甚至无视交通的需要。正因为这样，巴洛克规划最引人注目的贡献，即那笔直的、长长的、宽广的大街，虽然迅速沟通远处的交通，但其宽广程度却为大街的两对面的通行设置了一重障碍；直到近来有了交通信号灯，人们要穿过这样宽的马路，即使马路中间设置了行人安全岛，仍然很危险。……究竟是什么原因使规划师们长期念念不忘巴洛克这类规划？为何许多看起来似乎很现代化的规划仍然充满了巴洛克的精神思想，一样的铺张浪费，一样的不考虑人的需要——虽然宽广的大街变成了‘快速路’，大环岛变成了苜蓿叶形立交桥？在这流行风尚的后面是对绝对权力虚摆架势的迷信。”“时间是巴洛克世界概念的致命的障碍：巴洛克的机械的体制，不允许生长、发展、适应和创造性的更新。这样的工作必须在当时干净利落、一次完成。”②

迈克尔·索斯沃斯和伊万·本—约瑟夫的《街道与城镇的形成》早已记载了人类历史各时期对城市街道严格的尺度标准，许多被证明是更人性化和更舒适的。③

市中心的交通规划可借鉴纽约的经验。纽约选择公交主导模式构建交通体系，四通八达的地铁和双向四车道足以支撑世界上摩天大楼最密集的曼哈顿区的交通。市政当局没有盲目扩建马路，街道不宽正好打消人们开车出行的念头，逛街成为居民的享受，时代广场附近禁止非相关车辆进入，各商业中心因而生意兴隆，人与机动车的交互关系较为友好。④ 这种以公交为主、机动车为辅的模式既能保持建筑物间的恰当距离，不阻断商圈的完整性，为商业区聚集人气，又能减少污染排放和车祸隐患，打造人车友好的道路环境，营造繁而不乱的微观城市区间。

---

① 武际可：《马路，是越宽越好吗？——谈谈城市的道路规划问题》，《力学与实践》2000 年第 6 期，第 71 ～72、62 页。

② 刘易斯·· 芒福德：《城市发展史：起源、演变和前景》，第 418、424 页。

③ 迈克尔·索斯沃斯，伊万·本—约瑟夫：《街道与城镇的形成》，第 15 ～25 页。

④ 王军：《大马路之痒》。

第十一章　微观空间体验的不适感

第一节　医疗空间的伦理缺失

一、研究背景和意义

经常可以看到医院低矮区隔的服务窗口、患者挂号取药排长队、诊室里和候诊区人满为患等待就医、体检的景象。患者对医院服务设施、诊疗质量和医护人员态度的不满意常是引发医患冲突的重要原因。医学的终极价值是医学的人文价值，鉴于医院自身的特殊性，它的空间建设与布局应更加注重人文关怀，给患者和亲属提供更良好的就医环境。但就目前来看，部分医院的空间建设过于刻板冷漠、纯功能化，缺乏人文气息。因此，本研究从城市社会学角度出发，结合建筑学的相关知识，以 GL 新医院为例，探讨在医院微观空间构建中的人文关怀。

二、案例分析

（一）GL 新医院新医疗大楼基本情况

GL 新医院（NJ 大学医学院附属 GL 新医院）是综合性三级甲等医院，前身是 1892 年由美国基督教会创建的基督教医院（这是中国最早的西医院之一）。2012 年 12 月，原 GL 医院南侧新建的新大楼启用，总建筑面积 22.48 万平方米，是国内单体面积最大的医疗建筑。

调研组首先了解通过地铁这一最常用的公共交通系统在到达离 GL 新医院新大楼最近的地铁站后，步行前往该医院的外部交通便利度。乘坐地铁 1 号线或 4 号线到 GL 站下，从地铁出站口至门诊部约 450 米，步行约 8 分钟，沿途有步行道，无需过马路。

公交系统方面，距离 GL 医院新大楼最近的公交站有两个：一个是 GL 新医院站，至门诊部约 400 米，步行约 7 分钟；另一个是中山北路 GL 站，至门诊部约 700 米，步行约 11 分钟。GL 新医院站停靠的公交线路有 1 路线、16 路线、25 路线、33 路线，夜班车有 Y1 路夜间线、Y16 路夜间线。中山北路 GL 站停靠的公交线路较多，包括 100 路线、100 路区间线、16 路线、31 路线、34 路线、34 路区间线、3 路线、52 路线、551 路线、552 路线、67 路线、95 路线、D2 路线、100 路高峰线、Y16 路线、Y25 路线，患者及病人家属可就近乘相应公交或地铁到达 GL 新医院。

出租车停靠点在公交 GL 新医院站的旁边，不过依旧有很多人将出租车就近停靠在医院门诊部大门的前面，常常造成车站和门诊部大门前道路的拥堵。

本调研关注GL医院新大楼门诊部、急诊部和住院部。门诊部、急诊部和住院部在住院部大楼二楼大厅处相连。急诊部位于中山路西侧，新大楼B区一楼。

（二）医疗空间的微观空间特点

新大楼每层都有平面图和区域分布图，通过微信智能程序可实现实时实地的导航。门诊部每层都设立了挂号、收费、取药、检验等服务区，且根据科室不同划分了不同区域，患者及家属几乎可在同一楼层完成挂号、诊疗、检查、取药的整个过程。门诊部每层都设有“抢救专用通道”，且有电梯直达一楼抢救室。门诊部周围的墙壁上挂有描绘和谐医患关系的画作，大部分是由其他医院或有合作关系的医药集团等赠送。门诊部每层都有多功能电瓶车，供行动不方便的患者使用。此外，在门诊部一楼和楼外均设有自助轮椅，有需要的患者扫码即可使用。馨园手术等待区是专为病人家属等待所用，里面提供饮食柜台和休息的座椅等，有电子屏幕实时显示手术室情况，及时告知家属手术的进展。住院部每层分为四个区，每个区有两个护士站。大部分病房内设三张病床，每个病房内有独立卫生间。

医院建筑是由复杂部门组成的公共建筑类型①，它在建设中除满足基本公共建筑标准（如环境、卫生、消防等）外，也应体现人文关怀。但就目前来看，国家对医疗建筑的要求仍偏重基建层面。我国医疗建设标准由住建部门统管，卫生部门辅助修订和解释。针对不同类型医院，国家制定了相应标准，如《急救中心建设标准》《儿童医院建设标准》《康复医院基本标准》等。具体标准上，评价指标多为硬性指标如建筑面积、病床数等，在综合医疗建设标准如《综合医院建筑设计规范》《中国医院建设指南》中并没有与人性化或人文服务相关的要求。

在当前医院以人为本的多重改革中，主要集中在服务、管理等方面，对于医院建筑的微观空间的人性化设计等并未引起足够的重视，国家也没有出台相应的政策来指引医院优化空间布局。

（三）案例分析结果

1. GL新医院空间布局优点

在外部空间方面，地铁口、公交站距离医院较近，并且联通了重要的交通点如市中心新街口和火车站NJ站、NJ南站等，方便外地外省病患来NJ就医。部分公交线在晚上也有运行。在内部空间方面，GL新医院有以下优点。

（1）与信息技术等现代科技结合。2016年发布的《国务院办公厅关于促进和规范健康医疗大数据应用发展的指导意见》提出通过“互联网+健康医疗”探索服务新模式、培育新业态，建设人民满意的医疗卫生事业。在健康医疗大数据应用中要以人为本，突出健康医疗重点领域和关键环节，利用大数据拓展服务渠道，延伸和丰富服务内容，满足健康医疗需求。2018年发布的《国务院办公厅关于促进“互联网+健康医疗”发展的意见》提出发展“互联网+健康医疗”，引入优质医疗资源，提高医疗健康服务可及性。GL新医院落实了国家相关政策，利用技术给患者诊疗带来便利。门诊部5层楼每层都安放了

---

① 贾中：《医院建筑生态文化理论及设计创意研究》，重庆大学博士学位论文，2010年，第54页。

至少 3 台自助挂号机，还有自助病历机、自助取报告机、自助饮料机等。连接门诊部和住院部的二楼钢琴厅有滚动字幕的指路牌。扫码机、报幕屏等体现了现代科技元素，便利民众就医。

（2）在空间理性主义指导下，医院空间利用具有系统性的特点。GL 新医院将整个空间按功能分割成固定的小单元，结构很清晰。如门诊部 2 ～5 层都有挂号处、缴费处、抽血点、药房和按科室划分的就医区域，每层都基本具备承担就医各个功能的设施，减少病人上下跑动。提供休息功能的座椅、承担解决生理需求功能的厕所、承担文化心理功能的图画等在每个诊区都有布置。

目前，医疗设计理念正经历从纯理性空间到情理兼容的空间的演进，对医院诊疗微观空间提出了更高的人性化要求。GL 新医院硬件设施的建设和发展已比较完善，但在充分考虑病人心理体验、让硬件充分发挥作用、拓展人文服务、建设人文空间层面还有很大提升空间。

2. GL 新医院外部空间布局主要问题

在 GL 新医院外部环境方面主要存在交通和硬件设施在完整性上的问题。

（1）交通层面。交通通行的时间成本、经济成本、舒适度（尤其是特殊人群）影响着通行质量。GL 新医院交通及相关配套设施的设置在这三个方面存在问题。

第一，时间成本。因缺少机动车停靠区和分流措施导致时间成本增加。未设置专门的出租车停靠区，出租车乘客没有专门的上下车区域，车辆驶过医院住院部和门诊部东侧只能在公共市政道路上即停即走（图 11.1）。门诊部东侧的市政道路与公交线重合，公交车、出租车、私家车、电动车、摩托车共用一个停靠车道和点位，造成交通堵塞，引发安全风险。城市道路是人流、物流的动脉，但在如人的盲肠一样敏感的医院路段，会发生“急性盲肠炎”。

图 11.1　GL 新医院门诊部东侧未设置专门的出租车私家车停靠区域（图 11.1 ～图 11.14 为调研组组员摄）

图 11.2　GL 新医院门诊部与住院部之间救护车专用车位

城市微观空间中的“急性盲肠炎”在此指在一些特殊功能区的部分空间在一天中某时段所发生的大范围拥堵。这些特殊功能区包括幼儿园门前、中小学门前、医院尤其是儿童医院门前这三类城市微观空间。

医院尤其是儿童医院门前的“急性盲肠炎”是这样形成的。虽然大部分医院都会在规划建设时预设地下车库，但由于以下三个原因，医院尤其是儿童医院门前常常排着长长的私家车队列，让家长更焦虑，患儿更痛苦。一是医院设计者没有预设到城市未来的迅速发展和人口的迅速增长，造成医院车库的容量不足。二是设计者没有考虑到，由于大医院病人数量大，看一次病一般要逗留一天：上午挂号看病、检查，但要等到下午拿到检查结果后再找医生；如果是要等一两天以上才能拿到检查报告的，看一次病就要来两次。这无形中增加了医院的人流量，延长了私家车滞留车库的时间。三是一些季节是一些疾病（如流感、肺炎、手足口病等）的高发期，这时，按常规规划的车库满足不了患病高峰期的停车需要，从而出现医院前面车队排长龙的现象。这给本身就为花钱看病而焦虑担心的病人和家属更添一份堵。这是医院停车场和医院门前微观空间的空间使用危机。

急救车通道与人行通道混流。有些疾病如心脏病、中风的最佳抢救时间短暂，需提供畅通便捷的通道给急救车。GL新医院急救车集中停放在门诊楼和住院楼之间（图11.2），有8个急诊车位，急救车进出也要靠这个通道。但这个通道并未实行人车分流，往往有很多病患和家属在这里随意行走，降低了急诊车的通行效率。

第二，经济成本。这主要指停车费昂贵。首先，停车场没有设立告示牌说明收费标准（图11.3），收费透明度和公开性不足，从外地开车来看病的病人或家属要询问工作人员或保安才能知晓收费标准——因滞留在医院看病的时间很可能是一整天，这给本来就心急如焚看病的人们造成了不必要的烦恼。其次，在医院和看病的相关论坛中有人提出收费标准偏高，难以承受。再次，虽然医院的停车场收费标准比在院外交通线路上划分的市政停车位收费标准低，但医院停车场的车位毕竟有限，在看病高峰期有的病人及家属只能将车停在院外。最后，一旦就诊治疗的时间较长，那么一天下来的停车费也是相当高的。

图11.3 GL新医院西侧（近天津路）停车场

图11.4 GL新医院西侧（近天津路）未设置专门的非机动车停放区域

第三，舒适度。

未考虑特殊人群需求导致通行舒适度降低。地铁出口离新院楼仍有一定距离且出站不便。距离医院门诊、急诊部最近的地铁站是地铁14号线GL站1号口。但该站到路面出口的步行楼梯有 20 多级，竟然没有垂直电梯，没有考虑到使用轮椅的人、腿脚不便的老年人、有腿疾的人、因患病无法大幅颠簸行动的病人，以及刚做过手术的人、严重内外伤伤者、孕妇、使用婴儿车者等的特殊需求。

未设置专门的非机动车停放区（图 11.4）。虽然医院设置了停车库供职工车辆和外来车辆停放，但没有专门设置非机动车停放区域。医院职工、探望病人的家属都把非机动车停放在医院西面台阶上的人行道上，不仅占用了人行道，车辆的停放和取出也很麻烦。因长长排列的机动车和栏杆阻挡，电动车车主要在停放非机动车的人行道上缓慢骑行约 200 米才能到终端出口，再驶入非机动车道，方可正常行驶。

医院门诊部西侧出口的台阶设置极不合理。该出口前方的台阶有 8 ～ 11 级（图 11.5），并未考虑到特殊人群的需要，如老年人、需要轮椅的人士和重病患者通行会遇到极大的阻碍，使人面对阶梯产生不小的心理疲惫感和畏惧感。这里也没有电梯。

图 11.5　门诊部西侧（近天津路）出口的台阶成为障碍。台阶上人行道被非机动车挤满

图 11.6　GL 新医院门诊部西侧（近天津路）的广场和座椅缺少遮阳避雨的考虑

各出口未设置特殊人群通道如轮椅通道。虽然医院里面提供了数量可观的自助轮椅，但医院建筑内部并没有专门供特殊群体如因视觉障碍、行动障碍使用轮椅的人士通行的道路；虽然医院外面的道路设置了盲道，但往往被非机动车和卖煎饼、桂花糕之类的小摊贩占据，不能起到实际作用。

（2）硬件设施层面。调研发现，虽然外部空间基本满足了人们休憩、通行的需求，但是一些硬件设施因为缺乏配套设施的辅助，存在功能不能完全实现的情况。如户外广场缺少遮蔽强烈阳光或雨雪的树木。医院门诊部西侧出口外安放了一排长椅供人们休息，但也没有配套遮阳避雨的伞棚（图 11.6）。而由于南京气候特殊，下雨或暴晒的天数都较多，一旦恶劣天气出现，这些长椅就无法使用。

门诊部西侧设置了一片空地作为应急避难所，但缺乏必要的配套设施，如储备水和食物的仓库（图 11.7、图 11.8）。另外，考虑到 GL 新医院是综合性三级甲等医院，就诊量大，容纳的住院病人很多（住院部的楼层有 13 层之多，每层有三四个病区，可见住院病人数量之多），但可以提供临时避难的空阔场地的面积太小。

图 11.7 如“空城计”般存在的应急避难所

图 11.8 GL 新医院门诊部西侧（近天津路）广场缺少与应急避难相配套的设施

3. **医院内部环境的微观空间分析**

医院内部空间是独特的公共空间，存在着健康人与患者、医护人员与患者和家属、融入与隔离、公共与私密等矛盾，医院的空间设计需要处理好这些矛盾并且兼顾到患者、家属和医护人员三方的需求。20 世纪 70 年代，得克萨斯 A&M 大学建筑学院的罗杰·乌尔里希（Roger Ulrich）证明了环境对疗效的作用，他提出循证设计这样一种建立在循证医学和环境心理学基础上的研究方法。循证设计有三个基本准则：强调医院环境应尽量使患者自主控制和调节环境条件（如灯光、噪声和温度等），鼓励社会支持与交往（如家人探访和陪护），提供适量且积极的视觉刺激。循证设计在新时代环境中应更好地与人的情感发生连接，“空间治愈力”概念诞生。将“空间治愈力”与翟斌庆提出的病区空间应庭院化、家庭化、艺术化理念①相结合，笔者认为 GL 新医院相应微观空间在便捷化、舒适化、隐私化、艺术化和满足社会交往五个层面仍没有充分考虑医院各方参与者的需求。

（1）便捷化不足。

门诊一楼介绍专家的标识本是给病人和家属了解医生信息提供方便，但字体很小，需要走到两米内才能看清楚。但部分椅子安放得离墙太近，一楼有一片区域最后一排的椅子直接靠在墙边上，而专家介绍刚好贴在那片墙上（图 11.9）。这导致如果有人坐在最后一排椅子上，其他病人或家属要靠近去看专家信息时会很尴尬。

---

① 参见翟斌庆：《医疗理念的演进与医疗建筑的发展》，《建筑学报》2007 年第 7 期，第 89 ～91 页。

图 11.9 GL 新医院门诊部一楼部分标识字体不够大、部分椅子安放得离墙太近

垃圾箱较少。医院垃圾箱数量不够，只在各就诊区有，但病人和家属在等待时常需要吃喝和处理污物。挂号、缴费、开发票、就诊、化验、取化验结果、取药等使他们的流动性很强，匆匆走在过道上想扔垃圾会不方便。病人抽完血后要扔棉球之类的医疗垃圾，需要特意找专用医疗垃圾桶，有时候需要走一段距离才能找到。

电梯。虽然医院住院部有残疾人专用电梯，但在使用过程中和普通电梯没有区别，导致每部电梯都有轮椅进入，而轮椅往往占用不少空间，使电梯可容纳的人数减少，人们等待电梯的时间延长。这会使本已焦虑的病人甚至医护人员在等待时更加焦灼。

钢琴闲置。GL 新医院有一架天价 700 万元的钢琴，还设置了钢琴厅。医院本可充分利用钢琴，如让音乐专业学生或医护人员乃至患者、亲属弹奏，为周围环境减压添美。但医院却发布专门告示、设置围栏，说明钢琴只是展品，人们不得靠近（图 11.10）。而在南京明基医院主楼大厅里，一架钢琴常年对公众开放使用，总有悠扬琴声萦绕在空气中。

图 11.10 GL 新医院钢琴厅问题：钢琴闲置

缺少哺乳设施。GL 新医院只有门诊部 4 楼 6 区有哺乳室。询问护士哺乳室能否使用时，其回答是“不能用、没弄好和没钥匙”，要使用必须去 4 楼 1 区找护士拿钥匙。哺乳室并没有给需要哺乳的妇女提供即时方便（图 11.11）。

图 11.11　GL 新医院门诊部四楼哺乳室房门紧锁

图 11.12　GL 新医院门诊部 4 楼的椅子设置未考虑特殊人群和疲惫的人们

（2）舒适化不足。

各楼层椅子未考虑舒适性。在现代空间利用规范化、规整化思想的指导下，医院各层椅子样式是统一的，为正常的家属和病况不严重的病人提供了便利，但对一些特殊人群如孕妇其实不合适。应单独为孕妇在门诊四楼妇产科周围安放舒适度更高、样式更适合孕妇体型的椅子。对病重的需要临时半躺的患者也欠考虑（图 11.12）。

（3）隐私化不足。

门诊部 4 楼的妇产科门诊、流产手术室，5 楼的医学心理科门诊的布局和其他科室别无二致，没有任何隐私遮挡（图 11.13）。医学心理科门诊室的门是敞开的，候诊病人在外面可以听到就症情况。然而，与性相关和精神类的疾病在社会上有“被污名化”的特征，病人不想让他人知道自己来看病。因此，该类科室的设置应注意保护病人隐私。尤其是妇产科门诊、流产手术室等应设置“掩人耳目”的独立的候诊区，以尊重女性患者，让她们安心就诊。

（4）艺术化不足。

GL 新医院的墙面颜色以红色、绿色、蓝色为主，仍过于清冷，使人感到压抑。颜色与文字、语言一样是一种符号，可以影响人的心理，从而达到对病人一定的安抚、理疗效果。但医院的就诊流程、章程等信息的书写、提示基本是黑、白、蓝色和极少数的红色，灯光也以冷色调为主。只有门诊一楼星巴克咖啡馆的黄色灯光显得柔和，但因地处底层，其周边环境显得昏暗压抑。

（5）无法充分满足病人和家属社会交往需求。

一般而言，孕妇因为身份特殊，就诊往往有家人陪同，四楼妇产科门诊椅子的数量应该比其他诊室更多，最好还要安放配套的桌子以便家属和孕妇聊天以及照顾孕妇。另外，做手术的病人由于病情危急也会有家属陪同，而住院部二楼的馨园手术等待区的家属等待区面积不足，桌椅间的距离很小，等候术中病人的不同家庭的家属大都聚在同张桌子周围，相互靠得很近，缺乏隔离隐私（图 11.14）。有些家属在等待时可能需要安静的环境，有些家属可能需要有隐私空间谈论亲人的病情而不被他人听到，但过密的等待区空间都无法满足这些需求。

图 11.3　患者没有任何个人隐私地坐在开放的公共空间长时间候诊

图 11.14　住院部 2 楼的馨园手术等待区面积狭小，桌椅过于密集，缺乏隐私性

设置了妇产科和儿保科的门诊部 4 楼也没有供儿童玩耍的区域，使得看病的妇女或其家属必须要分心照看孩子，长久的等待必然导致年幼孩子的焦躁哭闹，会徒增家长们的忧烦和影响他人。

四、总结与讨论

国家的有关医疗政策重视人民利益和文化建设。如 2017 年发布的《国务院办公厅关于建立现代医院管理制度的指导意见》中提出，现代医院管理制度的基本原则是坚持以人民健康为中心，把人民健康放在优先发展的战略地位，并在具体的建设要求中提出加强医院文化建设，树立正确的办院理念，弘扬“敬佑生命、救死扶伤、甘于奉献、大爱无疆”的职业精神。在医院，最重要的文化依然是伦理。

（一）医院微观空间的理性化危机与伦理缺失

大卫·哈维指出：中世纪后工业化的进程使空间与理性不断结盟，空间逐渐去人性化，空间成为被利益和权力驱使的工具。与早期作为主体的人与空间的密切关系相比，工业时代的人成为相较于空间的客体，空间成为权力施加、规训、监视人的工具。

作为医学专业的主要场所，医院也经历了持续的工具化过程。早期西方社会中的医院附属于教会，是用来安置而非规训、改造病人的场所。随着医学作为专业的发展，医院作为施加医学技术的载体在医学中的地位逐渐凸显。在西方医学传统中，存在一种信托观念。这种观念与基督教精神密切相关。早期的教堂和修道院是作为上帝在俗世的代言人对病人进行监管，病人在进入医院空间后，他们就不是作为自觉性的主体，而是作为上帝的子民的客体而存在。伴随着西方医学传统的发展，为医生开展技术实施场所的专业性医院也随之诞生。此时，上帝手中的信托被转移到了医生群体手中，但病人在医生眼里只是受医学技术操作的客体，他们作为人的主体性在医院这个技术性空间中近于消失。病人的身体、心灵成为被规训的对象。以此，西方世界中形成了塔尔科特·帕森斯（Talcott Parsons）所论证的病人的经典角色模式：服从，需要帮助，自我负责。

这种极端目的合理性的背后是严重的价值合理性的缺失。病人在医学过程中的受压制地位也受到了学者的批判和病人群体的抗争。病人权利抗争运动和医学专业话语场域内的权力争夺使疾病和病人角色的界定在今天已经不完全是由医学专业一手操控，病人已经拥有了抗争、控诉甚至与医生争辩的权力。然而，这种病人角色的反叛运动在医院空间中处处被掣肘。医院作为专业性权力施加的场所的压制性地位时至今日并未得到多大改变。从先在过程即医院微观空间的设计过程来看，医院的设计与建造是出于院方或规划部门的利益考量，病人群体一般不会被邀请参与医院空间的建造过程。尤其是我国的医院大多为政府持有，病人较难以进入政策的制定过程。医院一方在规划建造阶段必定会出于专业技术施加者的立场，追求的是效率维度的需要。从后在过程来看，建筑空间引起特有的固有本性，一经建成后难以修改。即使病人在使用过程中提出意见，这样的意见对于空间实际得到改造来说作用也十分有限。因此，除非医院和设计方主动对医院的人性化设计进行考量，病人群体的力量很难对其施加影响。

在这种规划缺失的背后，是医学空间中长久的伦理缺位问题。无论是在西方还是当代中国的医学领域中，病人都被界定为被动的、有缺陷的对象；医院的任务就是要规训病人，使病人复归到正常的状态。这种“家长制”下的医院一方可能从病人的视角出发，看待医疗空间中存在的问题。即使这种问题存在，也被认为是理所当然的。因为病人的权利伸张在医疗空间中是受限的。医生群体才是医院的主人，而病人不过是来访的客人。客人自然没有对主人的场所指手画脚的权利。当前学者们提出的人性化、“治愈空间”的概念都是此种认知模式。然而需要认识到的是，医院不仅是医生群体工作的场所，更是病人人生中一段时期的生活空间，是各种社会成员互动的公共环境。医院正是因为公众对健康的要求才得以存在，而医生只不过是服务于更大的社会共同体需要的群体。从此角度看，广大的病人群体才应该是医院空间的真正主人。目前医院空间中人性关怀的不足恰恰是这种基本伦理出现颠倒造成的。医院应当作为社会的公共场所而存在，而不是从属于某一特殊群体的利益，即使是为了工作的便利。

（二）医院伦理缺失的应对之道

芒福德在他的著述里也有关于医院空间的理想化描述：“医学思想正是在科斯岛成熟的。但这些中心并不仅仅是些功利主义的建筑物的集合，像我们当代大多数的医院那样。它们也具有修道院里那种平和的气氛；……科斯岛的医生们懂得僻静而优美，空阔而有秩环境的医疗功效，他们把疗养地设在一个小岛上，这里出产著名的葡萄、桑椹和优质的丝绸，全岛可以俯瞰大海，风景瑰丽，没有希腊城市那种喧闹、混乱、难闻的气味和噪声。”① 这就是医院空间安排的人性化。

首先，医院的前期规划和设计需要征求病人和公众的意见。从实际使用看，城市中的每个人都是医院空间的潜在使用者，那么一所医院的建筑设计就不能仅仅是医院或政府部门的个体化事务，而应当是社会公共事务。医院及相关规划部门应当广泛征求民众意见，使医院设计建造的参与主体多元化。同时，普通民众也应提高对公共议题的关注度，不能

---

① 刘易斯·芒福德：《城市发展史：起源、演变和前景》，第146页。

仅在问题产生之后将自己的忧虑和不满公之于众，而应主动参与城市公共空间的管理。如医院应该在设计建造或改造时广泛向社会征集意见，尤其要收集患者、医护人员、家属这三类与医院空间使用切实相关的主要的、基层的群体。

其次，在医院的日常运行中，来自病人和民众的关切应当得到关注。从笔者认知到的一般情况和对医院的实地走访看，当前医院中有针对病人就诊过程的导医服务，也有处理医患矛盾和医疗纠纷的专业部分，但少有应对医疗空间问题的反映渠道。虽然医院空间是相对静止、固定的，但它应当具有变动的活力和适应力。但往往是除非医院整体搬迁，原本固化的诊疗空间布局不会得到改变，某些空间问题则是几十年如一日地得不到有效解决。因此，医院和政府或媒体方应当主动设立医院空间问题的反映渠道，并对这些问题切实关切。医院和民众双方共同使医疗空间在使用中能够得到不断改进。

最重要也最根本的是，当前医疗空间中的伦理问题应得到彻底改善。院方可以是医院产权的拥有者，但不可能是医院空间的独占者。医生、护士、病人、家属、设计师、学者、艺术家、一般民众、殡葬师都应当是医院的使用者和主权者。医院空间是一个社会各界参与者的共享空间，而超越了医学技术的施展空间，更不应仅仅是营利行为的商业空间。只有这种伦理观念根植于院方、建筑师和每个社会参与者的认知中，目前医院空间中存在的问题才能从根本上解决。解决伦理问题的具体措施有增设新的设施、完善已有设施及启用闲置设施三个方面。

增设新的设施。①外部空间。地铁站出口增设自动扶梯和垂直电梯。在医院急诊部东西出口设立专门出租车停靠区域；清理西门外非机动车，开辟专门非机动车停靠区域；停车场张贴收费标准并尽量降低价格。在户外长椅周围设立伞棚。在医院内外设立专门的视障人士和使用轮椅人士通道并确保发挥效果。②内部空间。提前储备物资以及安置病人的设备等紧急避难可使用的资源。增设垃圾箱，并将医疗垃圾和生活垃圾分离。

完善已有的设施。①外部空间。对急诊部和门诊部之间的急诊车通道实行人车分流。可以在外部设置扶梯，让行人直接去二楼就诊，而不用经过急诊车通道。②内部空间。将门诊部的专家介绍栏字体扩大，并且将其前方的一排椅子前移，以留出观看的空间。改造门诊部四楼的椅子设置，增加数量，采用新型的舒适度高的椅子并匹配圆桌（防止锐角碰撞）。同时，设立专门供孩子游玩的区域并安排专人看管，设立专门的区域供中午等待医生下午出诊的患者和家属休息。扩展手术病人家属等待区的面积并拉开桌椅间的距离。改造妇科门诊室、手术室和医学心理科、失眠门诊、精神病科的诊室和候诊区，增加遮挡物。通过改变灯光色彩、标识颜色等增加空间的艺术性。

启用闲置的设施。定期请专业的学生或演奏家来弹奏钢琴，以改善患者和病人的情绪，或让人们自由弹奏。将哺乳室投入使用，并将钥匙放在邻近的护士站。通过宣传（张贴告示）、监督等手段等确保残疾人专用电梯只有特殊人士使用。

第二节　精神康复病院的人性化建设

一、研究背景和意义

据国家卫计委 2015 年 10 月统计：截至 2014 年底，全国在册严重精神障碍患者达

429.7万例，96.9%的患者病情稳定或基本稳定。据国家严重精神障碍管理信息系统统计，患者男女比例为1.07∶1，有精神障碍家族史的占4.67%，初中及以下受教育程度患者达83.6%，18～59岁的劳动年龄人口占76.1%，患者贫困率达55.3%。①

国家卫计委疾控局曾表示，截至2016年底，全国在册严重精神障碍患者增至540万例，其中精神分裂症患者约占3/4，符合现阶段精神分裂症高发的情况。心境障碍患病率4.06%，其中抑郁障碍患病率3.59%。患者管理率达88.7%。国家卫计委称，严重精神障碍患者是极困难的社会弱势群体，其贫困率上升到57.2%，受教育程度较低，治疗依从性低，缺乏家庭和社会支持②。另据中国疾控中心精神卫生中心早在2009年的数据，我国各类精神疾病患者人数在1亿人以上，重性精神病患者超过1600万。每13人中，就有1位是精神障碍者，即不到100个人中，就有1位是重性精神病患者。③

人社部2015年5月28日的数据显示，2014年全国农民工总量达27395万人，其中外出农民工16821万人。④ 即中国有近1.7亿外出农民工和1.73亿的精神患者，人数相当。但前者备受学界、政界和经济界的研究和帮扶；后者却被长期忽视和虚无化。

其中，社会学、伦理学和法学研究精神病康复院（以下简称"康复院"）住院精神病患者（以下简称"患者"）的成果不多，原因有以下方面：

第一，康复院区位偏僻。出于安全和社会文化溯源，中国大部分康复院不在市区，而在城郊乡村，其建筑群和患者因此很少进入公众视野。康复院有围墙与外界隔离，患者大部分时间在院内封闭的病区病房活动，与外界少有接触。从社会感知看，相比显性的社会弱势群体如农民工、身体残疾者、老人、留守儿童、留守妇女、下岗职工、被拐儿童、越轨青少年、失业者、流浪者等，住院患者是"隐形"的弱势群体。社会学者、社会政策学者、社会工作者、伦理学者和法律学者因此忽视了这个数量巨大、问题严重的群体。

第二，学界避重就轻。长期以来，社会对这类患者持讳莫如深的偏见：一个充满怪诞、排斥、病态、恐怖、暴力、杀戮符号的群体。多数学者忌惮问题敏感、心理恐惧和受调研规范困扰，不愿对该特殊弱势群体进行近距离的田野研究，多将兴趣惰性地滞留在农民工、老龄社会等问题上。

第三，研究风险大。即使有学者出于社会责任感和学术良知想研究患者问题，也会碍于科研中尤其在对患者的面对面问卷访谈时可能遇到的沟通障碍、安全危险和调研成本，知难而退。如南京某大学社工专业师生也对某康复院做调研，但访谈对象中没有患者，仅是其亲属和医护人员，其所得到的是并非能反应患者真实感受的资料。据笔者了解，截至2018年，在全国范围，笔者的调研小组是首次完成对患者的问卷面访（每个访谈时间平均为1小时）的，访问320位患者，获314份有效问卷，得以"解码"患者的真实内心

① 《卫生计生委：我国登记在册严重精神障碍患者429.7万例，其中96.9%病情稳定或基本稳定》，https://www.gov.cn/xinwen/2015-10/09/content_2944403.htm。

② 《卫计委：全国在册严重精神障碍患者540万例》，https://news.cctv.com/2017/04/07/ARTInttx-uDDi8lq9UwvYVhHw170407.shtml。

③ 《我国各类精神疾病患者超1亿 抑郁症患者逐年增多》，http://www.xinhuanet.com/politics/2016-10/14/c_1119714631.htm。

④ 《2015年度人力资源和社会保障事业发展统计公报》，https://www.mohrss.gov.cn/SYrlzyhshbzb/dongtaixinwen/buneiyaowen/201605/t20160530_240967.html。

感受。

第四，研究对象价值“低”。不同于上述第一点中显性的，仍有社会价值、经济价值、矫正价值和发展价值的社会弱势群体，患者被普遍认为没有重返社会和再社会化后成为新生产力的可能，而是家庭、社会和国家的累赘。基于人力资本使用价值的偏见，该群体被社会选择性地长期忽视、遗忘。

第五，被社会遗忘的群体。不同于仍有公民权、政治权、社会权和民事权的其他弱势群体，患者是丧失民事行为能力或限制民事行为能力人。无论他们服药后能否控制自己，甚至已不发生自残和伤害社会的行为，其言行始终被社会歧视为“非理性”“无价值”“可忽略”，需要监护人代行民事权和民事行为。患者被普遍认定为不可能诉求和行使自己的权益。而他们结构性地长期缺乏话语权的“沉默”，再次强化了社会对他们的遗忘。

第六，研究学科偏颇。对患者的研究领域主要集中在三个学科：神经病理学、社会工作和社会心理学，而非社会学、伦理学和法学。已有社会学研究集中在患病的社会结构、社会再融入及社会权益方面，较少涉及伦理和法律保障层面。

因此，鉴于患者的不良现状和社会中更庞大的患者群体，尤其是其所生存的康复院微观空间，本节尝试对其进行一次社会学、伦理学和法学的交叉学科研究。

精神病患者的“社会空间”分布有三种：第一种是生活在日常社会中的显性或潜在患者（即未登记在册的），第二种是康复后回归社会的可控（或不可控）的患者，第三种是仍在康复院康复治疗的患者。第三种是仍受规制约束、暂时甚至永久脱离社会的患者，指因暂时或永远丧失民事行为能力或限制民事行为能力，被代行其民事行为的人和组织（如监护人、原工作单位、医院、居委会、派出所、民政机构等）暂时或永久地安置在康复院管控、治疗、康复的患者。他们是被医学和社会甄别、筛检、隔离、管控、特供但有回归社会可能的群体。在住院的特殊生命周期中，他们作为人的权力尤其是其自决权是本节研究的重点。

研究假设是：除患者的先赋因素、主观因素外，康复院的管理模式在居住空间、符号标签、生活方式、社会交往、再社会化五个范畴所出现的问题，是造成患者自决权缺失，难以回归社会的要因。虽然N市民政局下属的市立Q康复院为患者提供的物质供给是充裕的，但在适应和回归社会问题上，患者缺的是比入院权、治疗权、出院权、出院后的社会保障权等更重要的基于社会适应力和主体意识的自决权。

调研发现，在患者的先赋因素和主观因素总体不利的同时，亲属、医护人员和康复院管理模式等客观因素在塑造患者自信心、主动性、判断意识和思维能力等方面有负面作用，造成患者社会适应力弱、缺乏主体意识，从而难以重建自决权意识。这是否有悖对患者的社会伦理理想？法律支持是否有缺失？这是否更不利于患者树立自决权意识，重获社会适应力？

二、基本概念和理论借鉴

（一）基本概念

本研究涉及三个基本概念：社会适应力、主体意识和自决权。社会适应力指患者住院期间，通过治疗、康复、训练等手段，进行有效的再社会化过程后，重建的回归社会及与正常人共同生活、学习、工作的能力，即恢复民事行为的能力。主体意识指患者在基本康复或服药后病情稳定的前提下，在意识清醒、有自觉能力和理性思维的情况下，所再现的与正常人接近甚至相同的个体自我意识、主动性、判断能力和思维能力，以及由此形成的自主权利意志。自决权指患者在基本康复或在服药后病情稳定的前提下，基本恢复民事行为能力后，独立自主决定入院权、住院期间的权益保障、出院权利和出院后的居住方式、生活方式、工作参与、社会保障等的社会权力。

对于患者，除已完全丧失意识能力的患者的权利由监护人代理外，更应关注康复后已有一定意识能力的“准正常人”。他们在康复院的人权和作为人的其他权利，如选择康复手段、对生活方式的要求、劳动权、回归社会的训练甚至恋爱交友等权利应由他们自主行使。

为避免混淆，限定本节的自决权与其他相关的概念如自主权、自立权等是一致的。自决权限定为住院期间患者的自决权，由患者的社会适应力和主体意识决定，这是患者住院期间重获自决权的两个基本要素或必要前提条件。

（二）理论分析框架

对此，尼古拉斯·卢曼（Niklas Luhmann）社会系统功能主义理论中的以下论点可作为本节研究的理论依据。

第一，卢曼认为，社会系统有三个基本类型：互动系统、组织系统和社会系统。由于行动者使用不同的行为方式，因而所有社会系统都建立在行动者之间沟通的基础上。他从而提出涉及沟通代码、媒介、反身性和自身主题化的“沟通理论”。其中，沟通代码是二元的和辩证的，符号具有两面性。[①] 如调研中患者对管理模式中的衡量指标表示“满意或很满意”也暗指其反面，即“不满意”，“语言存在反向副本”。因此，在调研中不能仅听患者的说辞，还要依靠实地观察。其结果是，康复院的管理模式中关于“居住空间”的住宿条件以正常人的标准来看并不好。而这个观察结果，应验于康复院管理模式中的其他四个范畴。这是完全不同于社会学调研中完全依赖于质性访谈和定量问卷做结论的做法的，即现实观察到的情况与被访者的回答完全或部分相反。

第二，患者除了对管理模式中“社会交往”范畴中的外出活动、“生活方式”范畴中的饮食和“符号标签”范畴中的服装表示不满意外，对其他范畴的内容都表示满意。但从正常人观察的角度，现实情况却相反。这只能说明三点：一是患者已丧失与正常社会生活相比较的能力，如柏拉图（Plato）的“洞穴人”一样满足于康复院的既成现状，是社会适应力、认知力下降和丧失的表现；二是所谓的“满意”和“好”应是真正的“不满意”和“不好”；三是正常人认为的不好，却被患者接受，这恰恰是主体意识丧失的表现。

第三，在谈到进化与社会分化时，卢曼指出：社会中的功能分化、不平等不会产生子系统的刚性等级，而是各子系统获得更多自主权，这反过来又给子系统更多的灵活性以应付其各自环境。这种子系统自主权的整体后果是增加了社会系统调整和适应环境的灵活

---

① 乔纳森·特纳：《社会学理论的结构》，邱泽奇、张茂元等译，华夏出版社2006年版，第56页。

性。[1] 在康复院里，管理模式和患者这两个子系统不应该产生刚性固化的等级结构，包括患者在内的子系统应获得更多的自主权或自决权，这使患者子系统能更好地适应未来康复出院后要重返的社会环境。而患者子系统增强自决权的后果不是让康复院难以管控，而是使作为整体社会系统的康复院增加了其管理模式实现其社会功能的灵活性。这是模式改革的动力。

第四，在讨论社会的功能分化，涉及"作为社会系统的政治"时，卢曼有以下启发性论述：形成中的政治系统在其环境中不能只存在唯一的权力集团，它需要的是由权力平衡分布的多个子系统组成的环境。权力在政治子系统中越集中，形成自治子系统就越困难。[2] 因此，借用该表述：康复院中主导管理模式的医护人员不能成为唯一的权力集团，需要有患者作为另一个独立和平衡的子系统。这就是患者的主体意识和自决权。

第五，在谈到"作为社会系统的经济"时，卢曼认为经济系统中的市场与其说是一个单位，不如说是分配商品和劳务的一组过程。[3] 借用此分析理念，笔者认为：提高患者的社会适应力，就可以增强其主体意识，从而赢得自决权并最终重建回归社会的能力，这也是一组过程。但促使这一过程形成的是康复院这一社会系统，而其管理模式却结构性地、系统地、固化地在阻碍这一过程的实现，形成了一个负面的形成过程：空间组织和管理模式阻碍了患者社会适应力的重建，从而弱化了患者的主体意识，剥夺了其自决权，最终使其丧失了回归社会的能力。起负功能作用的是空间组织和管理模式，但可在伦理理念的指导下，通过修改法规加以革新。这是本研究分析的主轴。

第六，在"作为社会系统的政治"的分析中，卢曼说过：要使政治过程"重新变得伦理"[4]。我们可以套用为：为减少康复院这一社会系统中的风险，其中一个机制是采用伦理代码，使法律过程重新变得具有伦理性。这就要对现有的《中华人民共和国精神卫生法》（以下简称《精神卫生法》）中有关患者自决权的法律缺失问题依据伦理要求进行修正。

以上六点可作为本节的理论分析借鉴。首先从康复院重建患者社会适应力的社会功能谈起。

三、康复院的社会功能

调研中，N 市市立 Q 康复院社工科负责人认为康复院的社会功能目标有三个：一是通过康复治疗，重建患者回归社会的信心和能力；二是帮助患者回归社会；三是希冀已出院的患者最终融入社会，不再返回康复院。因此，康复院的社会功能是通过治疗康复和再社会化，让患者回归并整合于社会。实现社会功能的本质是：在重建患者社会适应力和主体意识基础上，使其获得自决权。这是患者康复并回归社会这一根本社会功能的基础。是康复院践行社会伦理观的根本目的。

但调研发现，虽然 Q 康复院主观上展开了很多积极的治疗康复和再社会化工作，但

---

① 乔纳森·特纳：《社会学理论的结构》，第 61 页。
② 乔纳森·特纳：《社会学理论的结构》，第 62 页。
③ 乔纳森·特纳：《社会学理论的结构》，第 67 页。
④ 乔纳森·特纳：《社会学理论的结构》，第 64 页。

康复院未认识到重建患者社会适应力和主体意识及赋予患者对自己行为的自决权这些本质问题的意义。其空间组织和模式客观上未能更好地践行其社会功能目标。这是由患者的先赋因素、主观因素、亲属和医护人员、康复院空间环境和管理模式等客观因素决定的。

四、剥夺患者基于社会适应力、主体意识的自决权之诸因素

是什么因素妨碍了患者社会适应力、主体意识的重建并因此剥夺了其自决权？笔者认为，主要有患者的先赋因素、主观因素、亲属和医护人员、康复院空间环境和管理模式四个因素。

（一）剥夺患者基于社会适应力、主体意识的自决权的先赋因素

2016 年 6 月 20 日—7 月 15 日，研究小组对 N 市有近 1300 位患者的 Q 康复院进行调研。通过对 330 位患者的访谈，获取有效问卷 314 份，被访患者来自康复院 21 个病区中的轻度和重度病区，重症病区未涉及。面访了 30 位医护人员。314 位被访患者信息源自对患者的访谈和康复院档案。研究涉及患者性别、年龄、受教育程度、月收入、患病前所从事职业、婚姻、住院时间、入院方式、首次发病年龄、患病类型、服药意愿、并发症、治疗效果、病情好转状况和医疗费来源 15 个指标变量。

本研究认为患者的受教育程度、患病前所从事职业、宗教信仰、房产、家庭成员、心理承受力、入院方式、住院时间、发病年龄、婚恋经验是影响患者改善社会适应力和恢复主体意识的个体性或先赋性因素。这是患者入院时已有的不可改变的个人状况。统计分析资料源自康复院档案和调研访谈患者获得的信息。

1. 患者住院时间（来源：档案信息）

被访者中住院期 6 ～40 年的共 167 人，达 53.9%。住院期越长，被“规训”和“教化”就越多、越久，患者的社会适应力、主体意识就会下降，自决权意识就无从谈起，部分患者已丧失了社会适应力和主体意识。但其他 130 位住院仅 1 ～5 年的患者，应是重点康复对象，在采用合理的管理模式和康复手段后，其社会适应力和主体意识或可得到恢复。

患者的受教育程度、患病前所从事职业、宗教信仰、房产、家庭成员、住院时间等先赋因素是有利于其社会适应力、主体意识和自决权意识重建的；但是否能发挥患者先赋因素的潜能，取决于康复院的管理模式和康复手段。患者的先赋因素也有部分是负面的，这表现在入院方式、发病年龄和作为成年人标志的婚恋经验上。

2. 入院前后的婚姻状况（来源：档案信息）

结婚是个体社会化、走向成熟的标志之一，这对患者社会适应力的培养富有意义。稳定可靠的家庭对患者安心康复和重归社会具有不可替代的作用。这也是患者被社会接纳的基本标志。

但大半的被访者即 58.0% 的人入院前是未婚。这意味着这部分人或许还没有性经验，没有婚姻家庭生活经历。这类患者康复出院后在恋爱结婚、成家生育上缺乏人格基础和经验积累。访谈中发现，这类被访者对性爱和婚恋表现出迷茫无知、自卑绝望，却仍抱着好奇和期待。数据显示，患者住院后的婚姻状况变得更糟，丧偶和离异的比例增加。这不利

于患者回归社会的期待和意志培养。

观察发现，Q 康复病院缺乏对患者在性爱、婚姻、家庭方面的恢复性或启蒙性训练。相反，在院内社会交往的微观空间上，男女患者分区居住，只在放风、集体活动时才有所接触。这样的管控自然有其不言自明的原因。但从人性和伦理的角度讲，这是否完全合适，是否最终造成患者的心理、生理问题（如性意识、性取向乃至性能力等）？这是否不利于其回归社会后开始恋爱、重建婚姻、重组家庭？患者在性社会心理和性生理上的无知、自卑和绝望，会否影响其个体尊严和自我认同，主体意识会否被“消磨殆尽”？这对患者恢复适应社会的勇气和能力，培养自决权意识定无助益。而那一丝好奇和期待却是从性意识上重建主体意识和自决权意识的潜在的“里比多”激励。

（二）剥夺患者基于社会适应力、主体意识的自决权的主观因素（患者主体）

对于被桎梏于康复院的患者来说，除自我感知外，最敏感的莫过于对生死的主观判断，这是最能影响患者社会适应力和主体意识的主观因素。本节选取了病情自我感知、异性交往和自杀倾向分别考察心、生、死三个主观因素。

1. 入院前是否有寻求精神或心理上的帮助（来源：患者信息）

入院前，大部分被访者（73.6%）未主动寻求过心理援助。这说明患者和正常人一样，对自己主观自信，不承认自己患病。这虽然可以用爱面子、好强或缺乏心理咨询认知等主客观原因做解释，但患者根深蒂固的自信、自尊、自强，对其恢复社会适应力和主体意识是有潜在助益的。所担心的是，由于下文涉及的康复院空间环境和管理模式中的问题，患者被符号标签化，自我感知为无可救药的“废人”，最终放弃了重返社会的信心。

2. 平时想与异性接触的状况（来源：患者信息）

患者的性压抑貌似不严重，却有性无能的隐忧。过半人（53.1%）没有与异性接触的欲望，有想法的仅占 31.1%。问题是患者大部分是中老年人，性能力和性欲正衰退，且“无性化”或“去性欲化”的住院空间环境和管理模式会致使患者在长期住院、服药后压抑了其性冲动和性能力：女患者短发光头，男女都穿无性别差异的病号服，“男人”和“女人”的主体意识在逐渐丧失。4 ～6 人的集体宿舍和公厕使患者连手淫的机会都很少。性欲、追求异性和生育属于“生”——生命、生活和希望的一部分，如果这种基本的求“生”本能欲念都丧失了，是不利于患者作为正常人的社会适应和主体意识重建的。

3. 是否有爱上或喜欢上的异性（来源：患者信息）

高达 78.5% 的被访者表示目前没有爱上的异性。在环境压抑、管理严格、交往减少、药物压制、心理阴郁和机会缺失等条件下，患者有性爱的欲望可谓一种奢望。客观环境不利于患者在性领域的社会适应力培养和主体意识的建设。他们否决了自己爱的权力和情感选择，这是自决权在婚恋领域的丧失。

4. 爱上或喜欢上的异性是谁（来源：患者信息）

在 60 位大胆表示爱上异性的患者中，虽然爱上病友的仅有 16 人，但在康复院这个特殊环境里，从人性和康复的角度看都是可喜的现象。社会现实证明，许多在康复院邂逅的患者情侣，最后走到了婚姻殿堂，其生育的孩子并未必然地遗传精神病。这种在情感婚姻上的主体意识和自决权应得到尊重和保护。但康复院和亲属对此的理解和态度是习惯性的回避、阻止。值得深思的是，有254位被访者即占80.9%的人难以回答该问题，成为缺失值，即大部分人心中可能根本没有爱上的异性——是没机会，还是“生”已死，心已死？

5．现在有爱上或喜欢上的异性是否会向她/他表白（来源：患者信息）

在回答关于爱的表白的患者中，各有一定比例的患者认为可能向喜欢的异性表白（48.9%）或不表白（46.8%），约45人处于爱的单相思或纠结中。如何鼓励、疏导或劝慰患者的爱情焦虑，是一个是否尊重其主体意识和自决权的重要问题。至少254人表示没有爱上的异性，因此也有相应的人没有被表白的机会。这是一片感情的荒漠。

以上四个统计是关于患者性问题的，结论是：一个过着集体生活的特殊群体，其性意识的“颓废”令人深思。一是大部分人已无性欲，缺乏示爱能力和机会，或者说很多人已不知道什么是爱，怎么去爱，还有没有资格去爱；二是缺乏性欲甚至逐渐丧失性能力的患者在出院后是否还有意愿寻找爱情、建立家庭，其劳动力是否也会受到影响，会否影响其后半生；三是此状况已然对患者社会适应力和主体意识的形成造成了负作用，更无益于其自决权意识的养成；四是性欲、追求异性和生育是人类“生存”、生命和生活希望的一部分，但目前大部分患者的这种主观欲望在衰弱，是不利于其社会适应和主体意识的。

作为有生物性一面的康复稳定的患者，其性能力和行为因康复院的“去性化”集体空间和管控方式而受压制和退化，这本身就是不伦理的。应支持已康复的异性患者的自由恋爱，对病情稳定、关系稳定、心理稳定的恋人，在合理避孕、安全保障和保护隐私的前提下，可尝试允许他们暂时同居于装有安保系统的“新人病房”，以恢复性能力。性能力恢复的最终意义是促进其恢复社会适应力和主体意识。

6．是否有过自杀意向（来源：患者信息）

69.8%的被访者表示没有自杀倾向。这是值得欣慰的，说明大部分患者有求生欲和生存意识，这是他们适应社会，加强主体意识和重获自决权的积极主观因素。

30.2%的患者有过自杀倾向。他们想自杀的原因（问卷中为开放式问题）都是围绕自决权、人的尊严和回归社会的绝望等问题形成的阴郁心理，如“不自由”“孤独”“自卑”“想不开”“医院压抑”“没意思”等。医院最需要为患者构建的是符合人性需要的、社会性的环境，心理康复比服药更重要，心理康复的重要一环是患者主体意识和自决权意识的保护和培养。

以上是以患者为研究主体的其先赋因素和主观因素的分析，既有正面作用亦有负面作用。对于暂时缺乏社会适应力和主体意识、丧失自决权的患者来说，外界客观因素的影响更为关键。

（三）剥夺患者基于社会适应力、主体意识的自决权的客观因素（亲属和医护人员）

亲属对患者主体意识和自决权意识的重建非常重要：①人类求生欲望最根本和最终结的支点是家庭。没有家庭和亲人，人就失去最可信赖依靠的基本社会单位——作为社会最小细胞的家庭，成为抽象意义上的“社会孤儿”，这对患者来说尤为残酷，失去家庭和亲人的爱会成为压垮他们生存意志的最后一根稻草。②亲属是患者与外部社会联系的几乎仅存的可信赖的社会渠道。③获得家庭温暖保护是患者维持自信，增强回归社会、适应社会能力的重要社会符号暗示和激励。对“蛰居”的患者来说，亲属的探望是最重要的关怀标志。

1. 经常探望的人（来源：患者信息）

调研显示，经常探望的人主要是至亲近亲。首先是兄弟姐妹，占67.5%。这是因为患者的父母或去世，或年事已高而由其他子女代劳。第二位是父母，占37.6%，这无需赘述。第三位是子女，占20.7%。第四是叔伯姨舅等，占14.0%，这是出于家族内部的同情怜悯，不少患者是已无父母、无兄弟姐妹和无子女的“孤家寡人”，只有近亲旁亲照顾看望了。不能厮守、不能常见的亲人的在场和探望可能是患者生存下去的关键动力。观察发现，当他们听闻有至亲去世（而不能奔丧）时，都会黯然神伤。在回归社会的适应力培养过程中，如感知到还有亲人在外面等待，是他们重建主体意识的有力心理动机。

2. 过去一年有人来探望的次数（来源：患者信息）

但现实是，身为监护人的亲属们并未清醒地意识到上述这一点：大部分探望次数为一年1～5次，占37.9%；平均每月探望一次以上的仅占15.5%。亲属工作忙、身在外地和交通不便等是探望频率低的客观原因，但主因是心未到。

3. 探望的人每次会待多长时间（来源：患者信息）

探望时间也令人唏嘘。近半亲属的探望时间在半小时以下，占42.9%；半小时到1小时的占1/3强，即39.6%；最长4小时以上的仅为1.0%。这反映出，许多探望仅为尽义务和道义责任，图个心安理得。患者所处的病房环境即探望环境缺少舒适的空间、空气中弥漫着难闻的异味，会使探望者不适和窒息，难以久留。这样仓促短暂、走形式的会面会给患者带来更多的被遗弃的感觉，而不是真实的关心。这种安慰式的探望无助于患者回归社会能力的发展和自我主体意识的重塑，因为似乎最后一根救命稻草都弃之远去。

失去家庭和亲人支持的患者，感觉自己是家庭累赘、家族弃子、社会弃儿，从而产生自暴自弃、消极生活的颓废意识，逐渐丧失回归社会和培养这一能力的动机，这绝不会有利于主体意识和自决权意识的建立。

4. 探望的人是否会带东西（来源：患者信息）

给患者带礼物，实则是探望者愧疚的表现，通过送钱送礼来平衡因各种原因未能陪伴患病亲人的痛苦、亏欠和逃避等矛盾心理，更有因暗里阻挠亲人出院造成骨肉分离而产生的自责和愧疚。但病情稳定、恢复心智的患者能感知到亲朋送礼背后的复杂心态。患者最需要的是亲人的陪伴和回归家庭——如监护人允许出院。这种“忏悔式”“补偿式”和“礼节性”的探视行为，会潜意识地将患者不断边缘化而不是社会化，将患者置于从属地位而不是主体地位，强化患者的无权力意识而不是自决权意识。

5. 医护人员是否有主动沟通、交流、谈心（来源：患者信息）

被访者表示医护人员有与之沟通谈心、偶尔有、没有的各占样本总量的1/3。这说明患者的心理治疗亟须加强，这是唤醒其主体意识和自决权观念的重要环节。但缺乏沟通的原因不是医护人员无心，而是无力。偌大的病区，有时候一两位护士要照看近100位患者。①

综上所述，患者的社会交往和亲属行为不利于患者社会适应力和主体意识重建，不利于自决权意识培养，这违背了康复院希望患者康复并回归社会的目标初衷。但起最终决定性影响的是康复院管理模式这一客观因素。

（四）剥夺患者基于社会适应力、主体意识的自决权的客观因素（空间组织和管理模式）

从调研的表面结果看，以住院生活和治疗措施构成的康复院空间环境和管理模式似乎不是造成社会适应力、主体意识和自决权丧失的主因，即空间和管理未造成患者回归社会的适应力、自信心、自尊心、自我认知能力、主观能动性的削弱。但根据前述卢曼的“沟通代码是二元的和辩证的，符号具有两面性”的观点，下文拟从康复院空间环境和管理模式的五个范畴即居住空间、符号标签、生活方式、社会交往、再社会化做深入分析。其中，居住空间范畴包括治疗条件、住宿条件、淋浴条件、厕所卫生四个变量指标，符号标签范畴包括患者发型、病号服、医护人员服装三个变量指标，生活方式范畴包括患者饮食一个变量指标，社会交往范畴包括放风空间时间、院内文体活动、院外文体活动三个变量指标，再社会化范畴包括参与劳动、“农疗”、“工疗”、社区康复四个变量指标。

在对以上五个范畴15个空间和管理上的变量指标调研后发现，除院外文体活动、饮食和病号服三项外，患者对其他管理指标并无异议。但笔者的现场实际观察调研却推翻了此表面结果。

1. 居住空间

居住空间包括患者居住的外部空间和内部空间。

外部空间方面，Q康复院地处远郊区，没有地铁，仅有一路公交车线路，医护人员上班要搭乘约一小时的院车，康复院为此配置临时宿舍。由此可见，康复院远离市区、远离人群、远离社会、远离现代生活。其初衷是让患者安心静养，也避免对社会干扰威胁；但本质上与欧洲中世纪的“愚人船”做法没有区别。康复院旁的水泥厂污染空气，一些患者说受到了污染的损害。外部空间的另一缺陷是：供患者放风的室外空间仅半个足球场大，场地除篮球架外没有其他康体设施。

对内部空间，被访者均表满意。但对正常人来说，这样的答案是谬误的，是患者在别无选择的情况下，被规训后的结果。其主体意识已丧失和判断力有偏差。

虽未配备三级甲等医院的设备和医生，但对康复院治疗条件表示满意和非常满意的患者共达63.6%；虽然是没有任何个人物品存放柜的集体宿舍，但对住宿条件感到满意和很满意的高达69.6%；狭小、开放的集体淋浴室虽无隔断和遮挡，对洗澡条件表示满意和很满意的高达75.4%；虽然集体厕所缺乏隐私（部分男蹲厕是无间隔和遮挡的贯通

---

① 曾看到一位年轻女护士在病区放风区的近100位患者（放风区弥漫着异味和满是呆滞的穿着统一病号服的患者）间不断绕圈疾走，自我减压。护士本身的精神负担和危险可见一斑，已不可能与病人有细心的交流。此外，因陌生感、非专业化和危险性，社工和志愿者的介入很少。

式），且常成为男病区的“吸烟区”，但对厕所卫生条件感到满意和很满意的比例更高，达 87.9%。

综上所述，对居住空间的治疗条件、住宿条件、淋浴条件、厕所卫生，大部分患者表示满意，其基本生活保障是可以满足的。按马斯洛人类需求层次理论，康复院看似建立了较好的物质环境基础，患者重树自决权意识是可能的。这似乎否定了因恶劣的环境条件会造成患者社会适应力、自信心、自尊心和自我认知能力及主观能动性削弱的假设，即环境条件不是造成患者丧失社会适应力、主体意识和自主权意识的原因。但仅有床铺的集体宿舍、格栅铁笼状淋浴室、无遮挡的厕所，对于正常人来说是不可接受的。这些微观空间都为方便管控而变得非人性。

Q 康复院内部空间结构可谓“两位一体”：病房如同监狱和集体宿舍的合体。

福柯规训监狱似的病区空间：出于安全管控考虑，楼层走廊尽头的病区门禁是电控钢铁栅栏，医护人员才有权开启。患者日常被集中于各病区自设的一二百平方米的集体活动室——患者室内散步、吃饭、看电视的地方，这里常进行集体活动。通过值班室监控和巡视，医护人员对这里的状况一览无遗。这时，病房都是空的（似乎是医护人员要求大家集中活动，不能擅自回病房，除非有亲属探望）。如此“透明”的集体空间结构，既剥夺了个人隐私，也无视了人的社会性。这不利于患者主体意识和自决权意识的形成。开放的便于监控的集体厕所和集体淋浴间仅被铁栅栏隔离，不能遮挡患者裸体和私处等隐私。为防止患者轻生和逃逸，公共空间和病房窗户都被安装上有碍阳光照射和通风的金属格栅，形同监狱。

集体宿舍似的病房：病房沿走廊两边分布，20 多平方米的病房里只有4 ～6张单人床和配发的被褥枕头，无个人床头柜、衣柜、书桌、椅子等其他家具和窗帘、装饰品，个人物品无处放置。床榻间没有遮挡。患者间互相干扰，缺乏隐私空间。这既是对个人行为的无形桎梏，也是对他人个人行动的限制，个体会感觉不自由、窘迫、尴尬和压抑。

这对常人来说是难以忍受的。之所以被患者接受，只能用逆来顺受解释。这种毫无申诉权利的对不良环境的习惯顺应，折射出患者主体意识丧失。康复院的内部空间环境和管理，是在退化患者的社会适应力、泯灭其主体意识、瓦解其自决权。

“有城墙封闭的城市会使王权制度的偏执狂要求、妄想、日趋发展的猜忌、敌意、不合作等等，有了一个永久性的集团结构形式；而且，劳动分工和阶级分化发展到极点时，会使精神分裂症常态化，在奴役制度下，强加在城市中大多数人头上的强迫性重复劳动则会再产生出强迫性神经官能症。所以，古代城市自身的构造决定了它要传播一种无个性的集团化的人格结构，这种集团化人格结构的极端表现，即现今见诸各种人身上的病理现象。”① 所以，精神病人多出自高度工业化、后工业化的城市。但康复院的围墙和管制方式实际上反而加重了精神病人的痛苦和“再病化”，只是他们已麻木不仁、任人摆布而已。

应以建筑空间和居住环境的改造改善患者的主体意识和回归社会的潜力。实施替代安全措施后，拆除牢狱般的宿舍铁栅栏门，使用软性防范措施。把单调的病区集体活动室改造成人性化的休闲区。对厕所和浴室做有安全保障的隐私处理，培养患者的身体隐私意

---

① 刘易斯·芒福德：《城市发展史：起源、演变和前景》，第 50 ～51 页。

识、个体意识和主体意识。缺乏个人身体尤其是性器官隐私意识的患者，出院后当遭遇性侵或性侵威胁时容易陷入无所意识、无所适从的险境。宿舍增加钝角的衣柜和床头柜，使患者有一定自主空间，培养其自理能力和生活能力。

值得讨论的是，除重症患者和轻症患者在病区上有一定区隔外，在多数病区，基本康复的患者（服药控制后和正常人并无差异）和其他病情较重的患者无差别地混居在同一病区、同一病房、同一活动区。这对前者是不利的心理暗示和挫折感，使他们“同流合污”，难以在被符号标签化的环境下恢复作为正常人的主体意识和自决权意识，不利于其社会适应力培养。住宿应按患者病情的转变情况做动态调整。稳定康复的患者不应和重症患者和新进患者同住，这不利于其社会心理建设，在伦理上也不公平。应把他们当“正常人”看，给予更多的信任、责任和权利，而不应与其他患者混为一谈。就此，稳定康复的患者无区别化地住在只有床铺、没有私人物品的房间，这种苛刻单调，有失人性化、个性化和社会化的居住空间和生活环境，不利于他们自信心和社会性的恢复，不利于主体意识养成。

应进行持续诊断筛查，将稳定康复的患者集中居住，使治疗康复和居住空间与再社会化良性互动，有助于提高此类患者的自信心和主体意识，在更“常人化”的居住环境下加强社会适应训练，如模拟居家生活，构建其作为正常人的自决权。已康复患者虽是康复院里的少数，却是最具成功意义的“亚群体”，不能以普遍性泯灭特殊性，不能以普遍伦理秩序抹杀其应享的权利，应给予他们特殊的伦理关怀。

根据病情变化进行动态化的居住和康复，虽然管理上复杂，但伦理上是崇高的，实践中是合理的，康复效果上也应是更好的。这需要康复院有崇高的伦理理想，法律也应制定相关条款。即不同康复程度的患者，应享有不同的责任、权利和义务。这将有效提高患者尤其是康复患者的社会适应力和主体意识，为其回归社会创造条件。为此，应在有法律保障的基础上，对康复院现有居住空间和功能做必要改善，创造安全、温馨、常态的生活环境和人性导向的微观空间。

2. 符号标签

符号标签指康复院中各种具象征意义的符号呈现于这个特殊空间环境中。首先是禁锢患者自由空间的金属门禁。其次，出于尊重、平等、淡化理念，康复院虽然将患者称为“疗养员”，但大门和其他空间仍有“精神病”的字样。大部分男女患者都剃着无差别、不能显示个人魅力的短发（男患者剃光头光、女患者理短发）。这种发型上的标准化符号剥夺了个体性和主体意识，造成的潜意识是患者无权决定自己身体。这是集体强制对个体权利的剥夺。

个人服饰是彰显个体性的社会符号。Q 康复院的患者是否对自己的服装满意？对医护工装的反应如何？这是否会影响到他们的主体意识和自决权意识？

对病号服的个人感知彰显主体意识的存在。42.3%的患者不愿穿统一的蓝白条纹病号服，主要是出于不卫生（14.6%）、不好看（8.6%）、感到压抑（6.4%）、不合身（5.4%）等个性原因。对个人贴身衣物，患者有强烈理性选择意识，主体意识强。康复院虽允许患者穿家常衣服，但多数人仍穿着院内配发的病号服。

康复院病号服与普通医院病号服并无二致。患者穿着拖鞋也给人一种懒散的感觉。医护人员则穿标准白色制服。在患者眼里，穿制服的医护人员是权威和管控的象征。有被访护士自豪地说："患者一看到我们的工作服就害怕老实。"但造成如此的畏惧心理是不合适的：双方因服饰的差异造成了被管控和管控的地位区别，形塑了患者对医护人员在不平等心态上的"敬畏"，这不利于其心理健康和自尊、自信、自强意识的培养。

57.8%的患者对穿病号服持愿意和无所谓的态度。这是长期集体规训下形成的着装习惯，患者已没有常人应有的不适感，或已麻木。

应弱化病号服、医生护士服这种符号化象征，以正常穿着代替之。色彩和谐的个性化服饰能带来喜悦，增强医患间的平等感，有利于培养患者主体意识；穿着家人送来的熟悉的衣物，患者能感受亲情，减少与外界社会的差异，增强与正常人的社会平等感，促进社会适应力。

3. 生活方式

表示康复院饭菜好吃和很好吃的患者占38.2%，认为不好吃和很不好吃的占33.1%，觉得一般的占28.7%。但在汉语语境里，"一般"往往也表达了否定的态度。因此，认为饭菜不可口的被访者共达61.8%。患者对饮食条件普遍不满意。

40.3%的人表示不能吃到想吃的饭菜，回答偶尔能吃到的有31.6%人，表示能吃到想吃的饭菜的仅占28.1%，这是15个管理指标中满意度最低的。观察发现，患者吃的是标配饭菜，一般是一荤一素盛在铁饭碗里，食谱缺乏多样化选择，患者无权决定饭菜的品种品质。患者在病区无任何装饰的集体活动室吃饭，餐桌椅的布置和集体食堂一样，固定在地板上。室内唯一的娱乐设施是固定的电视机。

在"民以食为天"的中国文化中，吃是个大问题。对百无聊赖的患者来说，"吃饭"是重要的感官刺激和愉悦环节，是强烈主体意识的宣泄。但患者对"吃好"这一基本权利的诉求的自决权被剥夺了。

4. 社会交往

回到面积有限而单调的户外空间。患者虽然仅在四个封闭篮球场上放风，但觉得户外散步锻炼时间足够和很足够的占70.1%。放风时的主要活动是散步、坐着、抽烟和聊天，单调而缺乏运动量，放风时间短、运动类型少、活动质量不高。因体检、休闲等需要穿越院区的行动都是集体列队行进，病人日常只能在病房、篮球场、健身区、休闲区等"必要区域"进行点对点的单一性空间直线步行，不允许在院内随意走动。康复稳定的患者也不允许在院里自由行动，而是被整合参与到定时定点的放风活动和集体行动中。

觉得院内室内空间的文体活动丰富的占67.0%。Q康复院设置了社会适应力培养项目，维持患者的体能和认知恢复、再社会化能力。康复院有宽敞、设施齐全的健身房——可做体能锻炼、小图书馆——可看书读报、棋牌室——可群体娱乐、工艺间——可制作小工艺品如剪纸、书画坊——可写字作画、卡拉OK歌厅——可"唱所欲言"、电脑房——可轮流使用电脑和上网。院里组织病友生日会、节日联欢会等，并指导患者自己组织竞赛活动，如健康知识竞赛。这些都从各方面维持、训练患者的身体机能、认知能力，遏制其体能、智能、动能的退化，为其再社会化和回归社会创造条件。这是院内很人性化的功能康复空间。

觉得院外文体活动丰富的则较少，仅占34.7%。院外文体活动主要是每年去周边乡村春游和秋游。这对康复院管理者来说是有风险的，不可能太频繁。个别恢复良好、有才艺的患者被带到市区参观文艺展览等。院外活动少是由于管理风险高，而非康复院不作为。患者对院外活动的满意度相对较低。大部分患者觉得应多进行离开康复院的活动，可理解为患者对外出旅行这一“准出院”“类释放”行为的希冀。这是对外部世界的向往、对自由的向往，是对自我能力的认可、对社会适应力的渴求，但却因管理风险和患者缺乏自决权而极少组织。这也从反面透视出患者被长期禁锢于狭小、单调、无趣、边远的康复院的压抑。

5. 再社会化

Q康复院本着提振患者回归社会的信心与实现再社会化的宗旨，做了参与劳动、“农疗”、“工疗”、社区康复四个层面的工作。前三项是在院内自设空间完成，后一项是进入正常社区空间进行。

6. 是否参加劳动、服务或工作及给予报酬、奖励或礼物（来源：患者信息）

第一层面，给稳定康复的患者提供增强社会适应力的参与劳动的机会。如搞卫生、帮厨、照顾其他病友等，这是在康复院病区空间开展的基础性劳动。康复院给予象征性报酬（月收入200～300元不等）和鼓励性礼物（如香烟、水果等）。许多患者是乐于参与的，对他们来说，更多的是感知到被认可和被鼓励。

第二、三层面，康复院社工科开创性地引入了“农疗”和“工疗”两种旨在训练患者自理能力和行为技能的康复疗法，为患者回归社会在微空间做职业培训。

“农疗”指在康复院旁边废弃农舍旁开垦菜地，种植蔬菜，养殖鸡鸭，还建了蘑菇房。病情稳定的患者来此从事简单劳动，获得在户外空间自由开放、身心放松和劳动锻炼的机会，以获取成就感和自信心。“工疗”指将旧农舍改造成简易作坊，由基本康复的患者作为员工，自造面条、包子、豆腐、面包和蛋糕等。这些质量不错的面点以低价出售给本院职工。但“农疗”“工疗”的规模有限，参与的患者不多，受益患者的数量暂时有限。但“农疗”“工疗”不失为帮助患者培养社会适应力和重拾主体意识的重要环节，是患者住院期间最重要的社会化行为。这两个患者再社会化的空间就在康复院旁，但又独立于康复院病区，这似乎是从康复院走向正常劳动就业市场、走向正常社会的一种空间转换隐喻。

第四层面，康复院社工科在N市开拓了两个社区康复中心，让基本可回归社会的患者在中心参与相应的工作和活动，为他们最终独立工作生活提供训练。但遇到的阻力是相关社区居民的恐惧、歧视和排斥心理。同时，由于社区康复中心承载力有限，管理复杂，还未能大规模展开相关工作。这一全自然、正常的再社会化空间对患者至关重要。

以上四个在院内、在院旁、在社区的不同微观空间层面的努力，对提高患者的社会适应力和主体意识，建立自决权意识，一定能起到积极作用。

综上所述，总体的空间环境和管理模式未能实现康复院的社会功能目标，是否有悖康复院伦理宗旨？如果是，被扭曲的伦理原则又陷入了怎样的法律困境？

五、总结与讨论

精神病康复院空间环境和管理模式上的这些非人性化情况可以归结于基于“集体”

和“个体”冲突的伦理法律困境。

患者先赋因素中既有有利于患者提高社会适应力和主体意识、重构自决权的因素，也有不利因素。关键是作为康复执行者的康复院和家庭、社会如何认识、利用有利因素，遏制不利因素。但他们还远未意识到，这是个伦理责任问题。

患者主观因素中的病情自我感知、异性交往和自杀倾向为心、生、死三个主观要素，存在着适应、求生、图存的主观积极意念与现实的残酷——患者主观理念中积极的一面正受到康复院空间环境和管理模式的侵蚀。这是空间设计者和管理者在践行伦理行为的过程中伦理理想本身的泯灭。

基于亲属和医护人员的客观因素本来是对患者履行社会功能、践行社会伦理责任的直接社会群体，但实际状况如调研所示并不称职。其行为基于各种主客观原因，未能有助于患者社会适应力、主体意识和自决权的获得。

至此，能够对患者康复产生影响的可寄望的是康复院的微观空间和管理模式。因为，患者的先赋因素是不可变的，患者的主观因素是基本固化的，而亲属和医护人员的伦理行为是难以被他者操控的。且这三方面在实践行为和伦理层面上对患者所提供的多是“负资产”。因此，作为可物化的客观存在的康复院空间环境和管理模式是四个主客观因素中唯一可以被主观支配和客观改变的，是摆脱伦理困境、逆转法律谬误的出路之一。

但综上所述，看似合理的康复院空间环境和管理模式正吞噬着患者回归社会的适应力和主体意识。空间环境和管理模式在主观上实现社会功能的同时，客观上却有悖伦理理想，剥夺了患者的社会适应力、主体意识和自决权。除以上空间环境和管理模式中五个范畴/15 个变量指标所反映出来的问题外，还有以下六点违反了伦理人性，其解决只能寄望于伦理反思和法律修订。

第一，康复院有规定的集体作息空间和时间，患者的生活作息缺乏个性化和灵活性，患者没有决定自己作息空间和时间的自决权。患者没有像常人一样自由支配空间和时间的权力。

第二，出于安全考虑，患者不允许自己掌握私人物品（包括亲属送来的水果、补品等），由护士统一保管。集体病房内没有私人空间，患者难有自主财产意识。

第三，患者的个体活动受限于狭小单调的灰蓝色调的康复院空间，围绕着缺乏个性自由的集体行动——集体吃饭、集体睡眠、集体放风、集体诊疗、集体娱乐，所有活动在限定空间内无差别地集体进行。患者的个体性及主体意识被扼杀。

第四，患者不能拥有手机等个人通信工具，患者被禁止自行向外界包括监护人和亲属打电话。这自然是出于康复院的综合考量，但却违反了《精神卫生法》第四十六条的规定：“医疗机构及其医务人员应当尊重住院精神障碍患者的通讯和会见探访者等权利。除在急性发病期或者为了避免妨碍治疗可以暂时性限制外，不得限制患者的通讯和会见探访者等权利。”这使得患者只能生存于他者规定的有限现实空间中。

第五，在社会行为上，以统一、标准的方式管理不同病区的不同患者。这造成不同年龄、不同受教育程度、不同性格、不同家庭背景、不同病况、不同回归能力的患者被严苛、死板和冰冷的集体主义的管控方式禁锢、压制、扭曲。这会弱化患者尤其是稳定康复者的主体意识，瓦解其社会适应力，使之丧失自决权，难以实现康复院的社会功能。基于集体利益的对个人利益的剥夺，也是不伦理的。

第六，迫于经费和资源有限所采取的粗放的集体管理方式，不利于需要进行再社会化的患者的个体化、个性化发展，医护人员难以细化和精准化其康复工作，使有回归社会可能的患者都湮没在统一的周而复始没有创造性和个体性的“集体运动”中。这种对大集体的伦理供给却是对个体伦理需求的最大剥夺。而现有法律却无法对此进行平衡。

简单的集体主义空间约束和管控方式是迫于医护人员不足、患者起居存在风险的考虑。但当涉及治愈康复的“少数派”或“亚群体”时，规训化的集体管理对基本康复的“前患者”、正常人是有违公正、有悖伦理的。其恶性循环是：不利于已康复患者社会适应力和主体意识的培养，使之仍依赖医护人员，持续丧失回归社会的能力和自信，最终终老于康复院。这对据康复院档案所知的314位被访者中10位已完全康复的正常人和约200位基本康复的患者来说，这种无差异化的空间禁锢和集体管理是不公平的。《精神卫生法》作为针对所有精神病患者的法规，是基于一个群体或集体制定的，不可能完全适用于每个差异性的个体。普遍性的法律制定容易，具体到个人的法律执行很难。这似乎是立法和执法间永恒的悖论。

康复院的本质社会功能是通过对患者的治疗康复和再社会化，让他们回归社会，与社会重新整合。这是所有康复院的终极伦理理想。但在实践中，康复院非但未有效实现其社会功能，甚至被动地陷入了伦理困境。这一困境的形成逻辑如下所述。

医护人员已殚精竭虑，以实现社工科所说的三个社会功能目标，践行让患者回归社会的伦理理想。但据统计结果和观察比较发现，康复院空间组织和管理模式在居住空间、符号标签、生活方式、社会交往、再社会化五个方面在客观上有违背社会功能目标和伦理理想之处，既无助于患者社会适应力的训练，也无益于其主体意识的培养，更难以使患者重获自决权。如果说患者的先赋因素和主观因素尚有支持患者建立自决权的动因，那么，康复院的空间环境和管理模式则基本无助于患者社会适应力的训练和自决权的获取。

要强调的是，五个范畴出现的问题绝不是Q康复院的主观本意，而是理念和客观原因所致的缺憾。这主要基于以下三个根本原因：①因经费短缺、医护人员不足（康复院岗位长期缺员，应聘者寥寥），迫使医院采取缺乏个性化和人性化的简单、严苛、泛化的空间管理方式和集体生活方式，以降低成本。②亲属将患者完全托付给医院，使医护人员承受着巨大的心理和生理压力，为保证患者的生命安全，不得不采取剥夺个性的空间管制措施，以防意外发生。③作为非营利、未得到切实重视的康复院，长期财政紧缺迫使管理者采用低成本的“非常态”空间组织和管理模式，以维持医院基本运行。患者的个性化要求和高质量生活就难以满足，削弱了患者社会适应力和主体意识的重建。

因此，这直接导致了当康复院主观上履行社会功能的同时，却在客观上离社会目标和伦理理想渐行渐远。康复院为达成功能任务而施行的理念和措施，恰恰阻碍了这些功能任务和伦理理想的实现。即功能任务的执行者自己在阻挠功能任务的完成，伦理理想卫士自己在违背伦理（要说明的是，这是善良勤勉的医护人员非主观的客观结果，非其本意造成的错，而是一种伦理履行上的被动无奈），有良知有善行但缺实现良知的智慧。[①] 这是深陷伦理困境而不自知的行动困境。

患者在药物控制后病情稳定和好转的情况下，应被视为正常人。在此条件下，应给予

---

① 对应中国伦理学家樊和平教授所指出的，中国社会当前最大的问题是：有社会良知，但缺乏实现社会良知的社会行动。

其最充分的自决权，尊重其主体意识，鼓励和支持其重返社会、适应社会的努力。但这是个难解的伦理—法律问题。

关于患者在康复院内的自决权问题，《精神卫生法》中除上述的关于使用通信设备的第四十六条款外，仅有两个条款间接相关。第二十六条："精神障碍的诊断、治疗，应当遵循维护患者合法权益、尊重患者人格尊严的原则，保障患者在现有条件下获得良好的精神卫生服务。"第三十八条："医疗机构应当配备适宜的设施、设备，保护就诊和住院治疗的精神障碍患者的人身安全，防止其受到伤害，并为住院患者创造尽可能接近正常生活的环境和条件。"比对第二十六条，Q 康复院已尽最大努力，但在提升患者作为正常人的人格尊严上，仍有提升空间，这对加强患者社会适应力和主体意识，具有重大意义。比对第三十八条，只要主观上将患者当正常人看待，康复院仍可以在居住空间、符号标签、生活方式、社会交往、再社会化方面进行改进，真正创造一个接近正常生活的空间环境和生活条件，即"常态化"。

除上述三条外，《精神卫生法》在帮助患者建立社会适应力和主体意识方面，鲜有提及。纵观该法，与本节相关的"第三章　精神障碍的诊断和治疗"中关于治疗的部分，主要阐明的是住院治疗和出院治疗的法律程序、责任担当方的责权、治疗期间被禁止的行为等；"第四章　精神障碍的康复"主要针对出院后的社区康复、家庭护理和相关社会单位的责权问题，未提及住院康复。由此可见，该法基本没有可以支持康复院实现其社会功能目标——患者重归社会过程中如何重建患者的社会适应力和主体意识的具体条款，更无从通过法律保障患者住院期间获得宝贵的自决权。因此，建议该法在基于实现社会功能目标和伦理理想的原则指导下进行修订细化，以保障患者在康复院重建独立社会适应力和维持主体意识，从而实现使其回归并融入社会的目标。

第十二章　地处险境

第一节　绿带视觉盲区

一、研究背景和意义

城市道路交通绿化带有其存在的功能合理性，是另一种微观生态环境空间。首先，护栏或路障是不能代替道路绿化带的，因为两者的作用不一样。其次，道路绿化带，尤其是高速公路和主干道双向车道间的绿化带起着在白天屏蔽双向车流的视觉冲击景象、使两边车道上对向行驶的司机避免视觉疲劳和紧张感，更能集中和关注自身驾驶。晚间的作用显然就是遮蔽对向车辆刺眼的灯光，尤其是远灯灯光。再次，道路绿化带有利于城市排水。现有大部分道路路面无法透水，一旦出现暴雨，容易引发内涝，影响交通运行，城市空间中的绿化建设就显得很有必要。海绵城市理念强调雨水的自然积存、自然渗透、自然净化。[①] 道路绿化带有助于促进海绵道路建设，缓解积水内涝问题。又次，道路绿化带有助于缓减噪声，有利于提高居民生活质量。有研究调查了城市道路交通噪声对临街建筑的影响，发现，城市噪声对临街建筑物有影响，临街建筑物采取的防噪声措施主要有绿化带和隔声窗。[②] 有学者研究发现高速公路绿化带有良好的降噪效果，随着林带宽度增加，噪声逐渐减弱。[③] 最后，道路绿化带美化了环境。城市空间的钢筋水泥代替了青山绿水，摩天大厦代替了炊烟袅袅，城市化影响了生活方式，也改变了生物环境。道路绿化带点缀着城市生活，为单调生活增添一抹生机，为城市各处微观空间增添自然美。

城市景观绿化净化了城市空气，美化了环境，成为城市文明中不可或缺的一道风景。但不合理的绿化带设计也会带来城市微观空间的安全隐患，如道路中间用于阻隔车道的绿化景观会造成司机的视觉盲区，容易发生安全问题。

加文指出：“自然形成的树篱就像一道道屏障，人们很难跨越树篱过马路。树篱起到的保护作用同样体现在从侧翼服务区和行人专用区只能看到中央道路上行驶车辆的上半部分，从而防止车辆前灯令夜间骑行者头晕目眩，并且确保卡车或汽车不会从道路上突然转

---

① 张红旗：《海绵城市理念下的道路排水设计研究》，《江西建材》2018 年第 14 期，第 18 ～ 19 页。

② 雷艳辉：《城市道路交通噪声对临街建筑的影响研究》，《资源节约与环保》2018 年第 12 期，第 124 ～ 125、127 页。

③ 沈建章、洪文俊、徐彦杰等：《高速公路绿化林带降噪效果研究》，《绿色科技》2017 年第 22 期，第 27 ～ 30 页。

至人行道及自行车道。同时，这些多叶灌木美化了路边景观，极具观赏效果，并且可吸收通行车辆发出的噪声和可能溅起的水花。”① 城市树木绿植还有社会性作用。加文如此赞誉巴塞罗那的格兰大道：“巴塞罗那的夏季非常炎热，格兰大道上高大的树木枝叶繁茂，可有效地保护行人免受阳光直射；而在冬季，这些树木作为一道道防风墙，阳光从树杈间洒落下来，保护步行者免受寒风的侵袭。此外，这条林荫大道可见度较好，行人、自行车骑行者和机动车驾驶员都有良好的视线，可以识别潜在的危险，避免可能发生的交通事故。”②

二、个案分析

问题缘起于对 NJ 市 DN 大学 LWZ 图书馆南门口大道的观察。LWZ 图书馆正门有一条校道，中间道宽阔，两侧道狭窄，中间道和两侧道均允许行人、自行车和电动车通行。中间道采用碎石和方砖铺路，路面较为不平；两侧道则采用水泥铺路，路面光滑，因此，部分骑行者会在两侧道行驶。这就埋下了安全隐患，因为在图书馆的自行车下坡路两侧，有超过一人高的灌木丛挡住了下坡骑行者和行人视线，造成双向视觉盲区。骑自行车的下坡者若转弯角度太小，就容易与刚好逆向切入的行人碰撞。在图书馆闭馆时，因夜间照明不足，视觉盲区危险更高。

图 12.1　拐角过高的灌木遮挡双向交汇行驶者的视界（调研组组员摄）

在校园中，视觉盲区带来的危害还比较有限，因为 LWZ 图书馆南门口大道禁止机动车通行。但在繁忙的交通干道上，不合理的绿植规划会带来严重后果。

大部分交通道路划分机动车道和非机动车道，用绿化带将其区隔，但部分绿化带的植物遮断了机动车和非机动车及行人间的观察视线，加上违规，极易引发事故。

据《义乌商报》报道，2018 年 6 月 13 日，在上佛路丁字路口（图 12.2），由于道路中间的绿化带茂盛，基本看不到对向行驶车辆，而同向车辆的时速一般在 60 ～80 公里之

① 亚历山大 · 加文：《如何造就一座伟大的城市》，第 59 页。

② 亚历山大 · 加文：《如何造就一座伟大的城市》，第 60 页。

间，极易引发安全事故。在后阳段的一条斑马线上也有类似情况（图 12.3），道路中间的绿化带遮挡了司机视线，导致司机看不到左侧横过斑马线的行人车辆，可能引发事故。[①]绿化带这一城市微观空间设计不合理，会造成视觉盲区，引发事故。

图 12.2 义乌上佛路丁字路口

图 12.3 上佛路后阳段斑马线

三、视觉盲区成因

视觉盲区是指驾驶员位于正常驾驶座位位置时，其视线被车体遮挡而不能直接观察到的那部分区域。[②] 本研究的视觉盲区是指机动车或非机动车驾驶员在行驶过程中不能直接观察到的那部分区域。视觉盲区对道路安全和道路通畅造成影响。在道路安全方面，视距受限产生的视觉盲区会影响驾驶员对交通环境信息的获取，从而引发交通事故，对人身安全构成威胁。交通事故的数量不仅取决于视觉盲区路段的存在，还取决于因视距受限而产生视觉盲区分布的频率。[③]

在道路畅通性方面，视觉盲区间接导致了交通堵塞，驾驶员对道路环境的分析时间取决于道路环境信息量刺激的多少和道路环境信息的清晰度。在道路布局越复杂的地带，越容易产生视觉盲区，并由于众多的道路信息量刺激，增加了驾驶员的分析时间，使从分析到操作指令的实施过程变得缓慢，从根本上降低了交通效率，导致交通堵塞。[④]

笔者认为，视觉盲区会增加驾驶员和行人的心理负担。驾驶者在正常驾驶位置上会因为不能正常看到道路而产生不安全感，这种视觉盲区使驾驶员感觉到心理上的危险。从行人角度看，视觉盲区会让人产生心理联想，而联想内容常涉及危险事件，以致产生不安全

---

① 刘军：《一些路段存在视觉“盲区”司机行人胆战心惊，极易引发交通事故》，http://nwes.cnyw.net/view.php?newsid=59751201.8.6.13。

② 乐丹怡、吴金洪、李秋苓等：《汽车视觉盲区预测及解决方案》，《科技创新报》2011 年第 20 期第 232 期。

③ 谢雅辉：《城市道路景观中视觉盲区的设计研究》，福建农林大学硕士学位论文，2012 年，第 17 页。

④ 谢雅辉：《城市道路景观中视觉盲区的设计研究》，第 18 页。

感。因此，视觉盲区会影响道路行动者的风险感。

视觉盲区的产生有物理原因和视觉心理原因。造成视觉盲区的客观原因即物理原因是道路平面线性设计、道路纵断面设计、道路交叉设计和绿化带景观构成四方面，主观原因即视觉心理原因方面则是驾驶员无法在视野范围预见事物。①

绿化带景观设计不合理就有可能导致视觉盲区。绿化带景观设计包括如何选择道路周边植物品种和搭配以及后期对植物的养护修剪管理。在选择植物品种时，需要考虑当地的气候环境、道路性质，还要满足使用者的审美要求和能力。如果选择的植物尺寸过大，疏密程度差距过大，将会影响视觉需要，出现视觉盲区；不同植物如果搭配不当，也容易使驾驶员视线被遮挡，造成视觉盲区。可以通过修剪植物减少对视线的遮挡，避免因植物选择搭配不合理产生的问题。②

不合理的绿化带景观设计存在一些共性问题：①从纵向看，绿植高度较高，遮挡了驾驶员或行人的视线；②从横向上看，部分树枝侵入行车路段，不仅挤压道路空间，造成道路浪费，也会增加发生交通事故的风险；③从绿植规划上看，不合理的绿植多种植于道路口，意味着此类绿植遮挡无法给司机足够的反应时间；④从城市美感上看，如果绿植缺乏美感且生长过快，又不及时修剪，会降低城市绿化美感，经常修剪又增加管理成本；⑤紧贴道路且稠密的灌木植物会遮断实际的远距离视距，造成长途行车视觉疲劳、瞌睡，注意力不集中。

从这些共性看，可以分析视觉盲区产生的原因：①绿化带的绿植物种选取不合理，城市道路上的绿植应该选取低矮的植物，这样不容易遮挡驾驶员和行人的视线；②绿化带的灌木位置选取不合理，灌木的高度较高，若种植于路口、岔口、会车入口，容易造成视线遮挡；③部分绿植的生长期很快，绿植修剪不及时，就会让绿植从纵向和横向上双向发展，造成视觉盲区；④绿植规划安排不合理，各类物种的疏密安排不当，造成视觉盲区，破坏城市空间美感。主观方面的因素也会影响视觉盲区，如驾驶员和行人的疏忽大意，如果两者中至少有一方不遵守交通规则或存在视觉疏忽，将会直接造成交通事故。

绿化带不可替代，但需要思考如何优化绿化带，从而减少视觉盲区。

四、总结与讨论

如上述，造成视觉盲区的原因有主观原因和客观原因。在此，笔者据此讨论道路视觉盲区的优化思路。

（1）从客观方面分析如何改善城市交通中的视觉盲区问题。

对道路绿化带进行优化。①道路绿化带中的植物类型需要根据当地气候、生态进行选取，最重要的是考虑植物对交通安全性的影响。②道路绿化带的绿植规划要合理，要特别注意绿植的高度。城市道路绿化带植物从树冠的最低缘线到树篱或灌木最高缘线之间要留出充分的距离，不能遮挡驾驶员和行人的视线。③道路绿化带的绿植需要及时修剪，未修剪的枝桠可能阻挡驾驶员和行人的视线，既不利于植物生长，也增加交通事故概率。④道

① 王鑫：《道路景观中视野盲区的整改研究》，《西部皮革》2018 年第 16 期，第 49 页。

② 王鑫：《道路景观中视野盲区的整改研究》。

路绿化带中绿植间的疏密安排要合理。一般来说，路口不应栽种等人高的灌木，应该留下一段草地，给驾驶员和行人增加观察空间和反应时间。⑤增强夜间照明。在夜晚，若照明不足，道路绿化带中的绿植可能会留下不规则斑状阴影，影响驾车者和行人视线。

就机动车设计方面，也可以进行优化。随着技术的发展，如前视车载雷达和红外线传感器、车内导航系统等车载技术手段，都可以缓解视觉盲区问题。

（2）从主观方面分析如何尽可能地规避视觉盲区带来的安全事故风险。

驾驶员应自觉遵守交通规则，路口减速慢行，礼让行人，尽可能留足反应时间，才能规避事故危险。于行人而言，也要遵守交通规则，横穿道路时需要充分留意交通情况。视觉盲区真实存在，行人不应该任性地横穿马路，应该充分考虑自身安全，穿越斑马线时要“超越”绿化隔离带的视觉屏蔽，先左后右审慎观察后才通行。应充分尊重这一攸关生命的微观交通空间。

人是城市的主宰者，是人创造了城市、使用城市、改造城市。城市的空间应是安全和舒适的，起码人们主观上是这样认为。但在很多微小的、不起眼的角落——各种各样的微观空间里，却处处暗藏着危险。人们平时会习以为常地经过这些危险之地并全身而退，这些危险境地也因此不被暴露和发现。而一旦在这些危险境地发生伤亡事件就为时已晚。在形塑城市形象和绿化城市时，必须防止危险位置的出现，这要在规划设计时就尽量避免。城市微观空间的设计者与后来的使用者之间没有直接的勾连。设计者有时会按照自己的主观意愿和既有经验去设计城市小品和绿植，并赋予其标准化的极致美感；但使用者们在鉴赏这些作品时，也会发生“身体上的接近”，在这时，一个缺乏安全理念考虑的作品就有可能引发危险，从上述的绿植到亲水区、从建筑高处到过街斑马线……

第二节　城市内涝中的积弊

一、研究背景和意义

城市内涝直接影响人身安全的主要有两方面：一是城市电力设施漏电引发的触电事故；二是积水造成暗井，将人吸入溺水致死。

我国很多城市处于亚热带和温带气候区，每年春夏季节都会有大量的降雨，这对高度电气化的城市造成了威胁，形成处处危机四伏的微观城市空间。逢雨必涝、逢涝必瘫、“城市看海”已成为南北城市的通病。日益严重的城市内涝现象背后，是城市基础设施长期投入不足、缺乏科学规划，历史欠账多，管理不善，尤其是古河道、古河网、湖泊等水系网络被破坏，现代地下管网、排水系统建设与维护普遍滞后。

我国城市化进程迅速、粗放发展，盲目填河填海、围湖造田、填海建地、建设地下车库、发展地下管道网络系统、扩充城市地铁线路等，竭力开发城市地上和地下空间以获得更多建设用地，但已破坏了大自然与城市最初正常的水文过程，尤其是城市低洼地区逐步成为暴雨内涝灾害的脆弱地区。

一些城市管理者只看重摩天大楼、商品楼盘、休闲广场、文化场所及地铁开挖、招商引资、全球500强企业落地等“政绩工程”“赚钱工程”“面子经济”，追求可视化的光鲜幻影。却鲜有官员在地下管网、排水系统等“里子项目”上下功夫。随着气候变化和城市化进程，当前我国城市内涝问题不可能在短时间内根治，城市决策者和建设者必须协同考虑城市建设规划和自然地理格局的关系，做好“亡羊补牢”设计和制度修订，做好长期建设、持续维护、应急运行的准备，规避因城市建设规划不合理而出现的城市内涝灾害和由此引发的各类“城市内涝病”的集聚出现，尽早还清历史欠账，治标治本，摆脱逢雨必涝、逢涝漏电、漏电必死、窨井吞人、疲于应付的窘态。

二、城市内涝中的暗井事故和触电事故

暴雨、大雪、台风等极端天气扮演了城市风险控制和安全管理能力检验者的角色，给予人类大自然的惩罚。2011 年夏天，全国各地遭暴雨突袭，城市内涝频发，出现数起人身伤亡事故，如井盖消失，市民不慎掉进排水井、跌入沟中被大水冲走溺亡等，暴雨中城市内涝以诡异残忍的方式夺去人的生命。更引发关注的是城市内涝导致的触电伤亡事故。我国城市内涝导致的触电事故具有突发性、紧急性和不可预测性等特点。对比分析近年的报道发现，触电事故集中在 5—8 月间，这也是中国近 10 年来引起严重城市内涝的极端降水事件的主要集中月份。不同地域暴雨多发时段是不同的，南方地区雨季周期长，5—8 月均为暴雨多发月；北方地区雨季短，暴雨多出现在 7—8 月。由媒体报道分析发现，我国城市内涝致触电事故发生的空间分布与暴雨致城市内涝事件的空间分布基本一致，主要集中在广东、江西、湖北、河北、浙江、四川等地，其中广东事故次数居全国第一，湖北居第二，江西、浙江等省紧随其后。综合时空分析，可见暴雨和由此引发的城市内涝是造成触电事故的直接自然灾害和次生灾害。

随着城市科技化、信息化的发展，城区街头布满了各类公共用电设施。公共用电设施漏电致水体导电的事件频繁发生。如电线杆的斜拉铁线在恶劣的城市内涝积水中可能出现意想不到的拉线带电，金属广告牌和霓虹灯也可能成为“死神”的寄居地，被电线包裹的树冠致整棵树发电，埋藏在地下的路灯、交通灯电路致整个电杆发电，配电箱栅栏拦不住险恶的水“帮凶”……

拧成“麻绳”的电线、吐着“舌头”的电箱盖等让人们跌入“死神”的陷阱。对触电者的抢救刻不容缓，但由于漏电区域 8 米范围内仍是“死神”的潜伏区，要及时切断电网线路才能安全抢救。因此，许多跌入“陷阱”的民众甚至救援者们大多不能逃过此劫。虽然政府早已通过制定相关制度规范限制公共用电设施的交流电压伏数，但一次次事故说明公共用电设施并未保证绝对安全。

多数公共用电设施漏电致触电事故，都与不规范、不达标的安装或维护，以及不负责任的检查、排查有关，成为一个个微观的不定时炸弹空间。城市内涝导致雨水倒灌设施内，裸线或变压器短路、放电，积水浸泡电缆接头或积水处电缆破损导致周围水域带电。早期的电缆接头制作不合格、时间长久逐渐损害电缆的绝缘强度而造成故障，漏电保护器等保护装置陈旧或是电缆保护层受酸碱作用腐蚀导致绝缘老化。为美化城市，各种依靠电源运行的喷水池、景观池、景观水体、喷雾器等的夜景照明系统都会由于水体无形的导电作用而成为触电事故的“帮凶”。

三、城市内涝——城市微观空间的新城市病

严重的城市内涝破坏了建筑、厂房、交通设施、水利工程设施和电力设施等，进而中

断交通、通讯，造成水土流失加剧、环境污染、地面塌陷甚至是人员伤亡。城市暴雨内涝灾害一直是困扰世界各国城市的问题，每年均给不同国家或地区的财产和人民带来严重影响，阻碍了国民经济的持续发展。

随着经济的发展，城市资产的高密集性使城市承灾能力脆弱，即使出现同等级的暴雨，内涝灾害造成的损失总量也必然增大。除直接损失外，城市交通、商贸活动等城市经济运行常因暴雨内涝中断，间接经济损失上升。城市空间立体开发，地下商场、地下停车场、地铁、下沉式立交通道等大量修建，一旦进水积涝，损失巨大。城市内涝对国家或城市的旅游业也会带来很大影响。城市地下排水管网的兴建与改造较困难，往往跟不上城市发展步伐。城市化促进了城市经济的发展，也加重了暴雨内涝灾害。而城市内涝频发已严重影响了城市经济。

内涝凸显了城市发展与自然环境的冲突。城市建设发展离不开自然保护和生态平衡，塑造城市与自然的和谐关系，培育“自然的”城市，已成为城市发展必须面对的迫切课题。城市因暴雨出现内涝，一方面是城市规划、管理问题长期积累的爆发；另一方面，从城市生态视角看，说明城市及其造就的“人化自然”与水体、地形等自然环境存在冲突。在城市建设中，自然环境特征被忽视，生态规律未被掌握，“自然意识”还未觉醒。

一些城市“面子”光鲜、“里子”脆弱的背后，反映了在城市化进程中存在重“城”轻“市”、重建设轻管理、重眼前轻长远、重城建轻生活等问题。上海世博会在城市建设方面的启示，不仅在于各城市场馆地面建筑的美丽壮观，也在于地下基础设施方面的扎实根基。各种基本的城市供电、供水、供气、供热、排水、排污和通信，通过科学的地下基础设施统一安排。这是当今世界先进城市发展的缩影，说明现代文明城市中，其人性化的规划和细节无所不至，能够为居民提供普遍且便利化的服务。

构筑城市基本公共服务网络，由道路通、雨水通、污水通、自来水通、天然气通、电力通、电信通、热力通、有线电视管线通、土地地貌自然平整等“九通一平”向信息通、市场通、法规通、配套通、物流通、资金通、人才通、技术通、服务通、面向21世纪的新经济平台等“新九通一平”转变，使城市文明要素回归因人而设、为人服务、为人所用的本位，使城市成为人类享受生活、诗意栖居的地方。如果把城市比喻成人，城市高楼大厦、亮丽霓虹等相当于人穿的漂亮衣服，城市排水系统、电力、交通等公共设施相当于骨骼和五脏六腑，孰重孰轻？①

法国文学家雨果说：“下水道是城市的良心。”排水设施是城市为市民提供的最为基本的公共产品。有的城市管理者不懂得一个城市的力量更多地蕴藏在人们看不到却始终能感觉到的方面，市政管网就是这一类。城市基础设施一旦建成就难以更改，不少城市一些年来在整治内涝问题上屡战屡败，也说明了这个问题。中国正处在高速城市化过程中，这个过程将决定子孙后代未来在城市里获得何种生活质量。因此，我们必须建设有良心的城市，而建设有良心的城市，又必须从下水道开始。② 下水道很微观，但却可能是最生命攸关的空间之一。

---

① 陈元：《做好做实城市发展的“里子”》，《人民日报》2010年6月3日第A21版。

② 王军：《建设有良心的城市》，《瞭望》2011年第26期，第16页。

四、总结与讨论

暴雨天气、城市内涝都是日常中可以预见的，既然是常态，就应该有预防方案，人身安全事故是可以通过管理上的预期来避免的。因此，城市基础设施所隐藏的安全危险是需要认真检讨和反思的。以公交站广告牌漏电致城市内涝水体导电使一对母女触电身亡事件为例，公众舆论显著不满，大家开始激烈指责：漏电的公交站广告牌和公共电箱设施没有配置漏电保护装置，是责任部门在设备安全上的失察失责；政府启动暴雨响应机制流于形式，切断低洼积水处电源等应急工作没有执行到位；最后是信息不透明，公众不安全感弥漫。这些归结为一点，就是对这些人命关天的城市微观空间的安全隐患缺乏足够的认知和作为。

随着经济体制改革的不断深化，现实中用电形式也发生了较多变化，国有公共电力设施与企业所有的电力设施、发电设施与供电设施等不同所有者均按产权享有权利，承担义务。不少供电企业通过获得市政府的招投标权，负责全市某项设施的日常养护维修等。但在电力管理实践中，尤其是遭遇触电事故等负面事件时，这些相关部门及企业大多会由于权利义务界定模糊而相互推诿。如一些触电事故中，当记者向相关人士询问设施的设计以及建设是否合规合格时，当责企业却强调这部分业务不属于他们企业的责任范围内，因而无法做出判断。因此，触电事故负责区只能由公安等部门组成工作组，对事件开展调查，查明原因后，再依法依规对涉事责任单位问责，不仅处理过程烦冗，惩戒力度也不够。有些企业甚至在调查期间伪造、销毁有关证据材料，最终因违法违规行为被政府列入差异化管理监督名单重点监管。然而这为时已晚。政府需要在投标期间就对备选企业进行严格调查，避免由于企业内部问题导致危险因素的潜伏。

相关部门应未雨绸缪，杜绝侥幸心理，平常频繁检查是否存在安全隐患；在暴雨等灾害预警启动前，把电源线路安全检查与排查纳入事前防范环节；在雨季，通过人工巡查和视频、传感器等技术手段，对水浸严重区域和路段进行重点监控；发现雨水倒灌、水体导电、下水井盖松动等危险潜伏现象时应及时采取断然措施，确保安全。要切实提高城市在安全、秩序保障等方面的冗余度，把城市微观空间的安全措施最大化，避免公共用设施因城市内涝导致致命后果。

“人口开始增长，原始城市社区也就越来越依附于各种自然力，而这些自然力都是它所不能控制的：洪泛、瘟疫、蝗灾等，都会给这些原始状态中的城镇中心造成广泛的损害，或使大量人口死亡，因为这些原始城市太大，不能很灵便地疏散人口。”① 这是在城市增大、人口集聚的背景下缺乏科技保障的后果。而当今，却由于科技的推动，城市的集中也使来自自然环境和人工环境（如战争）的打击所遭受的损失更大。于是，“这时期的城市人类已经开始设法控制自然力了，而这些自然力是他们的祖先曾世世代代以无言的感恩之情全然承受过的。”② 但在现实规划工作中——无论是防止城市内涝灾害还是阻击各种传染病疫情，我们往往又很难完全做到——不管是主观的原因还是客观原因、不管是主动的还是被迫的。

---

① 刘易斯·芒福德：《城市发展史：起源、演变和前景》，第 44 页。
② 刘易斯·芒福德：《城市发展史：起源、演变和前景》，第 44 页。

第十三章　问题原因探究

"无论从政治学或是从城市化的角度看，罗马都是一次值得记取的历史教训：罗马的城市历史曾不时地发出典型的危险信号，警告人们城市生活的前进方向不正确。哪里人口过分密集，哪里房租陡涨居住条件恶劣，哪里对偏远地区实行单方面的剥削以至不顾自身现实环境的平衡与和谐——这些地方，罗马建筑和传统的各种前例便几乎会自行复活，如今的情况正是这样：竞技场、高耸的公寓楼房、大型比赛和展览、足球赛、国际选美比赛、被广告弄得无所不在的裸体像、经常的性感刺激、酗酒、暴力等等，都是道地的罗马传统。同样，滥建浴室，花费巨资筑成宽阔的公路，而尤其是广大民众普遍着迷于各种各样的耗资巨大而又转瞬即逝的时髦活动，也都是道地的罗马作风，而且是以极先进的现代新颖技术来实现的。……这类现象大量出现时，死亡之城即将临近了，虽然一块城砖也尚未崩落。因为野蛮已从城市内部扼制了这座城市。"① 缺乏人性的城市势必没落，就像古罗马。

城市没落乃至消亡的原因是众多而复杂的。本章探讨基于中国国情的造成各种微观空间非人性化的文化、社会、历史、经济、生活、规划、道德等原因。

第一节　文化溯源

中国水墨山水画展现乡村城郭的美景，但这仅是画家的诗意山水画，而不是规划设计图。今天看到的城市蓝图，无论是沙盘、照片还是立体地图，尽收眼底的首先是鳞次栉比的建筑群。但"城市不只是建筑物的群集，它更是各种密切相关并经常相互影响的各种功能的复合体——它不单是权力的集中，更是文化的归极（Polarization）。""许多在历史上很著名的希腊姐妹城市，居民数目从未超过三四千人。我们与人口统计学家们的意见相反，确定城市的因素是艺术、文化和政治目的，而不是居民数目。"② 空间即文化，文化需要空间作为载体。确定城市因素的是文化，还有历史、传统、生活方式，而不是城市的建筑和规模。文化是每个城市的根基和个性。

"城市都具有各自突出的个性，这个性是如此强烈，如此充满'性格特征'，以致可以说，城市从一开始便具有人类性格的许多特征。"③ 这种特征就是文化。人生活在城市，人群赋予城市人类的文化，从而使城市具有了人文文化、人类的文化，且不尽相同。因此，规划中首要的是对城市地域的文化的尊重；否则，规划将一败涂地，也是反人类文化

---

① 刘易斯·芒福德：《城市发展史：起源、演变和前景》，第259页。

② 刘易斯·芒福德：《城市发展史：起源、演变和前景》，第91、132页。

③ 刘易斯·芒福德：《城市发展史：起源、演变和前景》，第85页。

的。要将城市当作人一样看待，因为它有文化。

在中国古代城市文化中，基本的城市功能构成是居住功能、交通功能、手工业功能、商业功能和衙门功能，是基于对城市市民生活、出行、从业、贸易和管理的基本满足，并长期处于一个较低的低度维持性状态，而不会有其他更细化和全面的想象与诉求。因而缺乏一种对城市空间细节的尊重和理解，缺乏对城市空间的现实认识。从皇帝到县衙门到普通百姓，他们可能把城市只看作苟且生存之地，否则不会容忍自己长时间生活在如此落后、肮脏、混乱而毫无规划设计的空间。

“居住在城市中，置身于神灵和自己的国王视野之内，这意味着满足了生活中最大的潜在需求，这种精神上的被确认和假想性的参与，使城市居民较容易服从社区中的各种神权统治要求，尽管这些要求可能是难以理解的，并在内心是难以诚服的。”① 因此，在今天，人们都想住进城市，这不只是一种物质的保障，更是一种被认同感和安全感，是所有社会流动的一种象征性符号——我进城了，我是城里人了；但他们进的是“围城”，最终又想逃离。因为与其直接相关的城市微观空间出现了排斥感，令其最终难以融入。

以皇家和贵族的理念和文化为主轴的中国城市中的庭院文化，其所追求的是山水文化、世外桃源，是悠闲无为的慵懒休闲文化。这些高墙林立、山门紧锁的私宅，规模巨大、耗资不菲但孤处一角的庭院，与其他邻里和周边整体空间环境相互独立、互不兼容，与普通市民没有任何空间关系，不会惠及其他邻里和市民，对周边城区乃至城市没有明显的促进带动作用。它们不会对城市的总体空间产生颠覆性和全面的影响，其所造成的，只是通过隔绝的空间激化中国的社会贫富分化和阶级矛盾。

缺乏公共空间文化成为中国城市的一种长期的文化弊端。缺乏公共空间的文化，人们也就缺乏了应对公共空间的意识和能力。所以，公共空间总被滥用性地私用，微观空间出现了对他者的不人性化。遗憾的是，这种对公共空间、对公共空间中的细节的无感情、无意识、无认知的文化传统，不只是存在于普通的受教育程度不高的市民中，甚至也深深地根植于我们的城市规划者、管理者、建设者的文化内涵里。在这样巨大的文化环境和裹挟下，基于对城市空间和微观空间的无感情、无意识、无认知，我们所构建和构建后所使用的空间，其滋生的非人性化的现象和行为就是常态了；这种常态变得司空见惯后，又被再次固化成为必然，成为一种城市空间文化形态。而文化体系一旦形成，就成为一种合理的存在，是最难改变的，尽管很多是不尽合理的。最后是见怪不怪，熟视无睹。

“一座伟大的城市的美，是一种艺术，而不是科学，是一种激情的个人体验，无法用一般的文字和语言来表达。”② 城市的美，城市给人的美感，是历史、文脉、美食、美景、色彩、夜景、生态……而不只是建筑、技术、交通和车辆。

宗教神圣活动是早期人群聚集、形成古代城市雏形的原因之一。“在城市成为人类的永久性固定居住地之前，它最初只是古人类聚会的地点，古人类定期返回这些地点进行一些神圣活动；所以，这些地点是先具备磁体功能，尔后才具备容器功能的。这些地点能把一些非居住者吸引到此来进行情感交流和寻求精神刺激；这种能力同经济贸易一样，都是城市的基本标准之一，也是城市固有活力的一个证据，这同乡村那种较为固定的、内向的

① 刘易斯·芒福德：《城市发展史：起源、演变和前景》，第 54 页。

② 凯文·林奇：《城市形态》，第 74 页。

和敌视外来者的村庄形式完全相反。”① 麦加、雅典、北京、巴比伦、罗马、耶路撒冷等都是圣城（首位圣城），而其他城市都多少具备着神圣的功能。而这构建了最早的城市空间形态的雏形。

芒福德认为，就技术、政治和宗教看，“占据支配地位并起主导作用的则是宗教；这大约是由于人类蒙昧时期的想象和主观臆断支配着现实世界各个方面的结果，把感知自然界局限在自己主观意愿和梦想的范围之内。”② 因此，欧洲中世纪城市空间的发展是以一个教堂为开始，随即是市场和市政厅。而中国城市空间的发展是以一个衙门（县府）为开始，随后是交换和消费性的集市。欧洲城市是以教堂、宗教为中心的向心力，中国城市是以官吏、权威为中心的向心力。前者稳定、后者通过半强制。我们在规划城市时，残存的官本位文化就可以理解了。

历史上，“所谓城市，系指一种新型的具有象征意义的世界，它不仅代表了当地的人民，还代表了城市的守护神祇，以及整个儿井然有序的空间。”③ 城市代表了一种以宗教为根基的神圣文化和有序空间。欧洲的古老城市（包括村镇）的中心是教堂，是最高大、最威严、最昂贵的建筑。人们共同建造之，每周一次地聚集在这里，从出生、结婚、到死亡，教堂都是市民的必经之地。它从物质到精神上都对城市有凝聚力作用。但中国的城市中心缺乏显性的宗教建筑。寺庙、道观大都在城市边缘甚至深山。城市市民是缺乏精神支柱和伦理向心力的。而衙门的存在则最终成为一种对社会和百姓的反动——课税压迫和无能腐败。

“城市从其起源时代开始便是一种特殊的构造，它专门用来贮存并流传人类文明的成果；这种构造致密而紧凑，足以用最小的空间容纳最多的设施；同时又能扩大自身的结构，以适应不断变化的需求和社会发展更加繁复的形式，从而保存不断积累起来的社会遗产。文字记载一类的发明创造，如图书馆、档案保存处、学校、大学等等，就属于城市最典型的和最古老的成就之一。”④ 所以，城市是过去文明、当下文明的存储器，是未来文明的孕育、发生体。城市有承载、传播和创造文化的功能，这是城市最原初的功能。城市微观空间应有尽可能大的容纳文化、文明、教育的承载量，否则，这个城市就缺少文明，市民社会伦理也低下。

“当城市作为一个永久性的容器和一套能以贮存和流传文明的各种内容的组织结构成功地建立起来后，城市作为一种形象可能流传得很广，并将自身的文化分解开来，由流动的人口传播开去，并在不可能形成城市的地区扎下根。最终，城市将会在像西藏、冰岛和安第斯山脉这样的恶劣的地理环境中出现。”⑤ 文化通过城市传播，并以最细微的方式、内容和途径传播到其他地区，似乎最“落后”、偏远、城市化程度最低的城市的文化内涵和稳定性最丰富、最持久，但往往也最脆弱，就如马丘比丘山巅“失落的印加城市”。所以，珍视和保护城市微观空间中的文化元素和内涵，极为重要。“用象征性符号贮存事物

---

① 刘易斯·芒福德：《城市发展史：起源、演变和前景》，第9页。
② 刘易斯·芒福德：《城市发展史：起源、演变和前景》，第35页。
③ 刘易斯·芒福德：《城市发展史：起源、演变和前景》，第39页。
④ 刘易斯·芒福德：《城市发展史：起源、演变和前景》，第33页。
⑤ 刘易斯·芒福德：《城市发展史：起源、演变和前景》，第99页。

的方法发展之后，城市作为容器的能力自然就极大地增强了：……它保存和留传文化的数量还超过了任何一个个靠脑记口传所能担负的数量。……‘是靠记忆而存在的。’”① 作为容器的城市，在有了记载功能后，其承载的文明就更加经久厚重了。因此，城市越大，越可以看到（也有必要看到）像图书馆、博物馆、档案馆这样的大型文化存储和历史记忆的设施以及由此存在的职业群体，而不仅仅是“石头城”遗址。

在城市设计中应将建筑物包括微观空间深入一种文化和美学。“在城市中，生活的韵律似乎是在物质化与灵妙化二者之间变换摇摆，坚硬的构筑物，通过人的感受性，却具有了某种象征意义，将主体同客体联系在一起；而主观的意念、思想、直觉等尚未充分形成时，也具备了实际构筑物的物质属性，其形体、地位、构成、组合，以及美学形式，都扩大了意义与价值的范围，否则便会被淘汰。因而，城市设计就成了社会的物质化过程的极点。……城市的重要功能之一，还在于将个人的选择和设计化为城市建设，将各种思想转化为共同的习俗和惯例。”② 而这些习俗和惯例，在笔者看来，就是文化，值得尊重的人类文化。

城市的伟大不在于其规模，而在于其具有的精神、文化和个性。“就巨大的神庙和纪念物而言，希腊城市并不是独一无二的，……希腊城市另有一种真正的力量，它既不太小也不太大，既不太富也不太贫，它使人类的人格不因其集体的成就而渺小萎琐，同时充分地利用城市的一切合作和交际手段。从来没有任何一座城市，无论它有多大，培养并包容了如此丰富的创造性的个性，而雅典就做到了，而且继续了约 1 个世纪。”③ 所以，基于希腊和雅典文明的城市复兴经久不衰。

“如果说城市文明的世俗手段都是在皇族宫殿中形成的，那么城市的理想目的则是在修道院中形成、保存、并最终荣发起来的。同样，也是在修道院里逐渐确立起了克制、秩序、规则、诚实、精神约束等这样一些现实的道德标准。”④ 同样，在现代城市空间，尤其是一些精神文化公共空间如博物馆、剧院、影院、学校、公园、画廊，也在继续塑造着人和人性、道德和伦理、精神和文化。

城市“通过它的纪念性建筑、文字记载、有秩序的风俗和交往联系，城市扩大了所有人类活动的范围，并使这些活动承上启下，继往开来。城市通过它的许多储存设施（建筑物，保管库，档案，纪念性建筑，石碑，书籍），能够把它复杂的文化一代一代的往下传，因为它不但集中了传递和扩大这一遗产所需的物质手段，而且也集中了人的智慧和力量。”⑤ 每一处城市微观空间都是文化的载体；每个生活在城市中的人，无论性别、种族、宗教……都是文化的一代传承者。

第二节　社会结构

由于中国封建社会延续的时间很长，没有经历过完整的和现代的资本主义社会，加上

---

① 刘易斯·芒福德：《城市发展史：起源、演变和前景》，第 105 页。
② 刘易斯·芒福德：《城市发展史：起源、演变和前景》，第 119 页。
③ 刘易斯·芒福德：《城市发展史：起源、演变和前景》，第 158 页。
④ 刘易斯·芒福德：《城市发展史：起源、演变和前景》，第 264 页。
⑤ 刘易斯·芒福德：《城市发展史：起源、演变和前景》，第 580 页。

紧接着激烈历史进程后衔接的社会主义社会，我们必须承认，社会、国家和国民对私有财产权、地权、物权等是缺乏足够认识、重视和理解的。而城市，就是基于国家中央政府之下的集聚着最珍贵资源的一个人造的地理空间，这里高度聚集的资源包括自然资源、经济生产、科学技术、人力资源、信息网络、教育供给、管理权威、文化资本、交通物流等。这些资源都有其所有者，大到国家、城市、城区、社区，小到公司、企业、群体和个人。每片城市的使用土地都划归某个社会组织或社会群体，如可能是某个街道办事处，而土地所有权在我国最终属于国家。但也许正是因为所有权归于国家，因此所有的组织和群体都希望从此“分一杯羹”，并最终获取使用权或一定权限的所有权。在计划经济时代的广东，有一句粤语叫：“食阿爷的。”这里的阿爷指的就是国家、大锅饭、大产权、公有地和公有地上的所有资源，谁都想从国家和集体的财富中分到好处。发展到今天，可以看到的是政府的“土地财政”怪象和企业事业单位不断向市政当局索取土地使用权，尤其是房地产开发商。在这种社会环境下，土地变得可以被肆意套取滥用。但得到时容易的话，使用时就不会珍惜，而是再次地滥用。因而，这使得土地使用者缺乏对地权和地权之上的物权的尊重和善待，会出现在规划和建设中的粗放、随性，导致的是挥霍浪费；在建设过程中，也难以追求精益求精和审慎严谨，从而出现诸多不尽人意的城市微观空间。一旦这些微观空间出现，就难以进行修正——固化的建筑的再造修正要花费更多的时间和成本。因此，我们看到的，要么是一些建筑很快就变得落伍和破败，要么就是不久就被彻底拆除推平。因为，社会现实告诉我们，这片土地、这片建筑、这片空间，归根结底不属于我们自己，而属于集体，而对于集体的东西，就像没有物权意识的小孩子对不喜欢的玩具说扔就扔一样，可以随时变卖、出让甚至拆毁。社会缺乏对城市空间权益的维护，少有人珍惜属于集体的东西，无论是在规划时、建设时、管理时还是在使用时。

从微观层面看，我国城市无论是规划者、建设者、管理者还是市民本身，都缺乏对每天工作、行走、生活所在的直接涉及个人世界的城市微观空间的关注。从规划者角度看，一幅蓝图画到底，就算完成了，城市规划中的三级体系是否细化到了极致？这是值得商榷的。也许细化到了极致，但可能是停留或局限在建筑用材、建筑角度这些物质性层面，还缺乏从人文、人性关怀的角度看规划的细节。从建设者角度看，按图索骥、按部就班地完成规划师交给的图纸，加上施工中常见的偷工减料、以次充好、自我主张等，在规划者已有错误的基础上建成的城市空间就可能更加偏离正确的方向。从管理者角度看，一些城市管理者往往“眼睛只朝上”，只想“做大事”，不会、不愿做实事。对市民的诉求要么视而不见，要么就是老花眼、近视眼，这就不可能主动和敏锐地发现城市微观空间中的微观问题、长远问题。对于市民本身，由于他们缺乏社会参与意识、维权意识、批判精神，要让他们主动关心城市身边的、与自己没有即刻直接利益关系的微观空间问题，即社会参与，实属难为。

但人对空间的感知，尤其是城市人的感知，特别是城市中上阶层对空间的感知还是敏锐的，这是由人的社会属性决定的。“社会结构和物质空间形态之间有着内在的关系，它们通过其中的变量长期地相互作用着，也就是通过人的行动与态度相互作用着。于是这种影响总是不明显或慢慢显露也就不足为奇了。既然价值是个人的发展和成就的原动力（至少对我个人而言是如此），那么，首先，指出物质环境的变化将对一个人产生影响便足够了，甚至即使还是有一些很小的社会影响；其次，这些物质环境的变化经常能够独立于重要的社会变革而自行发生。”① 这可能就是城市空间与社会结构的关系、与人的情感的关系。如一个人住在安置房区，就身处平民社会结构中，同时感到了平民的情感和生活，感受到了周边的微观环境。

亨利·拉维丹（Henri Léon Émile Lavedan）提出一个有趣的观点：“欲改造一座城市的形式，必须同时对其社会结构也进行相应的改变。他似乎也认识到，城市规划不应只是一种直接的实用目的，而是一种更大尺度的理想目标；而且他认为他的技艺便是从形式上体现、廓清更合理的社会结构的一种手段。”② 要彻底改造规划一个城市，首先要改造规划其社会结构！就是说，城市规划的本质是社会规划！其一，从社会的角度规划城市；其二，构建适合科学的城市规划的政治、人文、社会环境；其三，规划城市也是规划社会；其四，城市规划要关注城市社会中的社会结构、社会群体；其五，城市规划要有社会理想；其六，城市规划者也是社会学者和人口学者、人类学家、历史学家……

由此，“亚里士多德说，他的城市‘包括1万个市民，共分成三部分：一部分是工匠，一部分是农民，另一部分是国家的武装保卫者。他把国土也分成三部分：……第一部分是分出来供常例的敬神活动用的，第二部分是供养武士们用的，第三部分则是农民的私产。’稍加思索，希波达莫斯便会看出，如果必须供养不从事生产的1/3 人口并让出2/3的财产，那么劳动阶级将生活在痛苦的贫困状态。”③ 即城市规划中要看清楚城市中的人口社会结构和社会需求，合理地分配土地、资源和城市空间，以达到社会的公平正义。

在今天，城市公共空间所展现的是共同的价值观、生活水平、生活方式和社会行为方式，乃至意识形态形成的物化途径，是城市社会的中心和纽带。因此，城市公共空间的细微变化都会反哺或反噬我们的社会，规划者必须谨言慎行。

第三节　历史惯性

与欧美国家相比，中国的城市规划历史相对较短，缺乏对城市土地、城市空间的足够认识和理解，没有系统科学的规划和设计。中国真正有现代城市规划的历史始于民国初期。当时的城市规划师和建筑师主要来自国外和海归学者。即使是像梁思成这样的维护中国历史建筑和城市肌理的理性建筑师，也因为其长期的海外生活和学习生涯，可能并不能真正理解中国城市的市井社会和文化生活。

在理念的趋同依赖和大量外国和海归建筑师、城市规划师的参与建设下，我国的城市规划历史似乎经历了民国时代的效仿欧美国家尤其是美国→新中国成立后照搬苏联的城市规划理念→改革开放后又重新偏向欧美城市建设理念的历程。在上海外滩，大部分大型经济商贸建筑都是在20 世纪30 年代建成的，尤其是在世界经济危机过后的1930—1935 年期间，这里活脱脱就是一个中国的“小纽约”，因为从外滩一带的这一时期的建筑风格到街道交通安排，都很像纽约；新中国成立后，机械模仿苏联的城市建设模式让我们的城市出现了宽阔的马路、成排单调统一的住宅和巨大的公共建筑和宽阔广场；改革开放后，再

---

① 凯文·林奇：《城市形态》，第73 页。

② 刘易斯·芒福德：《城市发展史：起源、演变和前景》，第184 页。

③ 刘易斯·芒福德：《城市发展史：起源、演变和前景》，第185 页。

次“追风”式地模仿美国等国的城市扩张建设方式，各大城市兴建中央商务区（CBD）和高层住宅、别墅区和大型公共设施等，以及郊区化等。这时期建成的摩天楼比美国还要多。

这三段城市规划发展历史，实际上都缺乏中国自主文化元素，缺乏应有的自信，更缺乏与中国特殊国情的契合，如属于发展中国家、二元社会结构、市民受教育程度较低、土地资源珍稀等。因此，在民国时代的城市发展深受欧美影响，但缺乏对市民百姓的眷顾，城市贫民窟比比皆是，城市成为权力和贵人的游戏场。新中国成立初期的苏式城建理念，更是重生产、轻生活，重体制内群体、忽视体制外群体，注重城市建筑景象的宏大叙事，忽视平民百姓的日常生活。到了改革开放时代，在经济增长和财富积累优先的理念下，城市发展一度陷入畸形的状态：城市规模过大，空间感难以把控；城市中心区如 CBD 被过度强调，忽视了亚中心和边缘城区的均衡发展；同时，大量的城中村、安置房区、衰败工业区等城市空间出现并展现出日益严重的问题；城市中的水体污染、空气污染和土壤污染已达到致命境地；上学难、就医难、住房难、出行难等问题非但没有因城市的发展而解决，反而更甚；等等。

这三个城市规划发展大时期问题的出现，直接历史责任人是城市规划者和管理者。当他们的思路只集中于阶段性的城市任务而忽视了长远规划时，他们的工作后果就会被城市发展的规律即时报应；当他们的工作只关注个别利益群体而忽视公众利益和“守夜人”责任时，他们服务下的城市就会有各种社会不公和社会分裂。这一切，部分地是由于他们对于城市建设缺乏立足于本土、立足于人民、立足于人民的福祉的基本感知。历史不应重演，而应进步向前。

第四节　经济动因

“城市应当是一个爱的器官，而城市最好的经济模式应是关怀人和陶冶人。”①

城市发展需要有长期和坚实的经济基础和资本投入。在历史上，欧洲城市在从中世纪开始就有长期的资本财富积累，通过用于本城建设的税收投入，城市得以生存、再生和发展。但中国城市在千年历史中缺乏城市财富的积累，不多的城市财富都要上缴给皇室，因为“溥天之下，莫非王土”，造成城市本身缺乏财富积累和投资。欧洲城市在经历过中世纪最后的战争、动乱、瘟疫等灾难性的事件后，在进入工业革命的早期阶段，得到较长期的稳定发展。城市中的重商文化和自由市场经济造就了庞大富庶的中产阶级，他们不断创造和积累财富，并部分地作为慈善捐赠回馈给城市社会，使社会贫富分化幅度相对中世纪变小。同时，欧洲城市的绅商们敢于反抗皇帝和教会的盘剥压迫，保护自己的财富。在今天比利时布鲁塞尔享有“欧洲城市客厅”美誉的布鲁塞尔广场上，环绕着广场的结实、华丽的建筑群，就是中世纪时各手工业行会（包括五金行会、布匹行会、酿酒行会、香料行会、盐业行会、乳业行会等）所拥有的会所私产。这些行会建筑的一楼是销售批发门店，二楼是交易办公场所，上层是商人和雇工们的住房。他们通过行会组织和行会在城市中的这些空间建筑，确立了他们在欧洲封建社会、君主制文化下的经济地位和社会地

① 刘易斯·芒福德：《城市发展史：起源、演变和前景》，第 586 页。

位，成为不可侵犯的经济体，他们的劳动作坊、商品货物、他们的住处、他们的财富，都是他们神圣的私有财产。他们在城市里生长、落脚、发展，并最终以他们的财富和成就反哺了布鲁塞尔。同样，在欧洲各国的古老城市，都可以找到最古老的市中心，这些市中心往往都同样有三个基本的功能性空间或三个基本功能性建筑：教堂、市政厅，行会建筑群。这些建筑环绕的中心，就是一个在平时作为集市贸易所用的中心广场。教会、衙门和商家分别代表了信仰、安定和繁荣，并在一个空间里共生共存共荣，相对和谐地长期共处，这就足以说明问题。经济繁荣从城市中心开始，并辐射到整个城市和周边地域。最终，源自古老乡村的城市贵族成就为工业社会中的新兴资本家。

所以，欧洲的城市之所以有持续的繁荣，城市空间有持续的建设发展，是有其久远的经济历史基础的。这就是长期以来国家乃至早期的神父、国王、贵族，并不会对城市经济发展采取杀鸡取卵式的盘剥——当然，这也是市民商人阶层长期斗争的结果，从而为城市的发展留下了必要的财富和积累，这也为城市微观空间的持续改良创造了长远和深厚的经济物质基础。如，“从巴塞罗那城获得自由的过程中，我们可以看出城堡主人放弃的特权有多么彻底；国王下令，任何收税官或其他行政官均不得阻碍或干预任何市民的行动，也不准阻留他们的公务员、信使、货物或者商品。”① 在欧洲，甚至连宗教组织都重商，民间财富积累越多，城市自然就发展得快。在中世纪时代，“教会自身作为一个土地拥有者通过地租和宗教遗产收入大大扩充了自己的经济实力，使自己上升到一个举足轻重的地位，连国王对它也不能不肃然起敬。……修道院各教派都起了先锋作用；事实上，他们领导了这时期的全部城市发展，向难民提供圣所，为落魄者提供庇护，修建桥梁，开办市场。”② 在修道院和教堂里禁欲的、百无聊赖的神父和教士研发出了啤酒、巧克力和香水（如德国神父们配酿出各种美味的啤酒；德国科隆的古龙水，又称4711香水，就是一位神父的旷世之作）。在中世纪，神父就“下海”了。

在此情况下，欧洲国家的城市逐渐就有了财富资源如通过税收，为作为全体市民共有的最大的公共空间——城市——提供包括基础设施和社会福祉在内的各种社会公共服务体系，使城市各种功能逐渐发育、发展、完善，城市繁荣起来。

中国城市因士农工商的社会分层、声望地位排序传统，使得城市缺乏稳定富裕的手工业者等小资产阶级群体，社会贫富分化严重。同时，城市绅商是朝廷盘剥的对象，许多刚刚发迹的商户甚至大户人家最终落到被官府逼得家破人亡的下场，《红楼梦》就反映了江南地区大户商家由兴到衰的历史。被皇帝册封的乡绅亦缺乏工商之道，不懂得通过朝廷赐予的土地和人民，发展手工业和商业，而是一以贯之地以经营地产房产为主，这些房产的主要功能是居住。除了要养一大家子人外（中国封建家庭有二房、三房，很多家庭人口规模很大，需要很多套容纳大家族中各个小家庭的房舍。），还豢养了各种门客、亲戚和朋友，但因此间接地忽视了这些房产可以进行手工业和商业经营的潜力，从而成为一片没有太多经济功能的大宅子，并依然习惯性地经营自给自足的传统农业生产。由此出现了一代代的地主乡绅，但很少出现手工业家、商人和资本家。在这样的农耕文化经济基础上，自然很难积累大量的、足以支持近代中国城市发展的财富和资本了。

---

① 刘易斯·芒福德：《城市发展史：起源、演变和前景》，第270页。

② 刘易斯·芒福德：《城市发展史：起源、演变和前景》，第271页。

在中国，自古以来，从皇帝到各级衙门，对民间财富竭尽盘剥之能事，民间百姓尤其是商人难以有积攒和剩余的财富支持城市社会公共服务设施的建设。寺庙的和尚们则忙着向民间百姓化缘，毫无生产能力可言，创造不出经济价值。因此，中国的城市发展水平在历史上始终是滞后的。

以上从城市历史发端、城市财政资源的创造流通和城市有产阶级的结构比较，在一定意义上可以解释为什么欧洲的城市发展远比中国的要迅速和繁荣。尤其是在今天诸如城市贫富对比、城市管理主体性对比、城市发展的基本目标对比等方面，由于历史积淀的传统和文化惯性，使中国具有独特和固化的城市社会问题，这也深刻反映在城市空间的塑造方面——欧洲城市有厚重历史感和财富殷实感。

而今天，“我们时代的文明正在失去人的控制，正在被文明自身的过分丰富的创造力所淹没，也正在被其自身的源泉和时机所淹没。……正如貌似自由实则正在跌落的经济由于乘上失控的车辆而成为牺牲品一样。”① 经济的自由膨胀发展、科技的无底线创新和违反伦理的应用，使城市文明只是物质文明、科技文明，而非人类的文明、社会的文明、人性的文明。城市空间部分地异化于人的正常生活。

“社会权力不是向外扩散，而是向内聚合……城市便是促成这种聚合过程的巨大容器，这种容器通过自身那种封闭形式将各种新兴力量聚拢到一起，强化它们之间的相互作用，从而使总的成就提高到新水平。”② 但城市不能只是经济的、物质的、建筑的、科技的，人口的、高密度的聚合器——一种容器，而是一个有伦理和人文内涵的开放包容空间。由于城市尤其是特大城市和大城市的高度人口、物质集中，作为规划师和市政官员的每个决策和行动，都会一发而动全身地引起巨大波澜。因为城市具有巨大的内生能力和无限活力，无论是消费力还是破坏力。

“直至20世纪中叶自动化和与个性无关的超级市场在美国问世以前，市场作为人际交往和社会娱乐的功能都一直没有完全消失。而即使在超级市场的情况下，其社会性损失也已被大型购物中心的发展所部分地抵消了；依照我们这个过分机械化时代的特有方式，这些购物中心里门类繁多的大众传播手段至少可以代替买主与卖主、邻里购物伙伴间的直接面对面的交流——但是处在市场保卫人员、广告客户的狡猾控制之下。”③ 市场是今天人们在城市的社会交往场所，但机械化的超市取消了社会交往功能。超市里的广告代替了人与人的交往，其实更增加了人的孤独感和社会压力甚至性压抑（如看到广告中聚餐的幸福美满之家，或看到美女俊男模特时），茶馆、咖啡馆、酒吧等是补偿这些社会交往缺失的替代，但仅在小的社会圈子内——农民工是很少去这些地方消遣和交际的。

为此，作为经济和消费中心，“我们必须使城市恢复母亲般的养育生命的功能，独立自主的活动，共生共栖的联合，这些很久以来都被遗忘或被抑止了。因为城市应当是一个爱的器官，而城市最好的经济模式应是关怀人和陶冶人。”④ 但哈维振聋发聩的疾呼永远不过时：“资本主义的城市化永远都可能摧毁作为社会的、政治的和适于生活的共享资源

---

① 刘易斯·芒福德：《城市发展史：起源、演变和前景》，第37页。

② 刘易斯·芒福德：《城市发展史：起源、演变和前景》，第37页。

③ 刘易斯·芒福德：《城市发展史：起源、演变和前景》，第159页。

④ 刘易斯·芒福德：《城市发展史：起源、演变和前景》，第586页。

的城市。"① 作为社会主义的、为人民服务的中国，理应做得更好，让农民工也喝得起普洱、咖啡和鸡尾酒。

最后，错误的经济政策也会影响城市发展，如我国改革开放前将城市当作大工厂大车间，而不是民生、安居、消费、休憩之地的错误一样。"破坏市场规约必定受到严重的惩罚。这种规约对于商业来说是必不可少的，这一点早在荷马时代，甚至更早就被人们认识到了；皇权庇护的国家中都曾制订过专门的市场管理法，适用于一切集市和市场，并设有专门管理商人的法庭。在英国，这种机构叫作 Court of Pie Powder——这是一个英语化的诺曼第语，意指'泥腿子'法庭。由此可见，宗教、法律、金本位经济制度，以及建筑工程，都从不同侧面保障了社会的安定；中世纪城镇正是在这些因素的联合作用之中巩固了自己的基础的。"②

第五节　生活原因

转移、转换、转嫁是百姓在城市日常生活中从家庭、个人的私人空间向城市中的各种"适配"的微观空间转移、转换和转嫁其意志和行为的过程。

转移指百姓会在有意无意中将发生在个人空间如家庭和工作单位的意志和行为转移到公共微观空间上。如把在家庭中难以释放的生活、能量和情绪转移到公共领域——在广场上跳舞、在球场上打球、在广场上溜旱冰、在街角边打牌下棋。这本是公民无可非议的公共生活，但如果缺乏适配的相应的微观空间，或人们在这些公共空间中的行为是非规范性的，都会使得非人性化的情景出现。

转换指百姓把城市公共空间直接转换为个体的私人空间如家庭和学习位置、工作单位、娱乐位置。这样的转换就具有排他性和竞争性。如在小区公共空间的树林和草坪上晾晒被子，在图书馆长期占座，在咖啡厅长时间占据最好的位置打电脑，等等。这些都是因人的意识和行为的错乱导致的空间中非人性化行为。

转嫁是最为有争议的一种，是指一些人有意识地把违规行为放置在城市微观空间里发生，甚至有时是在隐秘的空间里发生。如晚上偷偷让宠物狗在小区草坪、步道上排便而不收拾，长期私自占用公共停车位或通道，等等。这是把个人损人利己的行为转嫁给集体和公众，却不为人所感知。城市微观空间就被私用或被私有。

转移、转换、转嫁是主观刻意的或主观无意的行为。在此作用下，微观空间会伴随人的主观能动发生空间形态和空间内容的变化。甚而由此引发非规范行为甚至越轨行为，从而由人的行为导致微观空间的非人性化。所以，空间永远都是中立客观的自然存在，是无辜的，只是有了人为的介入才使之发生了变化。人们不同的生活方式、习惯传统，都可能会引起微观空间令人不适的变化。

百姓生活在最具体、最实在、最贴切的各种城市微观空间中，设计好城市微观空间，是符合他们的切身生活利益的。但我们在城市规划的过程中，是否也做到了如此同频的心理层面和精细度，是值得反思的。如果不把城市微观空间的生活人性化上升到一个重要高

---

① D. 哈维：《叛逆的城市：从城市权利到城市革命》，第 81 页。

② 刘易斯·芒福德：《城市发展史：起源、演变和前景》，第 272 页。

度，是不符合广大市民和社会利益的。

“如果一个环境能很好地保证种族、个体的健康，维持生物种类的生存，那么它就是一个好的聚落环境。”① 这也许是最低的要求。

城市的环境可以造就人，使城市社会和市民生活更人性化。“……雅典本身就是一所大学校，而且比柏拉图头脑中所想像的任何共和政体都要大。正是城市本身组成并且改造了这些人，而且不是在某一个特有的学校或学院中，而是以每一种活动，每一种公共职责，在每一场集会每一次相遇的机会中造就了这些人。”② 这就是：城市营造人的生活，生活构建城市及其微观空间。所以，城市可以成为一所“大学”，形成一个有德性的学习生活的环境。在这里，每个市民都是一个大学生、一名学者。“体育场，这个最初只是供运动员们会晤的地方，到了柏拉图学园派哲学时代，亚里士多德哲学时代，或者安蒂斯兹尼斯哲学时代，就变成了一种新型的学校，一所真正的大学，在这里学问成了与社会攸关的东西，它与已经变成自我批判和理性主义的道德制度相连系在一起了。”③ 这就是城市生活。

“城市规划不能局限于标准的规划师们的定义，仅仅规划‘居住，工作，文娱和交通’，而必须把整个城市规划成一座舞台，供人们进行积极的市民活动、教育学习和进行生动而自治的个人生活。”④

对普通人的生活更贴切地说：“一个好的地方，就是通过一些对人以及其文化都非常恰当的方法，使得人能了解自己的社区、自己的过去、社会网络，以及其中所包含的时间和空间的世界。这些象征符号不仅是特定文化的产物，也表达了共同的生命体验，例如：冷和热、明和暗、高和低、大和小、生与死、动与静、关心和忽略、干净与肮脏、自由和限制。”⑤ 这就是有人性的、真实的城市生活。

第六节　规划机制

凯文·林奇关于“城市规划”的描述堪称经典：“城市形态是非常复杂的，而人的价值体系也是如此。两者之间的联系也许是深不可测的。不仅如此，由于城市太复杂了，所以你可以设计房子，但却永远设计不了城市，而且也不应该去设计城市。城市是巨大的自然现象，超过了我们改变事物的能力，也超过了我们所能了解到的关于应该如何去改变城市的知识。”⑥ 城市规划就是虚无的人的主观意志的表现。“很多城市的研究者们仅仅总结出观察技巧的规律，而不是理论的阐述。”“城市设计是一门几乎未开发的艺术，一种新的设计方式和新的看待问题的观念。”⑦ 这里的“不是理论的阐述”，在笔者看来实际上就是缺乏理性的理论思辨，一些偏重或只会技术的城市规划者和城市空间设计者在这方面

---

① 凯文·林奇：《城市形态》，第 87 页。
② 刘易斯·芒福德：《城市发展史：起源、演变和前景》，第 180 页。
③ 刘易斯·芒福德：《城市发展史：起源、演变和前景》，第 181 页。
④ 刘易斯·芒福德：《城市发展史：起源、演变和前景》，附图 61 的文字说明。
⑤ 凯文·林奇：《城市形态》，第 101 页。
⑥ 凯文·林奇：《城市形态》，第 75 页。
⑦ 凯文·林奇：《城市形态》，第 228、204 页。

的确是有所欠缺的。

中国城市真正有所谓规划设计的理念起源于现代化开端的民国时代，如 20 世纪 20 年代的南京首都规划方案。但在这之前的城市设计和建设都是局限于朝廷和皇帝的意志，并由工匠直接施工实现帝王的城市宏愿，其中是缺乏城市规划师和建筑师这样的专业群体的介入和参与的，而欧洲人已经走得很远了。更严重的是，各朝皇帝对自己王国的城市的所谓规划设计永远是聚焦于都城，甚至是狭隘到自己皇宫的设计上，对整个都城和疆域内其他城市的定位、设计、建设漠不关心。因而，我们还可以在还有巨大皇宫、古城遗存的北京、沈阳、西安、南京看到宏大壮观的皇宫（如北京故宫）或皇宫遗址（如南京明故宫废墟），但其周围“非首善之地”的其他城区甚至皇城根下的民居则是混乱无序，不成体系方圆。皇帝会对皇宫的任何微观空间的安排达到自私自利的极致，而平民百姓的市井社区的各种空间只是居家、生活、劳作和养育后代的基本生存空间，没有任何公共机构，也没有专业群体去关注他们，而平民百姓也只对自己的居家范围关心，绝无公共空间的概念。因为根本就没有真正的公共空间——只有出于生活和文娱所需的菜市场、戏台，还有皇帝震慑百姓的在市中心的公开刑场——北京的菜市口（连菜市场都变为了法定刑场）。或者说，古代中国没有基本的关于城市的学术概念和文化认识，或城市规划文化，只有龟缩于皇城一角的宫廷文化。

对于城郭的建设，几乎是唯一性的大型建筑应是维护皇权地位和帝国安全的巨大绵延的城墙。这也是继皇宫之后具有某种主观设计理念的城市大型建筑。纵观中国古代城墙防卫体系，也是千墙一面，都有鼓楼、瞭望塔、烽火台、箭楼、瓮城、城门、护城河、吊桥等。这只是一种单纯的城市防卫规划，不能代表城市建设的全部。这样的城墙与其说为民，不如说为王。在和平时期，城墙百无一用，甚至成为阻碍贸易往来、阻断交通出行、方便官府通过城门等关卡控制民众、征收苛捐杂税的鬼门关；有时也是控制、镇压人民的工具——在城门张贴通缉告示、悬挂死刑犯首级、展示所谓“安民告示”等。当城市被入侵时，城墙又是百无一用，最终会被外敌攻陷。正是由于借助城墙这一唯一防御体系的挣扎，在入侵者付出惨重代价攻克城墙后，往往会诱发骇人听闻的屠城惨案。更不用说因修建城墙耗尽了城市的财力、物力、人力，间接地抵消了城市的资本积累和经济发展。

同样，在古代，“在狩猎英雄这魁伟粗犷的躯体中，逐渐产生出与后世城市密切相关的那些普遍的大体量、大尺度。”① 今天，以男性为主的规划师和建筑师，是否只关注了城市的雄伟、巨大、规整，而忽视了城市空间的细节、精致和适用？如果说城墙是巴洛克的前身，那么柯布西埃的集中城市就是巴洛克的后世。

我们在哪里都可以看到欧洲巴洛克时代的宫廷设计和城市建筑风格：主观、宏大、规整、统一、雕琢、人为、古板、机械——连皇宫后的花园绿植都被修剪成各种几何形状。芒福德曾对这种历史上古板的人为宏伟规划进行了深刻的批判，我们至今可以引以为鉴：“两种思想体系，有机的与机械的，在这里成为最鲜明的对照。前者从总的情况出发，后者为了一个欺人的思想体系（他们认为这种思想体系比生活本身还重要）而把生活中的许多事实简单化了。前者凭借他人的物力，与他们共同合作，合作得很好，也许是指导他们，但首先是承认他们的存在，了解他们的目的；而后者，巴洛克专制君主的一套，是坚

① 刘易斯·芒福德：《城市发展史：起源、演变和前景》，第 28 页。

持他的法律、他的制度、他的社会，由一位听他指挥的专业权威去贯彻他的意志，强加于人。对于那些在巴洛克生活圈内的人们来说，对朝廷大臣和财政家们来说，这种均匀整齐的式样在功效方面是有机的，因为他代表了他们为他们自己阶级创造的社会准则，但是，对在巴洛克生活圈外的人们来说，这是否定现实。"①

但现在的人，也在犯着在本质上同样的错误，且这种错误的影响是全面和深远的，与各国的政治制度、意识形态、文化传统无关。许多规划原则实际上是错误的，但基于利益和权威而被一脉相承地误传着。可能正是因为简 · 雅各布斯本人不是学规划学、建筑学科班出身的，反而使她的思想更有批判性，成为全世界公认的"人民规划师、平民建筑师"（笔者认为的）。她一针见血地指出："城市设计的规划者们和建筑师们以及那些紧跟其思想的人并不是有意识地对了解事物是如何运转的重要性采取蔑视的态度。相反，他们费尽了心思去学习现代正统规划理论的圣人和圣贤们曾经说过的话，如城市应该如何运作，以及什么会为城市里的人们和企业带来好处。他们对这些思想如此投入，以致当碰到现实中的矛盾威胁到要推翻他们千辛万苦学来的知识时，他们一定会把现实撇在一边。……在当今时代，他们只是被启蒙，从上一代的理想主义者那里吸取思想。因为城市规划理论在一代多的时间里并没有采纳什么重要的新思想，所以规划理论家、金融家和那些官僚们都处在同一个水平上。"② 这最后所指的很可能就是影响了近两个世纪的勒 · 柯布西埃的现代主义的理想化的宏大城市规划理论。的确，包括中国在内的许多国家，尤其是发展中国家的规划师们，长期以来一直深受其影响。

相反的，就是规划中的"适宜"，如"一个聚落中的空间，通道和设施的形态与其居民习惯从事的活动和想要从事的活动（也就是说，对于居民行为提供恰当的设施，也包括对未来行动的适应能力）的形式和质量协调程度。"③ 如现在常提及的对城市空间和居住空间的适老化改造。"一个空间，如果它有足够的量、可修改、实实在在地建造，并符合人的基本需求，诸如温暖、光线、干燥、可及、人体工学等，那么在一段时间后，这个空间总会'适宜'的。行为和地方相互是可以调节的。在一般环境里，人几乎是可以适应任何情况的。"④ 这是空间和人的行为的相互适应、适宜、适配。

"20 世纪有一大批与他⑤同样的人，他们非常智慧，但有时却是非人性化的，他们设计出的建筑以新奇、多变、巨大和美观为特征，更像是艺术作品，而置于其中的社会结构却没有任何变化，或者可以说根本就忘记了社会的因素。而在公有社会者的眼里，这些被遗忘的地方恰恰是要被重视的。"⑥ 也就是说，很多现代建筑不考虑人的因素——从感观到社会性，所以出现了苏州大裤衩、广州金元宝、湖州马桶圈这些奇葩建筑。

但从宏伟城墙到庞大城市，"经历了怎么样的发展过程，城市才具有了它特有的形式——有一个居于中心的宗教或政治核心组织、城堡，控制着整个社会结构并对其活动发

---

① 刘易斯 · 芒福德：《城市发展史：起源、演变和前景》，第 410 ～ 411 页。

② 简. 雅各布斯：《美国大城市的死与生（纪念版）》，第 5 ～ 6、9 页。

③ 凯文 · 林奇：《城市形态》，第 84 ～ 85 页。

④ 凯文 · 林奇：《城市形态》，第 112 页。

⑤ 这里暗指勒 · 柯布西埃、赖特等人。

⑥ 凯文 · 林奇：《城市形态》，第 44 页。

出集中统一的指令；这些活动以前是分散的，不受指挥的，或至少只是在当地各自为政的?”① 这是集中的城市造就了权力的集中，从而导致王权的出现？当今城市规划仍然是由市政当局（市长）和规划师以及城市建筑公司主导着。

所以，对城市的规划应该尽可能地细化到基层社会群众的层面，除了让民众广泛深入地参与规划外，还应对城市规划建成后的使用效果进行评估，可能要引入规划师、建设单位和管理部门的终身责任制度，发现问题及时纠正。

有一个猜测：古代城市没有完善的公众导向的城市设计和管理系统（王宫的设计和管理倒是有的），因此难以吸引人口。城市的出现是在工业化后工厂对农村村民的吸引。而不具备今天的必要的市政设施的城市在大量突发性人口增长下，就会出现工业革命初期欧洲城市中的巨大的问题。在今天，就是城市承载空间在规划不充分的情况下造成的人口压力和随之而来的“城市病”。在当年，就是“即使城市想要有较多的人口，可耕地和水源的局限也会使人口发展不起来。”②

古人曾经在规划憧憬城市时犯过这样的老错误：“亚里士多德解释城邦时，不是将其看作全体居民组成的社区，而是由地位相同的人组成的社会，追求最好的生活；……亚里士多德同柏拉图一样，也从来没有想到过全社会应当共享城市的积极生活，正如全体农民曾经共享乡村生活那样。这种美好的生活只存在于贵族式的闲散中，而贵族式的闲散就意味着另一些人必须承担劳动。”③ 古希腊学者的贵族出身和哲人地位决定了他们不能意识到城市中的阶级问题和社会分层，从而忽视了社会公平问题，最终违背了希腊城市作为公民社会的宗旨。当代社会的城市规划者和管理者也要避免这一情况。“这种使一大部分城市居民被剥夺市民身份的做法，可以在相当程度上说明希腊城市崩溃的原因。把大部分居民排斥在政治之外，排斥在完全的市民身份的领域之外，这就是放手让他们不负责任。同样糟糕的是，城邦除让他们自谋生计以外，不给他们任何职业，而且即使他们能从事的事情中也不让他们承担任何道德责任和义务。”④

但不无讽刺的是，盲从的大众始终认为“由少数精英做出所有重要的决策是无法避免的，或者甚至宁愿由少数的权力精英来做出决策。既然主流的利益群体是无法避免的，既然这么多经过良好训练的专业人士有能力来解决我们的环境问题，那么这些优秀人士自然应该置于权力中心的周围。他们认为问题是如此复杂，价值标准是如此微妙，解决方案是如此专业和细致，不如找一个了解问题的专家，授权他去做事罢了。我们一些显要的环境专家便是根据这个模式而诞生的，但他们却只有极少数能够照顾到使用者的需求”⑤。但这样的规划过程真的对吗？尤其在涉及事关每个人的切身利益的微观空间的时候——当然，“显要的”规划者们往往也不会太在意“琐碎”的微观空间。“不可避免地，所有专业人员都是为这样或那样的团体工作的。有些人会说：有些团体既没有发言权又没有雇用专业人员，所以这个体制是不公正的。因此，一个有良知的专业人员在为那些弱势团体工

---

① 刘易斯 · 芒福德：《城市发展史：起源、演变和前景》，第 38 页。

② 刘易斯 · 芒福德：《城市发展史：起源、演变和前景》，第 138 页。

③ 刘易斯 · 芒福德：《城市发展史：起源、演变和前景》，第 198 页。

④ 刘易斯 · 芒福德：《城市发展史：起源、演变和前景》，第 198 ～ 199 页。

⑤ 凯文 · 林奇：《城市形态》，第 31 页。

作时，应该像被地产开发商雇用的规划师一样卖力气，去尽全力捍卫弱势团体的利益。”①

“如果规划者们或者是一些所谓的专家们能够稍稍了解一下城市的运转机制，并对这种机制表示一点起码的尊重，那么很多的冲突就永远不会发生。另外一个情况是，有些冲突和问题来自行政部门的武断和偏袒行为，这种行为会激怒一些选民，但他们往往找不到适合的地方来表示他们的不满或纠正这种行为。在还有很多情况里（不是所有的），很多人做出了巨大努力来参与这些听证会……但最后会发现原来是一个骗局。所有需议论的事情在事前已经做出了决定。……无可奈何和做无用功这两种感觉是在这些听证会上最大的收获。”②

关键原因是：“规划者往往认为处理的都是城市整体规划的事项，他们描绘的都是城市‘整体图景’。但这种以为其任务是高高在上用鸟瞰的方式规划城市的思想本身就是一种幻觉。”③ 这涉及规划师的思维定式，最终导致他们对城市微观空间的忽视、对空间人性化的忽视。“为什么需要从由点到面的角度来考虑问题？因为如果反过来从一般推论来考虑问题，那准会最终得出非常荒谬的结论——就像是波士顿那个规划者那样的例子，他之所以坚定地认为波士顿北端必是贫民区无疑，是因为他从一般推论上得出这个结论，而也正是这种一般推论使他成为规划专家（而实际情况则不是需要关注）。……规划者们在归纳推理思维方面是科班出身，受到过专门训练，就像是波士顿那位规划者，其受到的训练真是‘好得不能再好了’。也许正因为是这种有问题的思维训练，才使得规划者常常不如普通市民更能理解具体的事情，更有分析具体问题的眼光，因为后者尽管没有什么专业知识，但与街区有一种切身的关系，因此也就更熟悉那儿的用途；换言之，更不会从一般推论或抽象的角度来考虑问题。”④ 而“一个大都市的规划应该能良好地发挥职能，符合这个广大的世界里每一个合法群体的利益：这种利益不仅仅满足商业的，也包括其他人文的、宗教的、艺术的、科学和学术的正当需求。”⑤

第七节　道德意识

芒福德振聋发聩地说过：“人类或者全力以赴发展自己最丰富的人性，或者俯首听命，任凭被人类自己发动起来的各种自动化力量支配，最后沦落到丧失人性的地步，成为‘同我’（alter ego），即所谓‘史后人类’（post-historic Man）。这后一种抉择将使人类丧失同情心、情感、创造精神，直至最后丧失思想意识。”⑥

这一节也可以理解为分析“城市空间道德”。城市不是空洞的物的存在，而是为人类的生存、繁衍、生活、工作、发展、进步而营造的人工环境。既然是通过规划、建设、管理、使用而被营造的人工环境，就存在人类的智慧和思想，也就有人类的价值观和世界

① 凯文·林奇：《城市形态》，第32页。
② 简·雅各布斯：《美国大城市的死与生（纪念版）》，第373～374页。
③ 简·雅各布斯：《美国大城市的死与生（纪念版）》，第383页。
④ 简·雅各布斯：《美国大城市的死与生（纪念版）》，第404～405页。
⑤ F. L. 奥姆斯特德：《美国城市的文明化》，第21页。
⑥ 刘易斯·芒福德：《城市发展史：起源、演变和前景》，第2页。

观，并渗透在城市的所有微观空间领域。总结以上各种非人性化的城市微观空间中的问题，可能不免要涉及的就是城市这些人工环境的规划者、建设者、管理者和使用者们的道德问题，正是他们在规划、建设、管理、使用四个过程中的社会行为中的道德意识和道德理念，形塑了各种不一样的城市微观空间——或美好或丑陋、或光明或黑暗、或安全或危险……

（一）城市规划建设中的道德缺失

作为人类人口密度最高的聚居点——城市，应是人类追求稳定、富裕、健康和幸福生活的归宿地。但城市不是完美的伊甸园。现实中，一些城市反而是人类各种社会问题（如“城市病”）、矛盾和悲剧的集中爆发地。长期以来，城市空间规划者、经营者、城市管理者、市民群体从各自立场、角度、经验和能力出发，试图解决城市问题，提出以人为本、新型城镇化、新型社会管理、社会参与等理念，国家更提出了一系列科学合理的城市规划建设的方针政策，但一些城市依然重复着同样的问题，爆发同样的矛盾，出现同样的悲剧。为什么？本节认为，是在城市空间规划建设中，城市空间规划者、经营者、城市管理者、市民群体缺乏基本的公共道德意识，即缺乏公德。而学界关于城市空间规划建设的公德问题研究不显性，在我国长期以来是被忽视和被边缘化的。

伴随改革开放和市场经济浪潮，中国社会在自 20 世纪 80 年代以来的 40 多年间发生了巨变。作为社会主义现代化建设的重要动力，中国城市在现代化进程中收获了巨大的经济和发展效益，身处城市的居民和相关利益群体也获得了大量的经济与发展红利。但同时，经历着革新与发展的城市也凸显出不少反映在城市空间内部的各种道德问题，这些道德问题伴随着一些影响社会稳定因素的恶性事件不断出现在人们视野，理应值得反思。正如乔尔·科特金（Joel Kotkin）所言：城市空间若是缺乏相应的道德约束和道德规范，“即使富庶也注定会萧条和衰退”①。

城市是人类文明和多元文化的聚集地，也是现代社会人们身心栖居的主要空间。与此同时，城市空间又是各种社会关系和各种利益主体共生的场所。② 早期对城市空间社会属性的研究可追溯到 19 世纪，工业革命极大提高了生产力的发展并由此促进了城市进步，而空间作为分析城市的重要维度，引起了早期社会学家的关注，滕尼斯、杜尔凯姆、齐美尔、韦伯等学者从不同的层面围绕“空间”议题提出了先导性理论解释。滕尼斯认为城市是一种机械性的组合，涂尔干从社会分工角度认为复杂的社会分工将人们凝聚在城市空间内部，齐美尔提出商品经济的繁荣促使货币经济主宰着城市空间，韦伯从政治、经济、文化角度分析了东西方城市空间形成上的差异。③ 芝加哥学派在继承早期城市社会学研究的传统后，通过各类实证研究对城市社会学研究予以创新。虽然部分学者认为其有一定的时代和地域限制，但其对城市空间的贡献是不可磨灭的。其代表人物帕克从人类生态学角度认为，按一定秩序（人口、技术、习惯信念和自然资源）可以把城市空间划分为若干

---

① 乔尔·科特金：《全球城市史（第四版）》，王旭译，社会科学文献出版社 2014 年版，第 14 页。

② 陈袁园：《城市空间的道德价值》，苏州大学硕士学位论文，2016 年，第 1 页。

③ 黄时进：《重塑空间：大数据对新城市社会学的空间转向再建构》，《安徽师范大学学报（人文社会科学版）》2018 年第 4 期，第 97 ～104 页。

社区，并认为区域划分是某些机构或特定人口为获得战略空间相互竞争的结果。[1] 当代中国对城市空间社会属性的研究源于改革开放以来城市的迅猛发展与激烈变革，而其中凸显出的各类城市现象与问题使学者不断反思其中可能的社会因素，即城市空间不仅有传统城市规划学上的自然属性和物质属性，同样有社会属性。城市空间是各种功能的载体，其形态合理性对人类生存质量产生决定性影响。[2] 城市公共空间是市民社会生活的场所，是城市实质环境的精华、多元文化的载体和独特魅力的源泉，[3] 在对凯文·林奇的环境设计理论的研究中认为，人文主义才是贯穿城市设计从理论到实践的本质。[4]

道德一词，在汉语中可追溯到先秦思想家老子，其中"道"指自然运行与人世共通的真理，"德"是指人世的德性、品行、王道。现代社会中，道德是一种社会意识形态，是人们共同生活及其行为的准则与规范。道德往往代表着社会的正面价值取向，起判断行为正当与否的作用。道德不论是作为调节群体行为的外在习俗，还是作为指导个体行为的内在品格，均是以行为规范的形式表现出来的。换言之，道德就是行为规范。对行为规范的服膺是人类特有的属性。[5] 哲学概念下的道德有着本身专业不同的理解，认为对四种不同哲学进路背景下对"道德"概念进行的剖析方才得以可能。这四种进路是形而上学之路、经验主义（功利主义）之路、理性主义之路和马克思主义哲学之路。四种不同哲学进路下"道德"概念的剖析，体现了这一概念在人类思想史上的发展及其不同含义。[6]

城市空间规划的中心是维护社会公共利益，它是规划者从事规划设计、管理的价值取向和思想基础。有学者从伦理学角度认为，当代中国新型城市化过程中，城市规划面临伦理缺失的困境，加强城市规划主体的责任伦理，提高城市主体的道德素质，是解决新型城市化过程中城市建设面临的伦理困境的有效途径[7]；中国城市社会长期以来相对关注公平、公正，人们更表现出对伟大、崇高思想的关注，提出在中国城市现代化过程中，应切实注意责任伦理的建设问题[8]；当代中国城市规划中的许多问题表层看似乎是单纯由技术偏差所导致，而本质上是因为利益偏差和价值失范所致，特别是与公共利益和社会公平伦理精神的偏离[9]。

以上文献有关城市空间道德问题的研究虽然较精细，但多是从思辨的伦理学角度来研

---

① 帕克·迪克逊·戈瓦斯特、沈佳：《城市和"社区"：罗伯特·帕克的都市理论》，《都市文化研究》2007 年第 2 期，第 146 ～ 160 页。

② 韩效：《大都市城市空间发展研究》，西南交通大学博士学位论文，2014 年，第 32 页。

③ 郭恩章：《再议城市公共空间》，《北京规划建设》2010 年第 3 期，第 52 ～ 54 页。

④ 董禹：《凯文·林奇人文主义城市设计思想研究》，哈尔滨工业大学博士学位论文，2008 年，第 89 ～ 92 页。

⑤ 甘绍平：《伦理学的当代建构》，中国发展出版社 2015 年版，第 23 页。

⑥ 邱竹、徐晨：《道德概念的哲学史维度——浅析四种哲学进路下的道德概念》，《社会科学研究》2014 年第 2 期，第 141 ～ 144 页。

⑦ 许小主：《新型城市化过程中城市规划的伦理缺失》，《湖南工业大学学报（社会科学版）》2009 年第 1 期，第 93 ～ 96 页。

⑧ 吕方：《责任伦理的道德建设与城市现代化》，《南京工业大学学报（社会科学版）》2002 年第 1 期，第 64 ～ 67 页。

⑨ 孔翔飞：《城市规划中的伦理问题探析》，曲阜师范大学硕士学位论文，2013 年，第 3 页。

究，缺乏结合实际城市问题案例的分析，也没有挖掘在某一缺乏道德的城市空间中有哪些社会群体参与，没有指明是哪种形式的道德缺失。本节研究的城市空间指城市空间功能布局。道德指在城市中专业群体（规划者）、经济企业（经营者）、行政管理（管理者）、社会群体（市民）基于知识习得、良知、法律和人性本能的社会道德和职业道德两个范畴的公德。并结合 TJ 港大爆炸城市重大灾难事件探讨这其中的相关城市群体及其道德失范问题。

本来，城市空间功能布局与规划者、经营者、管理者和市民的公德现状之间似乎没有直接交集。四个道德主体是社会群体的生物性客观存在，公德意识和公德行为是相应伦理价值观在各自客观主体的具体内化和实践过程。但由规划者、经营者、管理者和市民无公德的社会行为所引发的恶劣社会后效，迫使我们意识到两者间的内在关联。即基于社会道德和职业道德的公德最终决定了这四个道德主体的道德行为，从而影响和决定了城市空间功能的布局。

通常观点：城市空间规划决定了城市空间的功能布局，单纯的城市规划知识决定着城市空间结构及其经济社会后效，忽视了公德在指导城市规划从而以公德形塑城市空间中的意义。TJ 港爆炸事件和贝鲁特港爆炸事件等是城市空间最终由公德塑造的这一逻辑的明证。任何重大自然灾害和人为灾难，都足以将常态化时暂且被隐藏的行政管理、法律监督和经济运行中的不合理、失效和失能彻底暴露出来。TJ 港爆炸事件事后发现，距爆炸点中心仅 600 ～ 800 米范围内竟有四个居民区——WK 海港城、WK 清水港湾、WK 金域蓝湾和启航嘉园，不到 2 公里范围内，还有 WK 双子座、天滨公寓、渣打科营中心、国家超级计算 TJ 中心和海滨高速公路等，这些区域均不同程度受损。按国家 2001 年 5 月 1 日实施的《危险化学品经营企业开业条件和技术要求》，大中型危险化学品仓库应与周围公共建筑物、交通干线（公路、铁路、水路）、工矿企业等至少保持 1000 米距离。因此，TJ 港爆炸事件中四个居民区和重要设施在空间布局上与存放危险品即爆炸中心之间的距离是严重违规的。对这些异质性甚至功能性质相悖和高风险的功能的空间区位规划和管理严重失误。问题的复杂性还在于，城市空间规划或许在初始时是合理的，但城市功能空间的位移、变迁甚至异化，却是显性和确实存在的现实动态过程，是城市微观空间被异化的过程。

规划者的规划缺位和失误是显然的，主要涉及 TJ 市城市规划管理部门的规划失误。经营者、肇事企业 RH 公司的诚信丧失，WK 集团的区位选址，都直接导致了悲剧发生。在这一已被悄然异化的空间变化的现实过程中，爆炸事件的相关管理者有四个主要单位：TJ 滨海新区政府、TJ 市港务管理部门、TJ 市工商管理部门和 TJ 市消防安检部门，它们对事件责任方 RH 公司生产经营范围和生产规范的监管失范。从逻辑上说，上述七个相关责任者只要有一方严格按规范和科学常识行事，都不会酿成此悲剧，尤其是对爆点周边居民区的殃及。但这七个相关责任者都出现了失误，链条上的七个环节同时断裂，那就是整个束缚链的断裂，没有一环能阻止灾难。该环节上最脆弱的，就是那隐性的公德——这是一次集体塌方式的道德沦丧。

TJ 市城市规划管理部门在规划中专业良知的缺失是否在 TJ 港空间布局上犯下了致命错误？肇事企业 RH 公司无良的社会诚信和企业道德是事发的首恶？WK 集团违背道德准则的区位选址也是致命性的因素？TJ 滨海新区政府是否因其监管权力最大、统领全局，要负主要道德责任？TJ 市港务管理部门公德的缺失是否造成了这个眼皮底下的管理黑洞？TJ 市工商管理部门公德的缺失使其对 RH 公司经营范围和运营规范的监管也是失效的？TJ 市消防安检部门的检查监督是最后一关，但公德意识也同样丧失？在相对狭小的空间，进口汽车、集装箱和危险品相邻堆放，这明显的不规范彰显了怎样的道德无知？最后，利益攸关方——小区居民也缺乏对“恶”的道德判断？以上五个政府部门和两个企业在天津港区各有自己的功能定位和利益诉求，都应有本行业的社会道德和职业道德。但他们缺的就是公共道德。

（二）城市规划建设中的道德范畴和构建

城市空间规划建设的公德包括规划者、建设者、管理者和经营者的社会道德和职业道德两个范畴。之所以强调这四个道德主体（载体），是因为他们从事的事业是对具有公共性的城市空间的塑造，需要公德；他们又是这一塑造工作最关键的参与者，其工作后效影响城市在很长时期内的状况和发展，关乎市民福祉。城市空间规划建设公德应具备五个普适性的基本内涵：人性化、社会化、规范化、人文化和生态化。城市空间规划建设的公德深嵌于城市空间的功能布局，包括最细微的城市微观空间，每一处微观空间的功能安排都应基于公德规范和道德良心，而不能被动地寄望于法律法规、管理规范、经营规则和规划原则。在规划和组织城市微观空间时，必须有公德准则和良心底线。

图 13. 1 中，内圈中由社会道德和职业道德构成的公德是核心。正由于其核心地位，一旦崩塌，会如原子弹爆炸的核裂变一样，是最根本、最剧烈的，从内向外，可以摧毁中圈中的城市规划原则、政府管理规范、国家法律法规和企业经营规则，最后导致城市被毁。

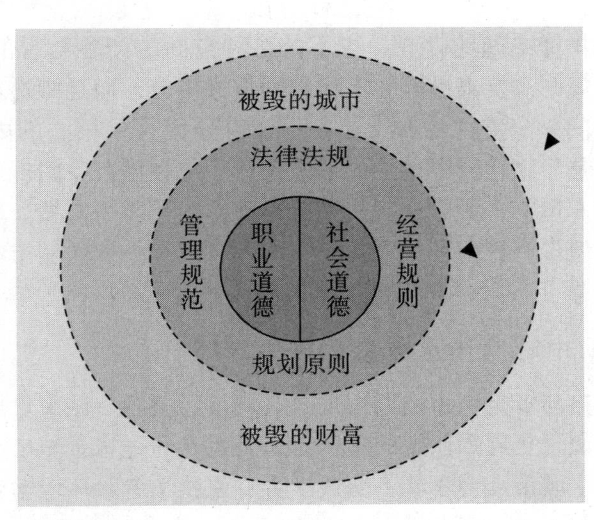

图 13. 1　城市空间规划建设中的道德范畴（笔者绘制）

缺乏公德这一核心约束的规划原则、管理规范、法律法规和经营规则都形同虚设；相反，有了公德准则在规划者、建设者、管理者和经营者理念精神中的内化自律，一切规划原则、管理规范、法律法规和经营规则的他律都是多余的。因为这些原则、规范、法规和规则的部分内容来源于人类的基本道德准则——社会公德准则。遗憾的是，当人们依据公德准则建立了复杂严苛的原则、规范、法规和规则后，却把道德放到一边，以为他律就可以天然地控制一切。但人们错了。因为，人们忘记和遗弃了法律的本源和基础——道德——城市空间道德。

其后果是，在TJ港爆炸事件中，所有七个攸关方公德的缺失，引爆了450吨TNT当量的危险品，从内部殉爆了所有的规划原则、管理规范、法律法规和经营规则，最终酿成悲剧——这是事件的最外圈；上述七个部门、企业在行政和运行上的各种违规、违法则是该事件问题的中圈，也是每当出事后，包括地方政府在内的各级政府和媒体竭力检讨审查的一环，但最终多是通过被形式化和制度化的方法如查处、撤职、判刑、取缔和整改等方法治标不治本地阶段性解决，然后再集体等待下一次灾难的爆发。因为，下一个公德内核裂变作为新的燃爆点正悄然形成。

如果城市规划者、空间管理者、危险物品存放者、房地产商等中的任何一个参与方能真正尊重、遵守和履行基本社会道德和职业道德，甚至只是最卑微的人道主义，都不会发生如此人间惨剧。对公共道德是否敬畏和拥有，是问题的核心。

最后，在缺乏公德的城市空间规划建设里，城市市民尤其是弱势人群，他们既是规划者、建设者、管理者和经营者公德沦丧的牺牲品，也是自我缺乏公德的祭品。在TJ港爆炸事件中，抢险时牺牲的都是年轻的基层消防官兵；但同时，他们如有对自己生命的公德意识，本可以不至于死。以小白领、打工族为主的普通市民和工棚里的外来务工者人身财产受损，他们居住在城市空间里最靠近燃爆点和危险品存储区的位置，乃至违反人居环境要求的港口货场旁，处于最卑微的城市微观空间中的一角，却对城市规划中《雅典宪章》和《马丘比丘宣言》中有关市民权益的道德化保障全然不知，也缺乏可保护自身利益的公德意识。

城市空间不只是物理空间的存在，也不是各种空间生产参与者的规划原则、管理规范、法律法规、经营规则等支离破碎、不稳定的镶嵌黏合，而是渗透着社会道德和职业道德的有公德的人性空间——道德的城市空间。没有公德这一核心的内化，任何原则、规范、法规和规则都只是半物化、半虚无的形式摆设。应在城市空间规划和管理中培养内化于心的社会道德和职业道德，城市空间规划建设都应以公德为衡器。城市本是人类文明的最高空间存在形式，但仅有规划、仅靠法规，却没有社会公德的城市空间，将是人类文明走向死亡和终结的坟墓。

（三）城市规划中道德体系异化瓦解的原因

城市空间的真正参与者是城市空间规划者、城市经营者、城市管理者和市民群体。因为城市建设者相对来说只是规划蓝图的施工者，是工具和过客。城市空间规划者包括建筑学者、城市规划学者、城市社会学者、交通学者、旅游学者、环境学者等自然科学和工程学者等，城市经营者包括城建开发商、房地产企业、商业地产企业、生产企业、商业企业、个体经营户等，城市管理者包括国土局、城规局、住建局、主管副市长、常务副市长和市长等，市民群体指与城市空间规划和城市生活攸关的市民群体。四个主要参与者都有各自组织和群体本体内在的私德和作为公共物品建设——城市空间规划建设——参与者的公德。

公德与私德实为梁启超在《新民说》的用语。他认为：“人人独善其身者谓之私德，人人相善其群者谓之公德”。认为“就折义言之”，公德和私德固然有所不同；但“就泛义言之，则德一而已，无所谓公私”。意指两者有密切联系。其《论中国国民之品格》指出：“中国所以不振，由于国民公德缺乏，智慧不开”，强调“公德者诚人类生存之基本哉”。《新民说·论公德》中写道：“公德之大目的，既在利群”，“人群所以为群，国家之所以为国”，皆赖公德“以成立者”。进而提出“合公私而兼善之”的道德建设方案。认为西方注重“一私人对于一团体之事”即公德，所以促进了社会的进步；中国封建社会则“偏于私德，而公德殆阙”，导致“人虽多，曾不能为群之利，而反为群之累”，使国家“日即衰落”。故主张以提高公德，倡导“牺牲个人之私利，以保持团体之公益”。①

从基本原则上看，这四者在道德体系上虽然都具有为规划建设美好城市的共同道德——公德，但由于他们的道德体系和内涵是相互独立的，从而使他们在社会行动过程中，会本性地遵循各自理念中理想化的私德，会基于对各自利益的理性追求，从而遗忘或抛弃共同公德，继续固化地因循更现实的、被异化的私德。

传统意义的私德，在古代是乡规民约制定的行为规则。如《宋史·吕大防传》：“（吕氏）尝为乡约曰：凡同约者，德业相劝，过失相规，礼俗相交，患难相恤。”在当代，私德指个人的道德规范，如品德、修养、作风、习惯及个人生活中处理婚姻爱情、家庭邻里关系等的道德规范。它通常以家庭美德为核心。

本节的私德，指作为社会中个体化的城市规划建设的四个参与者基于各自的先赋因素、个体化利益、知识结构、经验积累、组织目标、组织机制、运行规则、文化惯习等长期积累形成的原子化的道德体系。相比公德，其客观特点是本能性、临时性、局限性、变异性、权益性、排他性、非普适性和个体理性。

私德是诸如孝顺、忠贞等；公德是有普适性和公共性的全体公民和全社会需具有的集体道德，如诚信、善良、互助、平等、公正、敬业等。私德包含公德部分元素，公德涵盖私德所有元素。因此，有私德的人不一定有公德，但有公德的人都是有私德的。与梁启超希冀的“德一而已”有所不同的是，私德与公德没有天然的交叉融合关系，甚至可以是相互割裂的——一个屠杀幼儿园孩子的罪犯可能是个好父亲，一个侵吞公款的贪官可能是个孝子——私德内涵和公德内涵相互异化，这是第一次异化。

一个人或组织是否真正有公德、有公德实践或有道德行动，不仅取决于其是否有私德，更取决于其是否有公德意识和履行公德的能力。规划者、建设者、管理者和经营者这样的规划、建设、管理城市、提供社会公共服务的参与者，理应具备公德。我们关注的，是这些城市空间规划建设中的最重要参与者公德的内涵情愫有多少，或其私德领域中，公德的内涵比例有多高。一旦其公德的内涵情愫低，就很可能缺乏履行公德行为的能力，甚而会履行违德行为——公德意识与公德行为之间的异化，这是第二次异化。而这次异化，会引起直接的不良社会后果。

最根本的，在个人的天赋道德如良心、知识和经验等隐性的私德体系本身被异化后，将会从内部瓦解宏大而显性的社会公德体系，最终使公德名存实亡——被异化的个体私德蜕变为自私的道德，成为“私德”——这是第三次异化。

最终，社会中的个人和组织被异化瓦解为排他的有强烈主体性的“精致个人主义”

---

① 梁启超原著，康雪编著：《梁启超新民说》，中国文史出版社2013年版，第38～42页。

的现实个体。就城市规划建设的四方参与者看，这一异化瓦解过程如下。

从基本原则看，四者在道德体系上虽都有为规划建设美好城市的共同道德——公德。但由于他们道德体系和内涵相互独立、利己主义、理性主义，使他们在行动和互动过程中，本性地、本能地遵循各自理念中理想化的私德，会基于对各自利益的个体诉求，遗忘或抛弃公德，因循更现实的、被异化的“私德”。“我们如今称为道德的东西即发端于古代村民们的民德和爱护生灵的习俗。当这些首属联系纽带松懈消失，当这种亲切、明显的社区不再是一个警醒的、有自身特点同时又有共同的忧虑的团体时，‘我们’这一概念就将变为由无数个‘我’构成的乌合之众。次级联系和忠顺观念的虚弱性绝不足以阻止城市社区的解体。”① 当今城市已是一个道德上松懈的联盟，从天津港事件和四个参与主体的“去我们化”就可以看到。次级联系则相当于法律和教化的约束。

按常态，城市空间规划建设的四方参与者在先期形成了不稳定的平行四边形的社会关系，相互间仍有共同利益维系其社会网络关系并互相牵扯制衡。但市民群体一极首先被边缘化和虚无化后，城市空间规划者、经营者、管理者自然而然地形成了较固化稳定的三角关系（注意：经营者在“食物链”顶端）。当始终处于半边缘或傀儡状态的城市规划者被彻底排除在规划建设议程后，就只剩下城市管理者和城市经营者两者间超稳定的利益轴心。这一最终缺乏道德制衡和公众监督的利益轴心就会从个体利益出发，以被异化了的、自私的个体私德为导向，双向狂奔、肆意妄为（图 13. 2）。

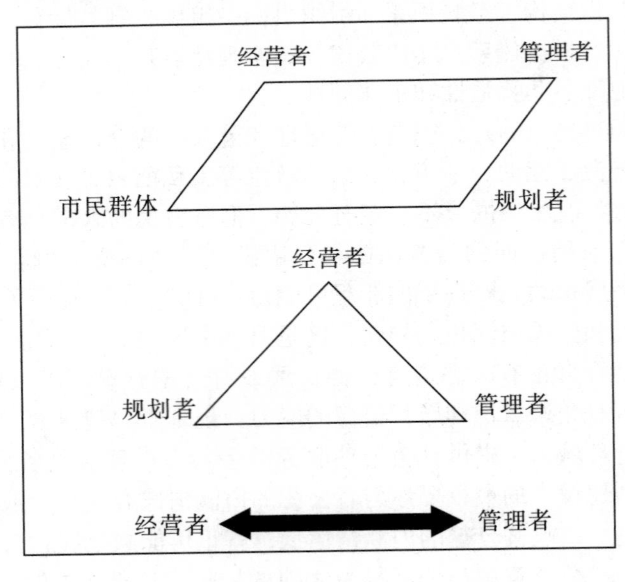

图 13. 2　道德的异化（笔者绘制）

芒福德感慨道：“除了整个街道网以外，没有一个单独的集会场所能容纳它的全部市民。没有一个心灵能理解它的市民们的复杂细腻的全部专门化活动，只能领略其中的一部分。轮廓形状的损失，意志自由的损失，日常生活中经常的挫折和折磨，且不说巨大的崩溃和突然中断——所有这些都成了大都市社会制度的正常现象。当权力集中到这样一种规

① 刘易斯 · 芒福德：《城市发展史：起源、演变和前景》，第 14 ～ 15 页。

模时，就有一个专门名词，叫做虚弱无能（impotence）。”① 这里可理解为权力集中于经营者和管理者后，公德的无能。

是什么促使了这一异化瓦解过程，即四者伦理道德体系的虚无化和腐朽崩塌？在道德制衡监督上首先“退场”或“脱域”的是市民群体。他们既没有参与城市空间规划的机制、渠道和机会，也缺乏有关城市空间规划的专业知识和经验，更缺乏相关的公共道德意识。非涉及自身直接利益的，即使具备了道德意识，他们也很少付诸道德行动，如对不良规划的阻止。

当下，大部分市民是有私德，而缺乏公德。私德与公德间会因人而异地存在着文化堕距，要将私德升华到公德水准，或私德和公德同步化和共融化，在当下高等教育普及程度和社会环境制约影响下的中国，还较为困难。其衡量指标是较高的：衡量一个人是否有公德，不在于他是否有不同程度的公德意识，而是是否有公德行为，即实现理想道德的果敢的道德行动力。市民在事不关己情况下，总是表现出道德冷漠，而一旦自己私利受损，个人私德意识才会被激活，并诉诸集体公德规范——但也常是作为非道德行为的牺牲者对他者诉诸公德、指责他人缺德——这就是常挂在嘴边的：这人真没素质；但从不反省自己是否真有公德、有素质。在这样的道德生态环境中，要指望市民时刻关注城市空间规划中的不道德行为实属枉然。也就是说，在城市空间规划过程中，一直缺乏市民群体的道德制衡监督。

如 TJ 港爆炸事件中，如果爆炸冲击波范围内的住区居民熟知城市规划中相关规章法律，甚或具有相关规划知识，可能会诉诸道德行动，阻止违规行为，包括阻止危险易爆品在港区囤积。但他们的公德失声了，换来了令他们家园梦碎的巨响。

城市规划者应是具有专业知识和专业道德的群体。但当规划者被雇佣于政府或企业的利益关系中，在高额规划费、专家费、劳务费诱惑下，会放弃原则和理想，要么同流合污，要么选择性判断失常。没有了伦理道德基石，丧失了知识分子的独立精神和反抗勇气，基于其专业知识的城规设计只是对巴比塔的堆砌。

规划者有私德，即有基于教化和知识的专业良心道德，但在与管理者和经营者的被雇佣关系中，一旦前两者中的一方或双方都是无公德者，其“私德”——自私的德性就会碾压规划者的道德意志，使其丧失或放弃公德，为维护切身利益，最终成为无德性的临时雇佣和傀儡。当然，一些规划者也深谙此道，主动与管理者和经营者共谋，形成封闭的闭环运作，这就是暗箱操作，已毫无公德约束可言了。他们如临时工一样，在完成城市规划的竞标获利后，即会退出。即便规划中出现了问题，也无从被追究。

TJ 市城市规划管理部门应是有不少城市规划学者的地方。如果失职，在职业道德上的拷问就是双重的：行政管理道德缺失，科学研究道德缺失。

城市管理者中的部分人将规划者视作一道可有可无的，权当粉饰公开、公平、科学、客观的凉菜。一些城市规划奉行这个荒谬的霸道逻辑：城市管理者要做一件事情，规划者就对这事进行肯定性的论证。后者没有批判和反对的可能。规划成了“科学地”认证管理者的“拍脑门蓝图”的走过场、跑龙套。

城市经营者是隐性的“城市权力精英”。就理性经济人而言，其优先考虑的是经济利

---

① 刘易斯·芒福德：《城市发展史：起源、演变和前景》，第 556 页。

益，不是社会利益——天然地缺公德。在“权钱交易”下，他们自然而然地寻找缺乏公德的管理者成为他们的利益同盟者。他们不尊重市民和社会利益，管理者和规划者只是他们在权谋和智商上可利用、没骨气、机会性的双傀儡。

RH公司和WK集团为私企利益争夺和滥用城市空间，前者是出于运输成本的考虑，后者是出于所谓海景房的暴利。假设RH公司知道货物的危害而担心殃及周边企业和居民，就不会在人口和经济高度集聚的城市空间放置高危物品，而是将其放置在有保护的隔离区或较偏远的城市区位；但它没有这样做，违反了规定、丧失了公德，最终引爆事件。假设WK集团能遵循《雅典宪章》和《马丘比丘宣言》中城市功能区的划分原则，就不会把新楼盘建在有危险的港区。而这些原则，仍可以被视为城市建筑和城市规划里的“道德经”，一旦违反，必会酿出不同程度的人性和道德悲剧。WK集团等房地产巨鳄们还可以庆幸的是，了解《雅典宪章》和《马丘比丘宣言》的国人并不多；否则，那些超高层、高密度，靠近铁路、高速公路、加油站、工厂、仓库、发电厂、垃圾山、机场等“滥建”起来的房地产的价格都将是负值。某些房地产企业的投资开发行为不仅违反建筑职业道德，也是违反人性的。

最后，要指出的是，负责培养城市规划师的高校，也未能在教书育人的过程中切实将规划师的职业伦理道德放在重要的位置。NJ市某985高校建筑学院城市规划系2018年的本科培养方案中关于“毕业生应具有的知识、能力、素质”的七个条目中的第六条“人文与道德素养”（几近最后一条）要求：毕业生应“具有较好的人文社会科学素养、较强的社会责任感、良好的规划师职业道德、健康的人际交往能力和自主学习、终身学习的能力。”但在院系设置的课程中，除“城市社会学”放置在“系列研讨课程”外，其“大类学科基础课”“专业主干课”“双语教学课程”和“实践环节”都没有相关职业道德课程。虽然在大类学科基础课或专业主干课可能出现有关内容，但作为独立的城市规划伦理道德课是没有的。这也许是问题根本所在——城市规划师从一开始就缺乏公德（社会道德和职业道德）的社会教化。

“在整个历史中，建筑师对乌托邦理想的生产和追求陷得最深（特别是——虽然不只是——空间形式的那些理想）。建筑师塑造空间，除了赋予它们社会效用，还给予它们人的意义和审美/象征意义。建筑师（包括城市规划师——笔者加）塑造和保存着长期的社会记忆，并努力给予个体和集体的渴望和欲望以具体形式。建筑师努力为新的可能性、未来的社会生活形式打开空间。”① 社会和公众对规划师是寄予厚望的，无论是知识还是德性。

为此，仅针对规划者和管理者，笔者曾建立了城建规划道德三级评价指标体系。有七个一级指标，涉及：城建规划学科专业、城建规划人员、城建部门组织、以人为本的城建规划道德意识、城建规划中各主要城市功能目标实现的道德要素、对政府相关部门执行各主要职能的道德评估指标、基于“风险城市”应对重大突发事件时的规划建设中的道德元素。七个一级指标下有41个二级指标和288个三级指标。这或许是阻止城市空间规划建设中道德体系异化瓦解的一剂良方，可以促进规划者、管理者、经营者和市民群体的伦理共识与城市规划建设的道德发展。

---

① D. 哈维：《希望的空间》，第196页。

由此可见，无论是TJ港爆炸事件还是贝鲁特港爆炸事件，城市规划者、城市管理者、城市经营者和普通市民群体都可以是悲剧的始作俑者或促成者。他们所缺乏的，不是专业知识，也不是工作经验和法律常识或管理规范，而是道德意识和道德勇气，即社会道德和职业道德的丧失。虽然道德沦丧不是引发国内外城市空间悲剧的唯一原因，本研究也无意奉行唯道德论而忽视规划学、管理学和经济学上的原因，但从伦理学角度看，这毕竟是个人文主义的诱因，而在进行城市规划、建设、管理、经营的过程中，应予以新的认识。

但人性化的追求不能极端，否则会矫枉过正。正如芒福德所提醒的："某种善，若追求得太死板可能变成一种极大的恶，会给继续发展设定某种局限；而错误和灾祸一经被认识和受到挑战时，将会从反作用中提供前进的动力。"①

① 刘易斯·芒福德：《城市发展史：起源、演变和前景》，第189页。

第十四章 重建"我们的城市"

"与理想中的乌托邦形成鲜明对比的是一个充满灾难和梦魇的地狱般的城市。建设如此城市的动机很明显，而且与城市形式联系在一起：极端的物欲，感观的混乱，时间空间的混淆，疾病，隔离，污染，酷热，沙尘，严寒，垃圾，黑暗，昏暗的灯光，噪声，痛苦，饥饿，出行障碍，人身限制，突发的社会变革等等。最基本的动机是对个体的外部掌控，破坏个性自由发展，阻碍社会进步，从而使恐惧、疑惑、仇恨弥漫于人间。"① 这当然绝对不是我们想要的城市。

而"每个人都应该生活和工作在一个小的有界限的范围内，在这个范围内，他会感觉到无拘无束。同时，通过把一个城市绘制成一个由那些细胞组成的图案，设计者可以确信他的能力和位置，而且可以确信每个地区都有它所需要的当地设施，学校、商店和其他设施就像细胞一样分工合作，相互配合。"② 这些小的范围，就是某个城市、城区，那些细胞，就是城市中的各种提供功能性服务的微观空间。而这些微观空间，就是我们日常生活和工作中所需要的。

"'城市的作用在于改造人。'……缔造和改造人类自身，正是城市的主要功能之一。在任何一个世代中，相应的城市时期都产生了多种多样的新角色和同样丰富多彩的新潜力。这些东西带来了法律规范、举止风度、道德标准、服装、建筑等各方面的相应变化，而这些新变化最后又将城市转变成一个活的整体。"③ 换言之，如果连城市规划者和管理者的思想都死了，城市也不能活。但市民是最具活力的，是他们创造了城市、建设了城市、改变了城市，城市因他们而活着。

基于此，我们要有一个原则，要把关于城市的规划建设这一过程也作为一个民主决策过程，就如哈维所主张的，把城市交还给市民，回归给市民。在这个意义上，规划师在进行规划前，应先听取人民的意见。这些意见不外乎三个层面：一是在这块土地上，是否允许建设人工建筑？二是如果可以建，建什么功能的人工建筑？三是这些人工建筑建成后，其社会效益如何？这是在三个层面上使城市真正掌握在人民的手中。这也是避免出现各种复杂微观空间问题的基本屏障，因为人民，只有人民，才是最为关心自己所工作、生活、行走的城市的，尤其是与之利益攸关的微观城市空间。芒福德指出："更应当受到严格审查和批评的，也许是传统的城镇规划师的那些梦想；因为人工改良的物质外形往往最终包含着一个失败的、精神衰弱的城市机体。"④ 个体不能也不可能代表了整体。

---

① 凯文·林奇：《城市形态》，第 251 页。

② 凯文·林奇：《城市形态》，第 275 页。

③ 刘易斯·芒福德：《城市发展史：起源、演变和前景》，第 122 页。

④ 刘易斯·芒福德：《城市发展史：起源、演变和前景》，第 210 页。

为释放人性，由市民参与设计、建设和管理城市空间的好处是显然的：“使用者介入管理有两个好处：他们最有利于管理，他们是最熟悉、最有积极性去改善这个地方的人；由使用者自己管理更适合他们对安全、满足和自由的要求。”①

“一些非常普通的人，包括穷人、受歧视者和未受教育者等，会抓住这个机会（此指听证会——笔者注）表现他们自己，就像是一些有名望、有思想的人在表现他们自己一样，我决没有任何讽刺的意思。在谈到他们最为熟悉的生活中的东西时，这些人的言语非常有智慧，而且很雄辩。在提到一些他们所关心的事情时，他们会显得很有激情，这些事情都与当地有关的，但决不是狭隘的小事情。当然，他们所说的内容中也会有一些愚蠢的、不真实的、自私的东西；但是，看看这些言语产生的效果本身也是一件有益的事。我想，我们这些听者是不会这么容易就受到影响的，重要的是我们应该理解并正确估量他们的情绪。在城市生活、职责和担忧方面，城市里的人最有发言权，当然会有一些愤世嫉俗、言过其实的地方，但是也有真知灼见和坚定信念之处，而这正是最有价值的东西。”②这段话，也许就是“我们的城市”的伦理精髓所在。

因此，在城市规划中，应处理好六大宏观伦理关系：城市居民与城市的伦理关系，城市管理者与城市的伦理关系，城市规划者与城市的伦理关系，城市管理者/规划者与城市居民的伦理关系，城市管理者与城市规划者的伦理关系，城市发展开发商③、企业与城市的伦理关系。

在城市规划中，应处理好六大微观伦理关系：城市政府不同部门间的伦理关系，政府部门中官员间的伦理关系，城市不同社会群体间的伦理关系，不同学科专业规划者即知识分子间的伦理关系，不同生命历程的人群与阶段性微观空间的伦理关系，不同类型微观空间之间的伦理关系。

研究城市中的关系，林奇提出了“一般理论”理念：“城市，作为一种空间现象，有三个理论分支致力于对它的研究。第一个分支，称作‘规划理论’，研究怎样制定或应该怎样制定复杂的城市发展决策。但由于这个概念适用于所有复杂的政治和经济计划，所有这个理论分支所研究的范畴远远超出了城市规划的领域，而且在其他领域中已发展得比较成熟了。因而这个理论有一个更广泛的名称‘决策理论’。第二个分支，我称它作‘功能理论’，更侧重于城市本身，因为它试图解释为什么城市会有这种形态，以及这种形态是如何运转的。这是一个内容范畴比较合适的理论分支——不像决策理论那样具有泛泛的意义——并且它在今天再度引起了人们的兴趣。……第三个分支，是一支发展得比较薄弱，需要我们关注的理论，但它却起着非常重要的作用，我称它作‘一般理论’，用于处理人的价值观与居住形态之间的一般性关联，换句话说，当你看到一个城市时，如何认定它是一个好的城市。这才是我们真正关注的问题。”④ 城市是否好，要看是否处理好了人的价值观与居住形态之间的关系，即人的意志与城市空间之间是否契合。

---

① 凯文·林奇：《城市形态》，第148页。

② 简·雅各布斯：《美国大城市的死与生（纪念版）》，第374页。

③ 在我国各大中城市，隶属于市政府的城市发展投资公司（简称城投）扮演着重要、独特、复杂角色。

④ 凯文·林奇：《城市形态》，第26页。

就像在城市规划中，基于人们过时的知识结构所形成的墨守成规的思维定式，是造成在新时代和新形势下空间规划失败的一个重要原因——就是人的意志与城市空间的不契合。例如，当谈到对老工业遗址的改造时，首先甚至唯一想到的就是改造成文化产业园，反复炒作的就是伦敦港口、纽约 SOHO 老工业城区和鲁尔老工业区的改造模式，却没有发现，我国自 2006 年以来施行的将老工业厂区改造为文化产业园的方式，实际上已是弊病百出，已毫无可持续的价值。

如笔者在参与对辽宁鞍山鞍钢的老工业遗址改造时就认为：虽然可以继续沿用将旧工业遗址改造为文化产业园的改造模式，但不主张将其作为唯一的路径手段。笔者的教育部研究成果对此已有研究。这样的模式已然过时，对城市经济社会效益有限。最主要的是：鞍山的老钢铁工业并不具有工业历史的代表性和意义。应与国内外将老工业厂区改造为工业旅游遗址和文化产业园的案例相比较，找新问题、新弱点、新困难、新瓶颈、新矛盾、新差距，树新的意志。为此，笔者提出了对老工业厂区改造利用的新模式——社会再造——新的城市规划意志。即将闲置的工商业建筑进行社会性改造，作为对老工业遗址改造利用的新方案之一，这不是对文化产业园模式的否定，而是补充。

社会再造指将长期闲置、体量较大、周边居民有社会性功能需求的工业和商业建筑改造为社会性功能建筑，如幼儿园、小学、社区医院、养老院、经适房、休闲中心、体育设施、公园绿地、精神病康复院、停车场等，以解决民生问题。这些社会性功能包括居住功能，基础功能，服务功能，福利功能，教育功能，生态功能，就业功能，休闲功能，安全功能，特殊功能，社团功能，体育功能。如居住功能尤其指经适房、廉租房、集体公寓的建设。

这个理念得到了国家的认可——笔者的“新型城镇化下‘后世界工厂时代’旧产城的社会再造”获得 2015 年国家社会科学基金一般项目的立项。

回到鞍山。鞍山市是一个老工业城市，拥有一个全国知名的老企业鞍钢，但面临着衰败落后的局面，急需改造升级。按 2020 年市政府主管负责人的观点和想法，是将其改造为教育、养老和旅游城市。但是，只有两所职校，怎么搞教育？东北老人都往海南岛跑，怎么搞养老？只有一个温泉疗养院，怎么搞旅游？

笔者经实地调研后，提出了不同的改造思路，具体想法如下。谨此与市政府和项目研究负责人的方案进行对比，可以看出大家在出发点、理念和做法上的差异。

首先，对于鞍钢的重要厂区，由于厂区较大、更为破败，也难以想出改造利用的途径，包括笔者在内的调研者和干部虽然看到了在废弃厂区迎接我们的老工人和领导们殷切期望的眼神，但也表示只能放弃。但在当天的接待晚宴上，笔者有幸见到一位鞍钢的老领导（原工厂技术员和董事长），听他谈到了这个工厂的发展历史，深深地感受到了老一代工人对工厂、对集体、对荣誉、对历史、对工作的无限眷恋和热爱。因此，在第二天市长召集的各部门联席研讨会上，笔者改变了原先放弃的建议，转而提出了保留该老厂区的主张：对该厂区未拆除的厂房建筑及其附属设施设备进行留存、清洗、保养、保护，并把厂区重新绿化，利用老厂房改建一个文史馆，以保留残存的工厂档案和旧物等。其目的，并不是将老厂区改造为文化产业园，也无需硬性改为工业遗产旅游地，也不可能改为学校等社会功能区，而就是简单地保留、保护。其唯一的目的很纯粹：留住共和国的一段历史，维系工厂老工人乃至城市近三代人的历史感情和集体记忆，以表示对老一代工人阶级和他们所付出的辛勤劳动的尊敬。留住岁月、留住记忆、留住情感，这是一块在这个城市里不可以被抹去的历史文化感情圣地。因为，这是他们的工厂、他们的城市，也是我们的城市、我们的历史、我们的文化。

对此，如果没有开发商愿意投资这样无利可图的改造，那么很简单，笔者提出，可以让工厂的老工人们、让老工人的子孙们、让该城两所大学的大学生们、让志愿者们，参与到厂区的保护、修复、保养工程中，这或许是一项尊重历史、留住记忆、维系情感、激励斗志的公益活动，可能产生难以想象的社会和道德效应。这是对历史和老工人的一种还债，因为，我们亏欠他们的实在是太多。

这种似乎回归到改造活用工业遗址的老办法，是带有笔者作为知识分子的主观善良意志的，也代表了一代工人的意志。但是，这是不是真正合理和可持续的，是值得思考的。因此，我们仍要改变自己的意志，把代表老工人的这个我们，扩展到更大的“我们”上，即要考虑整个鞍山市人民的长远的、可持续的福祉。

这迫使研究者对此老问题要改变顽固的、被外界强加的既有意志，要有新的思路。新思路可以是根据研究对象的历史延续性和实际现状，回归到原来的传统道路上，而不是执意地为了所谓的创新而创新。对此，笔者提出鞍山的历史机遇基于三点：一是关注国家关于2025制造业规划的有关文件和规划，鞍山是有对传统制造业再创业和再改造的基础的；二是关注美国和欧洲等国对华贸易制裁所暴露的我国产业体系的缺陷和短板，看鞍山可以承接什么方面的科研和产业；三是重温《国家新型城镇化规划（2014—2020）》内容，有针对性地规划，补经济社会发展短板，添新增长点。在此，笔者甚至推翻了自认为满意的，已于2020年结项的国家社会科学基金项目中将闲置工商业建筑改造为社会公共服务设施的理念，否定自我意志。在此新的研究背景和指导思想下，就必须在制定鞍山发展规划前，先进行独立的、客观的、科学的、全面的调研工作，而不是简单、孤立、片面地仅关注几个点状分布的老工业遗址。因为这个城市不是我的城市，是我们大家的城市。因此，所涉及的研究领域应广泛包括地理区位、人文历史、人口结构、经济结构、资源潜力、社会结构、政治特点、生态环境、交通运输、宗教文化、科研教育、生活方式、民风民意、城市形象，涉及大量专业学科和专家团队。

对笔者来说，鞍钢老厂区可改造为社会公共服务设施，因为对于鞍山人来说，鞍钢是“我们的”。对老工人们来说，鞍钢是“我们的”，遗址要保留下来。但对于区域乃至辽宁省和东北来说，鞍钢也是“我们的”，要尝试产业升级。

“就时钟来说，这个标准是地球的旋转；就人类的文化来说，这个标准是人的纯粹而完整的本性，不只是被机械所迷惑并屈从于机械需要的那一部分本性。同样，城市也是这样：为了纠正我们过分机械化的文明的缺点，我们必须建立起多中心的控制体系，并有足够的道德、聪明才智和自尊自重，从而当人类生命处于危机或人类的个性遭到丧失价值和选择机会的威胁时，能够在任何地方阻止这个自动过程，不论它是机械的、官僚政治的或是组织上的。”① 城市不能是一个复杂的、“绞肉机”式的机器，不是人的容器，而是人性与文明的抉择地。

城市微观空间规划建设中应遵循的基本原则是：①人性化，以人为本；②社会化，社

① 刘易斯·芒福德：《城市发展史：起源、演变和前景》，第567页。

会目标至上；③生态化，生态环境修复与保护；④人文化，尊重、继承、弘扬、活用历史文化；⑤多元化，在经济、社会、文化等各方面要有包容性和多样性；⑥精细化，注重最微小的细节和具体项目；⑦效用化，规划项目既要有商业价值，更要有社会价值和使用价值。

市民对城市微观空间的使用需求、市民对微观空间的使用效益、市民对微观空间的使用感受，这些都是衡量城市微观空间对人类良好感知的必要衡量指标。因此，无论是将鞍钢老工业厂区改造为文化产业园、社会公共服务设施、工业旅游遗址，还是进行产业升级，都涉及城市相关的广泛社会群体的使用需求、使用效益和使用感受。使用需求是微观空间的功能设施是否具备和齐全，是解决功能“有没有”的问题；使用效益是具备或齐全的功能设施是否可以起到使用效果，解决能否用的问题；使用感受是这些可供使用的功能设施在使用时，是否人性、简易、便捷、舒适、安全、通达、环保等，是解决在使用时是否有幸福感、满足感、获得感的问题。只有在地的居民自己才最关心自己的社区，把社区当作“我们的”。当然，这个“我们”是有其多元的内涵和外延范畴的。

这就涉及对城市微观空间形态的选择。“测试一个地方的典型局部的‘适宜性’。在一个大都市中，这会是一个过分的任务。像这样一个‘摸象’的任务，一定要找出对该文化最典型、最重要、最有疑义的问题。在我们的城市环境中，这些特征性的问题也许就是有关家庭的生活形态（郊区住宅、出租公寓）；一般的工作场所和物流场所（办公室、工厂、超级市场）；常见的交通方式（公共汽车、在高速路上自己驾车）；儿童出没的地方（学校、街角、空地）；一些和病人、老人、死亡相关的地方（医院、老人院）。在这些地方进行观察和访谈，再加上已有的文献资料，将会对这个城市有一个很好的基本了解。所提出的问题：‘这里的环境和行为适宜吗?’以及‘这里是否非常稳定，是否与使用者的预料一致’?”① 这是城市微观空间的人性化研究的对象和思路。“如果是使用者而不是远方的业主来管理，而且所有的条件都具有足够的弹性可以依据使用者的需求来改造，那么，‘适宜’就比较可能达到。”② 城市空间的实际使用者应决定一切。

“世界环境与发展委员会在1987年提交的《我们共同的未来》报告中指出，我们应当营造宜居的环境。宜居，即满足当代城市及其居民的需求，同时不损害子孙后代追求幸福生活的权利。”③ 这是一个涉及后代的其他的“我们”。

“城市是由许多不同的群体来建设和维护的：家庭、工业企业、政府机关、开发商、投资者、管理和福利机构、市政公用公司，等等。由于每一个群体都有自己的利益，所以决策的过程是间接和重复的，处于一种讨价还价的状态中。其中一部分群体起主导和决定作用，其余的则只有服从这些主导者。……由这些‘形的提供者’（从建筑中挪用一个术语）所决定的基本结构中，同时也填充了其他许多群体的行为和作用，特别是诸如每个家庭和中小型工业企业对在哪里安家落户的决定，房地产投机商、小的开发商、建筑商对市场的预测行为，地方政府制定规则和政策支持的作用。这些群体虽然不能控制大的方向，但却能通过消防、建筑、区划法规对城市环境质量起很大作用，通过他们的发展来建

---

① 凯文·林奇：《城市形态》，第114页。

② 凯文·林奇：《城市形态》，第118页。

③ 亚历山大·加文：《如何造就一座伟大的城市》，第34页。

设学校、街道和绿化，通过这些公共服务设施来保证公共教育、治安、卫生的质量。"①所以，城市很多微观空间是要仰仗地方、社区这样的基层规划者和普通使用者去关注和营造的，这里的"我们"是多种多样的、多元利益的，都应得到照顾和尊重。

为此，从城市规划者、城市建设者、城市管理者、城市经营者到城市市民，都应将长期以来基于"我的城市"的城市观转变为"我们的城市"。所谓的"我的城市"是基于每个社会组织、每个社会群体、每个个体，包括我们的大自然，从个体化的目标、战略、利益、知识、体制和价值取向进行城市规划、建设和管理，带有自由主义和市场杠杆的意识形态导向，其结果可能导致城市规划、建设和管理的区域性和阶段性，有较强烈的个体化的理性主义和功利主义的色彩。在此基础上，其所呈现的规划、建设和管理的城市空间后果必然是较为破碎化、临时性和局部化的，从而构建出在城市中无数的微观空间，这些微观空间就是整体城市空间的各个相互镶嵌、契合的城市空间细胞。但正是缘于这些空间细胞建设时不同的、变异的个体化价值背景，使之始终存在着各种各样的非人性化问题。这里的人性化也是指代反对自私自利的个体化或个体主义的、适用于所有城市居民的人性人文关怀和社会伦理信仰。

"我们是处在这样一个时代：生产和城市扩张的自动进程日益加快，它代替了人类应有的目标而不是服务于人类的目标。我们时代的人，贪大求多，心目中只有生产上的数量才是迫切的目标，他们重视数量而不要质量。在物质能量、工业生产率，在发明、知识、人口等方面，都出现这种愚蠢的扩张和爆炸。随着这些活动的量的增加和速度的加快，它们距离合乎人性原则的理想目标也越来越远了。其结果是，现在人类要对付的威胁远比古代人所受的威胁为巨大而可怕。"② 芒福德还说："人类这个驯顺的生物将不再需要城市；过去的城市将缩小到一个地下控制中心的规模，因为生活的所有其他属性都为适应控制和自动化的需要而丧失殆尽。趁人类的大多数尚未在'自动化天堂'（pneumatic bliss）小恩小惠的诱惑下盲目接受这种前景，趁整个儿威胁尚未被这些小恩小惠掩盖起来……"③

对此，全体城市生活的参与者应建立"我们的城市"这样的城市共同体理念，以之作为最高目标和价值导向。"我们的城市"意味着：每个社会组织、每个社会群体、每个个体，应以共同目标、战略、利益、知识、体制和价值取向进行城市规划、建设、管理，是社会主义和民主主义的意识形态导向，其结果可能导致城市规划、建设和管理的全域性和长期性，有较强烈的集体化的理想主义和利他主义的色彩。在此基础上，其所呈现的规划、建设和管理的城市空间后果必然是较为整体化、长期性和全局化的。在此大前提下，作为城市空间细胞的微观空间才能摆脱个体主义和自由主义的误导和绑架，走入真正自由、人性和广阔的境界。

"城市权利远远超出我们所说的获得城市资源的个人的或群体的权利，城市权利是一种按照我们的期望改变和改造城市的权利。……城市权利是一种集体的权利，而非个人的权利。……建设改造自己和自己城市的自由是最宝贵的人权之一。然而，也是迄今为止被

---

① 凯文·林奇：《城市形态》，第28页。
② 刘易斯·芒福德：《城市发展史：起源、演变和前景》，第581页。
③ 刘易斯·芒福德：《城市发展史：起源、演变和前景》，第2页。

我们忽视最多的一项权利。”① 在城市属于“我们”的前提、原则和理念下，有可能使不同的社会组织、社会群体、个体形成共同的价值观和目标，形成城市建设与发展的共同体理念。而这，是使得现有的城市微观空间和未来将要不断出现的微观空间得以人性化的人文基础。在此基础上，我们就可以从最细微处、最敏感处和最易忽视之处，考虑到城市中各种微观空间的人文构建和人性塑造，使城市成为全体居民的共同家园，成为人类文明的伊甸园，成为我们共同的未来。

---

① D. 哈维：《叛逆的城市：从城市权利到城市革命》，第4页。

参考文献

奥姆斯特德．美国城市的文明化［M］．王思思，等译．南京：译林出版社，2013.

白晶．居住区儿童户外游憩空间研究［D］．哈尔滨：东北林业大学，2005.

保继刚，刘雪梅．房地产开发主导下城市滨水区更新的反思：以广州滨江东为例［J］．规划师，2005（5）.

北京大学中国社会科学调查中心．中国民生发展报告：2012［M］．北京：北京大学出版社，2012.

贝克尔，贝克尔．生活中的经济学［M］．章爱民，徐佩文，译．北京：机械工业出版社，2013.

伯顿．小房子［M］．郝小慧，译．郑州：大象出版社，2019.

薄宏涛，党杰，刘恩芳，等．“超高层建筑的城市意义”主题沙龙［J］．城市建筑，2012（16）.

布鲁格曼．城变：城市如何改变世界［M］．董云峰，译．北京：中国人民大学出版社，2011.

蔡禾．城市社会学：理论与视野［M］．广州：中山大学出版社，2003.

蔡禾．从统治到治理：中国城市化过程中的大城市社会管理［J］．公共行政评论，2012，5（6）.

蔡中为．“公交都市”建设的国际比较及启示［J］．城市，2015（8）.

陈丛兰．由“门”管窥中国古代居宅伦理之堂奥［J］．齐鲁学刊，2021（5）.

陈映芳．城市开发的正当性危机与合理性空间［J］．社会学研究，2008（3）.

陈友华，赵民．城市规划概论［M］．上海：上海科学技术文献出版社，2000.

陈元．做好做实城市发展的“里子”［N］．人民日报，2010－06－03（A21）.

陈袁园．城市空间的道德价值［D］．苏州：苏州大学，2016

陈钊，陆铭，陈静敏．户籍与居住区分割：城市公共管理的新挑战［J］．复旦学报（社会科学版），2012（5）.

陈志刚，曲福田，黄贤金．中国工业化、城镇化进程中的土地配置特征［J］．城市问题，2008（9）.

崔景贵．我国学校心理教育的发展历程、现状与前瞻［J］．教育理论与实践，2003（5）.

崔旭川．德国慕尼黑市公共交通体系营建［J］．北京规划建设，2018（1）.

德塞托．日常生活实践［M］．方琳琳，译．南京：南京大学出版社，2009.

邓述平，王仲谷．居住区规划设计资料集［M］．北京：中国建筑工业出版社，1996.

迪安．社会政策学十讲［M］．岳经纶，温卓毅，庄文嘉，译．上海：格致出版社，上海人民出版社，2009.

蒂耶斯德尔．城市历史街区的复兴［M］．张玫英，董卫，译．北京：中国建筑工业出版社，2006.

董禹．凯文·林奇人文主义城市设计思想研究［D］．哈尔滨：哈尔滨工业大学，2008.

费斯克．解读大众文化［M］．杨全强，译．南京：南京大学出版社，2001.

费孝通．乡土中国［M］．北京：北京出版社，2021.

盖尔．交往与空间［M］．何人可，译．北京：中国建筑工业出版，2002.

甘绍平．伦理学的当代建构［M］．北京：中国发展出版社，2015.

戈瓦斯特，沈佳．城市和“社区”：罗伯特·帕克的都市理论［C］//孙逊，杨剑龙．全球化进程中的上海与东京．上海：上海三联书店，2007.

根特城市调研小组．城市状态：当代大都市的空间、社区和本质［M］．敬东，谢倩，译．北京：中国水利水电出版社，2005.

顾朝林. 城市社会学 [M]. 南京：东南大学出版社，2002.
郭恩章. 再议城市公共空间 [J]. 北京规划建设，2010 (3).
关肇邺. 美国斯坦福大学校园建设 [J]. 世界建筑，1989 (2).
哈维. 希望的空间 [M]. 胡大平，译. 南京：南京大学出版社，2006.
哈维. 叛逆的城市：从城市权利到城市革命 [M]. 叶齐茂，倪晓晖，译. 北京：商务印书馆，2014.
韩林飞，王晓川，吴浩军. 国外首都城市发展及其中央政府用地布局形式 [J]. 北京规划建设，2004 (4).
韩效. 大都市城市空间发展研究 [D]. 成都：西南交通大学，2014.
何浩. 基于女性视角的城市公共空间规划设计研究 [D]. 武汉：华中科技大学，2007.
何志宁. "城市失用地"的概念、类型及其社会阻隔效应 [J]. 南京社会科学，2013 (4).
赫茨伯格. 建筑学教程：设计原理 [M]. 仲德崑，译. 天津：天津大学出版社，2003.
亨廷顿. 文明的冲突与世界秩序的重建 [M]. 北京：新华出版社，2010.
侯景新. 城市区位价值评估研究 [J]. 城市发展研究，2009，16 (10).
黄时进. 重塑空间：大数据对新城市社会学的空间转向再构建 [J]. 安徽师范大学学报（人文社会科学版），2018，46 (4).
黄晓春. 中国社会组织成长条件的再思考：一个总体性理论视角 [J]. 社会学研究，2017 (1).
吉登斯. 社会学（第4版）[M]. 赵旭东，齐心，王兵，等译. 北京：北京大学出版社，2003.
贾中. 医院建筑生态文化理论及设计创意研究 [D]. 重庆：重庆大学，2010.
江昼. 滨水区房地产开发对城市生态环境的影响 [J]. 城市问题，2008 (8).
姜博宇. 城市公共空间园林景观规划私密性思考 [J]. 现代园艺，2018 (9).
康晨. 城市空间形态演变的微观政治：对上海市卢湾区田子坊空间形态的研究 [J]. 甘肃行政学院学报，2013 (1).
考伯. 市民摩天楼：私有建筑于公众生活的反思 [J]. 世界建筑，2004 (6).
科特金. 全球城市史（第4版）[M]. 王旭，译. 北京：社会科学文献出版社，2010.
孔翔飞. 城市规划中的伦理问题探析 [D]. 曲阜：曲阜师范大学，2013.
乐丹怡，吴金洪，李秋苓，等. 汽车视觉盲区预测及解决方案 [J]. 科技创新导报，2011 (20).
雷艳辉. 城市道路交通噪声对临街建筑的影响研究 [J]. 资源节约与环保，2018 (12).
李京生，马鹏. 城市规划中的社会课题 [J]. 城市规划学刊，2006 (2).
李克平，倪颖. 城市道路交叉口行人过街信号控制问题分析 [J]. 城市交通，2018 (5).
梁启超，康雪. 梁启超新民说 [M]. 北京：中国文史出版社，2013.
林琳，傅鸣，许学强. 广州珠江滨水区更新模式的思考 [J]. 人文地理，2007 (1).
林奇. 城市形态 [M]. 林庆怡，译. 北京：华夏出版社，2001.
林瑞. 中国园林艺术欣赏 [M]. 重庆：西南师范大学出版社，2016.
刘君. 广场文化研究 [J]. 学术交流，2004 (8).
刘玲. 功能平衡目标下城市住宅区土地集约利用研究 [D]. 武汉：华中科技大学，2011.
刘士林. 市民广场与城市空间的文化生产 [J]. 甘肃社会科学，2008 (3).
刘天宝，柴彦威. 地理学视角下单位制研究进展 [J]. 地理科学进展，2012，31 (4).
卢因. 社会科学中的场论 [M]. 北京：中国传媒大学出版社，2016.
罗芳媛，任利剑，运迎霞. 莫斯科与北京地铁网络发展特征比较与评价 [J]. 现代城市研究，2020 (1).
吕方. 责任伦理的道德建设与城市现代化 [J]. 南京工业大学学报（社会科学版），2002 (1).
马建业. 城市闲暇环境研究与设计 [M]. 北京：机械工业出版社，2002.
芒福德. 城市发展史：起源、演变和前景 [M]. 宋俊岭，倪文彦，译. 北京：中国建筑工业出版社，2005.
欧凡. 城市公共空间如何"公共"：南京公共广场的市民参与度调查研究 [J]. 艺术科技，2013 (8).

帕克，伯吉斯，麦肯齐．城市社会学［M］．宋俊岭，吴建华，王登斌，译．北京：华夏出版社，1987.
潘泽泉．当代社会学理论的社会空间转向［J］．江苏社会科学，2009（1）．
邱竹，徐晨．道德概念的哲学史维度：浅析四种哲学进路下的道德概念［J］．社会科学研究，2014（2）．
任绍斌．单位大院与城市用地空间整合的探讨［J］．规划师，2002（11）．
沈建章，洪文俊，徐彦杰，等．高速公路绿化林带降噪效果研究［J］．绿色科技，2017（22）．
石蕊．天津市市民公共出行最后1公里衔接的对策研究［D］．天津：天津大学，2015.
斯科特．国家的视角［M］．王晓毅，译．北京：社会科学文献出版社，2012.
宋伟轩，徐岩，朱喜钢．城市滨水空间公共性现状与规划思考［J］．城市发展研究，2009，16（7）．
苏伟忠，王发曾，杨英宝．城市开放空间的空间结构与功能分析［J］．地域研究与开发，2004（5）．
孙施文．城市规划哲学［M］．北京：中国建筑工业出版社，1997.
索斯沃斯，本-约瑟夫．街道与城镇的形成［M］．李凌虹，译．北京：中国建筑工业出版社，2006.
邰学东．英国城市滨水区开发的经验与启示：以卡迪夫湾和伦敦道克兰码头开发为例［J］．江苏城市规划，2007（12）．
唐文哲．“最窄人行道”地铁存在的背后［J］．法制博览（中旬刊），2014（12）．
特纳：社会学理论的结构（第7版）［M］．邱泽奇，张茂元，译．北京：华夏出版社，2006.
滕尼斯．共同体与社会［M］．张巍卓，译．北京：商务印书馆，2019.
王建国，吕志鹏．世界城市滨水区开发建设的历史进程及其经验［J］．城市规划，2001（7）．
王军．大马路之痒［J］．瞭望，2005（22）．
王军．建设有良心的城市［J］．瞭望，2011（26）．
王蕾，彭玉凌．精神病患者的人权保障机制探析［J］．成都大学学报（社会科学版），2011（5）．
王琳．梦想称雄世界但仅排第七［N］．新商报，2011-2-16（A31）．
王世军．论城市规划的社会学转向［J］．同济大学学报（社会科学版），2011，22（2）．
王晓鸣，李国敏．城市滨水区开发利用保护政策法规研究：以汉口沿江地区再开发为例［J］．城市规划，2000（4）．
王晓文．欧美城市滨水区研究的新视角：政治生态学转向［J］．地理科学，2009，29（4）．
王鑫．道路景观中视野盲区的整改研究［J］．西部皮革，2018（16）．
沃思．作为一种生活方式的城市性［J］．美国社会学杂志，1938（44）．
武际可．马路，是越宽越好吗?：谈谈城市的道路规划问题［J］．力学与实践，2000（6）．
夏建中．新城市社会学的主要理论［J］．社会学研究，1998（4）．
夏正浩，初立平，周永涛．莫斯科地铁现状及经验借鉴［J］．城市轨道交通研究，2010，13（8）．
向德平．城市社会学［M］．北京：高等教育出版社，2005.
谢雅辉．城市道路景观中视觉盲区的设计研究［D］．福州：福建农林大学，2012.
徐永健，阎小培．北美城市滨水区开发的经验及启示［J］．现代城市研究，2000（3）．
许小主．新型城市化过程中城市规划的伦理缺失［J］．湖南工业大学学报（社会科学版），2009，14（1）．
雅各布斯．美国大城市的死与生（纪念版）［M］．金衡山，译．南京：译林出版社，2006.
严晶．浅论城市公共空间［J］．苏州大学学报（哲学社会科学版），2007（1）．
杨波．行人过街系统规划研究［D］．成都：西南交通大学，2009.
姚时章，王江萍．城市居住外环境设计［M］．重庆：重庆大学出版社，1999.
尹绪忠．论城市文化特色的若干显性展示：以广东中山市为例［J］．社会科学，2009（11）．
于哲新．浅谈水滨开发的几个问题［J］．城市规划，1998（2）．
于贞贞．公共空间私密性营造：以荷兰乌得勒支大学图书馆为例［J］．美与时代（城市版），2018（10）．
俞展猷，李照星．纽约、伦敦、巴黎、莫斯科、东京五大城市轨道交通的网络化建设［J］．现代城市轨道交通，2009（1）．

运迎霞，李晓峰. 城市滨水区开发功能定位研究［J］. 城市发展研究，2006（6）.
亚里士多德. 政治学［M］. 吴寿彭译. 北京：商务印书馆，1983.
张红旗. 海绵城市理念下的道路排水设计研究［J］. 江西建材，2018（14）.
张庭伟. 中美城市建设和规划比较研究［M］. 北京：中国建筑工业出版社，2007.
张庭伟. 城市规划的基本原理是常识［J］. 城市规划学刊，2008（5）.
张向和. 垃圾处理场的邻避效应及其社会冲突解决机制的研究［D］. 重庆：重庆大学，2010.
张中华，张沛，朱菁. 场所理论应用于城市空间设计研究探讨［J］. 现代城市研究，2010，25（4）.
赵汀阳. 城邦、民众和广场［J］. 世界哲学，2007（2）.
赵伟，尹怀庭，沈锐. 城市规划公众参与初探［J］. 西北大学学报（哲学社会科学版），2003（4）.
周丽洁，熊礼明. 论旅游门票乱涨价中的“门票经济”及其治理［J］. 消费经济，2010（1）.
周尚意，吴莉萍，张庆业. 北京城区广场分布、辐射及其文化生产空间差异浅析［J］. 地域研究与开发，2006（6）.
周晓虹. 西方社会学历史与体系［M］. 上海：上海人民出版社，2002.
张健. 欧美大学校园规划历程初探［D］. 重庆：重庆大学，2004.
翟斌庆. 医疗理念的演进与医疗建筑的发展［J］. 建筑学报，2007（7）.
Gerin A. Stories from Mayakovskaya metro station：the production/consumption of stalinist monumental space，1938［D］. Leeds：University of Leeds，2000
GU YY. The inspiration of the public transportation system of Munich［J］. Planners，2012，28（S2）.
LAKOFF G，JOHNSON M. Metaphors we live by［M］. Chicago：University of Chicago Press，2003.
LEFEBVRE H. Reflections on the politics of space［J］. Antipode，1976（8）.
MANUEL C. The City and the Grassroots—A Cross-Cultural Theory of Urban Social Movements［M］. University of California Press，1985.
TITMUSS R . Essays on“The welfare state”［M］. London：George Allen & Unwin Ltd，1958.
WILSON J，KELLING G. Broken windows：the police and neigborhood safety［J］. The Atlantic monthly，1982，249（3）.

后　记

本书得到了东南大学道德发展研究院的后期资助，笔者对此表示由衷的感谢！特别要感谢道德发展研究院首席专家、资深教授樊和平先生的信任和支持！

本书的出版得到了东南大学社会科学处和王禄生老师，以及中山大学出版社的大力支持。特此感谢！

在本书的研究和写作过程中，笔者组织了约60轮共100多人次参与的田野调查。参与者主要是笔者执教的东南大学人文学院社会学系本科生课程“乡村、都市和社区规划”上的社会学专业本科生和研究生课程“城市社会学专题”上的各学院硕士研究生以及本人名下的硕士研究生们。他们专业、辛勤、认真的田野调研和分析工作，既为本研究提供了客观、真实、有效的第一手数据资料，在本人的指导下，他们也撰写出有一定学术和实践价值的研究报告。对此，本人对学生们的工作致以最崇高的敬意和感谢！

本书以下章节是在笔者的调研组织、学术指导下，由以下调研小组的学生部分完成，现将他们的姓名一一列出，以表示尊重和感谢！笔者谨对他们提交的研究报告进行了删减、修改、补充和润色，并进行了多次学术性和理论性的讨论和辅导，以及参与了其中的一些田野调查工作。特此说明。

华杰、阎喜月、张寅：第一章第一节　城市公共空间的私用化

敖雪晗：第一章第三节　大学文化空间的失落

陈一锈等：第三章第一节　住区儿童游乐场的缺憾

杨欢、牛润钰、马丹芬：第四章第二节　人才公寓的“异托邦化”

娜桑拉姆、吴旻昊、欧文博、杨健敏、储月：第四章第三节　住区共享空间的去邻里化

严科、周悦、杨昊月：第四章第四节　“柜族”的生存空间

李豪、崔新新、陈雅倩、王鑫森、张珺怡、岳婧秋：第四章第五节　邻避效应的困扰

张明媛等：第六章第一节　公园隐私空间

智媛媛、熊越、黄兆雄：第七章第二节　社会保障房的社会区隔

朱家宸等：第八章第一节　暗黑之城

王雪、高佳琪：第八章第二节　无处安置的母爱

陈凯璐、施舒扬、邵耀萱、姚新、韦元正：第九章第一节　距离地铁站的最后1公里

季清莹等：第九章第二节　地铁站台的缝隙

张烨、张一菡、杨婷婷：第九章第三节　城市高架桥的碎片化

崔玉娇、王海若：第九章第四节　人行道的断裂感

李越洋等：第九章第五节　点对点的城市空间异化

朱瑾怡等：第十章第二节　过街通道与行人的博弈

李明慧、谢岢、陈喆：第十一章第一节　医疗空间的伦理缺失

吴倩：第十二章第一节　绿带视觉盲区

李佳颐：第十二章第二节　城市内涝中的积弊

其中，本书的第二作者、东南大学人文学院哲学与科学系的博士研究生张国锋同学在就读期间完成了本书中以下部分的写作工作，特此说明并表示由衷的感谢！

第一章第二节　城市广场的功能异化（约5000字）。

第二章第一节　消失的城市滨水区（约5000字）。

第四章第一节　毕生的购房者（约5000字）。

第五章第一节　城市失用地（约5000字）。

第五章第二节　闲置工业建筑/第三节　闲置商业建筑（共约10000字）。

第七章第一节　住房建设制度的历史安排与社会隔离（约5000字）

第七章第三节　城市文化产业园的空间困境（约5000字）。

第十三章第七节　道德意识（约12000字）。

东南大学人文学院社会学系的陈喆同学、牛润玉同学、黄兆雄同学等参与了第五章第二节　闲置工业建筑/第三节　闲置商业建筑的统计分析工作。特此感谢！

本书的研究和写作也得到了东南大学社会学系的赵浩老师，东南大学建筑学院城市规划系的易鑫老师、建筑系的马俊华老师等老师的学术指导。再次表示感谢！

何志宁

2023年11月30日